高等学校计算机基础教育教材精选

大学计算机基础
实验教程（第2版）

周海芳 周竞文 谭春娇
陈立前 李 暾 毛晓光 编著

清华大学出版社
北京

内 容 简 介

本书是李暾等编写的《大学计算机基础(第3版)》一书的配套实验教材,以"问题引导""知识植入""增量设计"的思路,设计了一系列闯关式的主题实验任务,以游戏通关的方式完成实际问题的求解,由浅入深地将计算思维培养落到实处。每章既相对独立又有内在关联,主题任务都有明确的知识目标和能力考查点,通过大量程序的视角辅助学生深入理解信息表示、计算机软硬件系统、网络、数据库、数值与非数值计算等计算机应用知识,并穿插了主流软件工具的应用以兼顾传统的软件技能训练。

除作为配套实验教材外,本书也可单独作为各类高校不同层次、不同专业计算机基础类实验课程的教材,更是计算机初学者自学的理想参考书。

本书封面贴有清华大学出版社防伪标签,无标签者不得销售。
版权所有,侵权必究。举报: 010-62782989, beiqinquan@tup.tsinghua.edu.cn。

图书在版编目(CIP)数据

大学计算机基础实验教程/周海芳等编著. —2版. —北京: 清华大学出版社,2018(2024.7重印)
(高等学校计算机基础教育教材精选)
ISBN 978-7-302-50937-0

Ⅰ. ①大… Ⅱ. ①周… Ⅲ. ①电子计算机-高等学校-教材 Ⅳ. ①TP3

中国版本图书馆 CIP 数据核字(2018)第 179417 号

责任编辑: 白立军
封面设计: 傅瑞学
责任校对: 梁 毅
责任印制: 宋 林

出版发行: 清华大学出版社
    网　　址: https://www.tup.com.cn, https://www.wqxuetang.com
    地　　址: 北京清华大学学研大厦A座 邮　编: 100084
    社 总 机: 010-83470000 邮　购: 010-62786544
    投稿与读者服务: 010-62776969, c-service@tup.tsinghua.edu.cn
    质量反馈: 010-62772015, zhiliang@tup.tsinghua.edu.cn
    课件下载: https://www.tup.com.cn, 010-83470236
印 装 者: 三河市东方印刷有限公司
经　　销: 全国新华书店
开　　本: 185mm×260mm 印　张: 24.75 彩　插: 15 字　数: 635千字
版　　次: 2012年8月第1版 2018年9月第2版 印　次: 2024年7月第12次印刷
定　　价: 69.00元

产品编号: 079738-02

前言

  人成功融入社会所必备的思维能力与其所处时代能够获得的工具有关。计算机是信息社会的必备工具之一。2006年,美国计算机科学家Jeannette M. Wing正式提出计算思维的概念和体系,该理论被认为是近十几年来产生的最具有基础性、长期性的学术思想。计算思维是指自觉运用计算科学的基本概念和计算技术解决实际问题的思维,包括一系列广泛的计算机科学的思维工具。未来不论是计算机科学家、专业人士,还是每个普通人,必须学会运用计算思维解决工作和生活中遇到的问题。因此,信息社会的发展和人类对计算思维的呼唤对计算机基础教育提出新的要求。

  "大学计算机基础"作为本科教育的第一门计算机公共基础课程,为了更好地完成培养计算思维"第一课"的重任,必须对教学定位、内容、方法、资源等进行全面的改革。这种改革不应满足于对原有体系的补充和完善,而应通过系统规划课程目标、凝练教学内容、探索新型教学方法和手段来实现从传统的"知识输出"到"能力导向"的课程转型。教育部高等学校计算机课程教学指导委员会于2016年出台了《大学计算机基础课程教学基本要求》,指出了继续深化改革的必要性,进一步强调了能力建设,全国高校都应以此为风向标调整改进本校的计算机基础教育策略。

  本书正是在这样的号召下全新改版,是与李暾等编写的《大学计算机基础(第3版)》相配套的实验指导教材。《大学计算机基础(第3版)》以计算思维为主线,串联编排相关知识模块,针对计算机科学等领域的实际问题,来培养学生掌握利用计算思维解决具有一定规模问题的能力。本书紧扣"问题求解"的目标,与主教材的各知识模块密切配合,设计了环环相扣的实验环节,由浅入深地将计算思维培养落到实处,既注重方法、意识和能力的养成指导,又兼顾工具、语言和环境等实际动手技能的基础训练。同时,本书在内容编排上特色鲜明、自成体系、零门槛要求。因此,除了与主教材配套使用外,也可单独作为各类高校不同层次、不同专业计算机基础类实验课程的教材,更是计算机初学者自学的理想参考书。

  "授之以鱼不如授之以渔",这是本书改版的初衷。尽管目的仍然是为选用教材的学生和教师更好地服务,但应用目标已从过去面面俱到地传授技能,转型为步步为营地引导学生建立基本的信息意识和素养,掌握一些利用计算机解决实际问题的方法,并能据此举一反三、拓展思路,逐步构建起敢于面对新问题的信心。本书采取"问题引导""知识植入""增量设计"的写作思路,将求解一个实际应用问题的过程拆解为多个进阶的步骤,在一步步接近任务目标的进程中,适时植入需要了解的技术背景、工具软件、运用技巧等实验得以展开的、必备的基础知识和软件技能。学生在跟随阅读这些解题步骤的过程中会实际动手经历一些"实验关卡",仿佛进入一个需要通关的游戏,打通最后一个关卡,问题才能完美解决。这样的设计十分契合现代大学生接触计算机的成长经历,能有效激发学生的兴趣和斗志。这个过程虽然不可能覆盖所有技能点的训练,但重点放在了分析问题的思路、求解问题的方法、知识迁移的能力上。作者试图引导学生得到这样的体会:在本书的引导下完成了一个个设定的计算机应用任务,建立未来利用计算机和计算思维去独立完成更多、更复杂任务的意识和信心。

本书共分 11 章,每章既相对独立又有内在关联,主题任务都有明确的知识目标和能力考查点,大量通过程序的视角辅助学生深入理解信息表示、计算机软硬件系统、网络、数据库、数值与非数值计算等计算机应用知识,并穿插了主流软件工具的应用以兼顾传统的软件技能训练。这样编排不仅可以大大提高实验教学辅导的效率,而且便于教师根据实际教学需要进行灵活的实验组合或裁剪,也便于学生根据自己的计算机应用水平选择学习起点和重点。

实验实施依赖的软件工具覆盖 Windows 操作系统、搜索工具、Office 办公软件、多媒体编辑软件、开源数据库和 Python 编程环境。软件和语言的选择考虑了主流、开源、上手快等因素。因此,只要按图索骥地完成本书设定的任务,并通过综合实验进行适当的拓展训练,就能满足日常基本的计算机应用能力需求。

本书在编写过程中力求内容精练、系统、循序渐进;语言清新活泼、互动性好,更贴近现代学生思路。每章开头分别针对学生和教师给出了实验目标和建议,并分别配套了电子实验素材(学生版和教师版的电子实验素材可通过下面提供的二维码扫描下载,教师版的密码通过 1685601418@qq.com 获取),十分方便教学和自学。另外,在涉及 Python 编程的部分,本书在创新实训平台(www.educoder.net)上提供了配合本书实验的闯关式实训路径"大学计算机基础——计算思维",该实训自上线发布以来,已有上万学习者使用,是该平台的明星实训路径。

学生版

教师版

本书由周海芳负责总体设计和组稿,第 1 章、第 3 章、第 9 章由周海芳编写,第 5 章由谭春娇编写,第 6 章由陈立前编写,第 2 章、第 4 章、第 7 章、第 8 章、第 10 章、第 11 章由周竞文编写,李暾完成了配套实训项目的开发、发布和维护,毛晓光提供了部分实验思路和实验程序。此外,本书还参考了很多文献资料和网络素材,在此向有关作者一并表示衷心的感谢!

由于计算机技术日新月异,加上编者水平有限,书中难免有疏漏、错误之处,恳请广大读者批评指正。

作　者

2018 年 7 月

目录

第1章 搜索与文档 ... 1

1.1 问题描述 ... 1
1.2 搜索其实很简单 ... 2
1.2.1 搜索引擎有哪些 ... 2
1.2.2 搜索技巧有哪些 ... 4
1.3 写作能力需训练 ... 7
1.4 文档排版要讲究 ... 9
1.4.1 字处理软件有哪些 ... 9
1.4.2 从创建文档开始 ... 10
1.4.3 文本编辑 ... 12
1.4.4 文档排版 ... 14
1.4.5 图文混排 ... 24
1.4.6 还有什么值得关注 ... 29
1.5 值得一看的小结 ... 30
1.6 综合实验 ... 30
1.6.1 综合实验1-1 ... 30
1.6.2 综合实验1-2 ... 31
1.6.3 综合实验1-3 ... 32
1.6.4 综合实验1-4 ... 32
1.7 辅助阅读资料 ... 33

第2章 开启Python之旅 ... 34

2.1 Python,原来你是这样一种语言 ... 34
2.2 我要安装什么软件 ... 35
2.2.1 Python 3.x 的下载与安装 ... 35
2.2.2 Anaconda3 的下载与安装 ... 38
2.3 在哪儿写Python程序 ... 40

2.3.1　IDLE …………………………………………………………… 40
　　　2.3.2　Spyder ………………………………………………………… 42
　　　2.3.3　命令提示符 …………………………………………………… 44
2.4　如何查找程序中的错误 ……………………………………………………… 46
　　　2.4.1　语法错误 ……………………………………………………… 46
　　　2.4.2　功能错误 ……………………………………………………… 47
2.5　一个稍复杂的Python程序——绘制炸弹轨迹 …………………………… 50
　　　2.5.1　问题描述 ……………………………………………………… 50
　　　2.5.2　绘制一个坐标点 ……………………………………………… 51
　　　2.5.3　在合理范围内绘制一个坐标点 ……………………………… 55
　　　2.5.4　绘制 n 个坐标点 …………………………………………… 59
　　　2.5.5　绘制一条轨迹 ………………………………………………… 62
　　　2.5.6　更简单地绘制一条轨迹 ……………………………………… 67
　　　2.5.7　绘制多条轨迹 ………………………………………………… 70
2.6　值得一看的小结 ……………………………………………………………… 74
2.7　综合实验 ……………………………………………………………………… 74
　　　2.7.1　综合实验2-1 ………………………………………………… 74
　　　2.7.2　综合实验2-2 ………………………………………………… 75
2.8　辅助阅读资料 ………………………………………………………………… 75

第3章　思路的演示 …………………………………………………………… 76

3.1　问题描述 ……………………………………………………………………… 76
3.2　整理思路很重要 ……………………………………………………………… 77
　　　3.2.1　不要急于开始 ………………………………………………… 77
　　　3.2.2　确定应用场景 ………………………………………………… 78
　　　3.2.3　构建思维导图 ………………………………………………… 79
　　　3.2.4　基本页面组成 ………………………………………………… 81
3.3　快速上手并不难 ……………………………………………………………… 82
　　　3.3.1　幻灯片的历史 ………………………………………………… 82
　　　3.3.2　熟悉的工作界面 ……………………………………………… 83
　　　3.3.3　搭建基本框架 ………………………………………………… 85
3.4　基础排版有技巧 ……………………………………………………………… 87
　　　3.4.1　文本修饰 ……………………………………………………… 87
　　　3.4.2　图文搭配 ……………………………………………………… 91
　　　3.4.3　图表制作 ……………………………………………………… 95
　　　3.4.4　SmartArt ……………………………………………………… 95
　　　3.4.5　动画设置 ……………………………………………………… 97

3.5 视觉美化找渠道 …… 99
　3.5.1 好的字体哪里找 …… 100
　3.5.2 专业配色哪里找 …… 100
　3.5.3 高清图片哪里找 …… 101
　3.5.4 优质模板哪里找 …… 101
3.6 值得一看的小结 …… 102
3.7 综合实验 …… 102
3.8 辅助阅读资料 …… 103

第4章 信息编码的奥秘 …… 104

4.1 问题描述 …… 104
4.2 处理基本信息 …… 105
　4.2.1 二进制整数转化为十进制整数 …… 105
　4.2.2 二进制整数转化为八进制整数 …… 108
4.3 处理音频信息 …… 112
　4.3.1 pydub 库 …… 112
　4.3.2 查看歌曲信息 …… 114
　4.3.3 剪辑和拼接 …… 115
　4.3.4 声道编辑 …… 117
4.4 处理图像信息 …… 118
　4.4.1 PIL 库 …… 118
　4.4.2 制作九宫图 …… 118
　4.4.3 抠图 …… 123
　4.4.4 制作马赛克效果 …… 125
4.5 信息的加解密 …… 127
　4.5.1 恺撒加密 …… 127
　4.5.2 维吉尼亚加密 …… 130
　4.5.3 Arnold 置换加密 …… 134
4.6 值得一看的小结 …… 137
4.7 综合实验 …… 137
　4.7.1 综合实验 4-1 …… 137
　4.7.2 综合实验 4-2 …… 138
4.8 辅助阅读资料 …… 138

第5章 多媒体编辑 …… 140

5.1 问题描述 …… 140
5.2 采集图像和视频 …… 141

5.2.1　视频和图像在计算机中的表示 …… 141
　　　5.2.2　图像的格式有哪些 …… 144
　　　5.2.3　图像的获取和编辑 …… 145
　　　5.2.4　视频的获取和参数分析 …… 149
　　　5.2.5　使用照片工具制作视频 …… 150
　5.3　录制并编辑配音 …… 155
　　　5.3.1　认识声音 …… 155
　　　5.3.2　声音的数字化 …… 156
　　　5.3.3　常用音频格式有哪些 …… 158
　　　5.3.4　使用Audacity软件编辑声音 …… 159
　5.4　多媒体数据压缩与光盘刻录 …… 164
　　　5.4.1　多媒体数据压缩 …… 164
　　　5.4.2　光盘刻录 …… 172
　5.5　值得一看的小结 …… 177
　5.6　综合实验 …… 177
　5.7　辅助阅读资料 …… 178

第6章　微机组装与配置 …… 179

　6.1　认识微型计算机硬件 …… 179
　　　6.1.1　主机 …… 179
　　　6.1.2　常见外设 …… 185
　6.2　微型计算机硬件的拆装 …… 188
　　　6.2.1　台式机拆装 …… 189
　　　6.2.2　笔记本电脑拆装 …… 190
　6.3　微型计算机操作系统的安装 …… 191
　　　6.3.1　常用操作系统简介 …… 191
　　　6.3.2　操作系统安装前期准备 …… 195
　　　6.3.3　BIOS的使用与配置 …… 195
　　　6.3.4　操作系统安装过程 …… 197
　　　6.3.5　设备驱动程序及其安装 …… 199
　6.4　微型计算机操作系统的配置 …… 200
　　　6.4.1　"设置"和控制面板 …… 200
　　　6.4.2　系统配置 …… 203
　　　6.4.3　网络设置 …… 205
　6.5　微型计算机系统常见故障检测与排除 …… 210
　　　6.5.1　微型计算机系统安装常见故障 …… 210
　　　6.5.2　微型计算机系统安装故障检测常用方法 …… 212

6.6 值得一看的小结 ... 213
6.7 综合实验 ... 213
6.8 辅助阅读资料 ... 214

第7章 计算机系统的程序员视角 ... 215

7.1 资源管理器——掌握我的计算机信息 ... 215
    7.1.1 问题描述 ... 215
    7.1.2 获取存储信息 ... 216
    7.1.3 进程操作 ... 222
    7.1.4 文件操作 ... 226
    7.1.5 图形用户界面编程 ... 229
    7.1.6 程序实现 ... 235

7.2 TOY计算机模拟——制造一台计算机 ... 239
    7.2.1 问题描述 ... 239
    7.2.2 TOY计算机的硬件 ... 240
    7.2.3 TOY程序的加载 ... 241
    7.2.4 TOY程序的执行 ... 246

7.3 值得一看的小结 ... 249
7.4 综合实验 ... 249
    7.4.1 综合实验7-1 ... 249
    7.4.2 综合实验7-2 ... 250
7.5 辅助阅读资料 ... 251

第8章 网络数据获取与分析 ... 252

8.1 网页数据的抓取与分析 ... 252
    8.1.1 问题描述 ... 252
    8.1.2 抓取分数线目录页 ... 254
    8.1.3 获取历年分数线数据页的网址 ... 257
    8.1.4 抓取历年分数线数据页 ... 259
    8.1.5 获取历年分数线数据 ... 260
    8.1.6 查询分数线数据 ... 269

8.2 电子邮件的发送与接收 ... 272
    8.2.1 问题描述 ... 272
    8.2.2 电子邮箱的申请与使用 ... 272
    8.2.3 利用Python发送电子邮件 ... 274
    8.2.4 利用Python接收电子邮件 ... 279

8.3 值得一看的小结 ... 285

8.4 综合实验 ··· 286
    8.4.1 综合实验 8-1 ·· 286
    8.4.2 综合实验 8-2 ·· 286
8.5 辅助阅读资料 ·· 287

第 9 章 玩转表格 — 288

9.1 问题描述 ··· 288
9.2 初识电子表格 ·· 290
    9.2.1 Excel 有多强大 ··· 290
    9.2.2 熟悉工作界面 ·· 290
    9.2.3 Excel 三大要素 ··· 291
9.3 数据导入有窍门 ··· 292
    9.3.1 工作表设计 ·· 292
    9.3.2 数据录入的诀窍 ··· 292
    9.3.3 外部导入很轻松 ··· 298
9.4 数据分析手段多 ··· 301
    9.4.1 排序 ·· 302
    9.4.2 筛选 ·· 304
    9.4.3 公式与函数 ·· 306
    9.4.4 分类汇总 ·· 311
    9.4.5 数据透视表 ·· 314
    9.4.6 数据模拟运算表 ··· 316
9.5 数据展示有特色 ··· 317
    9.5.1 智能表格一键换装 ·· 317
    9.5.2 条件格式突出焦点 ·· 318
    9.5.3 编辑图表展示结论 ·· 319
9.6 值得一看的小结 ··· 320
9.7 综合实验 ··· 321
    9.7.1 综合实验 9-1 ·· 321
    9.7.2 综合实验 9-2 ·· 322
    9.7.3 综合实验 9-3 ·· 323
9.8 辅助阅读资料 ·· 324

第 10 章 数据库技术初探 — 325

10.1 问题描述 ·· 325
10.2 环境准备 ·· 326
    10.2.1 下载 MySQL ··· 326

    10.2.2 通过.msi 文件安装 MySQL ………………………… 327

    10.2.3 通过.zip 文件安装 MySQL ………………………… 331

    10.2.4 安装 PyMySQL 库 …………………………………… 333

  10.3 创建数据库 ……………………………………………………… 334

    10.3.1 在 MySQL 命令行中创建 ………………………… 334

    10.3.2 利用 Python 程序创建 …………………………… 336

  10.4 建表 ……………………………………………………………… 338

    10.4.1 设计 enroll 表 ……………………………………… 338

    10.4.2 创建 enroll 表 ……………………………………… 340

  10.5 数据更新 ………………………………………………………… 342

    10.5.1 数据更新语句 ……………………………………… 342

    10.5.2 导入分数线数据 …………………………………… 344

  10.6 单表查询 ………………………………………………………… 348

    10.6.1 投影操作 …………………………………………… 348

    10.6.2 选择操作 …………………………………………… 350

    10.6.3 查询和显示 enroll 表中数据 ……………………… 352

  10.7 连接查询 ………………………………………………………… 355

  10.8 值得一看的小结 ………………………………………………… 359

  10.9 综合实验 ………………………………………………………… 359

  10.10 辅助阅读资料 …………………………………………………… 360

第 11 章 Python 拓展 361

  11.1 写在前面的话 …………………………………………………… 361

  11.2 计算两条函数曲线所围面积的解析解 ………………………… 362

    11.2.1 问题描述 …………………………………………… 362

    11.2.2 了解相关库 ………………………………………… 363

    11.2.3 程序实现 …………………………………………… 365

  11.3 Word 文档排版 ………………………………………………… 367

    11.3.1 问题描述 …………………………………………… 367

    11.3.2 了解相关库 ………………………………………… 368

    11.3.3 程序实现 …………………………………………… 371

  11.4 加密即时通信 …………………………………………………… 372

    11.4.1 问题描述 …………………………………………… 372

    11.4.2 了解相关库 ………………………………………… 372

    11.4.3 程序实现 …………………………………………… 375

  11.5 评价帖子的好评度 ……………………………………………… 379

    11.5.1 问题描述 …………………………………………… 379

  11.5.2 了解相关库 ……… 379
  11.5.3 程序实现 ……… 381
 11.6 值得一看的小结 ……… 382
 11.7 综合实验 ……… 383
  11.7.1 综合实验11-1 ……… 383
  11.7.2 综合实验11-2 ……… 383
 11.8 辅助阅读资料 ……… 383

参考文献 ……… 384

 第 1 章 搜索与文档

【给学生的目标】

通过完成本章设定的信息搜索和编辑任务,有选择地学习主流的搜索和字处理工具,能根据预定主题,快速收集整理出图文并茂的信息简报,关注信息内容与形式的协调统一,有意识地培养信息采编能力。

【给老师的建议】

本章实验建议以任务形式布置给学生,无须进行课堂讲解和演示。学生主要以自学的方式,通过完成本章实验关卡任务,熟悉并掌握相关软件基本功能的使用。如果是基于网络教学平台发布作业,完成周期建议为一周;如果是采用每周课外固定安排实验室上机的实验形式,建议课时为 4 学时。作业评分上对文档排版的整体规范性和一致性做一些针对性引导,例如,没有多余无关的符号、层次相同的段落格式要保持一致、版面整洁有序等,有意识地训练学生严谨细致的态度。实验软件包括浏览器和办公字处理软件,本章中与搜索相关的内容以百度为例,字处理软件采用了 MS Office 2016 的 Word 组件。

1.1 问题描述

现代科学技术的发展速度越来越快,知识和信息总量迅猛增加。现代通信和传播技术大大提高了信息传播的速度和广度,互联网的出现使得信息的采集和传播的速度及规模达到空前的水平,实现了全球的信息共享与交互。近年来,全世界每天发表的论文上万篇,每年登记的新专利数十万项,每年出版的图书上百万种。近 30 年人类生产的信息已超过过去 5000 年信息生产的总和。社会进步的过程就是一个知识不断地生产、流通、再生产的过程。获取信息的最终目的是通过对所得信息的整理、分析、归纳和总结,根据自己学习、研究过程中的思考和思路,将各种信息进行重组,创造出新的知识和信息,从而达到信息激活和增值的目的。因此,**能从浩如烟海的信息海洋中迅速而准确地获取自己需要的信息,将成为人们立足信息社会的基本能力。**

作为刚进入高等教育阶段的学生,在四年乃至更长的学习时间里经常需要完成这样一类作业:通过调查研究,提交一份"关于×××的调研报告";而对于要从事课题研究的

高年级本科生或者研究生而言,导师第一次指导后交给的任务,往往就是"你先去网上查一下×××的最新进展(或发展历史),全面了解一下课题背景,写一篇调研报告"。要完成好这样的任务,上交一份像样的报告,一是要掌握一些信息搜索的技能,二是要熟练使用文档编辑工具。

接下来,我们假设一个任务,学习者通过完成这个任务,来掌握一些基本的技能和方法,重点把关注力放在如何高效地完成任务的方法或者说"套路"上,至于软件工具的使用,是一个不断积累和熟能生巧的过程。

任务描述:

　　主题:**云南**或者**贵州**的旅游产业调研。

　　要求:

　　① 通过网络,搜索有价值的信息,了解**云南**或**贵州**的**旅游资源**及**开发现状**,提交一份不超过 1500 字的调研简报,尽可能地排在一页内。

　　② 简报形式要图文并茂,针对内容选择恰当的形式,比如统计数据可用图表。

要完成这个任务,给出一个"四步走"攻略。

第一步,选择一种网络搜索工具,广泛查找与主题相关的信息。

第二步,筛选、整理信息,形成写作思路,拟定简报大纲。

第三步,根据大纲为每个部分精选素材和精炼文字,完成文稿。

第四步,根据文风设计版式和排版。

下面就按照这 4 个步骤"走"一遍,在前进的过程中会设置一些用于达成任务目标的实验关卡,看看一步步完成这些关卡任务后,我们能学到些什么。

【小贴士】 上述"四步走"的码字攻略称为"改造式",也就是先码字后排版,这也是最常用的一种方式,特别是用于文档篇幅比较短小、设计要求不是特别高的场合。另外,还有一种方式称为"格式与内容分离",也就是先准备好模板,按照模板录入,录入的过程只要严格按照预先设定的格式操作,就不用再操心格式问题。这种模式适合于编辑篇幅较长的论文、书稿或者对版面设计要求较高的宣传文稿。两种模式各有优势,后者对软件的应用技能要求更高一些。

1.2 搜索其实很简单

从上述任务的要求来看,这是一个网络调研任务(你一定在想,要是能实地调研就更好了,别急,会有机会,实在忍不住就跳转到第 9 章看看如何实现)。首先要选择一个网络搜索引擎来收集信息,那么下面先插播一段搜索引擎的广告。

1.2.1 搜索引擎有哪些

　　谷歌(Google)和百度(Baidu)是知名度最大的两大搜索引擎,前者是国际上当之无愧的"一哥",而后者自称是"全球最大的中文搜索引擎"。除此之外,不少软件巨头或大型互联网公司也推出了自己的搜索引擎,如微软的 Bing、Sogou、360 搜索等。此外,还有一些专业搜索引擎,如地图类、音乐类、图片视频类、学术类等。

到底什么是搜索引擎呢?现在就打开机器上的浏览器,"百度一下,你就知道"了。在浏览器的地址栏内输入 www.baidu.com,然后按下 Enter 键就会在页面的显著位置看到如图 1-1 所示的画面。接着在搜索栏内输入"搜索引擎"(不含双引号,下同)四个字,页面就会跳转,并实时显示出搜索到的结果,如图 1-2 所示。

图 1-1 百度主页

图 1-2 百度关于"搜索引擎"的搜索结果

在这个结果页面上,可以通过每个链接下的简要文字描述来选择下一步需要浏览的页面。单击"搜索引擎_百度百科",进入下一个页面,就可以通过百度百科提供的信息了解关于"搜索引擎"的详细解释以及分类介绍。当然还可以继续选择访问其他超链接来了解更广泛的内容。

【小贴士】 搜索结果是按照与搜索内容的相关度排序的,匹配度越高的结果排位越靠前。但是,搜索引擎公司通常是靠广告盈利的。因此,为了迎合广告商的利益需求,与搜索内容密切相关的广告信息往往排在搜索结果的前面,所以要学会甄别哪些是广告,哪些是我们真正需要的信息(当然,不排除广告也是有价值的信息)。在图 1-2 中排名第一的就是百度自己的广告。

> **实验关卡 1-1**：搜索与阅读练习一。
> **实验目标**：能查询到自己感兴趣的内容并有选择地学习,能组织自己的语言介绍"搜索引擎"的常识性内容。
> **实验内容**：使用百度或者其他搜索引擎,查询和阅读有关"搜索引擎"的基本知识。

1.2.2 搜索技巧有哪些

有了实验关卡 1-1 的初步体验和知识储备,现在我们回归到网络调研报告的任务上来。假设选择调研云南的旅游资源,按照前面提到的"四步走"攻略,第一步就是搜集相关的资料。那么怎么搜？怎么搜效率才高呢？

这里先举个简单的例子。假设我们对谷歌 Google 一无所知,想了解一下它的历史。如果在百度搜索栏里输入"谷歌",搜索结果的首页如图 1-3 所示。

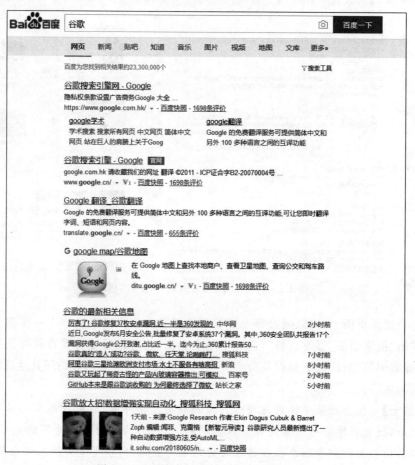

图 1-3 百度搜索"谷歌"的结果(2018.6.6)

我们发现匹配度最高的结果里并没有想要的信息,或者说百度没有理解我们的意图。如果我们在搜索栏里输入"谷歌介绍",则得到如图1-4所示的结果,通过访问前三个链接就可以达到大体了解"谷歌"的目的了,甚至还能下载到一些文献。也就是说,掌握一些基本的搜索技巧有助于提高搜索效率,快速定位要查找的信息。

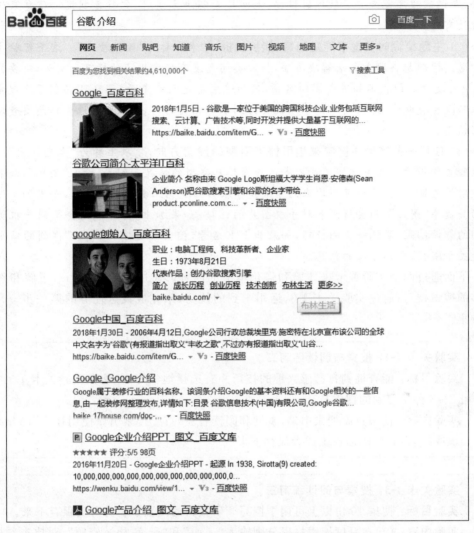

图1-4 百度搜索"谷歌介绍"的结果(2018.6.6)

在搜索栏中输入的内容称为关键字,如何选择合适的关键字在信息搜索中是核心问题,决定了返回结果的精准程度。此外,每个搜索引擎都有从简单到复杂的辅助手段来优化搜索结果,例如,在关键字的前后、之间加各种符号(如通配符、加减号、双引号、特殊前缀等)达到精确匹配的目的,但有趣的调查告诉我们:绝大多数人在日常应用中都不会采用那些晦涩难记的高级技巧!对于普通应用而言,"直接罗列一个或多个关键字并用空格隔开"就是最简单有效的搜索方法,没有之一!更重要的是,搜索经验是日积月累的内化知识,不断尝试多种方法才能成为搜索高手。

【小贴士】 这里给出3条好用的经验供学习者参考。

(1) **主题明确时关键字能多则多、能准则准**,学术上称为"精确查询"。采用多个准确的关键字或者给关键语句加双引号避免输入内容被拆分匹配是缩小搜索范围的常用方法。这条经验常用于要查询的内容有比较精确的描述的情况,多用于知识求解类的查询,例如,在调试程序或者安装软件时报错,上网搜索解决方法时,完整复制报错信息来进行搜索最有效。

(2) **主题模糊时关键字能短则短、能拆就拆**,学术上称为"模糊搜索"。这条经验主要用于遇到问题想在网上寻求解决办法,但这类问题没有标准描述的情况。例如,我要搜一部3D动漫电影但我不知道电影的名字,只知道主角是两只兔子,那么可以在百度搜索上输入"3D动漫电影 主角 两只兔子",就会得到很多相关的内容,从中筛选出你想要查询的电影信息。

(3) **使用一些辅助关键字来指引搜索引擎的搜索方向**,学术上称为"垂直搜索"。这条经验主要用于主题关键字不足以表达搜索信息类型的情况。例如,输入"手机",如果不加辅助性关键字,很多情况下出来的结果是手机作为通信工具的相关内容;如果加上一个辅助关键字"图片",则会得到各种手机图片的链接;如果加上"翻译",则会得到手机英文单词的翻译结果;高级一点的技巧,如果加上书名号,搜索关键字"《手机》"得到的结果就都是关于书刊、电影方面的信息。

下面通过两个实验关卡来体验和强化本节的内容。通过实验关卡1-2,了解和熟悉更多的搜索技巧;通过实验关卡1-3,运用学到的技巧,来完成设定任务的第一步——信息收集。

实验关卡1-2:搜索与阅读练习二。

实验目标:能查询到自己感兴趣的技巧并有选择地学习,并能在实验关卡1-3中使用2~3种学习到的搜索技巧。

实验内容:使用百度搜索引擎,查询和阅读有关"百度搜索引擎使用技巧"的介绍性知识或经验,必要的话收藏或者保存下来。

实验关卡1-3:搜索与阅读练习三。

实验目标:搜集10份以上可用于撰写调研报告的网页素材并分类保存下来。

实验内容:(1)在百度搜索栏里分别输入"云南"和"云南 旅游资源",对比查看搜索结果,体验不同关键字对结果精确性的影响。

(2)分析本章任务要求,以"云南""旅游产业""旅游资源"为核心关键字,尝试运用本节学到的搜索技巧,查找相关资讯,保存有价值的网页。

掌握了基本的网络搜索方法和技巧,我们对于未知的知识和技能就不再畏惧,在互联网的信息海洋里,没有找不到的,只有想不到的。进入大学,在线下课堂内,老师面授的时间是十分有限的,更多的时候遇到问题,我们**第一意识**是能否求助网络"这个永不失联的老师",这是信息时代每个人应建立的基本素养。举个例子,假如在完成上面的实验关卡

1-3时,尚不知道如何在计算机里保存网页,这时候,通过网络搜索进行学习一定能很快解决问题。

1.3 写作能力需训练

迈出了信息收集的第一步,就有了写报告的基本素材,这一步其实是在工具的帮助下对信息进行了初步的筛选。接下来则是更为重要的基于现有信息整理形成写作大纲和基于大纲撰写文稿的两个步骤,对于调研报告(学术上往往叫**综述**)而言,**基本上是按照"陈述事实""分析问题""得出结论"的思路来组织内容**。这一能力的训练在高等教育阶段非常重要,特别是对于未来希望继续深造、从事科学研究工作的学生尤为重要。然而这个论题似乎不是本书应该涉及的范围,有意要对自己进行针对性训练的学习者可以选修诸如"大学语文""论文写作"等校内开设的类似课程来系统学习相关理论,并通过实践来提高写作能力。当下一些主流的MOOC平台也定期提供相关的优质课程,每周利用碎片时间上网跟课学习就能得到很好的训练,图1-5和图1-6给出的是中国大学MOOC和学堂在线两个知名的中文MOOC平台上推送的相关课程。

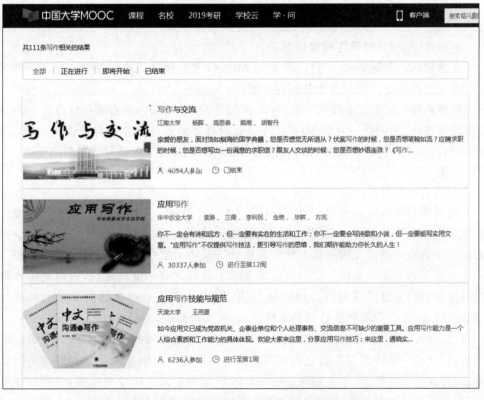

图1-5　中国大学MOOC提供的写作指导类课程(2018.6.9)

第1章　搜索与文档

图 1-6　学堂在线提供的写作指导类课程(2018.6.9)

> **实验关卡 1-4**：搜索与阅读练习四。
> **实验目标**：收藏 1～2 个自己喜欢的 MOOC 平台供今后自学使用。能给出撰写云南或者贵州旅游产业调查报告的基本思路。
> **实验内容**：使用百度搜索引擎，查询什么是 MOOC，国内外有哪些优质的 MOOC 平台可供选择，并浏览一两个 MOOC 平台看看都提供哪些写作指导类课程。搜索介绍"如何写一篇好的调查报告"的相关网页并浏览学习，用于指导完成本章的任务。

下面再说点题外话。

在信息整理和写作的过程中，计算机除了作为文档编辑工具来使用以外，还能做什么呢？电子出版系统和国际互联网的蓬勃发展，当大量机读形式的文献潮水般涌来的时候，人们想到了**自动文摘**。文摘是指准确全面地反映某一文献中心内容的简洁连贯的短文，自动文摘就是指利用计算机自动地从原始文献中提取文摘。也就是说，可以利用计算机程序对搜索到的文献信息进行自动处理，获取文摘，人们在这些文摘的基础上再进行加工、归纳、凝练、升华等更具创造性的工作，可以大大地减少简单思维的工作量。

自动文摘技术一直是人工智能领域中自然语言处理方向的研究热点，由于语言语义的丰富性，这是一项经过多年研究仍未圆满解决的课题。对中文文献进行自动文摘更为困难，因为在形式特征上，中文和西文的主要区别是中文词之间没有空格，因而存在自动分词问题，这是一直以来的技术难题。但随着技术的发展和人工智能的崛起，近年来也有相当丰富的成果。有兴趣想深入了解的学习者可以自行用百度搜索，甚至可以下载一些开放的自动文摘软件或者系统来体验一下机器学习的力量。例如，2013 年开源的一款自动文摘工具 TextTeaser（https://github.com/IndigoResearch/textteaser），可针对财经、法律、新闻等各个领域的文档做出优化，开发者已经将它整合到包括 Gist 在内的多款新闻阅读类应用当中；谷歌研究院 2016 年发布了 TextSum（https://github.com/rockingdingo/deepnlp/tree/master/deepnlp/textsum），实现了文本关键字抽取算法，可完成新闻标题自动生成、文本自动文摘等任务。

言归正传，经过上面的搜索和扩展阅读练习，读者应具备了撰写一篇关于云南省旅游产业的调研简报的基本素材和能力。接下来就是选择一款文字处理软件来编辑和排版文档。

1.4 文档排版要讲究

1.4.1 字处理软件有哪些

利用计算机处理文字信息，需要有相应的文字信息处理软件，文字信息处理软件通常是办公类软件的核心组件之一。

国际上办公软件的市场基本上是微软公司的 MS Office 一家独大，其他还有 IBM Lotus 公司的 Smartsuite、Sun 公司的 Writer 等小众软件。国内市场除了 MS Office 以外，近些年由于知识产权意识的提升，金山公司的 WPS 作为民族软件的代表，逐渐在拓宽应用范围，首先它是中国政府采购最广泛的办公软件之一，同时由于对个人用户永久免费，并无障碍兼容微软办公软件的文件格式，也吸引了大量个人用户，在国内与 MS Office 形成了双峰并峙的局面。此外，永中 Office 也有一定的市场。

本章介绍的文字编辑方法是以 MS Office 2016 版本的 Word 组件提供的功能为例。Word 2016 是一种集文字编辑、表格制作、图片插入、图形绘制、格式排版与文档打印等功能于一体的文字处理系统，具有强大的文本编辑和排版功能，以及图文混排和表格制作功能，可以和其他多种软件进行信息交换。它界面友好，使用方便直观，具有"所见即所得"的特点。掌握了其使用方法后，使用其他类似软件可以举一反三。

"工欲善其事，必先利其器"。图 1-7 给出 Word 2016 的主要工作界面，文档标题栏的下方包括功能区、编辑区、状态栏和视图栏四个部分。

其中，功能区是完成字处理的核心部分，保持了与浏览器一致的选项卡风格，如图 1-8 所示。操作按类别分类集中在多个选项卡下，如"开始""插入"等。在每个选项卡中，又按照具体功能将其中的操作命令进行更详细的分类，每一类称为一个组，如"开始"选项卡中的"字体"组、"段落"组等。每个组中的操作多以命令按钮的形式呈现，部分组的右下角有对话框启动器，单击对话框启动器，可以打开相应的对话框或任务窗格，提供与该组相关的更多操作选项。在"视图"选项卡右侧是"告诉我您想要做什么"搜索框，相当于以往的"帮助"功能，在框内输入需要的内容，可实现"帮助"功能。此外，将鼠标移动到各个命令按钮上，稍等待一下会自动弹出该命令功能的简要介绍和适用场合。

完成一个新文档的编辑排版，推荐按照如下步骤实施会比较高效。

第一步，写大纲。在空文档中录入写作提纲，也就是文章标题和各部分的小标题。

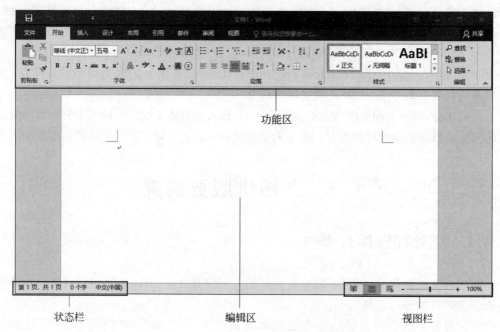

图 1-7　Word 2016 的主要工作界面

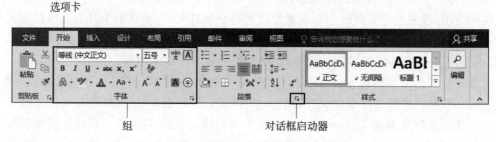

图 1-8　功能区

第二步,堆素材。在各级小标题下录入或者复制文字、图片等素材。

第三步,成文。逐段修改文字,确定插图和制表方案。

第四步,排版。根据文风或者任务的格式要求进行排版。

1.4.2　从创建文档开始

接下来在 Word 2016 里创建一个新的文档来录入和编辑调研报告。

在启动 Word 2016 应用程序时,系统会自动创建一个空白文档,并且自动命名为"文档 1",如图 1-7 最上面的标题栏所示。除了文件名,Word 2016 默认添加的文件扩展名是 docx(也可以另存为 Word 支持的其他扩展名的文件)。此外,也可以在功能区的"文件"选项卡里创建文档。创建的文档可以是空白文档,也可以是基于模板的文档。

【小贴士】　用快捷键 Ctrl+N 可快速创建空白文档。

这里我们选择创建一个空白文档,并将前期根据收集和整理的信息确定好的写作大纲(腹稿或者是手稿),在编辑区中完成录入,图1-9给出了一个调研报告大纲的例子。

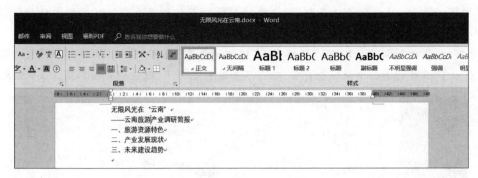

图1-9　大纲录入示例

友情提示:鉴于本书是技能指导性实验教材,举例素材内容均来自网络,未做详细考究,不宜做范文参考。

【小贴士】　Word编辑区中会显示换行符等灰色的不可打印符号,便于编辑者直观把握页面和段落的格式,而实际打印和印刷时不会出现这些符号。

【小贴士】　请注意图1-9的标题栏中的文档标题已修改为"无限风光在云南",这说明在录入文字过程中我们已将该文档保存在硬盘上,并做了重新命名。**这一步骤非常重要!** 原因有二:一是一个文档需要有一个有意义的名字以便于存档;二是在对文档进行第一次保存操作之前,所有的内容都存在于内存中,一旦掉电或软件意外终止,所有的工作都灰飞烟灭,悔时已晚。Word 2016虽然提供了"定期保存自动恢复信息"的功能,默认设置是每10分钟自动保存一次。但为了避免发生意外而丢失工作,**经常单击保存按钮或者使用快捷键Ctrl+S是必须养成的好习惯。**

文字录入看上去不难,只要会用拼音输入法就可以了,但事实上,按照标准的指法来操作101键盘对于提高文档编辑效率是十分重要的。目前刚入学的大学一年级新生,即使对战类游戏玩得很好,会键盘指法的学生比例也非常低,"一指禅"和"鸡捉虫"式的打字方式比比皆是,效率十分低下。因此,从现在开始,**花一点时间,学习和纠正指法,提高打字速度,绝对是一件"磨刀不误砍柴工"的事情。**至于标准指法是怎样的,请自行用百度搜索,很容易找到详细的图解和练习方法,还可以下载一些辅助练习软件来提高训练效率。

实验关卡1-5:文字录入与保存设置。

实验目标:完成调研简报大纲的录入。建立定期保存文档的意识。掌握查找MS Office软件帮助的方法。

实验内容:

(1) 创建新文档并把文档命名为"无限风光在云南.docx",录入自拟的云南旅游产业调研简报的提纲。

(2) 在Word功能区选项卡最后一项"告诉我您想要做什么"中输入"自动保存"来获取相关的帮助(需要联网),浏览后将自动保存的周期设置为5分钟。

【小贴士】 云存储是信息时代又一时髦工具,人们可以把重要的文档存储在虚拟的信息"云端",这样就不必担心哪天计算机硬盘突然罢工而丢失了重要的文件,同时,即使计算机不在手边,只要能连接互联网,也能随时随地获取到保存在"云"上的文件。微软公司提供的OneDrive云盘就可提供这样的服务,单击功能区的"文件"选项卡,单击"另存为"选项,就能看到如图1-10所示的标志,在线申请一个OneDrive账号,就可以将文件另存到"云"上!这样的备份十分安全有效,你并不知道它在哪里,但它一直在那里。试试看吧!

图 1-10　OneDrive 示意图

1.4.3　文本编辑

大纲完成后,进入第二步"堆素材"阶段。这阶段除了借录入自己的观点的机会继续熟悉键盘指法以外,最常用的鼠键操作就是"复制"和"粘贴"了,将找到的合适图文素材从网页或其他文件中复制到当前正在编辑的文档里。这里介绍一下虽然简单但最常用的三种操作:文本的选定、复制和移动、删除。这些快捷操作方式是必须要掌握的。

1. 文本的选定

在复制或者移动文本之前,需要先选定要操作的内容,文本选定的操作如表1-1所示。

表 1-1　文本选定操作

选定内容	操　　作
一个单词或汉字	在所需的文字、词组或英文单词中双击
一句	按住Ctrl键,在需要选定的句中单击

续表

选定内容	操 作
一行	将光标移至该行左侧,当指针变成⌐后单击
连续多行	将光标移至要选择的首(末)行左侧,当指针变成⌐后按住鼠标左键向下(上)拖到想要选择的位置松开
一段	将光标移至该段左侧,指针变成⌐后双击
整篇文档	将光标移至文档左侧,指针变成⌐后三击,或通过快捷键 Ctrl+A
连续文本	将光标定位在要选定文本起始处,按住鼠标左键拖到结束位置松开(或按住 Shift 键单击结束处)
不连续文本	先选定一个文本区域,然后按住 Ctrl 键的同时再选定其他文本区域
矩形区域文本	将光标定位在要选定的文本起始处,按住 Alt 键的同时按住鼠标左键拖到结束位置松开

【小贴士】 在选定不连续文本时,如果想要去掉已选定的文本区域,可在按住 Ctrl 键的同时单击该文本区域即可。

2. 文本的复制和移动

在文档的编辑过程中,可能会从其他文件中复制需要的内容(例如,本章的任务是要从保存的网页文件中复制内容),或者会遇到需要调整文档内容的先后顺序或输入相同内容的情况,此时可利用文本的移动和复制功能,有效地避免重复输入所浪费的时间与精力。

文本的复制和移动(又称为剪切),可以通过"开始"功能区的"剪贴板"组、鼠标右键的快捷菜单、鼠标拖动、快捷键 4 种方式达到目的,这里作者强烈推荐使用**快捷键的方式**来完成文本复制或者移动的操作,这种方式不仅适用于办公软件,其他软件应用中只要涉及复制、移动和粘贴的操作都适用。分解动作如下。

(1) 选定需要移动或复制的文本,按快捷键 Ctrl+X(剪切)或 Ctrl+C(复制)。

(2) 将光标定位在目标位置,再按快捷键 Ctrl+V。

3. 文本的删除

文本的删除操作如表 1-2 所示。

表 1-2 文本的删除操作

删除内容	操 作
一个文字	将光标定位在要删除的文字前(后),按一下 Delete(BackSpace)键
连续文本	选定后按 Delete 键或 BackSpace 键
不连续文本	选定后按 Delete 键

> **实验关卡 1-6：文本复制或移动。**
>
> **实验目标**：完成调研简报文字稿。能熟练地运用 Ctrl＋X（剪切）、Ctrl＋C（复制）、Ctrl＋V 等快捷键来完成文本的复制和移动操作。
>
> **实验内容**：
>
> （1）根据自拟的大纲，向实验关卡 1-5 中创建的文档"无限风光在云南.docx"里复制前期搜索到的信息，并逐段编辑整理成文。
>
> （2）选中全文，单击"开始"选项卡中的"清除格式"按钮 来统一全文，为下一步排版做好准备。

至此，应该说本章任务的第一个要求已经达成，如图 1-11 所示给出了一个云南旅游产业调研简报的无格式示例（电子素材文档可扫描本书前言中提供的二维码下载，本章后续实验关卡可基于此素材完成）。内容有了，但形式上毫无表现力，还远未达到一份优质简报的要求。接下来通过运用 Word 2016 功能区提供的丰富选项来对文档进行排版。

【小贴士】 图 1-11 的编辑界面视图是通过单击标题栏右上角的上箭头标志 自动隐藏了功能区（快捷键是 Ctrl＋F1）。此外，建议学习者探索一下功能区中"视图"选项卡里提供的各种选项，可在不同应用场景下选择合适的文档显示方式。

1.4.4 文档排版

这部分内容是运用字处理软件处理文档的核心内容，就 Word 2016 而言，主要涉及功能区中的"开始""插入""设计"和"布局"4 个选项卡的内容（见图 1-8）。

（1）"开始"选项卡主要涉及文字格式和段落设置。

（2）"插入"选项卡的功能比较丰富，主要涉及文档中各种媒体元素的编辑，包括图片、图形、统计图表、数据表格、页眉页脚、超链接、文本框、艺术字、特殊符号等，好看的东西基本都在这儿了。

（3）"设计"选项卡提供了预定的模板和自定义模板的功能，以及对页面的整体修饰功能。

（4）"布局"选项卡主要是提供页面版式设计的功能。

除此之外，还有一些在处理图片、图形、表格等媒体元素时才会出现的隐藏选项卡（后面会有介绍）。如果就上述内容展开来介绍，可以洋洋洒洒上百页，但本书不是一本工具类参考书（这类书目市场上非常多，重复无益），不会详细介绍工具的使用。我们的初心是**给学习者指明一条可以一步步探索的学习路线，帮助学习者在初探计算机世界的过程中逐步建立起自我学习的自信心、发现力和执行力。**"不积跬步，无以至千里；不积小流，无以成江海。"下面我们依然分阶段通过几个实验关卡来完成本章的任务，在过关的过程中积累一些现阶段必要的应用技能。实验过程中如果遇到不会使用的功能，或者想掌握更进一步的高阶技巧，可以通过自学软件自带的帮助、网络搜索或者查阅适用的工具参考书来辅助学习。

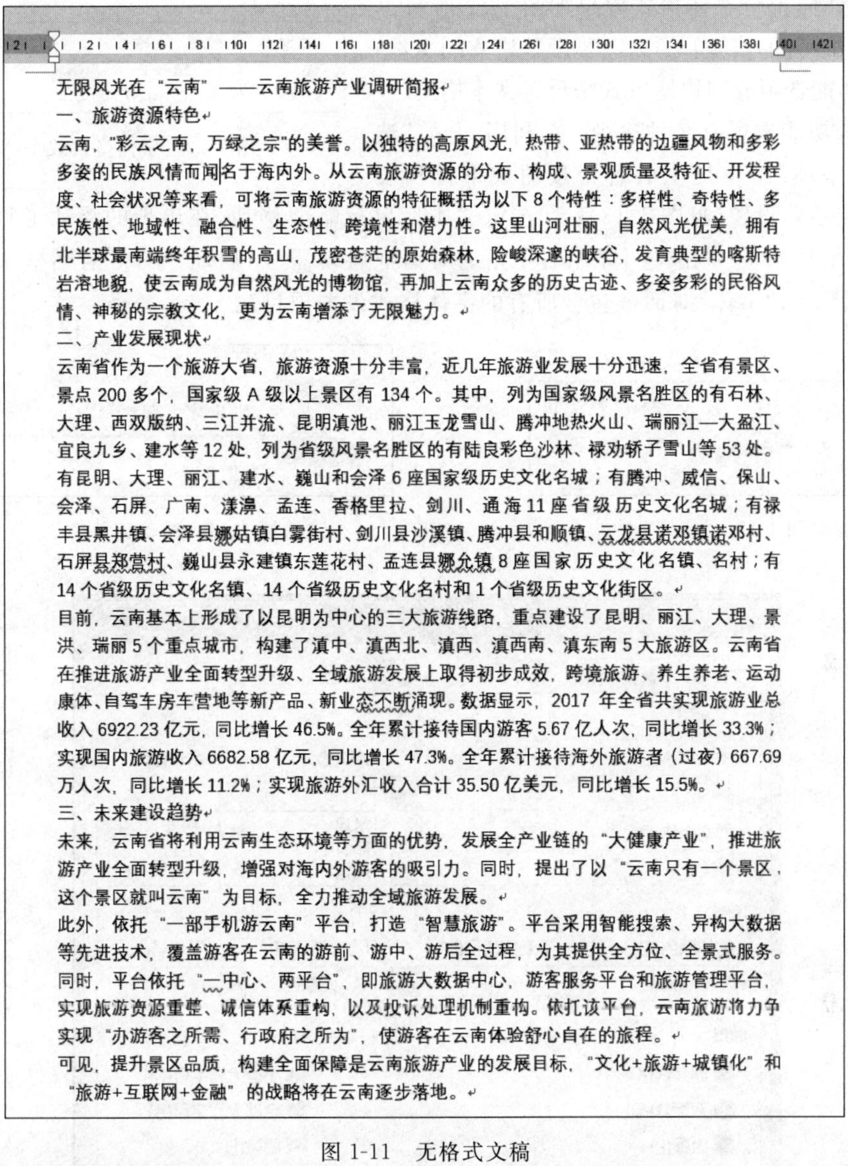

> 无限风光在"云南"——云南旅游产业调研简报
> 一、旅游资源特色
> 云南,"彩云之南,万绿之宗"的美誉。以独特的高原风光,热带、亚热带的边疆风物和多彩多姿的民族风情而闻名于海内外。从云南旅游资源的分布、构成、景观质量及特征、开发程度、社会状况等来看,可将云南旅游资源的特征概括为以下8个特性:多样性、奇特性、多民族性、地域性、融合性、生态性、跨境性和潜力性。这里山河壮丽,自然风光优美,拥有北半球最南端终年积雪的高山,茂密苍茫的原始森林,险峻深邃的峡谷,发育典型的喀斯特岩溶地貌,使云南成为自然风光的博物馆,再加上云南众多的历史古迹、多姿多彩的民俗风情、神秘的宗教文化,更为云南增添了无限魅力。
> 二、产业发展现状
> 云南省作为一个旅游大省,旅游资源十分丰富,近几年旅游业发展十分迅速,全省有景区、景点200多个,国家级A级以上景区有134个。其中,列为国家级风景名胜区的有石林、大理、西双版纳、三江并流、昆明滇池、丽江玉龙雪山、腾冲地热火山、瑞丽江—大盈江、宜良九乡、建水等12处,列为省级风景名胜区的有陆良彩色沙林、禄劝轿子雪山等53处。
> 有昆明、大理、丽江、建水、巍山和会泽6座国家级历史文化名城;有腾冲、威信、保山、会泽、石屏、广南、漾濞、孟连、香格里拉、剑川、通海11座省级历史文化名城;有禄丰县黑井镇、会泽县娜姑镇白雾街村、剑川县沙溪镇、腾冲县和顺镇、云龙县诺邓镇诺邓村、石屏县郑营村、巍山县永建镇东莲花村、孟连县娜允镇8座国家历史文化名镇、名村;有14个省级历史文化名镇、14个省级历史文化名村和1个省级历史文化街区。
> 目前,云南基本上形成了以昆明为中心的三大旅游线路,重点建设了昆明、丽江、大理、景洪、瑞丽5个重点城市,构建了滇中、滇西北、滇西、滇西南、滇东南5大旅游区。云南省在推进旅游产业全面转型升级、全域旅游发展上取得初步成效,跨境旅游、养生养老、运动康体、自驾车房车营地等新产品、新业态不断涌现。数据显示,2017年全省共实现旅游业总收入6922.23亿元,同比增长46.5%。全年累计接待国内游客5.67亿人次,同比增长33.3%;实现国内旅游收入6682.58亿元,同比增长47.3%。全年累计接待海外旅游者(过夜)667.69万人次,同比增长11.2%;实现旅游外汇收入合计35.50亿美元,同比增长15.5%。
> 三、未来建设趋势
> 未来,云南省将利用云南生态环境等方面的优势,发展全产业链的"大健康产业",推进旅游产业全面转型升级,增强对海内外游客的吸引力。同时,提出了以"云南只有一个景区,这个景区就叫云南"为目标,全力推动全域旅游发展。
> 此外,依托"一部手机游云南"平台,打造"智慧旅游"。平台采用智能搜索、异构大数据等先进技术,覆盖游客在云南的游前、游中、游后全过程,为其提供全方位、全景式服务。同时,平台依托"一中心、两平台",即旅游大数据中心、游客服务平台和旅游管理平台,实现旅游资源重整、诚信体系重构,以及投诉处理机制重构。依托该平台,云南旅游将力争实现"办游客之所需、行政府之所为",使游客在云南体验舒心自在的旅程。
> 可见,提升景区品质,构建全面保障是云南旅游产业的发展目标,"文化+旅游+城镇化"和"旅游+互联网+金融"的战略将在云南逐步落地。

图1-11 无格式文稿

【小贴士】 在众多Office软件使用工具书中,推荐一套好用的参考书:《和秋叶一起学Office(第二版)》,其中,Word分册从实用的角度介绍了软件功能,并给出非常详尽的图解,更重要的是这本书不仅仅介绍软件功能的使用,而且从方法学上给出一些排版之道和美学技巧。特别是第5部分"学霸之路",介绍如何进行论文类文献的"**长文档排版**",这部分技能对进入高等教育阶段的学生非常实用,而且也是必须训练的文档排版能力。此外,软件工具详解类参考书非常多,本章最后推荐了一些,可自行选用。

1. 设置字体格式

字体格式设置包括字体(宋体、黑体等)、字号、字形(加粗、倾斜等)、颜色、下画线、底纹和边框等,部分字体格式效果如图 1-12 所示。

格式设置的步骤:①选定要设置格式的文本;②点选功能选项或用快捷方式来设置文本格式。

图 1-12 字体格式效果

点选功能选项有 3 种途径:①利用"开始"选项卡下"字体"组中提供的各个按钮或下拉列表进行相应字体设置(见图 1-13);②选定文本后鼠标略微移动,在出现的浮动工具栏内选择(见图 1-14);③单击"字体"组右下角的对话框启动器 ,启动"字体"对话框来完成设置(见图 1-15,"字体"对话框包含所有的字体格式设置项目)。

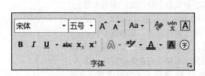

图 1-13 "字体"组

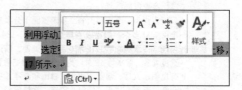

图 1-14 浮动工具栏

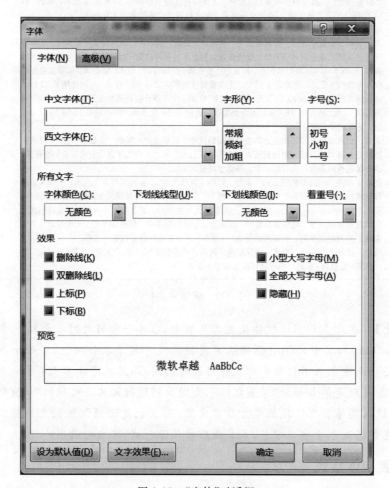

图 1-15 "字体"对话框

【小贴士】按快捷键 Ctrl+D 可快速打开"字体"对话框。右击选定的文本,在弹出的快捷菜单中选择"字体"命令也可打开"字体"对话框。

这里需要强调的是,功能区、浮动工具栏、右键菜单栏以及"功能"对话框是使用 Office 软件功能的 4 个主要途径,这 4 个途径中核心的功能选项往往是重复出现的,以方便用户形成适合自己的使用习惯。**掌握了基本的方法,就可以举一反三,同时,所见即所得的交互界面,很容易摸索**,学习者要消除畏惧心理,大胆尝试。因此,本章后面的实验,除特殊步骤以外,都不再详述操作过程,学习者自行摸索。

> **实验关卡 1-7**:设置文本格式。
>
> **实验目标**:能快速选定需要设置格式的文本区域;能运用功能区"字体"组的各种选项设置不同的字体格式。
>
> **实验内容**:打开本书提供的实验素材"无限风光在云南.docx",①将文章题目设置为华文行楷、三号字、加粗、蓝色;②将三个小标题设置为微软雅黑、五号、加粗;其他正文文字设置为方正姚体、小五;③保存结果,样张如图 1-16 所示;④尝试其他格式,体验"字体"组的各种选项效果。

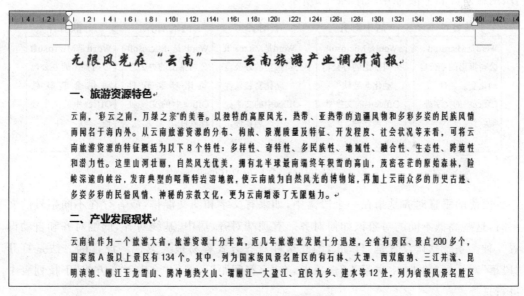

图 1-16 实验关卡 1-7 的样张

2. 设置段落格式

Word 中,两个段落标记(即**回车符**)之间的内容称为段,段是以段落标记作为结束标志的。通过设置段落格式可使文档的版面更有层次感。段落格式的设置一般包括设置段落缩进方式和对齐方式、设置段间距和行间距等。

段落缩进有 4 种形式,即首行缩进、悬挂缩进、左缩进和右缩进,如图 1-17 所示。

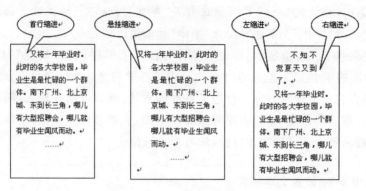

图 1-17　4 种段落缩进形式

【小贴士】　功能区的"开始"选项卡和"布局"选项卡里都设有"段落"组,可以快速调整缩进量和其他设置。此外,拖动功能区下方标尺上的游标也可以调整左右缩进,拖动游标的同时按下 Alt 键,可以触发无级调节模式,使得调整距离的精细程度更高,更容易对齐网格,非常方便。

段落的对齐方式有水平对齐和垂直对齐。水平对齐方式一般包括左对齐、居中、右对齐、两端对齐和分散对齐,如图 1-18 所示。

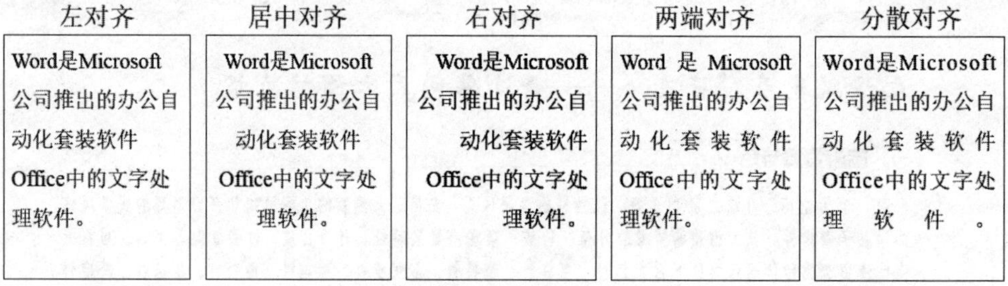

图 1-18　5 种段落对齐形式

段落的**垂直对齐**是指在一个段落中,如果有文字和图文混排,或者存在不同字号的文字时,这些高低不同的对象该如何对齐。有顶端对齐、居中、基线对齐、低端对齐和自动设置 5 种。系统默认设置是"自动",因此这种对齐方式容易被人忽视。设置的方法是打开"段落"对话框,单击"中文版式"选项卡,在"字符间距"区域的"文本对齐方式"下拉列表中进行选择。

段间距和行间距是最常用的段落设置选项之一,合适的段落间距设置会使文档看上去更有层次感。需要注意的是,段落标记不仅用于标记一个段落的结束,它还保留有关该段落的所有格式设置(如段间距、行距、段落样式、对齐方式等),所以在移动或复制某一段落时,若要保留该段落的格式,就一定要将段落标记一并选定。"段落"组的右上角有一个"显示和隐藏编辑标记"的按钮 ,这个按钮可以显示或者隐藏编辑区内的不可打印的编辑标记,如回车符、分页符、分节符、标题标记等。

【小贴士】　在编辑文档时,经常需要将某些文本、段落或图形图像设置为相同的格式,使用"剪贴板"组中的**格式刷** ,可以方便快捷地实现相同格式的复制,提高文本编辑效率。选定希望复制其格式的文本、段落或其他对象,单击"格式刷"按钮,当光标变成刷子的形状后去"刷"目标对象即可。若要连续复制多次,则双击"格式刷"按钮;要取消复制,只需按 Esc 键或再次单击"格式刷"按钮。格式刷是排版工具中的"**神器**"!

> **实验关卡 1-8**:设置段落格式。
>
> **实验目标**:能快速选定需要设置格式的段落;能运用功能区"段落"组的各种选项设置不同的段落格式;能熟练操作格式刷。
>
> **实验内容**:在实验关卡 1-7 的结果文档基础上,(1)将文章题目的主副标题分两段显示,主标题居中,副标题字体大小设置为小三,先右对齐,然后通过拖动功能区下方标尺上的右缩进游标来调整副标题右对齐的位置。
>
> (2)正文第一段设置为首行缩进 2 字符,行间距设为 1.1 倍,并用格式刷将其他正文段落也设置为同样的格式,样张如图 1-19 所示。
>
> (3)尝试其他格式,体验"段落"组的各种选项效果。

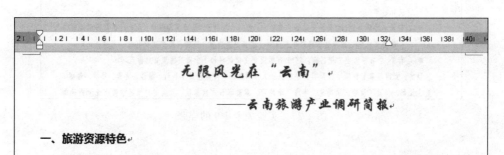

图 1-19　实验关卡 1-8 的样张

3. 设置项目符号

为了强调某些内容之间的并列和顺序关系,使文档的层次结构更为清晰,更加有条理,经常要用到项目符号和编号。Word 2016 提供了 7 种标准的项目符号和编号,并且允许用户自定义项目符号和编号。功能区“开始”选项卡中的“段落”组里提供了项目符号、编号和多级列表的设置按钮，非常方便。

> **实验关卡 1-9**：设置项目符号。
>
> **实验目标**：能运用功能区“段落”组的项目符号和编号来改善文档的层次结构；建立分层描述问题的意识。
>
> **实验内容**：在实验关卡 1-8 的结果文档基础上，(1)将文章第二部分中关于景点描述的段落用项目符号进行组织，使文章层次更清晰。样张如图 1-20 所示。
>
> (2) 尝试其他标号形式，体验不同标号的效果。

二、产业发展现状

云南省作为一个旅游大省，旅游资源十分丰富，近几年旅游业发展十分迅速，全省有景区、景点 200 多个，国家级 A 级以上景区有 134 个。其中，列为国家级风景名胜区的有石林、大理、西双版纳、三江并流、昆明滇池、丽江玉龙雪山、腾冲地热火山、瑞丽江—大盈江、宜良九乡、建水等 12 处，列为省级风景名胜区的有陆良彩色沙林、禄劝轿子雪山等 53 处。

- 有昆明、大理、丽江、建水、巍山和会泽 6 座国家级历史文化名城；
- 有腾冲、威信、保山、会泽、石屏、广南、漾濞、孟连、香格里拉、剑川、通海 11 座省级历史文化名城；
- 有禄丰县黑井镇、会泽县娜姑镇白雾街村、剑川县沙溪镇、腾冲县和顺镇、云龙县诺邓镇诺邓村、石屏县郑营村、巍山县永建镇东莲花村、孟连县娜允镇 8 座国家历史文化名镇、名村；
- 有 14 个省级历史文化名镇、14 个省级历史文化名村和 1 个省级历史文化街区。

目前，云南基本上形成了以昆明为中心的三大旅游线路，重点建设了昆明、丽江、大理、景洪、瑞丽 5 个重点城市，构建了滇中、滇西北、滇西、滇西南、滇东南 5 大旅游区。云南省在推进旅游产业全面转型

图 1-20　实验关卡 1-9 的样张

4. 设置特殊版式

如果要给文档的版式增添一些特殊效果来提升品质，需要使用一些特殊的排版方式。Word 2016 提供了如分栏排版、改变文字方向、首字下沉等多种特殊的排版方式。前两种设置在“布局”选项卡的“页面设置”组中提供，而“首字下沉”的功能由“插入”选项卡的“文本”组提供。

> **实验关卡 1-10**：设置特殊版式。
>
> **实验目标**：能根据需要设置一些特殊的版式，增加文档的表现力。
>
> **实验内容**：在实验关卡 1-9 的结果文档基础上，(1)选定文章正文第一段，设置首字下沉，下沉 2 行，距离正文 0.2cm。
>
> (2) 选定第二部分正文分栏显示，分 2 栏，栏间距 2.5 字符，加分隔线。样张如图 1-21 所示。
>
> (3) 尝试其他特殊版式设置，体验不同版式的效果。

图 1-21 实验关卡 1-10 的样张

5. 设置段落边框

在文档中添加各种各样的边框和底纹,可以增强文档的生动性,或突出显示一些需要强调的重要内容。各类边框设置的入口都集中在"设计"选项卡的"页面背景"组中,单击"页面边框"可以打开"边框和底纹"对话框,如图 1-22 所示。通过适当的设置,可以为文字、段落、页面添加不同类型和样式的边框,以及为这些边框填充颜色和底纹。完成实验关卡 1-11,来进行新的尝试。

实验关卡 1-11:设置段落边框。
实验目标:能根据需要为文字、段落或页面设置边框,增加文档的表现力。
实验内容:在实验关卡 1-10 的结果文档基础上,(1)选定文章正文最后一段,为这一段落添加边框,设置"阴影"边框,实线,线宽为 0.75 磅,应用于"段落",线框距离正文间距上、左各 4 磅,下、右各 3 磅,填充浅黄色底纹。

(2)将文字精练到一行以内,并适当调整标尺上的游标来控制左右缩进。样张如图 1-23 所示。

(3)尝试其他边框设置,体验不同形式和类型边框的效果。

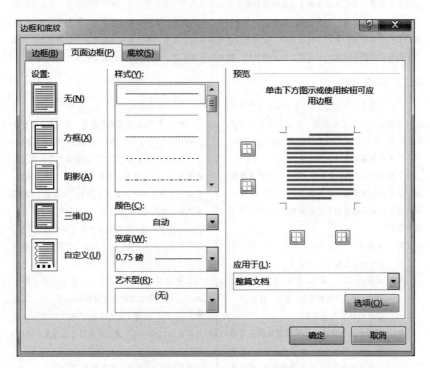

图 1-22 "边框和底纹"对话框

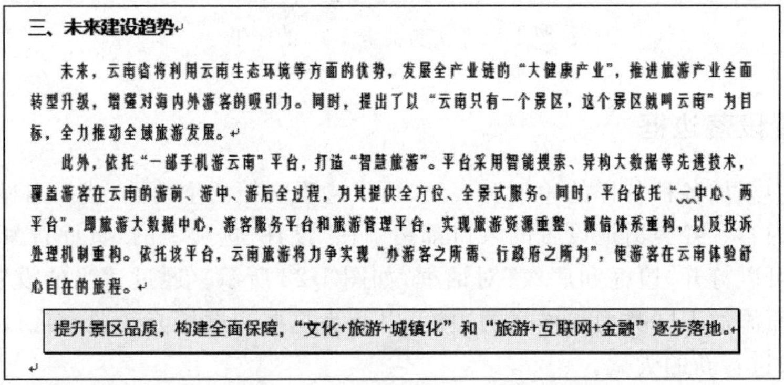

图 1-23 实验关卡 1-11 的样张

实验关卡 1-12:综合调整。

实验目标:能根据需要对文档样式做整体调整,使其协调一致。样张如图 1-24 所示。

实验内容：在实验关卡 1-11 的结果文档基础上，做一些一致性调整，主副标题和小标题单倍行距，副标题右缩进 7.15 字符，各小标题段前段后行距为 0.5 行，正文为 1.25 倍行距，加了黄色底纹边框的段落设置为段前 0.5 行，左右缩进 1.5 字符。

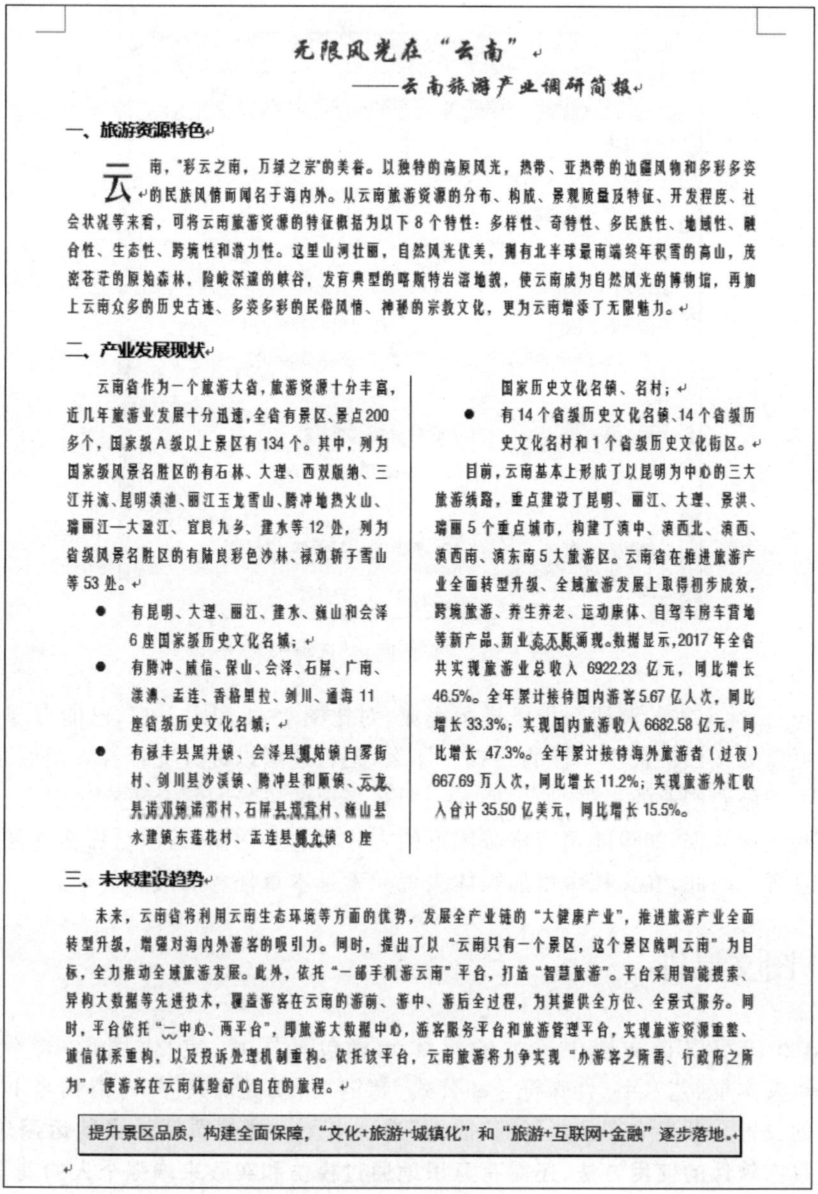

图 1-24　实验关卡 1-12 的样张

如果严格按上述要求一步步走下来，未做其他设置，会发现此时并不能得到图 1-24 所示的结果，因为**文档内容跨页了**！这时即使缩小正文行距和字体，取消段前段后的行距也不能在一页内完整呈现。这是为什么呢？这里并不直接给出答案，请根据下面小贴士提供的线索来解决上述的问题。

【小贴士】 在"布局"选项卡的"页面设置"组里,打开对话框会发现有一个"文档网格"选项卡,如图1-25所示,默认设置是"只指定行网格"。通过研究"文档网格"与实际段落设置之间的关系可以轻松解释上述问题并找到解决的方法。得到这一技能,对于版式的调整就游刃有余了。赶紧动手吧!

图1-25 "文档网格"选项卡

至此,一篇纯文本的调研简报已排版完成,对比图1-24和图1-11,已能直观体会到适当的排版可以为文档带来不一样的感观。那么,是否还可以提升呢?答案当然是肯定的。这是一篇关于旅游产业的报告,如果插入一两幅当地的风景图片会更有吸引力。另外,文章中有一些统计数据,如果能用表格或图形的方式将这些数据可视化,那么这部分素材会显得更为直观。因此,在文档中添加媒体表现元素是本章任务的最后关卡。

1.4.5 图文混排

Word 2016可以在文档中添加的媒体元素包括图片、表格、图形(形状)、图表、SmartAart、文本框、艺术字、特殊符号和公式、超链接、联机视频等,可谓相当丰富。这些媒体元素的设置全部集中在功能区的"插入"选项卡下。**要想灵活恰当地运用这些元素,不仅需要掌握软件的使用方法,还需有意识地通过模仿和实践来增强个人的美学修养。**

现在先从完成本章的任务开始,上面已经分析过了,需要准备以下素材:①1~2张云南风景图片;②制作数据表格;③绘制可视化的图表。

1. 插入图片

插入图片有4种方式。

(1) 复制→粘贴(单击按钮或用快捷键)。

(2) 直接将其他位置的图片拖曳到文档中。

(3) 单击"插入"选项卡→"图片"→选取图片所在的存储位置→插入图片。

(4) 复制→单击"开始"选项卡中"粘贴"按钮下方的小黑三角→选择性粘贴(或粘贴选项)→选择所需要的格式。

【小贴士】 为了避免将图片与读图软件的相关信息以及链接全部贴入文档,而造成Word文档变得庞大,强烈推荐使用第3种或第4种方式。

在插入图片之前,翻遍功能区的选项卡,除了"插入"操作以外,找不到任何与图片相关的设置选项。这是怎么回事?别着急,当完成插入操作后,选中图片,功能区就会自动出现一个新的选项卡"图片工具-格式",单击这个选项卡或者双击图片,就会发现Word 2016提供了整整一条标签页的图片设置工具,如图1-26所示。通过这些工具可以对图片进行一般的处理和美化操作,例如,调整图片大小和位置、裁剪、增加艺术效果、更改图片的版式等。这就是本节开头提到的隐藏选项卡之一。

图1-26 "图片工具-格式"选项卡

"光说不练假把式",我们通过下面的实验关卡来熟悉图片工具。

实验关卡1-13:图片插入和处理。

实验目标: 能用适当的图片辅助修饰文档,熟悉图片工具的使用。

实验内容: 在实验关卡1-12的结果文档基础上,①选择一幅云南风景图片插入文档(也可用本书实验素材提供的图片);②设置图片高度为4.2cm,并锁定纵横比;③设置文字环绕为"四周型",拖至正文第一段的右侧;④设置图片样式为"映像圆角矩形",艺术效果为"纹理化",样张如图1-27所示;⑤尝试其他图片处理工具,体验不同功能对图片的处理效果。

---

2. 插入表格

设计规范合理的表格能使文档所表述内容的逻辑性和准确性加强,不仅提高文章说服力,还可以紧缩篇幅、节约版面,也兼具活跃和美化版面的功能。

制作表格的一般流程:①先根据内容设计表格的行列数量;②在需绘制表格的位置用"插入"选项卡提供的表格选项插入或绘制表格;③根据文风调整表格样式。

与图片工具类似,当插入表格后,选中表格或者光标放入表格中,功能区会出现新的用于表格设置的"表格工具"选项卡,"表格工具"选项卡又包括"设计"和"布局"两个附属选项卡,如图1-28所示。"布局"选项卡主要用于表格的格局设计,就好比房屋的房型设计,几个房间,房间大小和功用;"设计"选项卡主要用于设置表格样式,就好比房屋的装修

图 1-27 实验关卡 1-13 的样张

设计,怎么装饰好看。

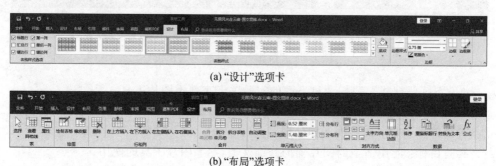

(a)"设计"选项卡

(b)"布局"选项卡

图 1-28 "表格工具"选项卡

> **实验关卡 1-14**:表格插入和设置。
> **实验目标**:能设计和绘制简单表格,熟悉表格工具的使用。
> **实验内容**:在实验关卡 1-13 的结果文档基础上,①在正文第二段的第一句话后分段,并插入一个 3 行 5 列的表格,用于直观地表示云南国家级和省级名胜的统计数据;②设置表格样式为"网格表 6 彩色-着色 5";③用"边框刷"将外围框线刷成"双实线,1/2pt,着色 5";④表格内的文字居中,样张如图 1-29 所示;⑤尝试表格工具提供的其他选项,体验不同功能对表格的处理效果。

3. 插入图表

图表比表格更直观,是以图的形式对数据进行的形象化的表示,一般用于展示数据中蕴含的关系、模式和趋势等信息,有效地辅助读者分析和理解数据。单击"插入"选项卡中的"图表"按钮,即可打开"插入图表"对话框,如图 1-30 所示,这里提供了十几种图表样式,这些样式还可以组合运用,能满足各类数据表现形式的需求。

图 1-29 实验关卡 1-14 的样张

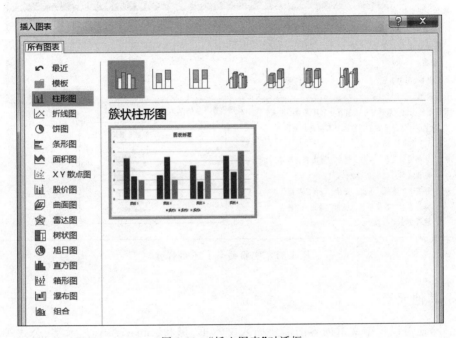

图 1-30 "插入图表"对话框

Word 2016 提供的图表制作方式是导引式的,选择一种图表单击"确定"按钮后,就会进入图表制作流程,按弹出对话框的提示,填写数据、设置标题和图例等要素信息,就能得到预期的样式。图表制作涉及的要素比较多,特别要注意各个要素之间的大小比例、位置、配色等,才能使图表看上去协调、美观。要制作出表现力很强的精美图表并非易事,需要不断尝试和积累。

实验关卡 1-15:图表插入和设置。
实验目标:能设计和绘制简单图表,熟悉图表工具的使用。
实验内容:在实验关卡 1-14 的结果文档基础上,①将正文第二小节最后一段的数据绘制成对比图,使用"簇状柱形图"(系列 1,主轴)和"带数据标识的折线图"(系列

2,次轴)的组合模式,用于绘图的数据和效果样张如图 1-31 所示;②设置图表标题为"2016—2017 旅游业增长";③设置主坐标轴的范围为 4000～7000(单位：亿元),次坐标轴的范围为 4～7(单位：亿人次);④为各个类别数据添加数据标签;⑤调整图表内文字的格式(字体、大小、颜色、位置),使其与周边内容协调;⑥设置图表外边框的线型、粗细、颜色和圆角;⑦尝试图表工具提供的其他选项,体验不同功能对图表显示效果的影响。

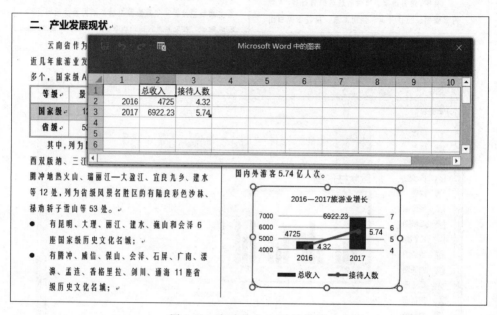

图 1-31　实验关卡 1-15 的样张

4. 其他元素

此外,还可以根据文章内容的需要插入文本框、形状、SmartArt、艺术字、公式等其他元素,摸索和学习的方法类似,在此不再逐一赘述。另外需要强调的是,**这些元素的使用不是为了形式而形式,能最有效地表达信息才是我们的目标**。

至此,本章开头设置的任务目标已基本达成,最后一个关卡是再次修整上述文档的排版,适当精简一些文字使其在一页内呈现完整的内容。

实验关卡 1-16：综合排版。

实验目标：完成调研简报的编辑和排版。

实验内容：在实验关卡 1-15 的结果文档基础上,①适当精简文字,将内容限制在一页以内,也可以通过减小页边距来扩大页面有效区域。②将主标题改为艺术字增强艺术性。③设置和谐一致的页面边框和底色,必要时增加页眉和页脚。④根据整体效果,进行各部分内容细节的微调。参考样张如图 1-32 所示。

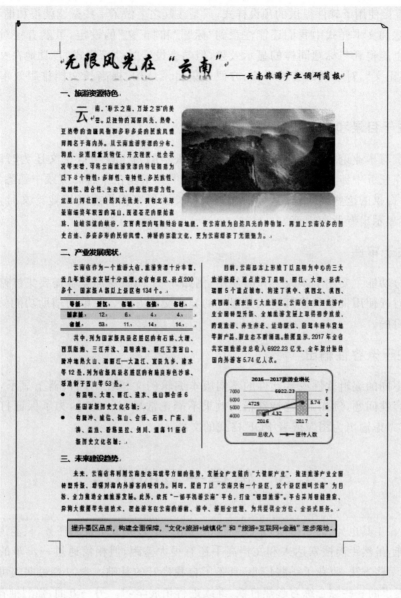

图 1-32 调研简报参考样张

1.4.6 还有什么值得关注

1. 关于主题和样式

Word 2016 提供了多种预设的文档主题(模板)、丰富的文本样式和图表样式。这些主题和样式都是经过美学专业人士精心设计的结果,因此能直接选用,排版的效果就差不了哪儿去。这也是一个"偷懒"大招,值得花点时间熟悉和关注。例如,图 1-32 中插入的表格和图表都是直接使用了软件提供的预设样式,只是在其之上做了一些微调就很和谐了。

在主题和文本样式中我们还能注意到"标题"和"正文"的设定,虽然直接对正文进行格式设置也能得到与标题同样的显示效果,但学会设定"标题"样式,自觉地在文档中区分"标题"和"正文",对于规范文档形式、方便采集目录结构、提高长文档排版效率是非常实用的技能。

2. 关于目录和交叉引用

这是撰写毕业论文的必杀技!虽然对于刚入学的新生谈毕业论文还为时尚早,这也是本章未在任务中涉及这部分内容的主要原因,但如果能在今后的实践中熟悉和掌握"引用"选项卡提供的这些高阶技巧,等到编辑排版长篇研究报告或者毕业论文时,就会省时省力,而且显示出专业和规范。

3. 关于审阅

这部分功能主要用于多人协作时使用,例如,一个团队参加竞赛需要集体修改提交的报告。这时候使用批注和修订模式是很好的异步交流方式。简单的辅助功能就能达到高效的协作目的。

4. 关于兼容性输出

鉴于不同的编辑软件或者软件的不同版本编辑的文档在不同机器上显示,可能会出现一些兼容性问题,例如,一些特殊格式效果不能正常显示。此时,为了保证打印效果的一致性,应考虑输出为图像或者 PDF 格式的文档。

1.5 值得一看的小结

搜索,靠工具也凭感觉;排版,是技能也是艺术。通过完成本章的任务,只能说掌握了最基本的技能,虽然距离搜索达人和文档高手还有很大差距,但相信通过一步步的尝试和努力,掌握了一些方法,收获了一些信心,具备了自我提升的基础。学习者短期内可以通过完成 1.6 节提供的一些综合练习趁热打铁,继续进行拓展学习。另一方面,强烈推荐常备一两本实用的工具参考书,供需要时查阅。当然,还是请记住那句话:"网络,是永不失联的老师"。

1.6 综合实验

1.6.1 综合实验 1-1

【实验目标】

综合应用 Word 提供的表格工具,制作复杂表格。

【实验内容】

参照素材中提供的样张文件"综合实验1-1(结果).pdf"中的表格样式制作表格。要求：

(1) 标题文字"个人简历表"设为隶书、一号、居中对齐。

(2) 表内文字为宋体、五号。

(3) 表格外框线为1.5磅单实线。

(4) 表中文字垂直、水平均居中对齐。

1.6.2 综合实验1-2

【实验目标】

综合应用Word提供的功能排版文档。

【实验素材】

(1) "驿动的心.docx""表格数据.docx"。

(2) "图表.bmp""电脑.bmp""病毒-蜘蛛.bmp"。

【实验内容】

参考素材中提供的样张文件"综合实验1-2(结果).pdf"的版式编排文档，具体格式说明如下。

(1) 页面设置：A4纸，上下左右页边距均为3厘米。

(2) 标题"驿动的心"为隶书、小初字号、阴影效果、水平居中。

(3) "目前世界上哪些国家的学生上网最多？""网络心理疾病"和"网络文化素养"为小节标题，应用"标题3"样式，自动编号，编号格式为1.、2.、3.……

(4) 第1、2小节的正文为宋体、五号，首行缩进2字符，单倍行距。

(5) 第3小节的正文为宋体、五号，无首行缩进，1.5倍行距。

(6) 文档中表格数据来源于素材文件"表格数据.docx"，表格外框线为双细线、0.5磅，表头文字为黑体、小三号，垂直、水平均居中对齐；其余文字为宋体、五号，垂直居中对齐、水平两端对齐。

(7) 设文字"上网要科学安排："的底纹样式为15%。

(8) 最后一段的上下边框线为粗细双线，宽度为3.0磅。

(9) 给"一是……二是……三是……"三段添加适当的项目符号。

(10) 页眉文字"网络心理学期刊——第一期"，为宋体、小五、居中；页脚为第×页，居中。

1.6.3 综合实验 1-3

【实验目标】

综合应用 Word 提供的功能排版文档。

【实验素材】

(1) "众志成城.docx""数据.docx"。

(2) "温总理.jpg""众志成城.bmp""国际捐款统计图.bmp"。

【实验内容】

参考素材中提供的样张文件"综合实验 1-3(结果).pdf"中的版式编排文档,具体格式说明如下。

(1) 纸张大小为 A4。页边距上下 2.54 厘米,左右 2.3 厘米。

(2) 正文文字为宋体、五号;首行缩进 2 字符,多倍行距,值为 1.2,段前段后间距 0.5 行。

(3) 各段标题为楷体_GB2312、小四、加粗、加底纹(样式自定);多倍行距,值为 1.2,段前段后间距 0.5 行。

(4) 结语为正文华文行楷、小四、加粗、深蓝色。

(5) 将"题记"和"事件回放"两段分两栏。

(6) 根据素材文件"数据.docx"提供的数据,把文字转换成表格,再生成图表,标题为"军队救援人员和装备统计图"。

(7) 页眉为插入的日期,右对齐,要求自动更新。

1.6.4 综合实验 1-4

【实验目标】

长文档的综合排版。

【实验素材】

(1) "多媒体信息处理工具介绍.docx"。

(2) "题注样例图 1.tif""题注样例图 2.tif""题注样例图 3.tif""题注样例图 4.tif"。

【实验内容】

(1) 新建空白文档,设置页面格式(自定)。

(2) 修改标题样式,具体如下。

① "标题 1":黑体、二号、加粗、居中对齐;2 倍行距;段前段后间距各 16 磅;无缩进。

②"标题2":宋体、小二号、加粗、左对齐;2倍行距;段前段后间距各6磅;无缩进。自动编号,格式为1.、2.、3.……

③"标题3":黑体、三号、加粗、左对齐;单倍行距;段前段后间距各6磅;无左右缩进。悬挂缩进1.02厘米;自动编号,格式为1.1、1.2、1.3……

④"标题4":宋体、小三号、加粗、左对齐;单倍行距;段前段后间距为0;无左右缩进。悬挂缩进0.74厘米;自动编号,格式为一.、二.、三.……

(3)切换到大纲视图,将素材文件"多媒体信息处理工具介绍.docx"中作为各级标题的文字录入。

(4)根据各标题右侧圆括号中的提示,利用"大纲显示"选项卡下"大纲工具"组中的"大纲级别"下拉列表或"升级"或"降级"按钮(➡或➡)调整各级标题的级别。通过"上移"或"下移"按钮(⬆或⬇)调整各标题在文档中的先后顺序。至此整个文档的文档结构就完成了。

(5)切换到页面视图,将各标题下的正文文字从素材文件中复制过来,设置正文的字体和段落格式(自定)。

(6)根据文档中的红色提示文字,在相应位置插入图片和题注,题注分别为图1-1、图1-2等。

(7)根据文档中的蓝色提示文字,在相应位置插入对题注的交叉引用。

(8)在第一页前插入空白页,生成标题目录和图表目录。

(9)添加页眉页脚。奇数页页眉是"多媒体信息处理工具介绍",左对齐;偶数页页眉是自己的姓名,右对齐。在页面底端插入页码,格式为Ⅰ、Ⅱ、Ⅲ……水平居中。

(10)实验结果参考样张文件"综合实验1-4(结果).pdf"。

1.7 辅助阅读资料

[1] Word 快捷键集锦.docx(见本章的电子素材).

[2] 秋叶.和秋叶一起学 Word[M].2版.北京:人民邮电出版社,2017.

[3] 凤凰高新教育.Word/Excel/PPT 2016 三合一完全自学教程[M].北京:北京大学出版社,2017.

[4] 刘文香.中文版 Office 2016 大全[M].北京:清华大学出版社,2017.

[5] 杜思明.中文版 Office 2016 实用教程[M].北京:清华大学出版社,2017.

第 2 章　开启 Python 之旅

【给学生的目标】

了解 Python 语言的特点，掌握某一 Python 开发环境的安装和使用，熟悉 Python 程序的调试方法，并通过"绘制炸弹轨迹"实验熟悉 Python 的基本语法，包括表达式、分支、循环、列表、函数、库/模块等。

【给老师的建议】

开发环境的安装由学生课前自行完成；开发工具的使用和程序错误的查找由学生自学或在授课过程中结合具体例子穿插介绍。绘制炸弹轨迹实验结合授课内容进行讲授，建议课时为 10 学时：结合表达式、变量、赋值、print 和 input、导入库/模块等内容，介绍如何绘制一个坐标点（2 学时）；结合分支和 while 循环等内容，介绍如何在合理范围内绘制一个坐标点和如何绘制 n 个坐标点（2 学时）；结合列表、for 循环等内容，介绍如何绘制一条轨迹（2 学时）；结合利用 for 循环构建列表、numpy 库等内容，介绍如何更简单地绘制一条轨迹（2 学时）；结合函数等内容，介绍如何绘制多条轨迹（2 学时）。

2.1　Python，原来你是这样一种语言

Python 是由荷兰人 Guido von Rossum 在 1990 年发明的一种编程语言，利用 Python 可以指挥计算机帮人们完成很多工作，如绘制函数曲线、处理音频和图片、抓取和分析网页、收发电子邮件、管理数据，甚至还可以帮人们计算微积分、处理 Word 文档、进行自然语言处理等。这些功能在本书中都会进行介绍，通过学习，这些看似高级的技术，你也能轻松掌握。

前面列举的功能并不是 Python 所独有的，很多编程语言都能实现这些功能，如 C、C++、Java 等，本书之所以会在众多编程语言中选用 Python，是因为与其他编程语言相比，Python 具有以下几个显著的特点。

（1）语法简洁，易学易用，尤其适合没有编程经验的初学者。

（2）方式多样，功能强大。Python 既能交互式执行，又能脚本式执行；既支持过程化编程，又支持面向对象编程；既可以作为一种独立的语言运行，又能融合到其他编程语言

中,使用者可以根据需要灵活使用。

(3) 具有丰富的第三方库/模块,涉及众多领域,如科学计算、图形图像处理、自然语言处理、机器学习、大数据分析,等等,使用者只需下载安装对应的库/模块,然后通过简单的函数调用即可实现强大的功能,而不用理解底层的细节,更不用从头开始写程序。所以,在C、C++、Java中要用几十甚至上百行代码实现的功能,在Python中可能只需几行即可。

(4) 支持多种平台,可在 Windows、Linux、Mac OS 等不同环境中使用。

这些特点在初学 Python 时并不能很好地体会到,但是,正是这些你还不能深刻体会到的特点使 Python 成为目前最受欢迎的编程语言之一,在各行各业中被广泛使用。

Python 是一门十分活跃的语言,一直在不断改进中,因此出现了很多不同的版本,目前活跃的是 Python 2.x 和 Python 3.x 两个系列的版本,同一系列的版本之间差别很小,大部分时候都能兼容,但不同系列版本之间有较大差别,很多时候都不兼容。本书选用 Python 3.x 系列进行介绍。

【小贴士】 编程语言种类繁多,仅维基百科上列举的就有700余种,且其数量还在不断增加,这些语言各有特点,适用于不同领域。在世界上,有一个关于编程语言的排行榜 TIOBE,反映了编程语言的热门程度,在近两年的历次排名中,Python 一直处于第4~5名的位置。

2.2 我要安装什么软件

在使用 Python 之前,需要安装 Python 集成开发环境(Integrated Development Environment,IDE),以支持 Python 程序的编写与运行。Python 的集成开发环境有很多种,如 Python、Anaconda、Eclipse、PyCharm 等,这些环境各有特点,用户可根据自身喜好进行选取。在使用时,任选一种安装即可。下面以 Python 3.x 和 Anaconda3 为例,介绍在 64 位 Windows 10 系统中下载和安装 Python 集成开发环境的过程,其他开发环境的安装过程可参照进行或上网查询相关的安装教程。

2.2.1 Python 3.x 的下载与安装

该环境只包含基本的 Python 运行环境、内置库和简单的开发工具等,所以体积较小,安装文件约 30MB;在使用过程中,如要使用第三方库/模块则需另外下载安装。

1. 下载安装文件

进入 Python 官方网站的下载页面(https://www.python.org/downloads/),如图 2-1 所示,该页面列出了 Python 的各个版本,以 Python 2 开头的表示 Python 2.x 系列;以 Python 3 开头的表示 Python 3.x 系列。选择合适的版本(如 Python 3.6.5)单击 Download 进入该版本的下载页面。

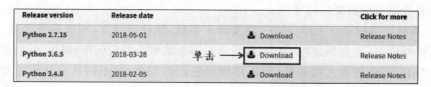

图 2-1 Python 下载页面中的版本列表(部分)

如图 2-2 所示,在进入某版本的下载页面后,可看到该版本下的各种安装文件,适用于不同的安装环境,如 Windows x86 executable installer 是 32 位 Windows 操作系统下的安装文件、macOS 64-bit installer 是 64 位 Mac OS 操作系统下的安装文件等。根据自己所用环境选取合适的安装文件(如 Windows x86-64 executable installer),然后单击。

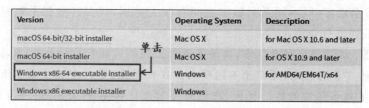

图 2-2 Python 3.6.5 下载页面中的安装文件列表(部分)

单击下载链接后,浏览器一般会提示选择文件的保存位置,选择计算机上某个位置(如 D 盘根目录)开始下载,下载完成之后就可以开始安装了,安装完成后可以将此安装文件删除。

2. 安装

在安装文件上右击,选择"以管理员身份运行",进入如图 2-3 所示的安装界面,此界面提供了两种安装方式:默认安装和自定义安装。在默认安装方式中,系统会将默认的功能安装到默认的位置;在自定义安装方式中,用户可以自行选择要安装的功能和安装的位置。

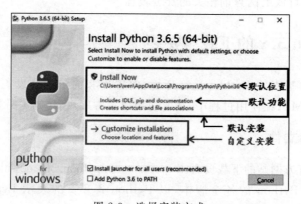

图 2-3 选择安装方式

假设选择自定义安装,则进入如图 2-4 所示界面,在此界面中可以选择需要安装的功能等,一般来说,保持默认设置即可,直接单击 Next 按钮。

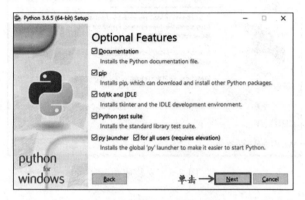

图 2-4　选择要安装的功能

进入如图 2-5 所示界面后,可以进行一些高级设置,一般来说,保持默认设置即可。另外,在此界面中,还可以选择安装路径,也就是安装的位置,如 D:\Programs\Python(即 D 盘 Programs 文件夹下的 Python 文件夹),安装路径中注意不要出现中文和空格。设置好后单击 Install 按钮进行安装。

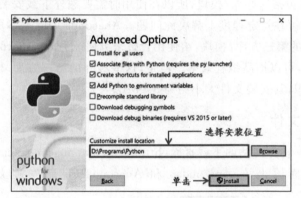

图 2-5　进行高级设置和选择安装位置

安装过程会持续约 1 分钟,安装完成后,会出现如图 2-6 所示界面,若该界面中出现 Setup was successful 则表示安装成功,单击 Close 按钮结束安装。

【小贴士】 从理论上说,软件可以安装在计算机的任何位置。但在实际使用时,为了使计算机上的文件更加有序,一般会将软件安装到一个相对固定的位置,如 D:\Program Files。另外,有些软件的安装路径不允许出现中文或空格,否则在运行时可能会出现一些问题,可以专门设置一个位置安装此类软件,如 D:\Programs。

以上是 64 位 Windows 10 系统下的安装过程,其他版本的 Windows 系统可参考此过程进行。Mac OS 等系统可以通过安装文件的方法安装,也可以通过命令的方式进行安装,具体方法可上网查找相关教程。另外,Python 3.x 不能直接在 Windows XP 及以下版本上安装,若操作系统是 Windows XP 或以下版本,可通过安装虚拟机、安装 Python

第 2 章　开启 Python 之旅

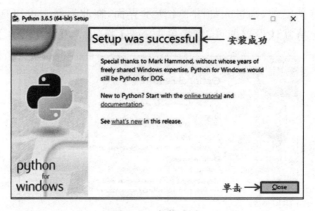

图 2-6 安装成功

2.x、升级 Windows 系统等方法解决。

2.2.2 Anaconda3 的下载与安装

在 2.1 节中提到，Python 的一个显著优点是具有丰富的第三方库/模块，而基本的 Python 环境中并不包括这些库/模块，所以在使用时需要额外下载安装，可能会带来一些不便，而 Anaconda 可在一定程度上解决此问题。Anaconda 中除基本的 Python 环境外，还集成了大量常用的第三方库/模块，给使用者带来方便。另外，Anaconda 中还包含了一些好用的开发工具，可以提高编程效率。但是，这些额外的第三方库/模块和工具也增大了 Anaconda 的体积，其安装文件大小约为 500MB。

1. 下载安装文件

进入 Anaconda 官方网站的下载页面(https://www.anaconda.com/download/)，如图 2-7 所示，该页面给出了 Anaconda3 和 Anaconda2 最新安装文件的下载地址，

图 2-7 Anaconda 下载页面

Anaconda3 和 Anaconda2 分别对应 Python 3.x 和 Python 2.x。另外,选择安装文件时需注意操作系统的类型,还需注意操作系统是 32 位还是 64 位。根据自己所用环境选取合适的安装文件(如选择 Anaconda3-4.4.0-Windows-x86_64,即 64 位 Windows 系统下的 Anaconda3 安装文件),然后单击相应的链接开始下载。

单击下载链接后,浏览器一般会提示选择文件的保存位置,选择计算机上某个位置(如 D 盘根目录)进行下载。下载完成之后就可以开始安装了,安装完成后可以将此安装文件删除。

2. 安装

在安装文件上右击,选择"以管理员身份运行",开始安装,在安装过程中,一般均采用默认配置,一直单击 Next 按钮即可。需要稍加注意的是,在图 2-8 所示窗口选择安装位置时,可采用默认的安装路径,也可自行设置,如 D:\Programs\Python(即 D 盘 Programs 文件夹下的 Python 文件夹),自行设置的安装路径中注意不要出现中文和空格,否则在使用时可能会出现一些问题。另外,关于安装位置的选择,请参考 2.2.1 节中的小贴士。

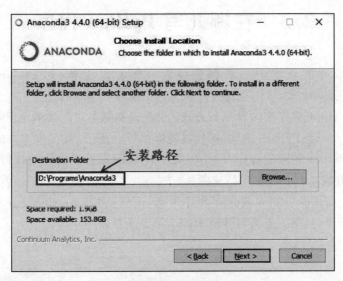

图 2-8 选择 Anaconda 安装位置

安装过程大约会持续 10 分钟,安装完成后,会出现如图 2-9 所示界面,若该界面中出现"Thanks for installing Anaconda!",则表示安装成功,单击 Finish 按钮结束安装。

以上是 64 位 Windows 10 系统下的安装过程,其他版本的 Windows 系统可参照此过程进行。Mac OS 等系统可以通过安装文件的方法安装,也可以通过命令的方式进行安装,具体方法可上网查找相关教程。另外,Anaconda3 不能直接在 Windows XP 及以下版本上安装,若操作系统是 Windows XP 或以下版本,可通过安装虚拟机、安装 Anaconda2、升级 Windows 系统等方法解决。

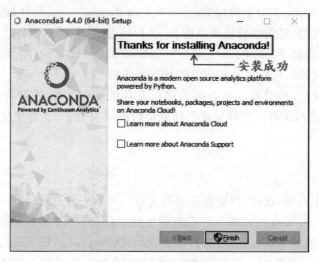

图 2-9 完成 Anaconda 安装

2.3 在哪儿写 Python 程序

Python 集成开发环境中一般都会包含一些开发工具,如 Python 中的 IDLE、Anaconda 中的 Spyder 等,可以在这些开发工具中编写 Python 程序。

可以认为 Python 程序有两种执行方式:交互式和脚本式。简单地理解,在交互式的方式中,用户输入一条 Python 语句,解释器随即执行一条语句;在脚本式的方式中,用户先把包含多条 Python 语句的程序写到 py 文件中,解释器再一次性地执行程序中的所有语句。Python 开发工具一般都支持这两种方式。

下面以一个简单的"Hello World"程序为例,介绍 IDLE、Spyder 等开发工具的使用。该程序包含两条语句,第 1 条语句打印 Hello,第 2 条打印 World。

程序 2-1

```
print('Hello')
print('World')
```

2.3.1 IDLE

1. 启动

Python 和 Anaconda 中都包含 IDLE,在两个环境中启动 IDLE 的方法如下。

在 Python 中,打开"开始"菜单,选择"所有程序",找到 Python 3.6,单击下面的 IDLE 即可。

在 Anaconda 中，打开"开始"菜单，选择"所有程序"，找到 Anaconda3，单击下面的 Anaconda Prompt，此时会打开如图 2-10 所示的 Anaconda Prompt 命令行窗口，在里面输入 IDLE，回车后即可打开 IDLE。

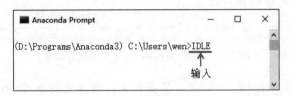

图 2-10　在 Anaconda Prompt 中启动 IDLE

2. 交互式

如图 2-11 所示，启动 IDLE 之后，就可以在提示符>>>之后输入 Python 语句。此时为交互式执行方式，即每输入一条语句并回车后，解释器就会执行该语句，输出相应的结果。

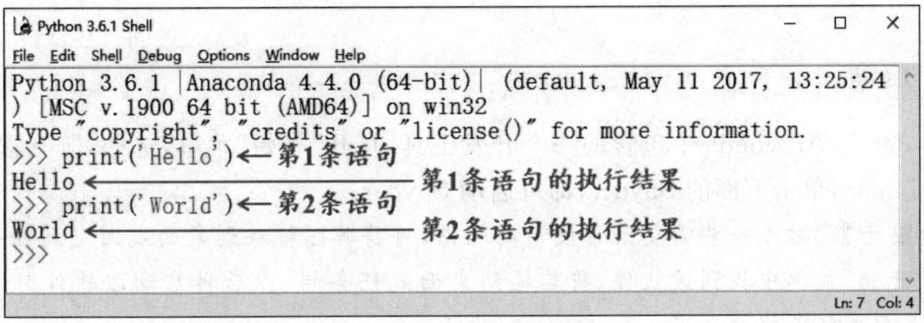

图 2-11　IDLE 中的交互式执行

3. 脚本式

在脚本式的方式中，程序被保存在 py 文件（即文件后缀名为 py）中，所以首先要新建一个 py 文件，方法是单击 IDLE 菜单栏中的 File 并选择下面的 New File（或按快捷键 Ctrl+N）。也可以通过 File 下的 Open 打开一个已经存在的 py 文件（或按快捷键 Ctrl+O）。

如图 2-12 所示，在新建的 py 文件中，完成 Python 程序。完成后进行保存，方法是选择 File 菜单下的 Save 命令（或按快捷键 Ctrl+S），保存时可能提示选择保存的位置并要求给

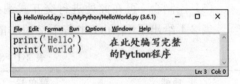

图 2-12　编辑 HelloWorld.py 文件

py 文件命名，根据情况选择保存位置和进行命名，如保存在 D:/MyPython 文件夹下，命名为 HelloWorld.py。

保存 py 文件后，就可以运行该文件中的程序，方法是单击 Run 菜单下的 Run Module 命令（或按快捷键 F5），此时程序会依次执行 py 文件中的每条语句，并在 IDLE 窗口中打印结果，例如，图 2-12 所示 py 文件的运行结果如图 2-13 所示。

图 2-13 HelloWorld.py 文件的执行结果

【小贴士】 在编辑 py 文件时,不要等全部完成后再进行保存,而应该在编辑过程中经常性地按 Ctrl+S 进行保存,以防止因发生意外而丢失数据。理论上说,py 文件可以保存在任何位置,但建议使用专门的文件夹进行保存,如 D:/MyPython,以方便查找和管理。理论上说,py 文件可以取任意合法的名字,但一般应选取能反映程序功能的名字,例如图 2-12 中的 py 文件取名为 HelloWorld。

2.3.2 Spyder

1. 启动

Spyder 是 Anaconda 中包含的一个开发工具,打开"开始"菜单,选择"所有程序",找到 Anaconda3,单击下面的 Spyder,即可启动 Spyder。

【小贴士】 对于一些需要经常使用的软件,可将其图标放到桌面或固定到任务栏,方法是在"开始"菜单中找到该软件,将其拖到桌面或任务栏,以后再启动该软件时,就可以直接从桌面或任务栏启动了。

Spyder 的界面如图 2-14 所示,主要包含以下组成部分。

(1) 菜单栏:Spyder 的功能几乎都可在菜单栏中找到,很多功能都有对应的快捷键。
(2) 工具栏:以图标的形式给出了 Spyder 中一些常用的功能。
(3) 状态栏:显示当前的一些状态信息,如光标位于程序第几行。
(4) 编辑窗口:此处对应了打开的 py 文件,可在此对 py 文件中的内容进行编辑。
(5) 控制台:可在此处进行交互式编程,另外,py 文件的执行结果也会在此处显示。

表 2-1 给出了 Spyder 中若干常用功能的使用方法。

表 2-1 Spyder 功能示例

功能	菜单栏	工具栏	快捷键
新建 py 文件	File→New File	📄	Ctrl+N
打开 py 文件	File→Open	📂	Ctrl+O
保存 py 文件	File→Save	💾	Ctrl+S
运行 py 文件	Run→Run	▶	F5
撤销前一操作	Edit→Undo		Ctrl+Z
重做后一操作	Edit→Redo		Ctrl+Y

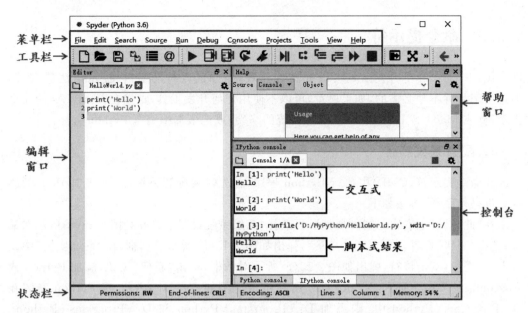

图 2-14　Spyder 界面

【小贴士】　Spyder 界面中的窗口可以通过单击右上角的 ■ 进行关闭，也可以通过单击 ■ 后拖曳改变位置，还可以通过菜单栏中的 View→Panes 命令进行添加。

2. 交互式

在 Spyder 中，可以在控制台中进行交互式编程。Spyder 提供了两种控制台：Python console 和 IPython console。前者是基本的 Python 控制台，与 IDLE 功能类似；后者对 Python 控制台进行了增强，如增加了行号，使用起来更加方便。通过单击控制台窗口下面的标签，可以在两种控制台之间进行切换。另外，通过在控制台上面标签处右击，可以新建一个控制台，或重启一个控制台（重启控制台将清空之前的相关数据）。

图 2-14 给出了在 IPython 控制台中进行交互式编程的示例，具体过程可参考 2.3.1 节中 IDLE 的交互式编程部分。

3. 脚本式

在 Spyder 中，也可编写和运行完整的 Python 程序，其过程与在 IDLE 中类似，即先新建或打开一个 py 文件，再在编辑窗口中完成程序，然后保存，最后运行 py 文件，如图 2-14 所示，运行结果也会在控制台中显示。具体过程和注意事项可参考 2.3.1 节中 IDLE 的脚本式编程部分，具体操作方法如表 2-1 所示。

【小贴士】　在控制台中，可通过右上角图标 ■ 的颜色判断程序的运行情况：若其颜色为灰色，表示程序未运行；若其颜色为红色表示程序正在运行，此时可以通过单击该图标停止程序的运行（如程序运行时间过久，可手动停止）。

2.3.3 命令提示符

IDLE、Spyder 等开发工具可以提高编程效率,如可以自动缩进、提示语法错误等。但这些工具并不是必需的,如果愿意,可以不使用任何开发工具,直接在 Windows 的命令提示符(或 Mac OS、Linux、Ubuntu 等系统的终端)或记事本中编写 Python 程序。

1. 配置系统路径

在命令提示符(CMD)中执行 Python 程序,首先需要配置系统路径,将 Python 的路径告诉操作系统,方法如下。

在"此电脑"上右击,选择"属性",再选择"高级系统设置",打开如图 2-15(a)所示对话框;选择"高级"标签,单击"环境变量",弹出如图 2-15(b)所示对话框;在"系统变量"中找到 Path 变量,双击该行,弹出如图 2-15(c)所示对话框;单击"新建"按钮,添加 Python 或 Anaconda 的安装位置和 Scripts 目录所在位置。例如,对于 Python,若 Python 安装在 D:\Programs\Python 中,则添加 D:\Programs\Python 和 D:\Programs\Python\Scripts;对于 Anaconda,若 Anaconda 安装在 D:\Programs\Anaconda3 中,则添加 D:\Programs\Anaconda3 和 D:\Programs\Anaconda3\Scripts。最后通过单击"确定"按钮关闭图 2-15 中的 3 个对话框。

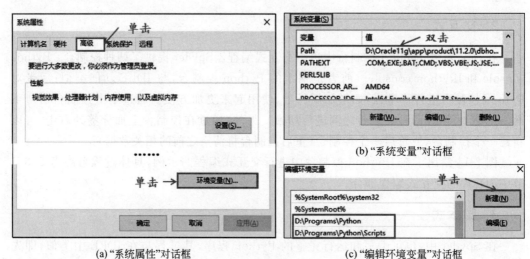

图 2-15 配置环境变量

【小贴士】 有时候不会弹出如图 2-15(c)所示对话框,而是图 2-16 所示对话框,此时只需在"变量值"最后加上上述两条路径,路径间用英文分号分隔即可,如在最后加上";D:\Programs\Python;D:\Programs\Python\Scripts"。

2. 交互式

首先启动命令提示符,方法是打开"开始"菜单,输入 cmd,找到"命令提示符",单击打

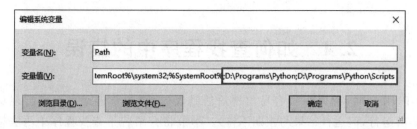

图 2-16　配置环境变量的另一种情况

开。也可以同时按 Win+R，在打开的"运行"窗口中输入 cmd，然后回车。

如图 2-17 所示，在命令提示符中输入 python 并回车，进入 Python 环境。然后就可以开始交互式编程了。最后输入 exit() 可以退出 Python 环境。

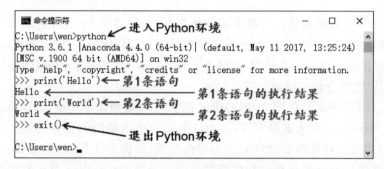

图 2-17　在 CMD 中执行 Python 语句

3. 脚本式

py 文件本质上就是一个普通的文本文件，所以也可以直接新建一个文本文件，如 HelloWorld.txt，用记事本打开此文件并编写 Python 程序，关闭后，将其后缀名从 txt 改为 py，如改为 HelloWorld.py，然后在 CMD 中利用 python 命令执行该文件（见图 2-18）。

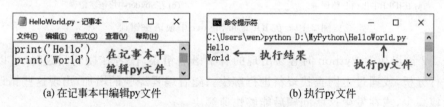

(a) 在记事本中编辑 py 文件　　　　　　(b) 执行 py 文件

图 2-18　在记事本中编辑 py 文件并在 CMD 中执行

【小贴士】　在 Windows 系统中，有时不显示文件的后缀名，从而也无法直接修改，此时可以通过设置使系统显示文件后缀名。例如，在 Windows 10 中，打开"此电脑"，在窗口顶部单击"查看"标签，勾选"文件扩展名"即可。

双击一个 py 文件时，默认情况下系统不会用记事本打开该文件，可以在此 py 文件上右击，在"打开方式"中选择"选择其他应用"，在打开的对话框中，找到"记事本"，双击即可用记事本打开。

第 2 章　开启 Python 之旅

2.4　如何查找程序中的错误

初学 Python 时,程序中很容易出现语法错误(即语句不能运行),或出现功能错误(即程序能够运行,但运行结果与预期不符)。本节将介绍若干查找程序中语法错误和功能错误的方法,这些方法需要结合实际才能较好掌握,所以读者可以先简单了解本节内容,在碰到实际问题时再结合本节方法进行解决。

2.4.1　语法错误

Python 语句出现语法错误时将不能成功执行,初学者对 Python 的语法规则不太熟悉,程序中很容易出现语法错误,而且发生错误后不知如何解决。其实,在执行过程中,如果解释器发现程序中存在语法错误,会停止运行,而且会给出相关的错误信息,利用这些错误信息,可以快速分析出问题所在。

例如,在 IDLE 中运行如图 2-19(a)所示程序,系统会报语法错误,错误信息为 invalid character in identifier,即无效的字符,并用红色底纹指出错误的位置为第二行的左括号(Spyder 中的错误信息见图 2-19(b))。初看此程序,好像并无错误,但在有一定经验后,就能根据错误信息很快发现第 2 行的括号为中文括号,而 Python 要求使用英文标点符号,所以报错,将其改为英文括号后即可解决此问题。

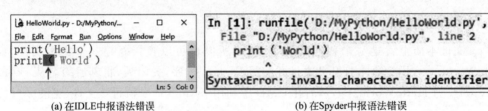

(a) 在IDLE中报语法错误　　　　　　　　(b) 在Spyder中报语法错误

图 2-19　在 IDLE 和 Spyder 中报语法错误

表 2-2 给出初学 Python 时容易出现的若干语法错误,读者在碰到问题时,可以对照此表进行分析,或通过上网查找资料进行解决。随着编程经验的增加,出现这些错误的次数将大幅减少,或在发生这些问题后能够快速解决。

表 2-2　若干常见语法错误

错误信息	含义	解决思路
invalid character in identifier	无效字符	检查错误处的字符是否合法,特别要注意检查是否将英文字符写成了中文字符
包含 indent、unindent 等词	缩进问题	Python 对缩进有严格要求,检查同一级语句的缩进是否完全一样。另外,Tab 键和空格键都可形成缩进,有时看不出区别(如 1 个 Tab 和 4 个空格表面上完全一样),但这是不同的缩进,可用复制、粘贴缩进的方法保证缩进完全一样

续表

错误信息	含义	解 决 思 路
unexpected EOF while parsing	程序未正常结束	检查程序(特别是最后一行)是否正常结束,如是否少了右括号或多了左括号、if/for等语句后是否有处理语句等
invalid syntax	无效语法	检查错误行,如(1+1)*2是否写成(1+1)2、if等语句最后是否少了冒号等;若错误行没有发现问题,还应检查上一行,如上一行最后是否少了右括号等
name x is not defined	x未定义	使用了之前未定义的变量、函数等对象,如未给变量x赋值就直接打印(有些时候,在之前的分支语句中存在给x赋值的语句,但分支条件不成立,也会导致x未被赋值)

2.4.2 功能错误

功能错误是程序在逻辑、算法等方面的错误,当程序出现功能错误时,程序能够正常执行,但执行结果与预期不符,即不能完成预定功能。因此,此类错误比语法错误更加隐蔽、更难定位,查找此类错误需要耗费更多时间。针对此问题,有许多相应的解决方法,可以帮助程序员更快地发现问题所在,本小节将对若干基本方法进行介绍。

在介绍时会用到下面的程序,程序员希望通过此程序计算 $s=x+x^2+x^3$,但因程序存在错误,导致不能计算出正确结果(如 $x=3$ 时,正确结果应为 $s=39$,但程序结果为 $s=18$)。

程序 2-2

```
x=eval(input('x='))
a=x
b=x*2
c=x*3
s=a+b+c
print('s=', s)
```

1. 分析法

该方法通过人工检查的方法分析问题所在,例如,对程序2-2的分析过程如下。

(1) 程序分为3部分:读取用户输入的x值(第1行),根据x计算s(第2~5行),输出s(第6行)。

(2) 经检查,输入和输出不存在问题。

(3) 计算过程分为4步:计算 $a=x$,计算 $b=x^2$,计算 $c=x^3$,计算 $s=a+b+c$。

(4) 第1步和第4步比较简单,不存在问题。

(5) 所以问题最可能出现在第3行和第4行,这两行希望求x的平方和立方,而实际计算的是x乘以2和x乘以3,所以导致计算结果不正确。

(6) 将第 3 行和第 4 行的 * 改成 ** 即可纠正此错误。

分析法的优点是简单,适合于检查一些简单的程序,但对于复杂程序,人工的方法效果较差,而且很多时候,因为存在思维定势,容易忽略一些错误。因此,实际使用时还需要用到其他方法。

2. print 方法

该方法利用 print 语句将程序执行过程中的一些中间结果打印出来,通过检查中间结果定位问题。例如,可以在程序 2-2 中添加 4 条 print 语句,分别打印 x、a、b、c 的值,如程序 2-3 所示。运行该程序后,通过检查 x、a、b、c 的打印结果,会发现 b 和 c 的结果与预期不符,从而可以判断是在计算 b 和 c 时发生错误。通过进一步分析,即可发现是运算符的问题。

程序 2-3

```
x=eval(input('x='))
print('x=', x)
a=x
print('a=', a)
b=x*2
print('b=', b)
c=x*3
print('c=', c)
s=a+b+c
print('s=', s)
```

print 方法的原理很简单,能帮助快速定位程序中的问题。在实际使用时,并不需要像程序 2-3 那样在每一条语句之后都添加 print 语句,一般只需打印出一些关键语句或可疑语句的执行结果。另外,对于一些较大型的程序,可以采用渐进的方法逐步定位错误,例如,先打印出功能部分的计算结果,找出出错的部分,再用类似的方法定位出错部分中的问题语句。

3. 调试

很多开发工具都带有调试(Debug)功能,可以帮助发现程序中的问题。调试的思想其实与 print 方法类似,也是通过跟踪程序的执行过程、检查中间结果,发现程序执行过程中与预期不一致的地方。

在调试过程中,解释器不再自动执行整个程序,而是由用户控制执行过程,用户每下一个命令,解释器便执行一条语句,并显示对应变量的值,从而用户可以掌握语句的执行顺序,检查分支、循环等控制语句是否正常,也可以查看程序执行过程中,每条语句执行后变量的变化情况,发现计算上的问题。下面以 Spyder 为例,简单介绍调试的过程,其他开发工具中的调试过程与此类似。

(1) 在菜单栏中选择 View→Panes→Variable Explorer,打开变量查看器,如图 2-20

(b)所示,该窗口会显示程序执行过程中各变量的信息。

(2) 单击菜单栏 Debug→Debug,开始调试。

(3) 单击菜单栏 Debug→Step,执行第一条语句,重复该过程,会逐步执行各条语句。在 Spyder 中,即将被执行的语句会被设置为紫色底纹,如图 2-20(a)所示,即将执行的是第 4 行。若执行的是一条 input 语句,需要在控制台中输入对应的信息;若执行的是一条 print 语句,则打印结果也会在控制台中显示。

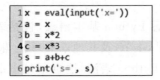 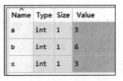

(a) 被调试的程序　　　　　　(b) 变量查看器

图 2-20　在 Spyder 中调试程序

(4) 在执行过程中,变量查看器会显示变量的变化情况,帮助发现问题。如图 2-20(b)所示,当执行完第 3 行,b 的值变为 6,与预期不一致,则可发现第 3 行中的问题。类似地,再执行一步会发现 c 的值也不正确,从而发现第 4 行中的问题。

(5) 发现问题后,可单击菜单栏 Debug→Stop,结束调试。

另外,调试过程中可以进入函数(Debug→Step Into)和跳出函数(Debug→Step Return),以检查函数中存在的问题。还可以在程序中添加断点(Breakpoint),使调试过程只在断点处停留,而不用逐行调试。表 2-3 给出了调试过程的相关功能及相应的快捷键和工具栏图标。

表 2-3　Spyder 调试功能

功　　能	菜　单　栏	工具栏	快捷键
开始调试	Debug→Debug		Ctrl+F5
执行一条语句	Debug→Step		Ctrl+F10
进入函数	Debug→Step Into		Ctrl+F11
跳出函数	Debug→Step Return		Ctrl+Shift+F11
结束调试	Debug→Stop		Ctrl+Shift+F12
添加/清除断点	Debug→Set/Clear Breakpoint		F12
执行到下一个断点	Debug→Continue		Ctrl+F12

相比前面两种方法,调试过程稍显麻烦,但是它能比较全面地把握程序的执行过程,能够帮助人们发现一些较复杂程序中存在的问题。

上面介绍的 3 种方法并不是相互独立的,一般应结合使用。例如,先利用分析法找出可能出现问题的部分,再利用 print 方法或调试方法对此部分代码进行进一步检查;也可以先用分析法,若不能找到问题再使用 print 方法,若仍不能找出问题,再对程序进行调试。

【小贴士】 对于实际的大型系统,要发现和定位程序中的问题并不容易,需要使用更高级的技术,如软件测试、运行时验证、符号执行等,感兴趣的读者可阅读相关资料。

2.5 一个稍复杂的 Python 程序——绘制炸弹轨迹

本节结合一个具体问题,帮助读者熟悉 Python 基本语法,包括表达式、分支、循环、列表、函数、导入库/模块等。需要说明的是,本节(及其他章节)只会根据解决问题的需要介绍相关语法或功能,而不会系统地介绍 Python 语法,这也不是本书的目的,如读者需要了解一些语法的具体使用方法,可以参考相关文献或上网搜索。

2.5.1 问题描述

如图 2-21(a)所示,某轰炸机在 $h=3\text{km}$ 的高空以 $v_0=200\text{m/s}$ 的速度水平匀速飞行,到达 A 点时投下一枚无动力炸弹。建立坐标系,不考虑空气阻力,重力加速度 g 取 9.8m/s^2,利用 Python 绘制炸弹在空中的飞行轨迹。

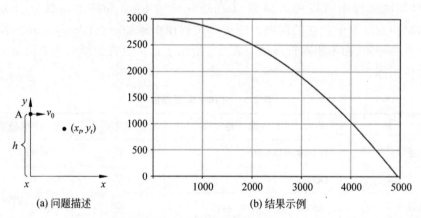

图 2-21 问题描述和结果示例

对于此问题,不管是人工绘制还是程序绘制,首先都需要给出飞行轨迹对应的方程。假设投出炸弹的时刻为 0,则在时刻 t 时,炸弹在空中的坐标 (x_t, y_t) 可根据如下公式计算得到:

$$\begin{cases} x_t = v_0 t \\ y_t = h - \dfrac{1}{2} g t^2 \end{cases}$$

有了此方程,便可绘制炸弹的飞行轨迹。若采用人工绘制的方法,过程如下。
(1) 计算某一时刻炸弹的坐标,并在坐标系中绘制该点,如 $t=0$ 时,坐标点为 A。
(2) 重复上一步骤,在坐标系中绘制 n 个时刻的坐标点。

(3) 将 n 个坐标点用线连接起来,便可得到炸弹的飞行轨迹,n 越大,则绘制出的轨迹越平滑,越接近真实的轨迹。

利用上述方法,理论上可以绘制出足够精确的轨迹,但人工绘制工作量大、容易出错,且不方便修改,如初始参数发生变化,则需重新绘制。而利用 Python 程序进行绘制可以有效解决人工绘制中存在的问题。Python 绘制的过程其实与人工绘制的过程是类似的,下面按照人工绘制的步骤,介绍 Python 的绘制过程,绘制结果如图 2-21(b)所示。

2.5.2　绘制一个坐标点

先考虑如何计算某一时刻(如 $t=3.5$)的坐标值(x_t,y_t),在人工方法中只需将参数值代入公式即可,而在 Python 中则可利用 Python 表达式完成此功能。

Python **表达式**中可以使用运算符进行计算,常用的运算符有+(加)、−(减)、*(乘)、/(除)、**(乘方)、//(整除)、%(求余)等。这些运算符的功能、优先级均与数学中相同,只是表示形式稍有差别,所以数学表达式可以比较直观地转化为 Python 表达式,如表 2-4 所示。

表 2-4　数学表达式与对应的 Python 表达式示例

数学表达式	Python 表达式
$3000-1/2*9.8*3.5^2$	3000−1/2*9.8*3.5**2
$(1.2+3.4)5^{6.7*8.9}$	(1.2+3.4)*5**(6.7*8.9)

【**小贴士**】　数学表达式中有时可以省略乘号,但在 Python 表达式中不能省略,如表 2-4 中第 2 个例子不能写成(1.2+3.4)5**(6.7*8.9),否则会报语法错误;在 Python 表达式中有时需用括号改变运算的优先级,如表 2-4 中第 2 个例子的括号不能省略,若写成(1.2+3.4)*5**6.7*8.9,则表示的是$(1.2+3.4)5^{6.7}*8.9$。

所以要计算某一时刻的坐标值,只要将参数值代入公式再将其转化为 Python 表达式并利用 **print** 语句打印出结果即可。例如,$t=3.5$ 时,对应程序如下:

程序 2-4

```
print(200*3.5)                  #计算并打印 t=3.5 时的横坐标
print(3000-1/2*9.8*3.5**2)      #计算并打印 t=3.5 时的纵坐标
```

程序 2-4 可以计算 $t=3.5$ 时的坐标值,但它在表达式中直接使用数值,这会带来一些问题。例如,不方便理解,难以看出表达式的具体含义;若某个数值发生变化(如 t 改为 4.5),可能要对多个地方进行修改,容易漏改或多改,导致结果错误;如果后面还要再使用某些计算结果(如 x_t、y_t),需要把对应表达式再写一遍。

如果能够给这些数值或表达式取个名字,就能比较好地解决上述问题,这就是**变量**。在 Python 中,可以将数值或表达式的计算结果赋给变量,后面就可以用变量代替这些具体的值,还可在使用过程中修改变量的值。例如,程序 2-5 先将参数值赋给 4 个变量,然后再利用这些变量进行计算,得到的计算结果再赋给另外两个变量,最后打印这两个变量的值,即 $t=3.5$ 时的坐标值。

程序 2-5

```
t=3.5                    #将 3.5 赋给变量 t
h, v0, g =3000, 200, 9.8 #多重赋值,同时将数值 3000、200、
                         #9.8 分别赋给变量 h、v0、g
xt=v0 * t                #将 v0 * t 的结果赋给变量 xt
yt=h-1/2 * g * t**2      #将 h-1/2 * g * t**2 的结果赋给变量 yt
print(xt,yt)             #打印变量 xt 和 yt 的值
```

【小贴士】 在规则范围内可以随便给变量(包括后面介绍的函数等)取名,但建议使用有意义的变量名,这能在很大程度上提高程序的可阅读性。

变量可以在程序中直接赋值,但有些时候,编写程序时并不能确定变量的值,而是要在程序运行时由用户给定,此时可以使用 **input** 函数获取用户在程序运行时输入的值。执行 input 函数时,解释器首先打印括号中的提示信息,然后等待用户的输入,用户输入并回车后,input 函数会捕获用户输入的值,并可将此值赋给变量。input 函数获取的值是字符串类型,所以很多时候还要进行转换,例如,将字符串'3.5'转换成数值 3.5。类型转换功能可以用 eval 函数实现,eval 函数的功能是根据字符串内容,将其转换成对应类型。

在程序 2-6 中,变量 t 是利用 input 函数进行赋值的。程序首先执行第 1 条语句,然后执行第 2 条;执行第 2 条时,发现是 input 语句,此时先打印括号内的提示信息"请输入时间 $t=$",然后等待用户输入,当用户输入 t 的值并回车后,input 函数捕获该值,并将其转化为对应类型后赋给变量 t;然后程序继续执行后续语句。

程序 2-6

```
h, v0, g =3000, 200, 9.8
t=eval(input('请输入时间 t='))    #获取用户输入的时刻 t
xt=v0 * t
yt=h-1/2 * g * t**2
print(xt,yt)
```

程序 2-6 可以根据用户的输入计算某一时刻的坐标值,但此坐标值目前只是以文本的形式打印出来,不够直观,下面介绍如何图形化地绘制该坐标点。

利用 Python 的基本语句较难绘制图形,但之前提到,Python 具有丰富的第三方库/模块,可以完成各种功能,包括绘图。在绘制二维坐标图形时,使用较多的是 matplotlib 库中的 pyplot 模块。

若程序要使用一个库/模块中的功能,首先需要利用 **import** 语句进行导入,下面以数学计算库 **math** 库为例,介绍 import 语句的几种常见用法。

程序 2-7 给出了 import 语句最基本的使用方法,即在 import 后直接给出要导入的库/模块的名字,如 import math 表示导入 math 库,在后面使用库/模块功能时,需指明库/模块的名字和功能的名字,如 math.cos 表示使用 math 库中的 cos 函数。

程序 2-7

```
import math
a=math.cos(math.pi)
print(a)
```

有些时候,库/模块的名字比较长或不太直观,在使用时会带来一些不便,此时可给库/模块取一些别名,后面使用时可以直接使用别名。如在程序 2-8 中,第 1 行表示导入 math 库并取别名为 m,在使用时就可用 m 来指代 math 库,如 m.cos。

程序 2-8

```
import math as m
a=m.cos(m.pi)
print(a)
```

另外,还可以具体指定导入库/模块中的哪些内容,如程序 2-9 第 1 行表示从 math 库中导入 cos 函数和 pi 变量,程序 2-10 第 1 行表示从 math 库导入所有内容,按这两种方式导入后,使用时不再需要给出库/模块的名字,如使用 math 库中的 cos 函数,只要直接使用 cos 即可,不用再表示成 math.cos。

程序 2-9

```
from math import cos, pi
a=cos(pi)
print(a)
```

程序 2-10

```
from math import *
a=cos(pi)
print(a)
```

导入和使用其他库/模块的过程类似。程序 2-11 的功能是计算并绘制某时刻的坐标点,程序首先导入 matplotlib.pyplot 模块,并取别名为 plt;然后获取用户输入的时刻 t,并据此计算此时炸弹的坐标;最后将此坐标在图形中绘制出来。

程序 2-11

```
import matplotlib.pyplot as plt      #导入 matplotlib.pyplot
h, v0, g =3000, 200, 9.8
t=eval(input('t='))
```

```
xt=v0 * t
yt=h-1/2 * g * t**2
plt.plot(xt,yt,'ro')            #绘制点(xt,yt),格式为'ro'(红色圆点)
plt.grid('on')                  #显示网格线
plt.axis([0,5000,0,h])          #设置坐标轴范围
plt.show()                      #显示图形
```

例如,当用户输入的 t 为 12.3 时,程序 2-11 的运行结果如图 2-22 所示。

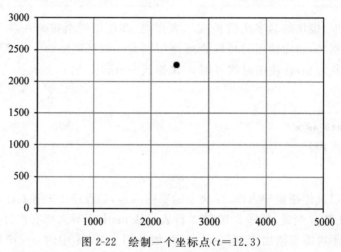

图 2-22 绘制一个坐标点($t=12.3$)

关于程序 2-11 最后 4 行中的函数的具体使用方法,以及 matplotlib 库的其他功能,可访问 matplotlib 的官方网站。

实验关卡 2-1:Python 表达式练习一。

实验目标:能使用 input、print 实现程序的输入和输出,能用变量、表达式实现简单的计算。

实验内容:根据给定的华氏温度 t 和风速 v,可以计算风寒指数 w,计算公式为

$$w = 35.74 + 0.6215t + (0.4275t - 35.75)v^{0.16}$$

编写程序,根据键盘输入的 t 和 v,计算并打印 w。(例如,t、v 分别为 32、10 时,w 约为 23.7271)

实验关卡 2-2:Python 表达式练习二。

实验目标:能用变量、表达式实现较复杂的计算。

实验内容:利用以下公式可计算阳历 y 年 m 月 d 日与星期 w 之间的对应关系(//表示整除,%表示求余):

$$y_0 = y - (14 - m)//12$$
$$x = y_0 + y_0//4 - y_0//100 + y_0//400$$

$$m_0 = m + 12 \times ((14-m)//12) - 2$$
$$w = (d + x + (31 \times m_0)//12)\%7$$

编写程序,根据键盘输入的 y、m、d,计算并打印 w。(例如,y、m、d 分别为 1986、12、24 时,w 为 3)

实验关卡 2-3：Python 表达式练习三。
实验目标：能用 math 等库/模块实现较复杂的计算。
实验内容：利用以下公式可以计算地球上两点间的大圆弧距离 d(单位为英里(1 英里=1.609 千米))：
$$d = R * \arccos(\sin(x_1) * \sin(x_2) + \cos(x_1) * \cos(x_2) * \cos(y_1 - y_2))$$

其中,x_1、y_1、x_2、y_2 分别为地球上两点的纬度和经度,$R=69.1105$ 英里,经纬度和 arccos 函数计算结果的单位均为度。

基于以上公式,编写程序计算并打印地球两点间的大圆弧距离,要求键盘输入的 x_1、y_1、x_2、y_2 单位为度,打印的大圆弧距离单位为千米。(例如,x_1、y_1、x_2、y_2 为 48.87、−2.33、37.8、−122.4 时,结果约为 8716.9732)

提示：math 库中提供了 sin、cos、acos 等三角函数,但在这些函数中角度用的是弧度,可使用 math 库中的 radians 函数将度转换为弧度或用 degrees 函数将弧度转化为度,例如,math.cos(math.radians(60)) 计算的是 cos(60°) 的值,math.degrees (math.acos(0.5)) 计算的是 arccos(0.5) 对应多少度。

2.5.3 在合理范围内绘制一个坐标点

程序 2-11 可以绘制一个坐标点,如输入 $t=12.3$ 时,绘制的图形如图 2-22 所示。但是当输入某些时刻,如 $t=30$ 时,会发现图上没有绘制任何坐标点。其原因在于,利用这些时刻计算得到的坐标值已超过显示的坐标范围。例如,输入为 $t=30$ 时,坐标值为 (6000,−1410),或者说此时炸弹已经落地;当输入的 t 小于 0 时,也存在类似问题,即此时炸弹尚未投放。

因此,要使程序 2-11 更为合理,可在用户输入时刻 t 之后进行判断,如果时刻 t 是炸弹从投放到落地之间的某个时刻,才进行坐标点的计算和绘制,否则可以提示用户输入的 t 不合理,此功能可以用分支语句实现。

最常用的**分支**是 if-else 分支,其语法如下所示,表示的意思：如果条件表达式成立,则执行语句 1～语句 n,否则执行语句 $n+1$～语句 m。在写分支语句的时候,注意以下几点：if 和 else 语句最后的冒号不能省略;语句 1～语句 n 以及语句 $n+1$～语句 m 前面的缩进要完全相同;else 部分根据需要可以省略。

```
if 条件表达式:
    语句 1
```

```
    ⋮
    语句 n
else:
    语句 n+1
    ⋮
    语句 m
```

例如,程序 2-12 和程序 2-13 的功能都是计算 x 的绝对值,前者使用了 if-else 分支,而后者仅用到 if 语句。程序 2-12 在获取用户输入的 x 后,对 x 的值进行判断,如果 x>0,则将 x 赋给 a,否则将-x 赋给 a,最后再打印。而程序 2-13 在获取 x 的值后,先将 x 赋给 a,若 x 为非负数,则 a 中存放的就已经是 x 的绝对值了,但 x 为负数时,则 a 中存放的还不是其绝对值,所以该程序随后再判断 x 是否小于 0,若小于 0 则将 a 中的值修改为-x。

程序 2-12

```
x=eval(input('x='))
if x>0:
    a=x
else:
    a=-x
print('|x|=', a)
```

程序 2-13

```
x=eval(input('x='))
a=x
if x<0:
    a=-x
print('|x|=', a)
```

【小贴士】 在 Python 中,可使用 abs 函数计算绝值,如 a=abs(x)。

if-else 有时可简写成:变量=value1 if 条件表达式 else value2,表示若条件表达式成立,则将 value1 赋给变量,否则将 value2 赋给变量,如程序 2-12 第 2~4 行可简写为 a=x if x>0 else -x。

条件表达式本质上也是一个表达式,但它的计算结果不是一个数值,而是 True 或 False 两者中的某一个,分别表示表达式为真或者为假,即成立还是不成立。例如,执行语句 print(1>0) 会打印 True,而执行 print(1<0) 会打印 False。

在条件表达式中,经常会进行值的比较,常用的比较运算符有>(大于)、<(小于)、>=(大于或等于)、<=(小于或等于)、==(等于)、!=(不等于)。另外,利用 and(而且)、or(或者)、not(非)可以形成更复杂的条件表达式。表 2-5 给出了若干条件表达式的示例。

表 2-5　条件表达式示例（设变量 a 的值为 0）

条件表达式	含　　义	计算结果
a==0	a 等于 0	True
a>=1	a 大于或等于 1	False
−1<=a<=1	a 小于或等于 1 且大于或等于 −1	True
a>−1 and a!=0	a 大于 −1 且 a 不等于 0	False
a>1 or a<−1	a 大于 1 或 a 小于 −1	False
not a==0	不是"a 等于 0"，即 a 不等于 0	False
a%2==1	a 除以 2 的余数为 1，即 a 为奇数	False

另外，有时候可能会用到多重分支 if-elif-else（elif 即 else if 的简写），其语法如下所示。在处理多重分支时，解释器会按顺序检查条件表达式 1～条件表达式 n，如果发现条件表达式 i 成立，则执行语句块 i，执行完后不再执行后续部分，如果 n 个条件表达式均不成立，则执行语句块 $n+1$。因此，在这 $n+1$ 个语句块中，有且仅有一个语句块会被执行。

```
if 条件表达式 1:
    语句块 1
elif 条件表达式 2:
    语句块 2
        ⋮
elif 条件表达式 n:
    语句块 n
else:
    语句块 n+1
```

利用分支语句可对程序 2-11 进行改进，程序 2-14 和程序 2-15 给出了两种改进方案。程序 2-14 先利用公式 $\sqrt{2h/g}$ 计算炸弹落地的时刻 tmax，然后对 t 的值进行判断，如果 t 小于 0 或 t 大于 tmax，表示输入的 t 不合理，打印提示信息，否则计算并绘制 t 时刻的坐标点。程序 2-15 使用了多重分支，如果 t 小于 0，提示炸弹还未投放；如果 t 大于 tmax，提示炸弹已经落地，否则计算并绘制 t 时刻的坐标点。

程序 2-14

```
import matplotlib.pyplot as plt
h, v0, g = 3000, 200, 9.8
tmax=(2*h/g)**0.5
t=eval(input('t='))
if t<0 or t>tmax:
    print('输入错误')
else:
```

```
xt=v0 * t
yt=h-1/2 * g * t**2
plt.plot(xt,yt,'ro')
plt.grid('on')
plt.axis([0,5000,0,h])
plt.show()
```

程序 2-15

```
import matplotlib.pyplot as plt
h, v0, g =3000, 200, 9.8
tmax=(2 * h/g)**0.5
t=eval(input('t='))
if t<0:
    print('炸弹还未投放')
elif t>tmax:
    print('炸弹已经落地')
else:
    xt=v0 * t
    yt=h-1/2 * g * t**2
    plt.plot(xt,yt,'ro')
    plt.grid('on')
    plt.axis([0,5000,0,h])
    plt.show()
```

实验关卡 2-4：分支结构练习一。
实验目标：能使用 if-else 结构实现程序逻辑。
实验内容：输入 1~12 的整数，若它对应的月份为 31 天则输出 yes，否则输出 no。

实验关卡 2-5：分支结构练习二。
实验目标：能使用 if-elif-else 结构实现程序逻辑。
实验内容：气象预报时，一般按照风速对飓风进行分级，表 2-6 给出了飓风风速（英里/小时）与级别的对应关系，编写程序，根据用户输入的风速，输出对应的飓风级别。

表 2-6 风速与飓风级别的对应关系

风速	74~95	96~110	111~130	131~154	155 及以上
级别	1	2	3	4	5

2.5.4 绘制 n 个坐标点

理论上来说,知道如何绘制一个坐标点,也就知道如何绘制 n 个坐标点,只要把绘制一个点的代码重复写 n 次,每次为 t 设置一个不同的值即可。但此方法过于麻烦,进行了大量重复的工作。为解决此问题,引入循环语句,本小节先介绍 while 循环。

while 循环语法如下所示,它表示的意思是当条件表达式成立的时候,重复执行语句 1～语句 n,直到条件表达式不成立,语句 1～语句 n 称为循环体。与 if 语句类似,while 语句最后的冒号不能省略,循环体之前的缩进要完全相同。

```
while 条件表达式:
    语句 1
    ⋮
    语句 n
```

程序 2-16 的功能是依次打印 1 到 100。该程序的执行过程如下:执行第 1 行,将 i 的值设为 1;执行第 2 行,此时 i 的值为 1,条件表达式成立,所以下一步要执行循环体中的语句;执行第 3 行,打印 i 的值(即打印 1);执行第 4 行,将 i+1 的值赋给 i,所以 i 的值变为 2;此时不是执行第 5 行,而是在跳回到第 2 行,条件表达式成立,所以下一步再次执行循环体;执行第 3 行,打印 2;执行第 4 行,i 变为 3;再跳回到第 2 行,条件成立,下一步执行循环体……执行第 3 行,打印 i 的值 100;执行第 4 行,i 从 100 变为 101;跳回第 2 行,此时 i 的值为 101,条件不再成立,所以下一步不再执行循环体,而是结束整个循环;执行第 5 行,打印 end;程序结束。

程序 2-16

```
i=1
while i<=100:
    print(i)
    i=i+1
print('end')
```

程序 2-17

```
i, s =1, 0
while i<=100:
    s=s+i
    i=i+1
print(s)
```

程序 2-17 的功能是计算 $s = \sum_{i=1}^{100} i$ 的值,即 $1+2+3+\cdots+100$。计算过程与程序 2-16

类似,读者可以照此分析。

【小贴士】 刚开始使用 while 循环时,容易出现死循环,即循环永远不会结束。例如,去掉程序 2-16 和程序 2-17 中的第 4 行就会出现死循环,因为循环体中没有修改 i 的值,导致条件表达式永远成立,从而循环永远不会结束。

因此,在循环体中一般需要对条件表达式中的某些变量进行修改(例如,程序 2-16 和程序 2-17 中的第 4 行对变量 i 进行修改),这样才能保证条件表达式在某一时刻不再成立,从而结束循环。

另外,在执行一个包含 while 循环的程序时,如果程序运行时间过长,则应检查是否出现死循环(可用 2.4.2 节中的方法进行检查),尤其注意检查修改条件表达式中变量的语句是否合理。例如,若将程序 2-16 和程序 2-17 中第 4 行的加号改为减号,也会出现死循环。

在循环体中,还可以使用 **break**、**continue** 等关键字。break 关键字的功能是结束整个循环,continue 关键字的功能是结束本次循环开始下次循环。这两个关键字一般会和分支语句一起使用,表示满足某条件时就结束整个循环或结束本次循环。

程序 2-18

```
i=0
while i<=100:
    i=i+1
    if i==51:
        break
    print(i)
print('end')
```

程序 2-19

```
i=0
while i<=100:
    i=i+1
    if i%2==1:
        continue
    print(i)
print('end')
```

例如,程序 2-18 的功能是打印 1~50。虽然循环的条件是 i 小于等于 100,但当 i 变到 51 时,第 4 行 if 分支的条件成立,执行 break,即结束整个循环,程序跳到最后一行,所以程序只会打印到 50。

程序 2-19 的功能是打印 1~100 的所有偶数。在循环执行过程中,i 会从 0 变到 100,但当 i 为奇数时,if 分支的条件成立,执行 continue,结束本次循环,循环体后面的打印语句不会执行;当 i 为偶数时,if 分支条件不成立,才会执行后面的打印语句。所以程序只会打印所有偶数。

利用 while 循环,就可以绘制炸弹轨迹上的 n 个点了,程序 2-20 给出了一种实现方法。该程序引入一个新的变量 n,用来表示需要绘制的坐标点数量(假设要绘 30 个点),即[0,tmax]上 n 个时刻对应的炸弹位置,相邻两个时刻之间的间隔为 delta=tmax/(n−1)。循环体的功能是计算并绘制时刻 t 时的坐标点。t 最开始为 0,所以第 1 次循环绘制的是 t=0 时的坐标,绘制该点后将 t 的值加上 delta,t 变为 delta;所以第 2 次循环绘制的是 t=delta 时的坐标,绘制后 t 的值变为 2∗delta;所以第 3 次循环绘制的是 t=2∗delta 的坐标,t 变为 3∗delta;重复此过程,一直到 t 的值超过 tmax,循环结束,显示图形。

程序 2-20

```
import matplotlib.pyplot as plt
h, v0, g=3000, 200, 9.8
t,n =0, 30                    #n 为要绘制的坐标点数量,假设为 30
tmax= (2 * h/g)**0.5
delta=tmax/(n-1)              #delta 为相邻两时刻之间的间隔
while t<=tmax:                #t 从 0 变到 tmax,每次加 delta
    xt=v0 * t
    yt=h-1/2 * g * t**2
    plt.plot(xt,yt,'ro')
    t=t+delta
plt.grid('on')
plt.axis([0, 5000, 0, h])
plt.show()
```

程序 2-20 的执行结果如图 2-23 所示。

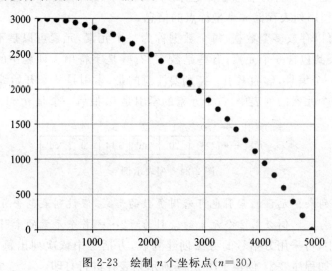

图 2-23　绘制 n 个坐标点(n=30)

实验关卡 2-6:while 循环练习一。
实验目标:能使用 while 循环实现程序逻辑。
实验内容:计算 $1^2+3^2+5^2+\cdots+997^2+999^2$(结果为 166666500)。

实验关卡 2-7：while 循环练习二。

实验目标：能使用分支和 while 循环实现程序逻辑。

实验内容：如下算法可求 $\sqrt{x}$ 的近似值（例如，x 为 3 时，算法输出约为 1.7320508），请编程实现该算法。

① 输入 x，若 x 为负数，输出"无实数解"，算法结束。
② 令 $g=x/2$。
③ 若 $|x-g*g|<10^{-6}$，输出 g，算法结束。
④ 否则，将 $(g+x/g)/2$ 作为新的猜测值，仍记为 g。
⑤ 重复步骤③和④。

2.5.5 绘制一条轨迹

表面上看，绘制出 n 个坐标点之后，把这 n 个点连起来就可得到炸弹的飞行轨迹，但实际并没有这么简单。matplotlib.pyplot 中 plot 函数的功能是绘制一个图形，即每执行一次绘制一个图形。在程序 2-20 中，plot 函数被执行了 n 次，所以会在坐标系里面绘制 n 个图形，每个图形包含一个坐标点。matplotlib.pyplot 只能连接同一图形中的多个点，而不能连接不同图形中的点。换句话说，程序 2-20 得到的是 n 个图形，每个图形只包含 1 个坐标点，而现在要的是 1 个图形，这个图形包含了 n 个坐标点。绘制包含 n 个点的图形的方法是先将这 n 个点的信息存储起来，然后再用 plot 函数一次性地绘制出来。在 Python 中，可以利用列表存储 n 个坐标点的信息。

列表(list)可以存放多个数据，每个数据称为一个元素，元素可以是不同类型，例如，图 2-24 所示列表共包含 6 个元素，有些是数字，有些是字符串。列表中的元素是有顺序的，每个元素有一个编号，称为索引。特别要注意的是，索引是从 0 开始编号而不是 1，所以在一个包含 n 个元素的列表中，首个元素的索引是 0，最后一个是 $n-1$。

元素的索引 →	0	1	2	3	4	5
元素 →	231	20	'ab'	3.14	0	'cd'

图 2-24 列表示例

【小贴士】 列表中元素的索引也可采用负数的形式，假设列表包含 n 个元素，则最后一个元素的索引为 -1，倒数第 2 个元素的索引为 -2……首个元素的索引为 $-n$。

在 Python 中，可采用方括号的方法创建列表，方括号中依次列出每个元素，元素之间用逗号隔开。如程序 2-21 创建了图 2-24 所示列表并进行打印。

程序 2-21

```
L=[231, 20, 'ab', 3.14, 0, 'cd']
print(L)
```

程序 2-22

```
L=list(range(1, 101, 1))
print(L)
```

这种方法可以创建任何形式的列表,但使用时存在不便,比如创建包含 1~100 的列表,用该方法将十分麻烦。对于这类列表,可使用 range(a,b,s)函数进行创建,该函数的功能是生成一个从 a 开始到 b−1 结束、公差为 s 的整数等差数列。例如,range(1,11,2)生成的是从 1 到 10、公差为 2 的等差整数数列,即"1,3,5,7,9"。当公差 s 为 1 时,可以省略 s,如 range(1,11)生成的是"1,2,3,…,10"。a 也可以省略,省略时默认 a 为 0,如 range(11)生成的是"0,1,2,…,10"。但是,range 函数生成的并不是列表,所以还需用 list 函数将生成的等差数列转化为列表类型。例如,程序 2-22 中生成的 L 是一个包含 1~100 的列表。

创建列表后,可以读取和修改列表中的元素,表 2-7 和表 2-8 给出了一些示例,另外,表 2-9 给出了其他一些常用的列表操作。

表 2-7 读取列表中元素示例(假设 L 为['P', 'y', 't', 'h', 'o', 'n'])

语 句	含 义	x 的值
x = L[4]	读取 L 中第 4 号元素	'o'
x = L[−1]	读取 L 中第 −1 号元素(即最后一个)	'n'
x = L[0 : 3]	读取 L 中第 0~2 号元素	['P', 'y', 't']

表 2-8 修改列表中元素示例(假设 L 开始时为['P', 'y', 't', 'h', 'o', 'n'])

语 句	修改后 L 的值
L[4] = 'X'	['P', 'y', 't', 'h', **'X'**, 'n']
L[−1] = 'X'	['P', 'y', 't', 'h', 'o', **'X'**]
L[0 : 3] = ['X', 'X', 'X']	[**'X', 'X', 'X'**, 'h', 'o', 'n']

表 2-9 常用列表操作(L、L1、L2 为列表,x 为元素,i 为索引,a 是某类型的变量)

操 作	含 义
L.insert(i, x)	将 x 添加到 L 的第 i−1 和第 i 号元素之间,插入后 x 的索引为 i
L.append(x)	将 x 添加到 L 的最后,添加后 x 为最后一个元素
L.pop(i)	删除第 i 号元素,若 i 省略则删除最后一个元素
L.remove(x)	删除 L 中首个 x
a = L.index(x)	将 L 中首个 x 的索引赋给 a
a = L.count(x)	将 L 中 x 出现的次数赋给 a
x in L	判断 x 是否为 L 中的元素,常用在 if 等语句中

续表

操　　作	含　　义
L.reverse()	对 L 中的元素进行反向排列
L.sort()	对 L 中的元素排序（升序）
a=len(L)	将 L 中元素的个数赋给 a
a=max(L)	将 L 中的最大元素赋给 a
a=min(L)	将 L 中的最小元素赋给 a
a=sum(L)	将 L 中所有元素之和赋给 a
a=L1+L2	将 L1 和 L2 拼接为一个列表并赋给 a
a=3*L	将 3 个 L 拼接为一个列表并赋给 a

利用这些功能可以灵活操作列表，例如，程序 2-23 是利用列表计算 1～100 之和，程序 2-24 是求列表 L 中最大的两个数的和。

程序 2-23

```
L=list(range(1,101))
s=sum(L)
print(s)
```

程序 2-24

```
L=[101, 25, 38, 29, 108, 121]
L.sort()
print(L[-1]+L[-2])
```

【小贴士】　除列表外，Python 还提供了元组、字典、集合等内置数据结构，灵活使用这些数据结构能够带来很多方便。

很多时候，列表都会和循环一起使用，利用循环可以依次遍历列表中的所有元素。例如，程序 2-25 利用 while 循环计算 L 中所有元素的平方和，变量 s 用来存储计算结果，i 用来表示 L 中元素的索引，i 最开始指向第 0 个元素，每循环一次，将 i 指示的元素的平方累加到 s 中，然后 i 增 1，在处理完 L 中最后一个元素后，循环结束。

程序 2-25

```
L=[101, 25, 38, 29, 108, 121]
i, s=0, 0
while i<len(L):
    s=s+L[i]**2
    i=i+1
print(s)
```

程序 2-26

```
L=[101, 25, 38, 29, 108, 121]
s=0
for x in L:
    s=s+x**2
print(s)
```

程序 2-25 利用变量 i 的值表示当前要取出的元素,每次循环加 1,这种方法稍显麻烦,因此介绍另外一种循环：**for 循环**。for 循环的语法如下所示,其中,序列可看作是元素的集合,比如列表、range 函数产生的等差数列都是序列。for 循环表示的意思是,对于序列中的每一个元素 x,都依次执行一次循环体中的语句。所以在第 1 次循环中,x 的值为序列中的第 0 号元素,第 2 次循环 x 为第 1 号元素……第 n 次循环 x 为第 $n-1$ 号元素。

```
for x in 序列:
    循环体
```

与使用 while 循环的方法相比,for 循环能自动地按序取出序列中的所有元素,不再需要变量 i,因此更方便使用。例如,程序 2-26 的功能与程序 2-25 相同,也是计算 L 中所有元素的平方和,它将 L 中的元素依次赋给 x,然后再将 x 的平方累加到 s,一次循环处理一个元素,循环结束即处理完所有元素。

【小贴士】 一般而言,for 循环更便于使用,而 while 循环更为通用。for 循环一般用于循环次数可提前确定的情况,如依次处理列表中所有元素时,循环次数即元素个数;而 while 循环一般用于循环次数难以提前确定的情况,如辗转相除法求最大公约数。

利用循环可以依次计算 n 个时刻炸弹的坐标,并将这 n 个点的坐标值存储在列表中,然后再一次性地绘制出列表中的 n 个坐标,就可以绘制出炸弹轨迹。程序 2-27 和程序 2-28 分别利用 while 循环和 for 循环对炸弹轨迹进行绘制。在这两个程序中,变量 xt 和 yt 不再是两个数,而是两个列表,分别存储了 n 个点的横坐标和 n 个点的纵坐标。在开始时,xt 和 yt 是两个空列表（第 4 行）,即不包含任何元素。循环体的功能是计算某一时刻的横坐标值和纵坐标值,并将其分别添加到 xt 和 yt 中,循环结束后,xt 和 yt 就存放了 n 个点的坐标。然后再用 plot 函数一次性地将这 n 个点绘制出来,这 n 个点同属同一图形,因此可以将它们连起来。连起来的方法很简单,将 plot 函数中的 'ro' 改为 'r-' 即可,其中,r 表示图形颜色为红色,-表示图形形状是单实线。程序 2-27 和程序 2-28 的运行结果如图 2-21(b)所示。

程序 2-27

```
import matplotlib.pyplot as plt
h, v0, g=3000, 200, 9.8
t, n=0, 30
xt, yt=[], []
tmax=(2*h/g)**0.5
```

```
delta=tmax/(n-1)
while t<=tmax:
    xt.append(v0 * t)
    yt.append(h-1/2 * g * t**2)
    t=t+delta
plt.plot(xt,yt,'r-')
plt.grid('on')
plt.axis([0, 5000, 0, h])
plt.show()
```

程序 2-28

```
import matplotlib.pyplot as plt
h, v0, g=3000, 200, 9.8
n=30
xt, yt=[], []
tmax=(2 * h/g)**0.5
delta=tmax/(n-1)
for i in range(n):
    t=delta * i
    xt.append(v0 * t)
    yt.append(h-1/2 * g * t**2)
plt.plot(xt,yt,'r-')
plt.grid('on')
plt.axis([0, 5000, 0, h])
plt.show()
```

实验关卡 2-8：列表与 **for** 循环练习一。

实验目标：能利用 for 循环访问列表中的数据。

实验内容：已知 L 为 [101，25，38，29，108，121]，利用如下公式计算 L 中数据的标准差 σ：

$$\sigma^2 = \frac{\sum(x-\mu)^2}{N}$$

其中，x 为 L 中的数据，N 为数据的个数，μ 为数据的平均值。（计算结果约为 40.2809）

实验关卡 2-9：列表与 **for** 循环练习二。

实验目标：能使用分支和 for 循环实现程序逻辑。

实验内容：水仙花数是三位整数，且各位数字的立方之和等于该数，例如，因为 $153=1^3+5^3+3^3$，所以 153 是水仙花数。编写程序，计算所有水仙花数（所有水仙花数包括 153、370、371、407）。

2.5.6 更简单地绘制一条轨迹

2.5.5 节已经绘制出炸弹轨迹,但使用的方法还是显得有点麻烦,本节将介绍两种更为简单的绘制方法。

第一种方法还是利用列表存储 n 个点的坐标。除了 2.5.5 节介绍的列表创建方法之外,还可以使用 for 循环生成列表,其语法如下所示。其功能是根据序列生成列表 L,L 中的元素与序列中的元素一一对应,转换关系由表达式给出。

```
L=[包含 x 的表达式 for x in 序列]
```

例如,程序 2-29 的功能与程序 2-25 及程序 2-26 相同,也是计算 L 中所有元素的平方和,但程序 2-29 更为简便。程序第 2 行基于 L 生成 L2,对于 L 中的每个元素 x,将 x 的平方存放到 L2 的对应位置,所以 L2 中存放的是 L 中各元素的平方,再利用 sum 函数对 L2 中所有元素求和即可。另外,程序 2-30 的功能是计算 $\sum_{i=1}^{10} 1/i^2$,过程与程序 2-29 类似。

程序 2-29

```
L=[101,25,38,29,108,121]
L2=[x**2 for x in L]
print(sum(L2))
```

程序 2-30

```
L=[1/i**2 for i in range(1,11)]
print(sum(L))
```

利用此方法可以简化炸弹轨迹的绘制过程,程序 2-31 给出了相应的程序。在该程序中,首先利用序列"0,1,2,…,$n-1$"生成 n 个时刻,存储在列表 T 中,然后再利用 T 计算这 n 个时刻对应的横坐标和纵坐标,分别存放在列表 xt 和 yt 中,然后再进行绘制。可以看到,该方法比程序 2-27 和程序 2-28 更加简单,更易理解。

程序 2-31

```
import matplotlib.pyplot as plt
h, v0, g, n=3000, 200, 9.8, 30
xt, yt=[], []
tmax=(2*h/g)**0.5
delta=tmax/(n-1)
T=[i*delta for i in range(n)]          # 生成 n 个时刻
```

```
xt=[v0 * t for t in T]                  # 计算 n 个时刻的横坐标
yt=[h-1/2 * g * t**2 for t in T]        # 计算 n 个时刻的纵坐标
plt.plot(xt,yt,'r-')
plt.grid('on')
plt.axis([0, 5000, 0, h])
plt.show()
```

第二种方法需要使用 numpy 库,numpy 库是一个科学计算库,包含三角函数计算、向量/矩阵运算、傅里叶变换、随机数生成等功能,得到了广泛的应用。numpy 库的功能十分强大,本节只介绍一些相关的功能,其他功能可访问 numpy 库的官方网站。

numpy 库中有一个 arange 函数,其作用及使用方法与 range 函数类似,但功能更为强大,range 函数只能生成整数等差数列,而 arange 函数还能生成浮点数等差数列。如程序 2-32 生成的是"0.1,0.3,0.5,0.7,0.9"。

numpy 库还有另一种生成等差数列的方法:linspace(a, b, n),该函数的功能是将区间[a, b]尽量平均地分成 $n-1$ 个小区间,这 $n-1$ 个小区间对应的 n 个端点就是它生成的序列,n 的默认值为 50。例如,程序 2-33 生成的是"$-1,-0.5,0,0.5,1$"。

程序 2-32

```
import numpy as np
A=np.arange(0.1, 1, 0.2)
print(A)
```

程序 2-33

```
import numpy as np
A=np.linspace(-1,1, 5)
print(A)
```

arange 函数和 linspace 函数生成的并不是列表,而是 numpy 库中的数组。与列表相比,数组的一个显著特点是可以直接参与各种运算,对数组进行的运算将转换成对数组中各元素的运算。如数组 A 与数组 B 相乘,得到的结果 C 也是数组,且 C 中第 i 个元素就是 A 中第 i 个元素乘以 B 中第 i 个元素;数组 A 与整数 x 相加,得到的结果为数组 C,C 中第 i 个元素就是 A 中第 i 个元素加上整数 x,等等。

在使用时,可以利用 arange 函数和 linspace 函数生成一些基础的数组,然后再利用数组间的运算生成更为复杂的数组,这在很多时候能带来方便,如绘制函数曲线。程序 2-34 的功能是绘制 $y=\sin(x)$ 在[$0, 2\pi$]区间的函数曲线,程序首先利用 linspace 函数在[$0, 2\pi$]区间上平均取 $n=50$ 个点,存入数组 x,然后对 x 进行计算并将计算结果存放在数组 y,x 和 y 实际就存储了函数曲线上 n 个点的横坐标和纵坐标,然后将 x 和 y 绘制出来就是函数的曲线,如图 2-25 所示。

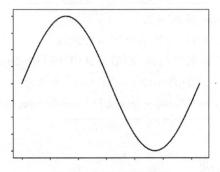

图 2-25 绘制正弦曲线

程序 2-34

```
import numpy as np
import matplotlib.pyplot as plt
x=np.linspace(0, 2*np.pi)
y=np.sin(x)
plt.plot(x, y, 'r')
plt.show()
```

所以，采用这种方法可以更加方便地绘制出炸弹轨迹，如程序 2-35 所示。该程序先在 [0, tmax] 区间上平均取 n 个点，即 n 个时刻，然后再利用这 n 个时刻计算 n 个点对应的横坐标 xt 和纵坐标 yt，最后再进行绘制。

程序 2-35

```
import numpy as np
import matplotlib.pyplot as plt
h, v0, g, n=3000, 200, 9.8, 30
tmax=(2*h/g)**0.5
t=np.linspace(0, tmax, n)          #在[0, tmax]上平均取 n 个点
xt=v0*t                            #计算 n 个点的横坐标
yt=h-1/2*g*t**2                    #计算 n 个点的纵坐标
plt.plot(xt,yt,'r-')
plt.grid('on')
plt.axis([0, 5000, 0, h])
plt.show()
```

实验关卡 2-10：numpy 库练习一。

实验目标：给定函数方程，能绘制函数曲线。

实验内容：绘制如下函数的曲线（花形），其中 $\theta \in [0, 2\pi]$：

$$\begin{cases} x = \sin(10\theta)\cos(\theta) \\ y = \sin(10\theta)\sin(\theta) \end{cases}$$

> **实验关卡 2-11：numpy 库练习二。**
> **实验目标**：给定函数方程，能快速绘制函数曲线。
> **实验内容**：绘制如下函数的曲线(心形)，其中 $\theta\in[0, 2\pi]$：
> $$\begin{cases} x = 16(\sin\theta)^3 \\ y = 13\cos\theta - 5\cos2\theta - 2\cos3\theta - \cos4\theta \end{cases}$$

2.5.7 绘制多条轨迹

程序 2-31 和程序 2-35 可以很方便地绘制炸弹轨迹了，但还是存在问题。例如，假设轰炸机的飞行高度可能是 2km 或 3km，飞行速度可能是 200m/s 和 260m/s，现要绘制各种情况下炸弹的轨迹。利用循环可以实现该功能，但利用函数可以更优雅地解决这个问题。

函数是一种代码复用技术，它可以使一段代码被反复使用。简单理解，函数就是一段有名字的代码，在程序中只要给出这段代码的名字，解释器看到这个名字就会转到对应的代码段执行，执行完再返回到原来的位置。其实，之前使用的 print、input、range、linspace、plot 等都是函数，使用这些函数就是在使用别人写的一段代码。下面介绍如何自己定义函数。

函数的定义方法如下所示，以关键字 def 开头，然后给出函数名，参数列表可以没有，但括号和冒号不能省略，语句 1~语句 n 称为函数体，函数体定义了函数的功能，函数体语句之前要有相同的缩进。

```
def 函数名(参数列表):
    语句1
    ⋮
    语句n
```

例如，程序 2-36 第 2~4 行定义了函数 printTime，该函数的函数体包括第 3、4 行，功能是利用 time 模块打印今天的日期和现在的时间(time 模块的具体用法请参考相关资料)。该程序的执行过程为：执行第 1 行，导入 time 模块；执行第 2 行，发现该行是在定义函数，此处要注意的是，函数体中的语句没被调用就不会执行，所以此时会跳过函数体；执行第 5 行，第 5 行是调用 printTime 函数，所以下一步会转而执行函数体；执行第 3 行，打印日期；执行第 4 行，打印时间，此时函数体中的语句执行结束，会返回到调用处；继续执行第 5 行，没有其他工作要做；执行第 6 行，函数调用，转到函数体执行；执行第 3 行，打印日期；执行第 4 行，打印时间，函数体执行结束，返回到调用处；继续执行第 6 行，无其他工作；程序执行结束。所以在程序中，函数体中的语句不会自动执行，而是需要调用才会执行，printTime 函数被调用两次，函数体中的语句也会被反复执行了两次。

程序 2-36

```
import time
def printTime():
    print('今天是:', time.strftime('%Y-%m-%d'))
    print('现在是:', time.strftime('%H:%M:%S'))

printTime()
printTime()
```

很多时候,函数的功能是对一些值进行计算和处理,而这些值在定义函数的时候并不能确定,比如函数 printSumLn 的功能是打印列表 L 中元素的 n 次方之和,这里的 L 和 n 取什么值,在定义函数的时候并不知道,此时就要为函数定义参数了。

例如,程序 2-37 第 1~3 行定义了 printSumLn 函数,在第 1 行的括号中列出了该函数的参数 L 和 n,在写函数体时无法知道也不需知道 L 和 n 的值,或者说 L 和 n 可以取任意值,函数体可以像使用一般变量一样使用 L 和 n,即先利用 L 生成列表 Ln,Ln 中存放了 L 中元素的 n 次方,然后打印 Ln 中元素之和。若定义函数时使用了参数,则调用时需要指定这些参数的值,这些值就是执行函数体时对应参数的值,这个过程称为参数传递。例如,程序第 4 行调用 printSumLn 函数,调用的时候在括号中也指定了参数 L 和 n 的值,分别是[1,2,3,4,5]和 3,L 和 n 被赋值后就可以执行函数体中的语句了。

程序 2-37

```
def printSumLn(L, n):
    Ln=[x**n for x in L]
    print(sum(Ln))

printSumLn([1, 2, 3, 4, 5], 3)
```

【小贴士】 定义参数时可以为参数设置默认值,比如程序 2-37 第 1 行若改为"def printSumLn(L, n=1):",则表示参数 n 的默认值为 1。在调用时,可以为具有默认值的参数指定一个值,也可以不指定,如果不指定则会使用默认值。比如修改后,语句 printSumLn(L1, 3)会打印 L1 中所有元素的 3 次方之和,而 printSumLn(L1)则会打印 L1 中所有元素的 1 次方之和。

另外,很多时候,并不需要函数直接打印计算结果,而是需要将计算结果赋给某个变量或进行其他处理,如在 a = len(L)中,len 函数并不是打印出列表 L 的元素个数,而是将元素个数赋给变量a,这种功能可以通过 return 语句实现。

例如,程序 2-38 第 1~3 行定义了函数 calSumLn,该函数首先计算 L 中元素的 n 次方之和 sn,然后并不是打印 sn,而是用 return 语句将 sn 的值返回给调用处。所以程序第 5 行在调用 calSumLn 函数时,函数执行完毕后会获得函数的返回值,这个返回值会被赋给变量 s,s 也就获取了该函数的计算结果。简单理解,可以认为 calSumLn([1, 2, 3, 4, 5], 3)执行结束后,此处就变为了返回值 sn 的值。

程序 2-38

```
def calSumLn(L, n):
    Ln=[x**n for x in L]
    sn=sum(Ln)
    return sn

s=calSumLn([1, 2, 3, 4, 5], 3)
print(s)
```

【小贴士】 在写程序时,尽量将需要重复使用、功能相对独立的代码封装成函数,这可以提高代码复用率和可读性。

程序 2-39 的功能是绘制不同情况下的炸弹轨迹,函数 calBombTrace(h, v0) 的功能是计算高度为 h、初速度为 v0 时对应轨迹上 n 个点的坐标值 xt、yt,并将其返回。列表 H 和 V0 中存放了所有可能的高度和初速度,然后利用两层循环形成各种情况,在每种情况下分别计算并绘制炸弹轨迹,最后显示图形。程序 2-39 的执行结果如图 2-26 所示。

程序 2-39

```
import numpy as np
import matplotlib.pyplot as plt

def calBombTrace(h, v0):
    g, n =9.8, 30
    tmax= (2 * h/g)**0.5
    t=np.linspace(0, tmax, n)
    xt=v0 * t
    yt=h-1/2 * g * t**2
    return xt, yt

H, V0=[3000, 2000],[200, 260]
for h in H:
    for v0 in V0:
        xt,yt=calBombTrace(h,v0)
        plt.plot(xt,yt)
plt.grid('on')
plt.axis([0, 6500, 0, 3000])
plt.show()
```

【小贴士】 两层循环(及多层循环)的原理与一层循环类似。例如,程序 2-39 中 for h in H(外层循环)的循环体是后面三行,对每个高度都会执行一次循环体。只不过在它的循环体中又包含了一个循环 for v0 in V0(内层循环),该循环的循环体是后面两行。所以在程序 2-39 中，calBombTrace 函数和 plot 函数都会被执行 4 次，从而绘制 4 种情况下的 4 条轨迹。

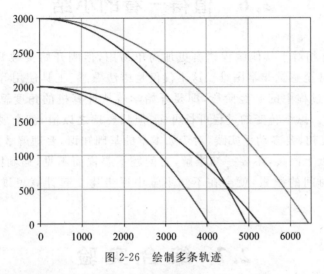

图 2-26　绘制多条轨迹

实验关卡 2-12：函数练习一。

实验目标：能用函数实现代码的封装和复用。

实验内容：若三角形的三边边长分别为 a、b、c，令 $p=(a+b+c)/2$，则该三角形面积为

$$S = \sqrt{p(p-a)(p-b)(p-c)}$$

实现函数 triArea(a，b，c)，其功能是利用上述公式计算三角形的面积。并利用 triArea 函数计算图 2-27 阴影部分的面积(计算结果约为 24.2019)。

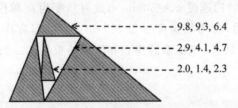

图 2-27　计算阴影部分的面积

实验关卡 2-13：函数练习二。

实验目标：能用函数实现代码的封装和复用。

实验内容：编程实现哥德巴赫猜想，即：任何一个大于或等于 6 的偶数，总可以表示成两个素数之和(例如，11111112 = 11 + 11111101)。可编写两个函数：isPrime(x)和 Goldbach(N)，前者判断整数 x 是否为素数，后者通过调用前者将整数 N 分解成两素数之和。

2.6 值得一看的小结

虽然 Python 相对于其他编程语言更加简单易用,但刚开始接触 Python 时还是会碰到很多问题,甚至感觉非常困难。这不仅仅是语法熟悉、工具使用等方面的问题,更是培养计算思维过程中的必经阶段,即要开始学着从计算机的角度思考问题,而不仅仅是从人的角度。思维转变的过程可长可短,但只要持之以恒,就会成功。所以,读者在初学 Python 之初,要多动手实践,对于如本章的基础知识,要理解掌握,碰到问题,要及时解决,不要纸上谈兵,不要一知半解,对问题不要视而不见,遇到困难更不应半途而废,经过一段时间的积累,就会在不知不觉中逐步建立起计算思维,体会到编程的乐趣。

2.7 综 合 实 验

2.7.1 综合实验 2-1

【实验目标】

进一步熟悉 Python 的基本语法。

【实验内容】

已知某型迫击炮发射初速度 $v_0=300\mathrm{m/s}$,发射角度为 θ(单位为度),炮弹飞行过程中无动力,不考虑空气阻力,重力加速度 g 取 $9.8\mathrm{m/s^2}$。编写程序,绘制 θ 为 30°、45°、60°、75°时炮弹在空中的飞行轨迹,坐标系的建立和绘制结果如图 2-28 所示。

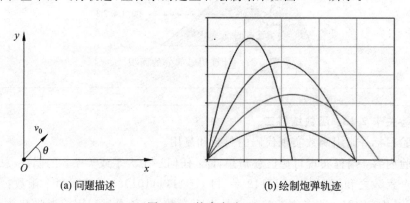

(a) 问题描述   (b) 绘制炮弹轨迹

图 2-28　综合实验 2-1

2.7.2 综合实验 2-2

【实验目标】

进一步熟悉 Python 的基本语法,并能够用 Python 解决一些数值计算的问题。

【实验内容】

如图 2-29(a)所示,已知函数方程为 $f(x) = e^x \sin(x)$,求函数曲线在 $[0,\pi]$ 区间的长度。

提示:如图 2-29(b)所示,可将 $[0,\pi]$ 区间细分成 n 个子区间,在每个子区间,曲线可近似看作线段,各区间线段之和即所要求的长度的近似值,当子区间数量足够多时(如 n 为 1000),近似长度将足够接近真实值(计算结果约为 15.47)。

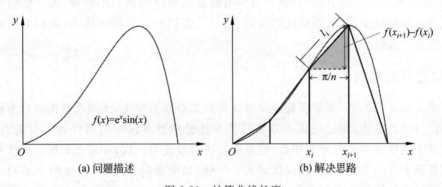

图 2-29 计算曲线长度

2.8 辅助阅读资料

[1] Python 官方网站. https://www.python.org/.
[2] Anaconda 官方网站. https://www.anaconda.com/.
[3] matplotlib 官方网站. http://matplotlib.org/.
[4] math 说明文档. https://docs.python.org/3/library/math.html.
[5] numpy 官方网站. http://www.numpy.org/.
[6] time 说明文档. https://docs.python.org/3/library/time.html.
[7] Python 官方帮助文档. https://docs.python.org/3/.
[8] Python 学习大本营. http://www.pythondoc.com/.
[9] Python Tip. http://www.pythontip.com/.
[10] 廖雪峰 Python 教程. https://www.liaoxuefeng.com/.
[11] 董付国. Python 程序设计开发宝典[M]. 北京:清华大学出版社,2017.

第 3 章 思路的演示

【给学生的目标】

通过完成本章设定的演示文稿设计任务,学习和掌握一些演示文稿制作的基本方法和技巧,能根据预定主题,设计和制作出能清晰表达思路的演示幻灯片,关注如何用恰当的形式和媒体辅助演讲,有意识地训练信息归纳、表达和综合演示能力,强调表达的逻辑性和思维的严谨性。

【给老师的建议】

与第 1 章实验类似,本章实验建议以任务形式布置给学生,无须课堂讲解和演示。学生主要以自学的方式,通过完成本章实验关卡任务熟悉掌握相关软件基本功能的使用。如果是基于网络教学平台发布作业,完成周期建议设置为一周;如果是采用每周课外固定安排实验室上机的实验形式,建议课时为 4 学时,如果课时充裕,可以组织小型的演示会激发学生精进技能的动力。在作业评分上,建议对选择合理布局和媒体来展示报告或演讲的思路做一些针对性的引导,而不仅仅考评是否学会了操作技能。本章示例采用的实验软件为 MS Office 2016 的 PowerPoint 组件。

3.1 问题描述

制作演示文稿是学生时期以及在职场中需要具备的一项非常重要的技能,无论是课程或项目报告、自我推介、演讲、竞选、策划、业务介绍还是梳理流程工作,很多场合都需要运用到演示文稿。一份制作精良的演示文稿不仅能辅助演讲者流畅展示讲解思路,而且能吸引关注、打动人心,甚至赢取关键的机会。

通过第 1 章任务的磨炼,相信读者已经可以完成一篇像样的调研报告,然而修炼并没有结束,也许课程的大作业除了提交报告,还安排了一场调研成果展示会,那么借助工具为成果展示制作一个演示文稿就成为了棘手的任务;而对于初入课题组的高年级本科生或者研究生,导师交代的第二个任务,往往就是"下次组会上,你来给大家做一个最近课题调研的报告"。要完成好这样的任务,一是要掌握一些思路演示和表达的方法,二是要熟练使用演示文稿制作工具。

接下来,我们延续第 1 章的任务主题,来完成一个演示文稿的制作,通过这个任务,掌握借助软件工具进行思路演示的基本技能和方法,依然是**把关注力放在如何高效地完成任务的方法或者说"套路"上**,至于软件工具的使用,是一个不断积累和熟能生巧的过程。

> **任务描述:**
> 主题:**云南**或者**贵州**的**旅游产业**调研。
> 要求:
> (1) 基于第 1 章的调研报告,制作一个演示文稿,用于在交流会上介绍调研情况。
> (2) 演示文稿要求思路清晰、重点突出,有媒体表现力。

要完成这个任务,也给出一个"**四步走**"攻略。

第一步,内容梳理,就是理清内容的逻辑关系,拟定演示大纲,准备必要的原始材料。

第二步,完成初稿,就是用工具软件将第一步的思路大纲和主要内容体现在幻灯片上。

第三步,整洁提升,就是精炼文字,统一排版,提高演示文稿的职业化水准。

第四步,精化设计,就是逐页对内容再提炼和打磨,从美学和创新的角度,把想表达的内容用最合适的形式呈现出来。

下面,按照这 4 个步骤"走"一遍,依然会设置一些用于达成任务目标的实验关卡,有了第 1 章的经验,这一次应该更有信心。

【小贴士】 上述"四步走"的攻略未必有明确的划分标准,也未必一定要由第一步到第二步,再到第三步和第四步,特别是后面 3 个步骤,既可以从一个空白文稿开始,也可以借助预设的主题模板(前者更考验制作者的功力)。演示文稿的品质提升是不断更迭甚至交织的,再加上大众审美不同,也很难有一个清晰的标准。但需要强调的是,演示文稿的核心还是在内容表达上,有的场合需要酷炫的效果,有的场合则版面简洁为宜,因地制宜才不会舍本逐末。

3.2 整理思路很重要

3.2.1 不要急于开始

演示文稿制作软件 PowerPoint 是在计算机软件发展史上最具影响力的软件之一,但也是饱受争议的软件之一,它曾使数不胜数的演示文稿锦上添花,也曾让无穷无尽的愚蠢想法穿上了视觉上的华丽外衣。PowerPoint 的最初设计者罗伯特·加斯金斯作为一位具有远见卓识的企业家,并没有为此争辩,但他善意地提醒质疑者:"人们常常非常错误地使用 PowerPoint,演示文稿从来都不应该是一个提议或方案的全部内容,它只是思考成熟的长篇内容的一个简单总结。如果用 PowerPoint 没有做好工作,那么他们用其他工具也会犯同样的错误。"可见会用工具不难,用好工具才是难事。

虽然本章的主要目的是通过完成特定的任务来熟悉工具的使用,但希望学习者能从一开始就保持清醒的头脑,将演示思路的设计放在第一位,而不是立马打开软件开始操作。要确定好要做的演讲的用途,并且准备好要演示的内容等,只有当这些确定了之后,再动手制作,工具就会成为锦上添花的利器,而不是喧宾夺主的小丑。

按照上述的"四步走"攻略,内容梳理是第一步,这一步虽然不涉及制作软件的具体操作,但又决定了下一步使用软件的方向和策略。

3.2.2 确定应用场景

应用场景是确定演示文稿风格的重要依据,可能的应用场景,比如工作总结、方案汇报、毕业答辩,或是商业路演、产品发布、政绩宣传等。不同的应用场景和内容主题决定了最终呈现的效果。

一般而言,演示文稿可以分为三大类:演示型、演讲型和阅读型。

演示型演示文稿是为了充分展示主题内容的焦点,吸引关注。这类幻灯片最显著的特点就是简约,字少图多动画炫。典型的应用场景如商业路演、产品发布、学生会活动的宣传等。

演讲型演示文稿是为了配合讲解使用,演示内容作为给听众一个思路的提示以及复杂原理的辅助解释,应用的场景如方案汇报、知识讲座、项目答辩等。这类演示文稿的风格相对比较严谨,讲究媒体与文字的配合。

最后一类**阅读型**演示文稿主要是为了满足阅读需要,目的往往是被当作资料分发出去,让别人自行观看。这类文稿在形式上可能不如前面两类美观,但要求页面内容尽可能详细,能够满足逻辑上的自洽性,否则别人可能难以理解系列页面所要展示的内容之间的逻辑和主旨。典型的应用场景如产品推介、知识讲解、公司业务介绍、学校招生指南等。

图 3-1～图 3-3 给了 3 种演示文稿的参考示例供大家体会。在设计演示文稿之前务必先要把握作品的定位,错位的设计会造成即使作品再精致,使用的效果也会大打折扣的情况。

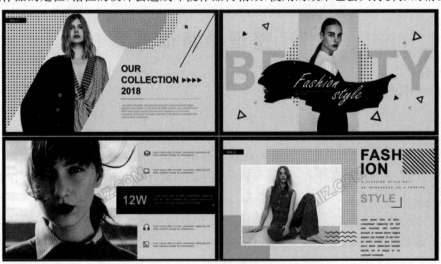

图 3-1 演示型文稿示例

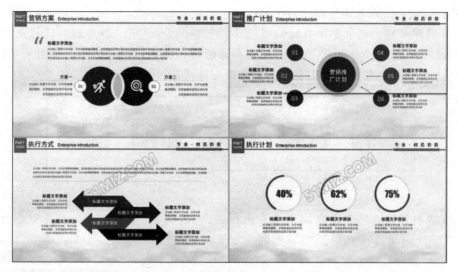

图 3-2　演讲型文稿示例

图 3-3　阅读型文稿示例

就本章设置的任务来看，我们的定位应该是做一个**演讲型的演示文稿**。

3.2.3　构建思维导图

明确了应用场景之后，接下来是确定演示的思路，理清演示内容的逻辑关系，并准备必要的原始素材。

1. 内容编排方式

这个步骤是确定讲解的逻辑思路，根据这个思路来选择内容编排的方式。

第 3 章　思路的演示

内容的编排方式大体可以分为两种。

(1) **顺序结构**。这个顺序可以是时间、因果、承接等,其中一种通俗的理解就是按照"是什么""为什么""做什么或怎么做"的思路来演示。例如,对于"毕业论文答辩"的演示文稿,总体上就可以按照逻辑上承接的思路来编排,如图 3-4 所示。

图 3-4　毕业论文答辩演示思路

(2) **总分结构**。一个内容的几个方面是并列的,例如,一件事情是由几个方面构成的,或者一个结果是由几个原因导致的。举个例子,要讲解计算机操作系统中有关进程调度策略的知识点,由于这些策略各有特点,是并列的关系,这就是一种典型的总分结构,如图 3-5 所示。

就本章设置的任务来看,根据云南旅游产业调研报告的写作结构,内容上是按照"资源有哪些""开发得怎么样""下一步的计划"的思路在组织,前后有因果关系,因此显然应该选用**顺序结构**来进行内容编排。

图 3-5　进程调度策略的讲解思路

2. 构建内容框架

确定了内容编排方式之后,就需要把想表达的内容按照一定的框架结构罗列下来,尽量做到内容完整,如果将最终的作品比喻为一个鲜活有个性的人,那么这个框架结构就是支撑这个人的骨架。描绘这个骨架可以使用原始的纸和笔,也可以借助当下流行的"思维导图"工具(如 Mindmanager、Xmind 等)来辅助完成。现在无须提醒你该如何去了解"什

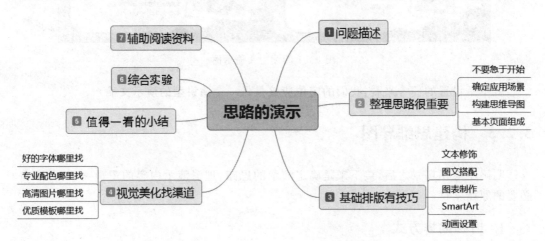

图 3-6　本章撰写思路的思维导图

么是思维导图"了吧？有兴趣的学习者，推荐到 Xmind 的官网 http://www.xmindchina.net 下载一个绿色免费版本来试用，体验一下用工具让思路变得异常清晰的愉快感受。图 3-6 给出了介绍本章书稿撰写思路的思维导图。这个做法能帮助人们从整体上来把握内容框架，不易疏漏，即使中途需要修改，也很容易做到局部调整以及关联调整，从而很好地避免完成作品的过程中发生推倒重来的情况。

多说一句，思维导图不仅可用于设计演示文稿，只要是需要整理思路的工作都可以用它来提高工作效率，如撰写论文、设计方案、项目规划、旅行准备等，是值得收藏的好工具。

> **实验关卡 3-1**：创建思维导图。
> **实验目标**：体验创建思维导图的过程，建立先"设计后制作"的意识；尝试用新工具来提高工作效率。
> **实验内容**：用纸笔或者思维导图工具，基于第 1 章完成的"云南旅游产业调研报告"，完成交流会演示文稿的思维导图。参考示例如图 3-7 所示。

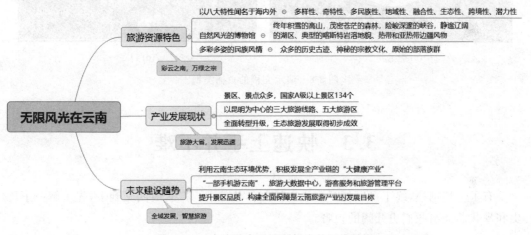

图 3-7　云南旅游产业调研报告的思维导图

3.2.4　基本页面组成

一份完整的演示文稿通常包括封面、目录（提纲）、提示页、内容页、封底这 5 部分，其中提示页的数量是由目录项的数量决定的。这 5 个部分并不要求严格完整，但当内容较多时，比如内容页超过了 15 页，为了便于观众或者阅读者能清晰地把握演示文稿的脉络和框架，这几部分都是必要的。特别是对于长篇的报告，提示页是很重要的，主要的功能是告诉观众接下来要讲什么，同时也是一个承上启下的过渡环节，以避免"听着听着就不清楚演讲者当前正在介绍哪一部分内容"的问题发生。

图 3-8 给出了除了内容页以外的 4 种页面的示例，内容页与具体内容相关，可自由设计。

图 3-8　演示文稿的页面类型

3.3　快速上手并不难

有了上述铺垫,终于可以打开演示文稿制作软件了。广告时间又到了,先了解一下历史和现状总能给我们更开阔的视野。

3.3.1　幻灯片的历史

幻灯机和幻灯片最早是德国传教士用作传教道具而出现的。最早的幻灯片是玻璃制成的,靠人工绘画,通过幻灯机将影像投射在墙幕上。到了19世纪中叶,美国人发明了赛璐珞胶卷,幻灯片即开始使用照相移片法生产,这也是人们有时也将幻灯片称为胶片的来由。用实物投影仪播放透明胶片辅助讲解的方式沿用至今,例如,一些世界顶尖大学的老教授对电子幻灯片并不感冒,在实物胶片上自由写画来辅助思路的讲解更能体现学术底蕴和教学功底。

电子幻灯片是计算机普及的产物,亦称演示文稿、简报,是一种由文字、图片等制作出来并加上一些特效动态显示效果的可播放文件。主流的制作软件包括微软公司的PowerPoint、金山公司 WPS Office 套件中的 WPS 演示、谷歌的 Google Docs、OpenOffice

办公套件中的 OpenOffice Impress、苹果公司 iWork 套件中的 Keynote 等,主要的格式有 ppt、pptx、key、pdf、HTML、dpt、odf 或图片格式。

本章介绍演示文稿的制作方法是以 MS Office 2016 版本的 PowerPoint 组件提供的功能为例。PowerPoint 是目前使用最为广泛的演示文稿制作软件。使用 PowerPoint 能够制作出集文字、图形、图像、声音以及视频等多媒体元素于一体的演示文稿,让信息以更轻松、更高效的方式表达出来。制作的演示文稿可以通过计算机屏幕或投影仪进行播放。不论是课堂教学、学术交流还是产品展示,都可以使用 PowerPoint 制作的演示文稿作为讲解的辅助手段。PowerPoint 2016 在继承以前版本的强大功能的基础上,更以全新的界面和便捷的操作模式引导用户制作图文并茂、声形兼备的多媒体演示文稿。掌握了其使用方法后,使用其他类似软件可以举一反三。

3.3.2 熟悉的工作界面

现在可以打开 PowerPoint 试试手了。PowerPoint 2016 的工作界面和 MS Office 2016 的其他组件保持了一致的风格,也是由 Office 按钮、快速访问工具栏、标题栏、功能区、状态栏、视图栏和编辑区等组件构成。

与 Word 2016 不同的是,PowerPoint 2016(以下简称 PPT)的编辑区由 3 个窗格组成,分别是幻灯片编辑窗格、幻灯片浏览窗格和备注窗格,如图 3-9 所示。编辑窗格用于显示当前幻灯片,可以在此窗格中查看并编辑当前幻灯片内容,是主要操作区。浏览窗格用于浏览演示文稿包含的所有幻灯片,分为幻灯片浏览和大纲浏览两种方式,通过在"视图"选项卡中单击"普通"或者"大纲"视图可以切换这两种浏览方式,后者可以在浏览窗格中查看、调整和编辑幻灯片中的文本内容。备注窗格用来添加与幻灯片内容相关的备注信息。

PPT 功能区的选项卡与 Word 有类似的布局,其中,"开始""插入""设计""审阅"和"视图"这些固定的选项卡,以及插入图片和表格后出现的隐藏选项卡,除了少量的差别,多数分组的使用方式都类似。这几个选项卡里,主要的差别是"开始"选项卡中 PPT 取消了"样式"分组,增加了"绘图"分组;在"设计"选项卡中,PPT 用主题"变体"和"自定义"分组取代了 Word 中的"文档格式"和"页面背景",如图 3-10 所示,这样的变化是与 PPT 本身设计更为自由的特点相契合的。此外,在"插入"选项卡中增加了"视频"和"音频"两种媒体形式。

新增的"切换""动画""幻灯片放映"3 个选项卡是 PPT 专属的,它们的设置都是与 PPT 播放时的动态效果相关。

无论是变化还是新增,有了 Word 的使用经验,这些功能选项的使用方法都是类似的,熟悉和摸索起来会很快。

【小贴士】图 3-9 中编辑窗格的空白幻灯片页面上有两个有提示信息的虚线框,称为"占位符",这是 PPT 预设版式中给定的布局提示,不同的版式会出现不同的占位符,在占位符区域可以插入文本、图片、图表、视频等不同的元素。此外,页面上还能看到均匀密

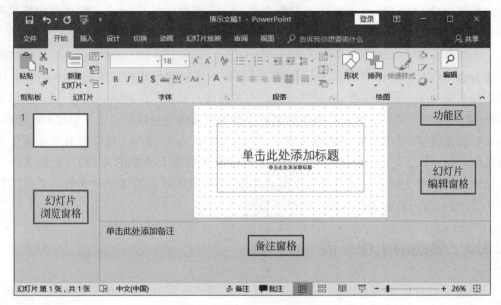

图 3-9　PowerPoint 2016 的工作界面

图 3-10　"开始"中的"绘图"分组和"设计"中的"变体"及"自定义"分组

布的网格线,借助网格线能很方便地对齐页面内的各种媒体对象,但默认情况下网格线是不显示的,需要右击编辑区,通过勾选来显示网格线,如图 3-11 所示。当然,网格线和占位符都是制作时的辅助线框,最终播放时是不会显示的。

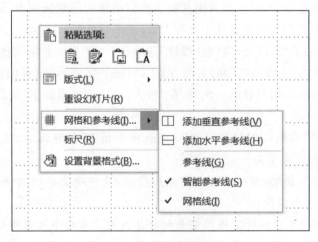

图 3-11　右键设置网格线

3.3.3 搭建基本框架

初步熟悉了 PPT 的工作界面后,就可以开始完成第二步"完成初稿"的工作,就是将第一步的思路大纲和主要内容体现在幻灯片上。基于 3.2 节的工作,我们将演示文稿"云南旅游产业调研报告"设计为 6 页,包括封面、封底、目录各一页,以及 3 个内容页(分别对应调研简报中的三部分内容)。由于页数比较少,这里并没有设计提示页。

启动 PPT 后,会显示启动界面。用户可以从历史列表中选择之前打开过的文档或打开其他演示文档,或者在右侧区域选择空白或者其他基于模板的演示文稿模板,系统会自动创建一个相应的演示文稿,并且自动命名为"演示文稿1"。PPT 2016 默认添加的文件扩展名是 pptx(也可以另存为 PPT 支持的其他扩展名的文件)。

空白演示文稿是基于空白演示文稿模板创建的,只预设了基本的布局和文本格式,用户可以在空白幻灯片上设计出具有鲜明个性的背景色彩、配色方案、文本格式和图片等对象,创建具有自己特色的演示文稿。若选择其他模板,则是在已经具备演示文稿设计概念、样式、风格,包括幻灯片的背景、装饰图案、文字布局及颜色、大小等的 PPT 模板的基础上创建演示文稿。创建后,只需对演示文稿中幻灯片的内容稍做修改和增删,就能制作完成,比较简单快捷,但形式比较固定,缺乏个性,尤其不适合演示型的文稿。

这里,我们从创建一个空白演示文稿开始,重新命名和保存与 Word 文档类似,不再赘述。需要关注的是,默认打开的空白演示文稿的第一张幻灯片是如图 3-9 所示的标题幻灯片(一般就作为封面页),编辑区已预设了主标题和副标题的占位符,单击即可在光标处输入标题文本。如果需要创建其他版式的幻灯片,可以单击功能区"开始"下方的"新建幻灯片"按钮旁的小黑三角,即可打开下拉菜单选择合适的预设版式,甚至可以选择没有任何预设布局的空白页,如图 3-12 所示。而对于当前已创建的幻灯片,如果想更换版式,有两种方式:先在浏览窗格中选中要更换版式的幻灯片,①单击图 3-12 中上方的"版式"按钮,会弹出类似的下拉菜单供选择;②右击选中的幻灯片,在弹出的菜单中选择"版式"进行更换。一般而言,封面选择"标题幻灯片",提示页和封底可选"节标题",目录页一般选择"标题和内容"版式,内容页则没有固定版式。当然,上述建议只是一种推荐,而形式是为内容服务的,只要

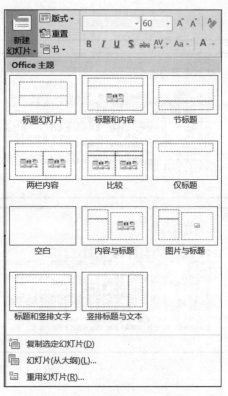

图 3-12 选择新建幻灯片的版式

合理恰当，任何类型的页面都没有固定的布局可言。

回到我们的任务上，现在可以为6个页面各选择一个合适的版式，然后为每个页面在合适的占位符区域内填充主要内容，这一步主要以体现完整思路为目标，而暂时可以不考虑语言精练和视觉效果。

> **实验关卡3-2**：搭建基本框架。
>
> **实验目标**：熟悉演示文稿的创建流程及各类版式的布局，能根据内容需要选择或者设计合适的版式。完成"无限风光在云南"演示文稿初稿。
>
> **实验内容**：创建新的空白演示文稿并另存为名为"无限风光在云南.pptx"的文档，新建6个幻灯片页面，选择适当的版式并填充主要内容。参考样例见图3-13，这里使用了"标题""标题和内容""节标题"3种版式。（电子素材文档可扫描本书前言中提供的二维码下载，本章后续实验关卡可基于此素材完成。）

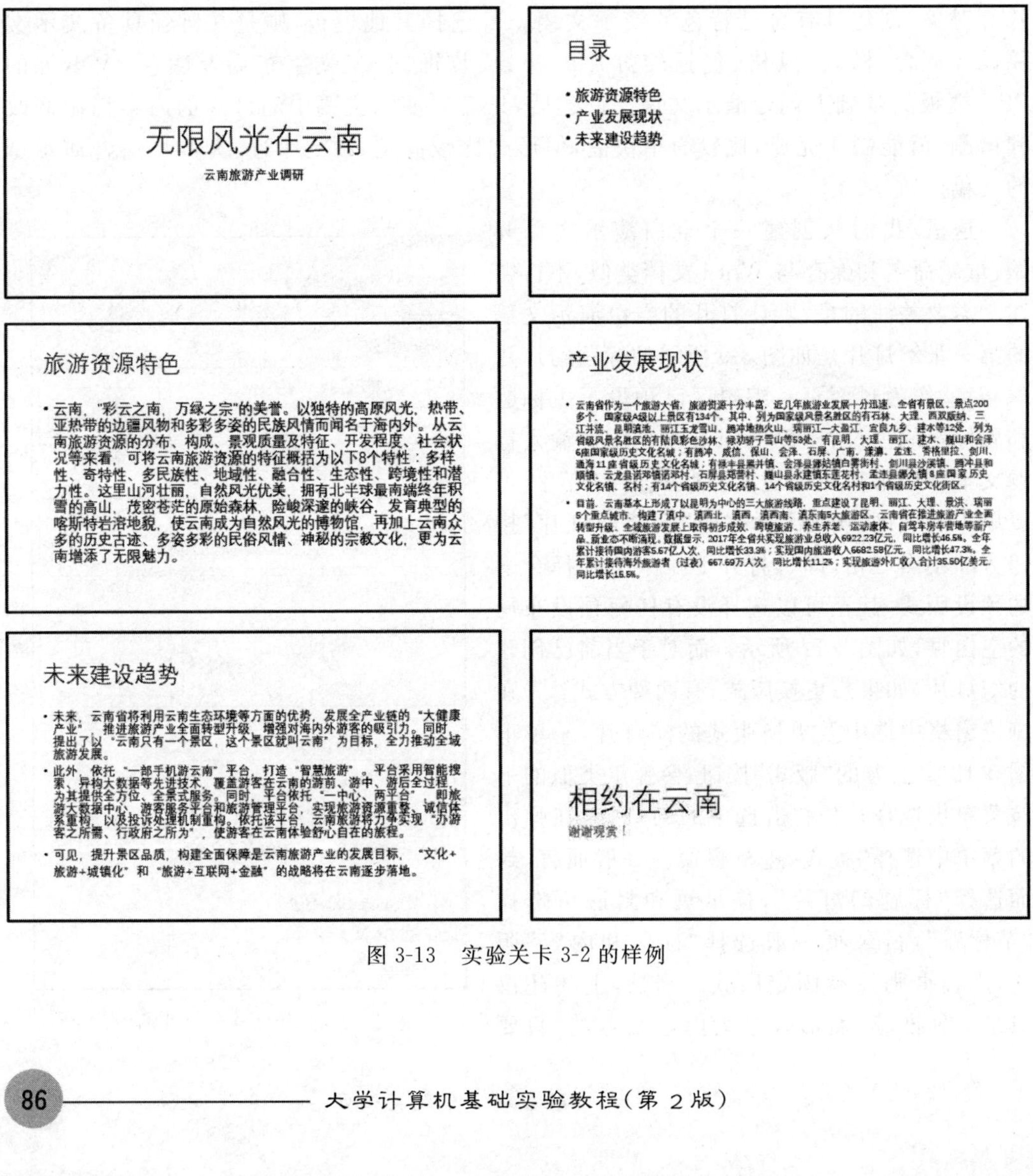

图3-13　实验关卡3-2的样例

3.4 基础排版有技巧

接下来,我们进入第3个步骤,对上述初稿进行统一排版,以提升PPT的职业化水准。这一步骤是大多数人需要修炼的技能,PowerPoint的原意是指要点,由此可以看出其本质是要提炼精华,要精简,与上一阶段相比,这个阶段的页面文字会变少,能运用图片、图表和动画来提升表现力,要达到这一点并不那么容易,需要掌握一些基本的技巧。

3.4.1 文本修饰

关于文字格式(字体、大小、颜色、粗细、斜体等)的设置方式与Word保持一致,下面介绍一些在PPT中修饰文字的原则和技巧。

1. 文字少的页面——形状的巧用

文字少的幻灯片意味着大量图片或者大幅面的背景,主要用于演示型的演示文稿,或者封面、封底幻灯片。这时候为了突出重点文字、引起关注,推荐两种技巧:①可以考虑在文字底部插入颜色有反差的形状,如图3-14所示;②如果不希望背景图被形状所遮挡,初学者常常会直接在背景图上叠加文字,这时图片和文字色彩混杂,没有层次感,看上去非常不专业,如图3-15(a)所示,图文叠加的效果不太理想。针对这种情况,可以考虑在图片层和文字层之间插入一个半透明的形状,比如透明度为25%左右的纯黑色形状,如图3-15(b)所示,文字内容被凸显出来,而背景图片也未被掩盖。这样做让可以图文相互衬托,文案更有画面感。加入半透明图层也很容易,利用"插入"选项卡中的形状功能,绘制一个矩形铺满整个画面,在右击弹出的菜单中选择"设置形状格式",在右侧弹出的设置框中将"填充"的透明度设置为合适的值,比如30%,如图3-16所示。

(a)　　　　　　　　　　　　(b)

图3-14　用形状衬底突出文字

【小贴士】 在PPT中如果出现多个形状或者图层相互叠加的情况,要想调整底层的图片比较困难。这时可以在"开始"选项卡中,单击最右侧的"选择"按钮旁边的小黑三角,在展开的菜单中单击"选择窗格",在弹出的窗格内会出现页面中所有的元素图层,方便选中和调整,如拖动某个图层就可以改变图层的上下叠加关系。

(a) 原图　　　　　　　　　　　　　(b) 处理后的图

图 3-15　半透明形状在图文叠加中的应用

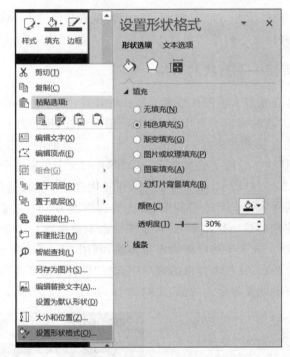

图 3-16　设置半透明形状

实验关卡 3-3：修饰封面文字。

实验目标：能根据内容需要,运用形状来修饰和突出重要的文字内容;学会安装特殊字体。

实验内容：

(1) 基于实验关卡 3-2 完成的初稿,对封面页运用上述两种用形状修饰文字的技巧,改善封面页的视觉效果。参考样例如图 3-17 所示,这里使用了"插入"选项卡里的"形状""文本框"功能,"设计"选项卡中的"设置背景格式"功能,并进一步熟悉"字体"

组的设置。

（2）参考样例中使用了特殊字体"文悦古典明朝体（非商业使用）W5"，请通过网络搜索该字体并下载安装，尝试使用。

图 3-17　实验关卡 3-3 的参考样例

2. 文字多的页面——突出重点表达的内容

PPT 最原始的作用之一是提词稿，正是这个作用使得"满页密密麻麻的文字"成为初学者容易犯的又一个错误。为了避免这种情况，一定不能忘了 PPT 呈现的是"要点""提纲"这个初心。那么面对这样的页面，精炼文字是第一步。保留能体现讲解内容核心思想的提纲性文字，可以是简练的完整语句，也可以是短句，甚至可以是几个关键词。在精炼文字的基础上，表现形式上这里也有两个常用的原则和技巧。

一是**选择合适的字体和行间距**。对于数字屏幕阅读，尽量不要采用"宋体"以及笔画纤细的字体，而视觉测试表明，"**黑体**"系列的字体能够提供较好的阅读体验，例如，"微软雅黑"就是比较稳妥的字体，PPT 2016 版本新集成了"等线"字体，也是不错的选择。同时，建议**段落尽量保证 1.2～1.5 倍的行距**，阅读起来会比较轻松。**另外还有一个美学窍门**，如果不是特别严肃的主题，可以**考虑用深灰色代替纯黑色**，这样页面会看上去更加温和舒适。

【小贴士】　PPT 在"开始"选项卡的"编辑"组里增加了快速替换字体的功能，单击"替换"按钮旁边的小黑三角展开下拉菜单，选择"替换字体"，在弹出的对话框中设定即可快速将所有幻灯片中文本占位符中输入的文字字体进行统一替换。

二是**突出要点标题**。用多级项目符号来体现文本层次，字体大小要逐级缩小，用加粗、放大、缩进、颜色等手段来突出重要的标题，具体的方法包括：①**对比突出焦点**，包括字体大小对比、颜色对比、粗细对比、衬底对比；②**尽量一句话一行，一行一个意思**。而确实必要的大段提词性文字可以用小字号，并可用灰色弱化，因为这部分文字不是为观众服务，而是为演讲者服务的。

按照上述两个原则，我们对实验关卡 3-2 的初稿进行文字提炼，并在排版上遵循字体、行距、标题、颜色等基本原则，图 3-18 给出了第一个内容页的调整结果。并希望通过实验关卡 3-4 来强化这些基本技巧的运用。

```
旅游资源特色——彩云之南，万绿之宗

· 以八大特性闻名于海内外
    · 多样性、奇特性、多民族性、地域性、融合性、生态性、跨境性、潜力性
· 自然风光的博物馆
    · 终年积雪的高山，茂密苍茫的森林，险峻深邃的峡谷，静谧辽阔的湖区
    · 发育典型的喀斯特岩溶地貌、热带和亚热带的边疆风物
· 多彩多姿的民族风情
    · 众多的历史古迹、神秘的宗教文化、原始的部落族群
```

图 3-18　文本修饰的参考样例

实验关卡 3-4：内容页文本修饰。

实验目标：能运用文本修饰的基本原则对多文字页面进行合理的排版布局。

实验内容：(1) 基于实验关卡 3-3 的结果文稿，对 3 个内容页运用上述两种文本修饰的技巧，改善内容页的视觉效果，注意运用对比和行文原则。参考样例见图 3-18 和图 3-19。

(2) 进一步熟练使用格式刷。

```
产业发展现状——旅游大省，发展迅速

· 景区、景点200多个，国家级A级以上景区134个
    · 国家级风景名胜区12处，省级风景名胜区53处
    · 国家级历史文化名城6座，省级历史文化名城11座
    · 国家级历史文化名镇、名村8座，省级历史文化名镇、名村28座
· 以昆明为中心的三大旅游线路
    · 昆明、丽江、大理、景洪、瑞丽5个重点城市
    · 滇中、滇西北、滇西、滇西南、滇东南5大旅游区
· 推进旅游产业全面转型升级、全域旅游发展上取得初步成效
    · 跨境旅游、养生养老、运动康体、自驾车房车营地等新产品、新业态不断涌现
    · 2017年实现旅游业总收入同比增长46.5%，累计接待国内外游客同比增长33.3%
```

```
未来建设趋势——全域发展，智慧旅游

· 利用生态环境优势，发展"大健康产业"
    · 推进旅游产业全面转型升级，增强对海内外游客的吸引力
    · 提出以"云南只有一个景区，这个景区就叫云南"为目标
· 依托"一部手机游云南"平台，提供全方位、全景式服务
    · 采用智能搜索、异构大数据等先进技术，覆盖游客游前、游中、游后全过程
    · 依托"一中心、两平台"，实现旅游资源重整、诚信体系以及投诉机制重构
    · 力争实现"办游客之所需、行政府之所为"
· 提升景区品质，构建全面保障是云南旅游产业的发展目标
    · "文化+旅游+城镇化"和"旅游+互联网+金融"的战略将在云南逐步落地
```

图 3-19　实验关卡 3-4 的参考样例

【小贴士】　在 PPT 中可以用格式刷来复制背景格式、文本格式、图片样式等。但如果演示文稿的页数很多，每页这样刷下来，也是极大的工作量。PPT 为此专门提供了类似 Word 中"样式"的功能，即"幻灯片母版"的隐藏选项卡来为所有相同版式的幻灯片设置通用的格式。单击"视图"选项卡的"母版视图"组里的"幻灯片母版"按钮，就会在"开始"的左侧出现新的选项卡，浏览窗格和编辑窗格也会刷新为母版设置视图，如图 3-20 所示。在该视图下，可以对各种版式的幻灯片进行背景、占位符区域、页脚页码等进行格式设置，完成后关闭该母版，演示文稿中相应区域的格式就统一修改了，同时新创建的幻灯

片也将按新母版的版式提供布局。需要注意的是,在母版设置之前,已修改过格式的幻灯片内容不受母版设置的影响。因此,预先设计基础母版可以避免大量重复劳动。

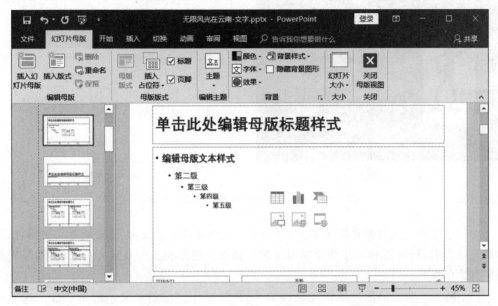

图 3-20　幻灯片母版设置视图

　　掌握了上述排版原则和技巧,就具备了制作一个纯文本的、中规中矩的演示文稿的能力,能满足一些基本的日常学习和办公需要。这样的 PPT 不会出洋相,但也不出彩,有时不能很好地满足焦点演示、复杂知识讲解、项目策划和申报等场合的特殊要求。需要在此基础上增加一些其他的视觉元素。与 Word 一样,PPT 工作界面上的"插入"选项卡提供了所有可以编辑对象的插入功能。插入媒体对象后会自动跳转到对应的功能选项卡视图,以便于对媒体进行进一步加工。PPT 中还增加了音频、视频和屏幕录制功能。

3.4.2　图文搭配

1. 图片的选择

　　图片是 PPT 设计中最常用的媒体元素之一,加入图片的目的大致包括:①描述事实;②解释原理;③展示结果;④烘托气氛。选择恰当的图片能为 PPT 增色不少。所谓恰当的图片,要兼顾**美观**、**创意**、**内容关联性**这 3 个方面,特别是内容关联性,插入纯粹装饰性的图片,往往会分散观众的注意力,得不偿失。如图 3-21 所示,两张幻灯片都是用于课堂讲授,图 3-21(a)中插图的初衷是为了能激发学生思考,但与内容毫无关联的插图并不会引发有意义的思考;而图 3-21(b)中的插图则很好地展示了问题的预期结果,有助于揭示问题实质,并激发学生解决问题的兴趣。

　　在图片选择上,要遵守如下 3 条原则。

第 3 章　思路的演示

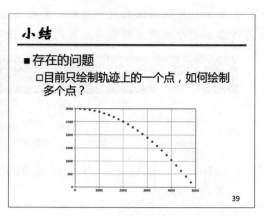

(a) 不好的插图　　　　　　　　　　　　(b) 好的插图

图 3-21　插图的好坏影响 PPT 品质的示例

(1) **尽量用真实的影像描述事实**，因为真实的场景图片才更具有说服力。例如，在介绍研究成果时，插入实物图片能增加成果的可信度。越是和工作业务有关的场景，越需要使用真实的图片。

(2) **用于大背景的图片尽可能色调单一**，这样便于突出前景文字的重要性。这与前面封面设计时的考虑相一致。

(3) **宁缺毋滥，突出重点**。没有与内容相关的图片不要勉强，干净的文本至少不会犯错。而如果有很多图片素材，保留重要的，并在排版上突出亮点。

2. 图片的加工

有了好的图片素材，不经处理和布局，也不会有很好的效果。PPT 中常用的加工手段包括裁剪、缩放、滤镜、虚化、抠图（删除背景）等，虽然比不上专业的图像处理软件，但如果灵活运用也能得到不错的效果。

初学者如果不具备一些美学素养和经验，那么请记住一条基本原则：**插入的图片尽量统一尺寸和风格，版式尽量遵循中心、左右、上下、对角对称的平衡原则**。

下面介绍一个快速统一图片的风格的方法。以本章要完成的演示文稿为例，如图 3-22 所示，我们希望将插入的四幅大小比例不一的图片处理成直径相等的圆形。具体操作步骤如下。

第一步，分别选中图片，双击图片会出现隐藏选项卡"图片工具格式"，单击"裁剪"按钮下方的小黑三角展开下拉菜单，选择纵横比为 1∶1 将其处理成正方形（选择其他纵横比也可以，但如果不是正方形，最终只能裁剪出椭圆形），可以移动裁剪框来调整裁剪的区域。

第二步，通过"裁剪"按钮旁边的高度和宽度设置框，将四幅图片的尺寸调整为一致，如 6 厘米。

第三步，同时选中四幅裁剪好的图片，单击"裁剪"，选择"裁剪为形状"，找到基本形状中的椭圆形，单击即可，如图 3-23 所示。

图 3-22　对插入的图片按比例进行裁剪

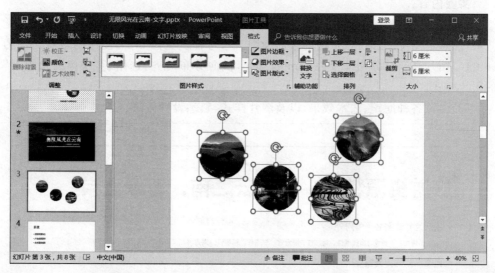

图 3-23　尺寸调整和裁剪

第四步，运用选项卡左侧"调整"组的"校正""颜色""艺术效果"等功能为图片设置统一的显示效果。另外还可以套用"图片样式"组中提供的各种预设边框和阴影，来增加版面的立体感。再次强调，**在为图片添加效果时，保持一致性是最为稳妥的设计**。

【小贴士】 在图 3-22 的基础上还可以利用"格式"选项卡中的"排列"组的对齐功能将四幅图片进行上下左右对齐。比如要横排对齐，则先选中四幅图片，依次单击"对齐"中的"顶端对齐"和"横向分布"，然后整体移动至页面的合适位置即可。

图 3-24 给出上述四幅图片经裁剪、对齐后统一添加了蓝色滤镜的效果。

下面通过一个实验关卡，进一步灵活运用上面介绍的图片处理功能来提升演示文稿

第 3 章　思路的演示　　93

的展示效果。

图 3-24　对齐后并加滤镜的效果

实验关卡 3-5：图片加工。

实验目标：能运用"图片工具格式"提供的功能快速处理图片,并保持风格的一致性。

实验内容：

(1) 基于实验关卡 3-4 的结果,对第一个内容页进行图文混排,改善该页的视觉效果,注意运用统一、对称、平衡的布局原则。参考样例见图 3-25,图片的裁剪比例为 16：10,图片高和宽分别设置为 5cm 和 8cm,横向分布对齐,选用了"映像圆角矩形"的图片样式。

(2) 尝试各种滤镜、艺术效果,以及图片样式,熟悉设置方法。

旅游资源特色——彩云之南,万绿之宗

- 以八大特性闻名于海内外
  - 多样性、奇特性、多民族性、地域性、融合性、生态性、跨境性、潜力性
- 自然风光的博物馆
  - 终年积雪的高山、茂密苍茫的森林、险峻深邃的峡谷、静谧辽阔的湖区、典型的喀斯特岩溶地貌、热带和亚热带边疆风物
- 多彩多姿的民族风情
  - 众多的历史古迹、神秘的宗教文化、原始的部落族群

图 3-25　实验关卡 3-5 的参考样例

3.4.3 图表制作

插入图表(这里泛指表格和 Office 图表)的目的与 Word 文档一样,都是为了以更直观的形式对数据进行说明,以便于阅读者理解。图表制作的方式也与 Word 类似,甚至可以直接从 Word 文档中复制、粘贴过来,但由于版式上的差异,复制过来的图表格式往往还需要调整,有时甚至不如重新制作更快捷。有了图表,原来用文字说明的部分就可以删除了。这里不再重复图表制作过程,有了 Word 排版的基础,可继续巩固练习。下面给出几条图表制作的原则性建议。

(1) 对于不知道怎么美化表格的初学者,直接套用 PPT 表格工具中提供的各种表格样式是最简单、最稳妥的方法。样式库里提供了几十种各种颜色和形式的表格,选择一款与页面色系接近的搭配即可。

(2) 选择恰当的图表类型来表现数据很重要。例如,要表现各种观点调查的人群比例或者产品的市场占有份额,就应该选择饼图而不是折线图;要表现数据增长趋势应该选择柱状图或者折线图;数据对比则常用柱状图、条形图和面积图。

(3) 注意图表的使用规范,特别是要求数据严谨的课题答辩、项目汇报、知识讲座等场合使用的 PPT。主要的原则包括:①对数据严谨性有要求的场合,不宜使用立体图表;②使用饼图时,尽量确保按照从大至小的份额沿顺时针方向排列;③使用气泡表示面积时,气泡之间面积的比例要符合真实数据的关系;④数据对比时,不同的数据线或者柱状图尽量用不同的颜色区分;⑤图表要素尽量完整,比如图例、标题、坐标、类别名等,降低阅读困难,避免不必要的误解。

实验关卡 3-6:图表制作。

实验目标:能设计和绘制简单图表,熟悉图表工具的使用。

实验内容:

(1) 基于实验关卡 3-5 的结果,对第二个内容页进行图文混排,用恰当的图表来取代文字中的数据描述,提升数据的表现力,继续运用统一、对称、平衡的布局原则。参考样例如图 3-26 所示,表格选取的是"中度样式 2-强调 1",表格和图表均设置了透视阴影效果,表格和图表的关系为居中对齐。

(2) 尝试各种表格、图表样式,熟悉设置方法。

3.4.4 SmartArt

SmartArt 是从 Microsoft Office 2007 版本开始新加入的特性,用户可在 PowerPoint、Word、Excel 中使用该特性创建各种图形图表。SmartArt 图形是信息和观点的视觉表示形式,可以形象地表达内容之间的逻辑关系。由于文档更偏重用文字来传递信息,因此,在第 1 章未详细介绍 SmartArt。PPT 最重要的作用就是要清晰直观地表

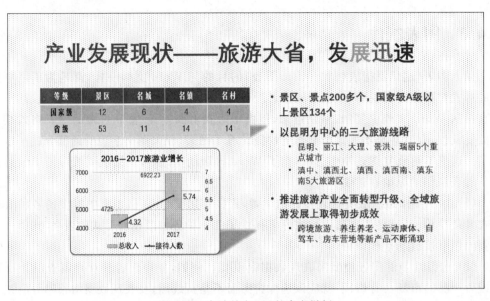

图 3-26 实验关卡 3-6 的参考样例

达讲解者的思路、各部分内容之间的关系,因此,用 SmartArt 提供的各种形状来表示并列、流程、循环、层次、递进、阵列等逻辑关系就有很强的思路指向性。这些图形既简洁又美观,能轻松提高作品的档次。选择"插入"选项卡,单击 SmartArt 按钮就会弹出"选择 SmartArt 图形"对话框,如图 3-27 所示,共有 8 类 100 多种图形可供选择,总有一款适合你的 PPT 演示需求。

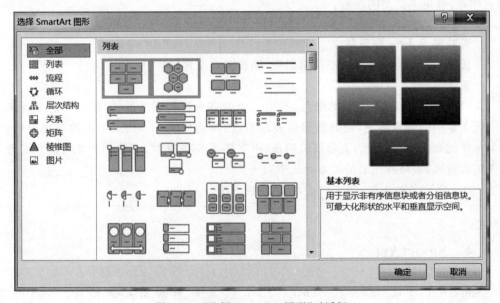

图 3-27 "选择 SmartArt 图形"对话框

使用 SmartArt 功能的方式有两种。

(1) 正向插入,即先单击"插入"弹出选择对话框,选择一种图形插入编辑区后再编辑文字或者添加配图。

（2）逆向转换，即先编辑好各段文字或者插入一组图片：对于文字，选中文本框，在"开始"选项卡的"段落"组里单击"转换为SmartArt"，然后选择一种图形单击"确定"按钮即可；对于图片组，选中所有图片，单击"图像工具格式"选项卡的"图片版式"按钮，即可套用各种排列方式并自动进行统一裁剪，这也是一种统一处理图片组的快捷方法。

> **实验关卡3-7**：插入SmartArt图形。
> **实验目标**：能根据内容的逻辑关系，运用正向和逆向的方法创建SmartArt图形。
> **实验内容**：基于实验关卡3-6的结果，(1)删除第二个内容页右侧的文本框，正向插入一个能表达原来三段文字逻辑关系的SmartArt图形，如选择"图片"分类中的"升序图片重点流程"版式，然后在图片占位符处添加3幅合适的图片，在文本区输入简洁的提示语，参考样例如图3-28(a)所示。
> (2)使用逆向转换法，将第三个内容页的文本段落直接转换为SmartArt图形，如选择"图片"分类中的"蛇形图片重点列表"版式，然后在图片占位符处添加3幅合适的图片，适当调整形状大小、字体格式等，参考样例如图3-28(b)所示。

3.4.5 动画设置

早期的幻灯片是人们手动更换插在幻灯机中的胶片来切换页面。有了电子幻灯片后，为了能给观众或阅读者更强的视觉冲击，设计出各种幻灯片之间过渡时的动态效果，更进一步将这个设计延伸到页面内的各个媒体元素，在PPT里前者称为"切换"，后者称

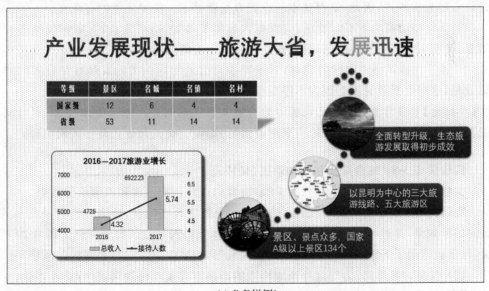

(a) 参考样例1

图3-28 实验关卡3-7的参考样例

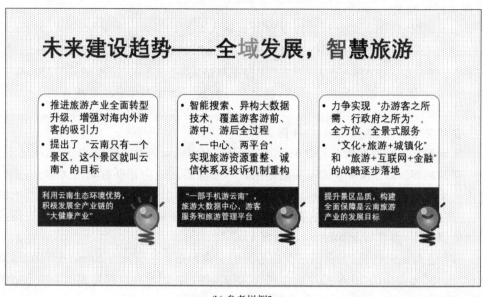

(b) 参考样例2

图 3-28 （续）

为"动画",如果有足够的创意,可以通过切换和多个动画的设置,做出很多炫彩的效果。

为页面设置切换和为元素添加动画的操作非常简单,选中要设置的对象,选择"切换"或者"动画"选项卡,然后单击想要添加的动画效果即可。但需要说明的是,**制作复杂的动画效果不仅需要熟练的操作技能和优秀的创意,更需要极大的耐心和细心,很有难度。**

就学业和办公的常用场合来看,动画主要用于页面内容步进显示,使听众能一步步跟着讲解者的思路推进,因此,掌握基本的设置方法就够了。需要注意的有两点。

(1) 动画和切换功能不能滥用,应根据内容需要添加,适可而止,否则不仅达不到演讲效果,还会人为延长演讲时间,分散观众对内容本身的注意力。

(2) 还是保持风格一致性的问题,对于同一页面内的同一类元素最好是设置同样的动画效果,这样在播放时不会因为不停变化的动态效果而让人感觉混乱。

【小贴士】 当需要将一个已设置好的动画效果复制到另一个元素上去时,这时就不是用格式刷了,而是利用"动画"选项卡中提供的 ★动画刷 。使用的方式与格式刷类似。

实验关卡 3-8：综合排版和添加动画（切换）。

实验目标：能根据演讲思路,为 PPT 设置幻灯片切换方式和添加动画效果。

实验内容：基于实验关卡 3-7 的结果,(1)发挥主观能动性,修饰改进目录页和封底的展示效果,并进行细节上的调整,使作品整体上协调一致。参考样例如图 3-29 所示,目录页选用了 SmartArt("随机至结果流程"),封底保持了与封面同样的风格。

(2) 按照讲解思路,为幻灯片添加恰当的切换方式及动画效果,自行播放体验。

对比图 3-13 和图 3-29,作品质量大大提升。可见,结合第 1 章 Word 和本章 PPT 学到的一些基本排版原则和技巧,并加以强化训练,要完成一个合格的演示文稿应该是没有

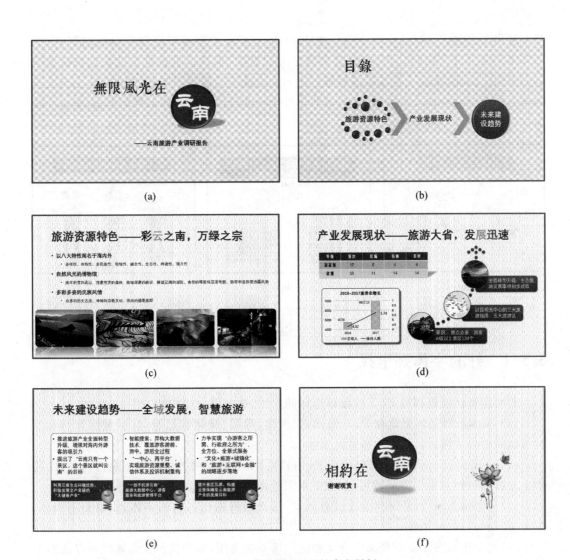

图 3-29 实验关卡 3-8 的参考样例

问题的。回顾本章开头介绍的"四步走"攻略,就剩下最后一步"精化设计"了。在实际应用中,大多数情况下我们就止步于第三步了,第四步的工作需要更专业化的美术功底和设计能力,一般用于对作品要求较高的场合,如制作用于商业或公益目的专业教学课件、重大的产品发布会、宣传片等。

3.5 视觉美化找渠道

所谓演讲演示,无非就是把你脑中的画面感传递给别人。演示文稿设计得好与坏,从本质上讲应该与工具无关,重要的还是思维和创新,要不断地思考和探索:用什么样的形式更能贴切、直观地表达要展示的内容?工具只是发挥减轻工作量的作用。

这里举个例子，如图 3-30 所示，这是 1958 年来自美国通用电气公司的幻灯片，而 PPT 软件诞生于 1984 年，可见，创意来源于人的思维，工具只不过是帮助人们快捷地表达的手段。因此，掌握一些基本的思维方式和能力就不会受制于工具，这也是本书想表达的核心理念。针对初入高校的学生，本节仅给出一些可以提升制作水平的渠道，更进一步的提升还需要个人继续修炼。

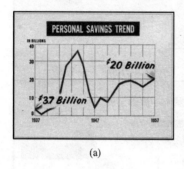
(a)
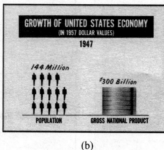
(b)
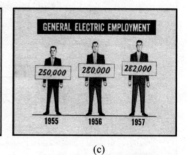
(c)

图 3-30　1958 年的幻灯片

3.5.1　好的字体哪里找

前面作者已经提到过 PPT 中字体选择的原则，这里进一步归纳一下。

(1) 黑体系列字体更适合 PPT 阅读，如黑体、等线、微软雅黑等，这里再推荐一种免费可以商用的字体：思源黑体和思源宋体。

(2) 一般而言，一个演示文稿的正文（内容页）中字体的种类尽量不要超过两种，标题和正文各选一种并粗细搭配即可，如方正粗宋简体与微软雅黑搭配。

(3) 一段文字中如果既有中文又有西文，那么最好选用各自的字体，如中文用宋体，西文用 Times New Roman。

(4) 艺术化的字体要根据文字含义和应用场景来选用，如中国风的主题就可以选用书法字体。

如果想找好的字体或者识别看中的字体，推荐一个字体资源网站：求字体网 (http://www.qiuziti.com)，这个网站提供数百种字体，一部分是免费的，另一部分是需要购买授权的。在使用的过程中务必注意字体的版权问题。

3.5.2　专业配色哪里找

乱用色彩也是初学者容易犯的错误，没有经过专业的美术训练，在配色上确实很难把握得很好。这里给几条可操作的建议。

(1) 根据演示文稿的主题来确定主色调，如红色代表热情，深蓝色代表沉稳和严谨。

(2) 配色要考虑易辨识，特别是文字和背景叠加的时候，两者的颜色一定要有足够的反差，在前面设计封面页的时候用到了两种突出文字的方法，就是在找反差。

(3) 整体的配色方案要保持一致，这样的作品看上去会比较协调。例如，作者在完成本章任务的过程中，版面一直保持了蓝＋深灰的基调，即使添加了其他颜色，每页添加的其他颜色也保持一致。

推荐两个比较专业的提供配色方案的网站。

(1) 千图网印象配色工具(http://www.58pic.com/peisebiao)，这个网站按主题情感给出了一些配色建议。

(2) colorhunt(http://www.colorhunt.co)，这个网站提供了很多套比较完整的辅助色搭配方案，均出自专业人士之手。

3.5.3 高清图片哪里找

图片是提升文稿表现力的重要元素，需要配图时，我们现在一定已经建立了去向百度、360这样的搜索引擎求助的意识。但就图片而言，虽然类似百度图库这样的大众网站提供丰富的图片资源，但整体质量并不高。这里推荐几个专业的图库网站。

(1) Pixabay(http://pixabay.com)，这个网站提供大量高品质的图片素材，全部免费，而且可以用在商业场合。

(2) 全景网(http://www.quanjing.com)，这个网站主要提供商务类型的图片素材。

(3) 阿里巴巴矢量图标库(http://iconfont.cn)，这个网站提供类型丰富的小图标，而且全免费。

3.5.4 优质模板哪里找

虽然过度依赖模板会一定程度上磨灭在设计上的创造力，但另一方面，从本章的任务样例的制作过程来看，白手起家的难度也不小。如果有专业人士设计的模板可供使用，这是提高工作效率的捷径。大多数应用对演示文稿的要求并不很高，在优质模板的基础上完成任务，也是一种稳妥高效的选择。下面提供一个免费模板资源的列表。

(1) 微软官方模板(http://officeplus.cn)，官网提供的模板很精美，而且比较注重设计规范，用户套用修改起来比较容易。

(2) PPTfans(http://pptfans.cn)，这个网站不仅提供模板，还提供一些学习教程。

(3) 扑奔网(http://pooban.com)，这个网站提供的模板数量较多，美观度也比较高。

(4) 优品PPT(http://ypppt.com)，这个网站搜集了很多互联网上流传的模板，还提供一些有内容的作品供参考。

(5) 比格PPT(http://tretars.com)，这个网站属于个人网站，提供一些原创设计，品质不错但数量较少。

【小贴士】 本章继续推荐将《和秋叶一起学Office(第二版)》作为备用的参考书。此外再推荐一本参考书《PPT设计思维》，这本书也没有面面俱到的工具使用介绍，但给出了很多PPT设计过程中可以参考的实用技巧和基本原则。本章中的部分写作思路也参考了这本书，在基础功能训练完成后，再阅读这本书，会得到更多的启示。

3.6 值得一看的小结

有了 Word 的基础,上手 PPT 会更轻松,特别是有许多免费的模板资源可以利用。但最后还是需要强调:每当要制作一个演示文稿时,永远不要让形式掩盖了表达思路的初心。事实上,很多时候从生手到熟手的过程,就是一个不断精炼、简化的过程,从当初的炫技蜕变为推崇简约主义的版面设计,不是技能的退化,而是游刃有余的升华。当然,不建议初学者跳过软件技能基础训练的过程而直奔简化的阶段,因为没有前者,就不可能有后者的运用自如。另外,有一个小小的理念可以分享:简单不等于简陋,哪怕是纯文本的PPT 制作都应该关注每一个细节,这种态度是很重要的,是对观众或阅读者最基本的尊重。

3.7 综合实验

【实验目标】

综合应用字体格式的设置,幻灯片母版的使用,插入图片、声音和影片,设置动作按钮,创建超级链接,创建自定义放映。

【实验素材】

(1) GS-166-B.jpg、GS-166-G.jpg、GS-206-R.jpg、GS-206-RW.jpg、GS-267-B.jpg、GS-267-W.jpg、LOGO.png、"背景.jpg"。

(2) "商品展示.docx""背景音乐.mp3""自行车.avi"。

【实验内容】

(1) 新建一个空白演示文稿,以"商品展示.pptx"为文件名保存。

(2) 使用母版统一演示文稿外观。对幻灯片母版进行如下设置。

① 标题占位符文字:华文隶书,44 号,黄色,加粗,设文字阴影,水平左对齐。

② 文本占位符文字:华文新魏,28 号,橙色,深色,25%。

③ 日期、页脚、页码占位符:隶书,18 号。

④ 背景:图片填充背景样式,图片来自素材文件"背景.jpg"。

⑤ 适当调整标题占位符和日期、页脚、页码占位符的位置。

⑥ 在母版左上角插入企业 LOGO 图片,图片来自素材文件 LOGO.png,调整 LOGO 的大小。

⑦ 将 LOGO 图片周围的白色底纹设置成透明色,即在"图片工具"的"格式"选项卡中单击"调整"组的"重新着色"按钮,从打开的下拉菜单中选择"设置透明色"命令,将鼠标对准图片周围的白色底纹单击即可。

⑧ 设置页眉页脚,页脚为文字"飞跃集团",单击"全部应用"。

(3) 根据素材文件"商品展示.docx"的内容以及 6 个(.jpg)图片文件制作演示文稿的内容。

① 制作标题幻灯片:主标题是"飞跃集团 2018 年新款自行车展示",副标题是"休闲系列"。

② 新建第 2 张幻灯片,使用"标题和内容"版式,输入标题"目录"以及具体的目录内容,修改目录内容的项目符号(自定)。

③ 新建第 3 张幻灯片,输入前言。

④ 新建第 4 张幻灯片,输入商品特点及功能。

⑤ 第 5 张到第 10 张幻灯片,均使用"两栏内容"版式,分别介绍 5 种产品。标题是商品编号,左下方占位符中插入该商品图片,右下方占位符是该商品的文字介绍。

⑥ 在第 11 张幻灯片中插入商品广告视频(来自素材文件"自行车.avi"),使用"仅标题"版式,标题为"自行车影片展示",选择自动播放。

⑦ 第 12 张幻灯片中根据素材中的数据生成图表,使用"仅标题"版式,标题为"商品销售"。

(4) 为演示文稿添加声音效果:在第一张中插入声音文件(来自素材文件"背景音乐.mp3"),自动播放,播放时隐藏声音图标,循环播放,在 12 张幻灯片后停止播放。

(5) 设置幻灯片切换效果。

(6) 设置对象的动画效果。

(7) 创建交互式演示文稿

① 为"目录"幻灯片中的各个目录内容创建到其对应的幻灯片的超级链接。

② 在第 3 张、第 4 张、第 10 张、第 12 张幻灯片上绘制动作按钮,并且创建能返回"目录"幻灯片的链接。

(8) 创建自定义放映:将包含商品展示图片的幻灯片利用自定义放映功能设置为一组,命名为"商品展示"。

(9) 设置演示文稿的放映类型、换片方式、幻灯片放映范围等。

(10) 放映演示文稿。

(11) 实验结果参考样张文件"综合实验(结果).pdf"。

3.8　辅助阅读资料

[1]　秋叶. 和秋叶一起学 PPT[M]. 3 版. 北京:人民邮电出版社,2017.

[2]　邵云蛟. PPT 设计思维[M]. 北京:电子工业出版社,2016.

[3]　凤凰高新教育. Word/Excel/PPT 2016 三合一完全自学教程[M]. 北京:北京大学出版社,2017.

[4]　刘文香. 中文版 Office 2016 大全[M]. 北京:清华大学出版社,2017.

[5]　杜思明. 中文版 Office 2016 实用教程[M]. 北京:清华大学出版社,2017.

第 4 章 信息编码的奥秘

【给学生的目标】

本章通过信息加解密实验,介绍利用 Python 处理计算机中各种信息的方法。具体来说,通过两个进制转换的实验,掌握 Python 处理数值、字符等基本信息的方法;通过若干编辑歌曲和图片的实验,熟悉 Python 处理音频、图像等多媒体信息的方法;通过文本、图像等信息的加解密实验,了解 Python 在信息安全方面的应用;另外,通过以上实验进一步掌握 Python 语言的基本用法并熟悉一些新的功能。

【给老师的建议】

结合授课内容讲授本章实验,建议学时为 8 学时:结合数值、字符等基本信息的表示,介绍利用 Python 实现进制间的转换(4 学时);结合数字音频,介绍利用 Python 处理音频信息(2 学时);结合数字图像,介绍利用 Python 处理图像信息(2 学时);信息的加解密可由学生课后自学或穿插讲授。

4.1 问题描述

信息安全是计算机领域的一个重要分支,主要研究如何保证计算机中信息的保密性、真实性、完整性等特性,从而保证数据在存储、传输等过程中的安全。

信息加密技术是信息安全中的一项基本技术,该技术通过加密算法和加密密钥将易于理解的明文转换成难以看懂的密文,从而保证信息不被非法用户知悉。例如,在计算机上存储或在网络上传输重要信息时,可以对信息进行加密,合法用户利用解密算法和解密密钥可以对加密信息进行解密,从而获得原始信息的内容,而加密信息被非法用户窃取后,因其不知道解密方法和解密密钥,也无法获取原始信息的内容,从而保证了信息的安全。

在计算机中,信息的种类丰富多样,包括数值、字符、图像、音频、视频等,这些信息都可以被加密,且加密方法多种多样。例如,图 4-1(a)是利用维吉尼亚加密方法对字符信息进行加解密,图 4-1(b)是利用 Arnold 置换加密方法对图像信息进行加解密。

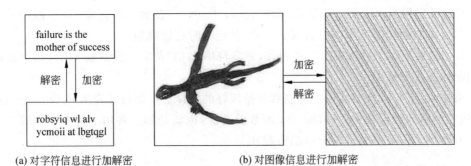

(a) 对字符信息进行加解密　　　　(b) 对图像信息进行加解密

图 4-1　信息加解密示例

对信息进行加解密实际就是对信息进行处理,所以,本章首先通过若干实验介绍利用 Python 处理数值、字符、音频、图像等信息的方法,然后再介绍如何对这些信息进行加解密,实现如图 4-1 所示的效果。

4.2　处理基本信息

本节通过两个进制转换的实验,介绍如何利用 Python 处理计算机中的数值、字符等基本信息。

4.2.1　二进制整数转化为十进制整数

1. 问题分析

如下所示,可将该问题描述成 BinToDec_int 函数,该函数有一个参数 b 和一个返回值 d,分别表示给定的二进制整数和计算得到的十进制整数,而函数的功能就是完成 b 到 d 的转换。

```
def BinToDec_int(b)
    ⋮
    return d
```

现在的关键问题是 b 和 d 应该用何种数据类型进行表示。在 Python 中,常用的数据类型有整型、浮点型、布尔型、字符串、列表等。其中,整型本就是用来表示十进制整数的,所以 d 表示为整型比较自然。但在 Python 中,并没有一种"二进制整数"的数据类型,所以只能通过其他数据类型间接表示二进制整数。分析如下。

(1) 布尔型取值只有两种情况：True 和 False,而二进制数的个数远不止两个。

(2) 浮点型一般用来表示小数,而本问题不涉及小数。

(3) 可以用整型表示二进制数,如用整型的 1101(一千一百零一)表示二进制数 1101,但用十进制的方式表示二进制数,在计算和理解上都会带来不便。

(4) 可以用列表表示二进制数,如列表[1,1,0,1]表示二进制数 1101,但这种表示方式与二进制的实际表示方式有较大区别,且定义时比较麻烦。

(5) 如果采用字符串表示二进制数,如字符串'1101'表示二进制数 1101,则上面提到的问题均能较好解决。

因此,用字符串类型表示二进制数 b 是较好的选择。下面首先介绍 Python 中的字符串,然后介绍如何实现 BinToDec_int 函数的功能,也就是如何将用字符串表示的二进制整数 b 转换为用整型表示的十进制整数 d。

2. 字符串

字符串由一串字符组成,在程序中可用单引号、双引号或三个单引号进行定义,如程序 4-1 所示。另外,用 input 函数获取的用户输入也是字符串类型,如程序 4-2 所示。

程序 4-1

```
a='Hello'              #用单引号定义
b="Python"             #用双引号定义
c='''!'''              #用三个单引号定义
print(a, b, c)
```

程序 4-2

```
c=input('c=')
print(type(c))         #查看 c 的类型
```

实际上,字符串可以看作特殊的列表,其中元素为单个字符。因此,字符串的很多操作与列表操作类似,表 4-1 给出了一些示例。

表 4-1 与列表操作类似的字符串操作示例(假设 S 为'Python')

语 句	含 义	结 果
x=S[4]	读取 S 中 4 号字符	x 为'o'
x=S[-1]	读取 S 中 -1 号字符(即最后一个)	x 为'n'
x=S[0:3]	读取 S 中第 0~2 号元素	x 为'Pyt'
x=len(S)	获取 S 的长度(即包含的字符个数)	x 为 6
x='Hi '+S	将'Hi '拼接到 S 之前	x 为'Hi Python'
x='0'*3	将 3 个'0'拼接起来	X 为'000'
'thon' in S	判断 S 中是否包含'thon'	True
for x in S:	对于 S 中的每个字符 x	

另外,字符串也有一些专门的操作,表 4-2 给出了一些示例。

表 4-2 字符串独有操作示例（假设 S 为 'Python'）

语 句	含 义	结 果
S.startswith('Py')	S 是否以 'Py' 开头	True
S.endswith('om')	S 是否以 'om' 结尾	False
S2=S.upper()	将 S 中小写字母变为大写	S2 为 'PYTHON'
S2=S.lower()	将 S 中大写字母变为小写	S2 为 'python'
S2=S.swapcase()	将 S 中大写变小写、小写变大写	S2 为 'pYTHON'

利用这些操作，可以对字符串进行灵活处理，例如，程序 4-3 利用字符串操作检查用户输入的某专业某年级的学生学号是否合法。

程序 4-3

```
ID=input('学号=')                #用户输入学号 ID,ID 为字符串
if len(ID)!=12:                  #判断 ID 长度是否为 12
    print('学号应为 12 位')
if not ID.startswith('2017'):    #判断 ID 是否以 '2017' 开头
    print('学号应以 2017 开头')
if ID[4:6]!='06':                #判断 ID 第 4~5 个字符是否为 '06'
    print('学号第 5~6 位应为 06')
for x in ID:                     #对于 ID 中的每个字符 x
    if not x in '0123456789':    #若 x 不是数字字符
        print('学号只能包含数字')
        break                    #只要发现一个非数字即可不再循环
print('检查完成')
```

【小贴士】 需要注意的是，一个字符串一旦创建，则只能读取里面的内容，而不能再对它进行修改。例如，变量 S 的值为 'Python'，现想将它的第 3 号字符 'h' 改为 'X'，如果使用语句 S[3]='X'，则程序会报错，因为该语句试图对字符串进行修改。此时可采用如下语句实现该功能：S=S[0:3]+'X'+S[4:len(S)]，即先将 S 的前 3 个字符、字符 'X'、S 的后 2 个字符拼接起来，然后再重新赋给变量 S。简单理解，在字符串操作里面，方括号只能出现在 "=" 的右边，而不能出现在左边。

3. 程序实现

对于一个 n 位二进制整数 $b=b_{n-1}\cdots b_1 b_0$，b_i 表示 b 的第 i 位，则它对应的十进制数为 $d=\sum_{i=0}^{n-1} b_i \times 2^i$。例如，二进制整数 1101 总共 4 位，从右往左依次是第 0~3 位，它对应十进制表示为 $1 \times 2^3 + 1 \times 2^2 + 0 \times 2^1 + 1 \times 2^0 = 13$。

进一步分析，b_i 的取值只有 0 和 1 两种情况，所以 $b_i \times 2^i$ 的结果也只有两种情况，当 $b_i=1$ 时为 2^i，当 $b_i=0$ 时为 0。因此，要将一个二进制整数 b 转换成十进制整数 d，首先

令 d 为 0,然后从左向右依次扫描 b 的每一位,如果第 i 位 b_i 为 1,则将 2^i 累加到 d,扫描结束后,d 即为 b 对应的十进制表示。例如,对 1101 进行转换时,从左到右进行扫描,发现第 3、2、0 位为 1,则分别将 2^3、2^2、2^0 累加到 d,即可得到结果 13。这实际就是程序的过程,程序 4-4 给出了具体的实现方法。

程序 4-4

```
def BinToDec_int(b):
    d=0                              #d 最开始时为 0
    for i in range(len(b)):          #从左往右扫描
        if b[i]=='1':                #若第 i 位为 1
            d=d+ 2**(len(b)-1-i)     #则进行累加
    return d

b=input('b=')
print(BinToDec_int(b))
```

需注意的是,字符串索引和二进制数数位的编号顺序是相反的,例如,在用字符串表示的二进制数'1101'中,最左边的 1 是字符串的第 0 号字符和二进制数的第 3 位,左数第 2 个 1 是字符串的第 1 号字符和二进制数的第 2 位,等等。由此可得,字符串的第 i 号字符是二进制数的第 $n-1-i$ 位(n 是字符串长度)。所以,程序 4-4 第 3 行的 i 表示的是字符串中字符的索引,从 0 变到 $n-1$;而程序第 5 行利用表达式(len(b)-1-i)将索引 i 转化成二进制的数位。

另外,程序 4-4 只能将二进制无符号整数转换为十进制表示,读者可在此基础上进行改进,实现有符号的二进制整数转化为十进制表示(如 −1101)、任意二进制数转换为十进制表示(如 −1101.101),以及十进制与任意进制之间的相互转换。

【小贴士】 在 Python 中,可以直接利用内置函数实现某进制与十进制之间的转换。例如,y=bin(x)、y=oct(x)、y=hex(x) 分别将十进制整数 x 转换为二进制、八进制、十六进制整数 y;y=int(x,n) 是将 n 进制整数 x 转换为十进制整数 y,如 y=int('1101', 2) 是将二进制整数 1101 转换为十进制。

4.2.2 二进制整数转化为八进制整数

1. 问题分析

二进制整数转换为八进制整数采用的方法是"三位变一位"。例如,对二进制数 10001111 进行转换时,首先通过在高位补 0 的方法,将其位数变为 3 的倍数,补 0 后变为 010001111,然后以三位二进制为单位进行转换,先将高三位 010 变为对应的八进制表示,也就是 2,然后将下一个三位 001 变为 1,再将最后三位 111 变为 7,就可以得到结果 217。

这个过程实际上也给出了程序的执行过程:首先补 0,然后从左往右扫描二进制数,以三位二进制为单位进行转换。其中,在将三位二进制 $b_1b_2b_3$ 转换成一位八进制 o_1 时,可以采用与 4.1.1 节类似的方法,即 $o_1=b_1\times2^2+b_2\times2^1+b_3\times2^0$,也可以利用 if-elif-else 结构对 $b_1b_2b_3$ 所有可能的 8 种情况分别进行讨论,但这些方法都有些麻烦,本节介绍如何利用字典简化该问题的解决过程。

2. 字典

字典(dict)是 Python 提供的一种数据结构。与列表类似,字典里面也包括很多元素,但这些元素的索引并不是自动设置的,而是由用户指定的。

如图 4-2 所示,该字典中存放了'Lin Daiyu'、18、'Female'共 3 个元素,在列表中,这 3 个元素的索引是自动编号的,分别为 0、1、2,但在字典中,用户需为这些元素指定索引,如元素'Lin Daiyu'的索引设置为'name'、元素 18 的索引设置为'age'、元素'Female'的索引设置为'sex'。利用这些自定义的索引,也可以找到对应的元素,如给定索引'name',得到的元素是'Lin Daiyu'。

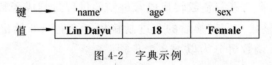

图 4-2 字典示例

严格来说,在字典中,索引称为键,元素称为值,一个键和它对应的值称为一个键值对。一般来说,一个键只对应一个值,如'age'键只对应 18 这一个值,而不应该同时对应多个值。因此,字典的主要功能就是存放键值对,并根据给定的键返回它对应的值。

在 Python 中,键值对用"键:值"的形式表示,如'name':'Lin Daiyu'定义了一个键值对,键为'name',对应的值为'Lin Daiyu'。创建字典的基本方法是在大括号中列举包含的所有键值对,例如,程序 4-5 第 1 行定义了如图 4-2 所示字典,并将其赋给变量 myDict。

程序 4-5

```
myDict={'name':'Lin Daiyu', 'age':18, 'sex':'Female'}
myName=myDict['name']
print(myName)                          #打印结果为'Lin Daiyu'
myDict['age']=17
print(myDict['age'])                   #打印结果为 17
```

【小贴士】 在创建字典时,不用太在意键值对的顺序,如程序 4-5 第 1 行改为 myDict={'age':18, 'name':'Lin Daiyu', 'sex':'Female'}或其他顺序,并不会对结果产生影响。

创建字典后,可以通过键查找值。如程序 4-5 第 2 行的 myDict['name']表示在字典 myDict 中查找'name'键对应的值,然后将其赋给变量 myName,所以第 3 行打印出的是'Lin Daiyu'。这里需要注意一下,利用这种方法查找对应值时,如果给定的键不存在,则程序会报错。如在程序 4-5 最后添加语句 mySchool = myDict['school'],则该语句不能执行,因为在 myDict 中,不存在'school'键。为避免出现这种错误,可以在获取值之前,先判断一下键是否存在,如加上"if 'school' in myDict:"(如果'school'是 myDict 中的键);另外,还可以通过 get 函数获取键对应的值,如 mySchool = myDict.get('school', 'No school')，表示如果'school'键存在，则将它对应的值赋给 mySchool；若不存在，则将'No school'赋给 mySchool。

创建字典后，也可以修改一个键对应的值。如程序 4-5 第 4 行是将 myDict 中'age'键对应的值修改为 17，所以最后一行打印出的是修改后的值 17，而不是原来的 18。这里也存在键不存在的情况，如果键不存在，则会在字典中添加新的键值对。例如，在程序 4-5 最后加上语句 myDict['school']＝'NUDT'，因为 myDict 中不存在'school'键，所以这条语句执行完之后，myDict 中会新增键值对'school'：'NUDT'。

另外，还可以利用 pop 函数删除字典中的键值对，如语句 myDict.pop('sex')表示删除 myDict 中的键值对'sex':'Female'。类似地，在删除时，如果键不存在，则会报错，解决方法是在删除前先判断键是否存在。

3. 程序实现

与 4.1.1 节类似，将二进制整数转换成八进制的过程封装成函数 BinToOct_int，用字符串类型表示二进制整数 b 和转换后的八进制整数 o，程序 4-6 给出了具体的实现，在该程序中，BinToOct_int 函数可分为以下 3 个步骤。

程序 4-6

```
def BinToOct_int(b):
    D={'000':'0',
       '001':'1',
       '010':'2',
       '011':'3',
       '100':'4',
       '101':'5',
       '110':'6',
       '111':'7'}                    #定义字典
    if len(b)%3!=0:                  #在高位补 0
        b='0' * (3-len(b)%3)+b
    o=''
    for i in range(len(b)//3):       #转换
        b3=b[3*i : 3*(i+1)]
        o=o+D[b3]
    return o

b=input('b=')
print(BinToOct_int(b))
```

首先定义字典 D，字典 D 包含 8 个键值对，键表示 3 位二进制的某种可能情况，值表示与之对应的 1 位八进制，例如，键值对'100':'4'表示 3 位二进制 100 对应的 1 位八进制是 4。所以，给定某种 3 位二进制，通过查询该字典，就可以将其转换为 1 位 8 进制。

【小贴士】 在 Python 程序中，一条语句有时可以写成多行，这会增加程序的可读性,如程序 4-6 中,创建字典 D 的语句写为 8 行,每一行表示一种对应关系,这会使它们的对应关系更加清晰。

在转换之前,首先要利用在高位补 0 的方法使 b 的位数是 3 的倍数。假设 b 的位数为 n,若 n 不是 3 的倍数,则补 0 的数量为 3−n%3,其中,%表示求余数。例如,n=4 时,需要补 0 的数量为 3−4%3=2,即要在高位补 2 个 0。另外,字符串可以进行乘法、加法运算(见表 4-1),表示对字符串进行拼接操作。所以 b='0' * (3−len(b)%3)+b 表示的意思是先用乘法生成若干个 0,再拼接到 b 之前,然后重新赋给 b,也就是在 b 之前进行补 0。例如,b 为'1101'时,(3−len(b)%3)的结果为 2,'0' * 2 的结果为'00','00'+b 的结果为'001101',再赋值给 b 后,b 的值变为'001101'。

最后进行转换,转换的方法就是"三位变一位"。具体来说,首先定义空字符串 o,用于存放计算结果;然后用 for 循环从左向右依次取出 b 中的每个"三位二进制"b3;通过查询字典 D 的方式将 b3 转换成对应的 1 位八进制,并拼接到 o 之后;循环结束后,o 中即存放了转换后的结果。

需要注意的是,在 for 循环中,i 表示的是 b 中第 i 个"三位二进制",i 的取值从 0 到 n/3−1,共 n/3 个(程序使用的是整除//,这是因为 n/3 得到的结果是浮点型,而 range 函数中只可以使用整型),而第 i 个 3 位二进制就是 b 中第 3*i 号到第 3*(i+1)−1 号字符。例如,当 b 为 001010101 时,总共有 3 个"三位二进制"(所以,i 从 0 变到 2):第 0 个"三位二进制"是 b 的第 3*0=0 号到第 3*(0+1)−1=2 号字符,即'001';第 1 个"三位二进制"是 b 的第 3*1=3 号到第 3*(1+1)−1=5 号字符,即'010';第 2 个"三位二进制"是 b 的第 3*2=6 号到第 3*(2+1)−1=8 号字符,即'101'。

以上是二进制转换为八进制的实现,八进制到二进制,以及二进制和十六进制之间的转换方法可以采用类似的方法。另外,在 Python 中,可以将十进制作为中间进制,完成二、八、十六进制之间的相互转换,例如,利用 d = int('1101', 2)语句和 o = oct(d)语句,可以将二进制数'1101'转换为八进制数 o。

实验关卡 4-1:处理基本信息。

实验目标:能用 Python 处理基本信息,能将一个复杂问题分解成若干子问题。

实验内容:编写程序,功能是根据给定的二进制真实值计算它对应的 8 位补码,例如,输入'100',输出'00000100',输入'−100',输出'11111100'。

提示:该问题可分解成若干子问题,对应以下几个函数。

(1) z2b(z):计算真实值 z 对应的 8 位补码,计算过程分情况讨论。

　　z 为正数:求 z 的 8 位原码。

　　z 为负数:求 z 的 8 位原码 y →求 y 对应的反码 f → f 加 1。

(2) z2y(z):计算真实值 z 对应的 8 位原码 y,主要步骤包括确定符号位、高位补 0、确定数字部分,如 z 为'−100'时,对应原码为'10000100'。

(3) y2f(y):计算原码 y 对应的反码 f,对于负数,即符号位不变,数字部分按位取反,如 y 为'10000100'时,f 为'11111011'。

> （4）**add1(f)**：计算反码 f 加 1 的结果 b，若 f 为全 1，则 b 为全 0，否则，f 中至少包含一个 0，找到最后一个 0，将这个 0 改为 1，之后的部分改为全 0，之前的部分保持不变，如 f 为'11111011'时，b 为'11111100'。

4.3 处理音频信息

利用 Python 编辑音频文件一般需要使用第三方库/模块，本节介绍如何利用 pydub 库对一首歌曲进行编辑（音频的相关知识可参考 5.3 节）。

4.3.1 pydub 库

pydub 是一个用于处理音频的 Python 库，其特点是简单易用，能够通过简单的函数调用实现丰富的音频编辑功能，如剪辑拼接、声道编辑、音量调节、淡入淡出等。pydub 能够处理多种格式的音频文件，如 mp3、wav、wma 等，而且在处理不同格式音频文件时方法类似，这进一步简化了使用过程。另外，pydub 还能从视频文件（如 mp4、flv 格式等）中提取声音信息，这也丰富了音频数据的来源。因为以上优点，本节选择 pydub 库对音频文件进行处理。

Python 和 Anaconda 中均不包含 pydub 库，且 pydub 库依赖于 ffmpeg 工具，所以在使用之前，首先需要安装 ffmpeg 和 pydub。

1. ffmpeg 的下载与安装

进入 ffmpeg 官方下载页面 https://ffmpeg.org/download.html，下载与运行环境配套的安装文件（如 Windows 或 Mac OS 操作系统、32 位或 64 位系统），假设下载的是 64 位 Windows 下的版本 ffmpeg-4.0-win64-static.zip（大小约 62MB）。

下载的文件是 zip 格式的压缩文件，将该文件解压到计算机上某个位置，如解压到 D:\Programs。如图 4-3 所示，在解压后的 ffmpeg 文件夹内找到 bin 文件夹的位置，如路径为 D:\Programs\ffmpeg-4.0-win64-static\bin。将该路径添加到系统变量 Path 中，添加方法见 2.3.3 节中的"1. 配置系统路径"。

图 4-3 ffmpeg 的 bin 文件夹

配置好系统路径后，ffmpeg 就安装完成了，可在命令提示符中检查是否安装成功（命令提示符的打开方法见 2.3.3 节的"2. 交互式"),方法是输入 ffmpeg 命令,如果输出如图 4-4(a)所示信息,则表示成功;如果输出如图 4-4(b)所示信息,则很可能是系统路径没有正确配置。

图 4-4 测试 ffmpeg 是否安装成功

2. pydub 的安装

在 Python、Anaconda 等环境中,可使用 pip 命令在线安装第三方库/模块。pip 命令可在命令提示符中输入(注:在命令提示符中执行 pip 命令需要将安装路径和 Scripts 目录的路径添加到 Path 变量中,具体方法见 2.3.3 节中的"1. 配置系统路径"),例如,在命令提示符中输入 pip install pydub,回车后即可自动下载相关文件并进行安装,如图 4-5 所示。

图 4-5 利用 pip 在线安装 pydub

另外,在 Anaconda 环境中,也可在 Anaconda Prompt(见 2.3.1 节的"1. 启动")中执行 pip 命令,方法与命令提示符中相同;利用 pip 命令也可卸载一个库/模块,如 pip uninstall pydub 可将 pydub 库卸载;上述安装过程需要连接互联网,如安装环境不方便联网,也可先将库/模块的安装文件下载下来(如 pydub-0.20.0-py2.py3-none-any.whl 是 pydub 的安装文件,pydub 官方网站为 http://pydub.com/),存放在某个位置(如 D:\Programs 下),然后再用 pip 命令直接安装该文件,如图 4-6 所示。

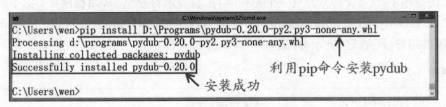

图 4-6 利用 pip 离线安装 pydub

安装完 pydub 后,在 IDLE、Anaconda 等开发工具中输入 import pydub 语句,若运行后未提示任何错误,则表示 pydub 已正确安装。

4.3.2 查看歌曲信息

在进行后续工作前,读者需要通过网络下载、购买唱片等方式先准备好某种格式的歌曲文件,如本节所用歌曲的文件名为 a.mp3,该歌曲采用 mp3 格式、双声道,持续时长约为 1 分 53 秒。

1. 文件的路径

在程序中对某文件进行操作时(如查看 a.mp3 的信息),需要指明该文件的位置,而文件路径就是用来表示文件位置的。在程序中可以使用文件的绝对路径,也可以使用相对路径。

绝对路径是一个文件(也包括文件夹)的完整路径,从根目录开始到该文件结束。例如,在 Windows 中,如果 a.mp3 存放在 D 盘下的 MyPython 文件夹下的 Music 文件夹中,则它的绝对路径为 D:\MyPython\Music\a.mp3(路径中的符号"\"称为分隔符);相应地,如果 b.mp3 的绝对路径为 C:\Users\wen\Desktop\b.mp3,则表示 b.mp3 存放在 C 盘下的 Users 文件夹下的 wen 文件夹下的 Desktop 文件夹中。所以,程序可以利用绝对路径找到计算机上任何一个文件。

相对路径是一个文件相对于程序的位置,从程序所在位置开始到该文件结束。例如,在 Windows 中,如果 AudioEdit.py 程序所在文件夹的绝对路径为 D:\MyPython,而 a.mp3 的绝对路径为 D:\MyPython\Music\a.mp3,则 a.mp3 相对于 AudioEdit.py 的路径为 Music\a.mp3。利用相对路径,程序也能找到某个文件,如在 AudioEdit.py 文件中使用相对路径 Music\a.mp3,则该程序会在它所在文件夹内找 Music 文件夹,找到后再在 Music 文件夹内找 a.mp3 文件。另外,如果 AudioEdit.py 和 a.mp3 文件都存放在同一文件夹内,则 AudioEdit.py 可直接用 a.mp3 表示该音频文件。

在程序中,路径一般用字符串表示,分隔符可以是'\'或'/'。但在 Python 中,一些特殊字符也以'\'开头,所以利用'\'作为分隔符可能会带来一些问题。例如,程序 4-7 第 1 行中,符号'\t'是一个特殊字符,表示制表符(即键盘上的 Tab 键),所以第 1 行的打印结果是"D:\MyPython mp\helloworld.py",利用此路径无法正确定位 helloworld.py 文件。解决的方法是用'\\'代替'\'('\\'也是一个特殊字符,就表示符号"\"),如程序 4-7 第 2 行打印的结果是"D:\MyPython\tmp\helloworld.py",这是正确的路径。所以,在 Python 程序中,建议使用符号'\\'或'/'表示分隔符。

程序 4-7

```
print('D:\MyPython\tmp\helloworld.py')
print('D:\\MyPython\\tmp\\helloworld.py')
print('D:/MyPython/tmp/helloworld.py')
```

2. 程序实现

程序 4-8 给出了查看 a.mp3 相关信息的程序实现。

程序 4-8

```
from pydub import AudioSegment
song=AudioSegment.from_file('a.mp3', format='mp3')
print(len(song))                    #时长,单位为毫秒
print(song.frame_rate)              #采样频率,单位为赫兹
print(song.sample_width)            #量化位数,单位为字节
print(song.channels)                #声道数,单位为个
```

该程序只用到 pydub 中的 AudioSegment 模块,所以先从 pydub 导入 AudioSegment。然后利用 AudioSegment 中的 from_file 读取 a.mp3 文件,假设程序 4-8 写在 AudioEdit.py 文件中,AudioEdit.py 文件与 a.mp3 文件位于同一文件夹下,则程序只需用相对路径'a.mp3'就可找到该文件,在读取音频文件时,还要指定文件的格式,此处为 mp3 格式,读取数据后赋值给变量 song,所以在程序中,song 就存储了 a.mp3 中的所有数据。然后依次获取并打印该歌曲的时长(以毫秒为单位)、采样频率(以赫兹为单位)、量化位数(以字节为单位)、声道数。例如,对于本节采用的 a.mp3 文件,其打印结果依次为 113763、44100、2、2。读者可以试着将这些信息转化为更为常用的表示形式,如时长采用"分:秒"的形式、采样频率以 kHz 为单位、量化位数以比特为单位等。

【小贴士】 若运行程序 4-8 时提示"No such file or directory：'a.mp3'",表示程序找不到 a.mp3 文件,此时应检查程序所在 py 文件是否和 a.mp3 文件位于同一文件夹,文件名是否有错误。如果以上检查均没问题,则可能是操作系统隐藏了文件的扩展名,导致看到的文件名和实际的文件名不符,比如看到的是 a.mp3,而实际是 a.mp3.mp3,此时可以将系统设置为显示文件的扩展名,从而查看完整的文件名,显示扩展名的设置方法见 2.3.3 节最后的小贴士。

4.3.3 剪辑和拼接

如图 4-7 所示,在 a.mp3 中,有一个歌曲片段 S1(从第 17600ms 开始,到第 33800ms 结束)是歌手独唱部分,现想将这部分拿出来单独保存为一个文件 a1.mp3,从而可以用在一些特定场合,如晚会背景音乐等。

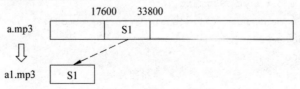

图 4-7 剪辑歌曲片段

程序 4-9 给出了具体的实现。首先导入所需模块,然后以 mp3 格式读取 a.mp3 文件的数据并赋给变量 song。读取 song 变量中音频数据的方法是 song[t1 : t2],其中 t1 和 t2 分别表示某片段的开始和结束时间,单位均为毫秒,所以 song[17600:33800] 表示的意思是读取第 17600~33800ms 的数据,然后再赋值给变量 S1,所以 S1 中就存放了所需片段的数据。但 S1 是程序中的变量,还需要将它里面的数据另存为计算机上的文件,程序 4-9 第 4 行即完成了此功能:将 S1 中数据以 mp3 的格式另存为 a1.mp3 文件。最后用 close 函数关闭后就会生成对应文件。

程序 4-9

```
from pydub import AudioSegment
song=AudioSegment.from_file('a.mp3', format='mp3')
S1=song[17600 : 33800]                    #剪辑片段
outfile=S1.export('a1.mp3', format='mp3')
outfile.close()
```

程序第 4 行的'a1.mp3'也是相对路径,表示程序所在文件夹下的 a1.mp3 文件,所以程序执行结束后,在程序所在文件夹内会新生成 a1.mp3 文件,里面就是 a.mp3 中的 S1 片段。

另外,利用 pydub 还可以方便地对截取的片段进行拼接,如图 4-8 所示,片段 S1 是一段独唱,S2 是一段音乐,现想将 S2 片段拼接在 S1 片段之前,然后存储到 a2.mp3 文件中。

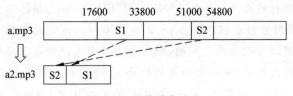

图 4-8 拼接歌曲片段

程序 4-10 给出了具体实现,在读入 a.mp3 数据后,首先截取 S1 和 S2 两个片段的数据,分别存入变量 S1 和 S2,然后利用 S2+S1 对 S2 和 S1 进行拼接(S2 在前,S1 在后),并将拼接后的结果赋给变量 S,最后将 S 中的数据另存为文件 a2.mp3。程序执行结束后,程序所在文件夹会生成 a2.mp3 文件,即两个片段按要求拼接后的音频文件。

程序 4-10

```
from pydub import AudioSegment
song=AudioSegment.from_file('a.mp3', format='mp3')
S1=song[17600 : 33800]
S2=song[51000 : 54800]
S=S2+S1                                   #拼接片段
outfile=S.export('a2.mp3', format='mp3')
outfile.close()
```

4.3.4 声道编辑

一段音频可以包含多个声道,最常见的是双声道,即左声道和右声道。直观上理解,用耳机听一首双声道的音频,左耳和右耳可以听到不一样的声音,而听单声道的音频时,两只耳朵听到的声音完全一样。因此,双声道比单声道声音更加逼真、更有立体感,所以双声道也称为立体声。

利用 Python 可以对一个音频文件的声道进行提取,也可以对声道进行合成。如图 4-9 所示,在 a.mp3 中,片段 S2(第 17600~33800ms)是一段独唱,片段 S1(第 1000~17200ms)是一段与之旋律相同的音乐,现要提取 S1 片段的左声道和 S2 片段的右声道,然后再对这两个声道进行合成,生成 a3.mp3 文件,在听 a3.mp3 文件时,左耳听到的是音乐、右耳听到的是演唱。

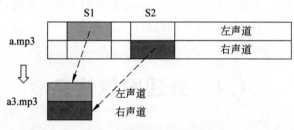

图 4-9 编辑歌曲声道

程序 4-11 实现了该功能,程序在读取 a.mp3 的数据后,首先提取 S1 和 S2 片段,并分别存入变量 S1 和 S2 中。对于这两个片段,每个片段都包含两个声道,利用 split_to_mono 函数可对这两个片段的声道进行提取,分别存放在变量 LS1 和 LS2 中。LS1 和 LS2 是列表类型,列表的第 0 号元素是对应片段的左声道数据,第 1 号元素是右声道数据。然后,再利用 from_mono_audiosegments 函数进行声道合成,把 LS1[0] 和 LS2[1](即 S1 的左声道和 S2 的右声道)合并成一个双声道的音频,并将合并结果存放在变量 out 中。最后将其另存为文件 a3.mp3。

程序 4-11

```
from pydub import AudioSegment
song=AudioSegment.from_file('a.mp3', format='mp3')
S1=song[1000 : 17200]
S2=song[17600 : 33800]
LS1=S1.split_to_mono()
LS2=S2.split_to_mono()
out=AudioSegment.from_mono_audiosegments(LS1[0], LS2[1])
outfile=out.export('a3.mp3', format='mp3')
outfile.close()
```

【小贴士】 在用 from_mono_audiosegments 函数进行声道合并时,两个声道的长度必须完全相同,否则程序会报错。

除上述功能外,pydub 还可对音频进行其他处理,如音量调节、反向播放、淡入淡出等,具体信息可参考 pydub 的官方网站。

另外,除了利用 Python 程序编辑音频(也包括图像、视频等)文件外,还可以使用软件进行处理(见第 5 章)。与软件处理的方式相比,Python 程序在易用性等方面存在一定的弱势,但在以下方面存在优势:①减少工作量,例如,将大量 wav 格式的音频文件转化为 mp3 格式,如果利用软件逐个转换,则需要大量时间,且过程枯燥,而利用 Python 程序可以一次性地转换;②更加灵活,软件功能是固定的,而利用 Python 程序可以进行更丰富、更高级的操作,如语音识别等。

> **实验关卡 4-2:处理音频信息。**
> **实验目标**:能用 pydub 库处理音频文件。
> **实验内容**:从网上下载一首歌曲,利用 pydub 库对其进行编辑,例如剪辑和拼接、声道编辑、淡入淡出等,得到自己想要的效果。

4.4 处理图像信息

利用 Python 处理图像一般也需要使用第三方库/模块,本节介绍如何利用 PIL 库对一幅图片进行处理(图像的相关知识可参考 5.2 节)。

4.4.1 PIL 库

PIL 库(Python Imaging Library)的功能十分强大,既提供了对整幅图像进行处理的功能,又支持对图像中单个像素点进行操作;而且使用过程简单,利用少数几行代码就能实现丰富的处理功能。因为这些优点,PIL 成为最常用的 Python 图像处理库之一。

Anaconda 环境中已包含 PIL,可直接使用,但基本的 Python 环境未包含 PIL 库,需要额外安装。PIL 库的安装方法与运行环境有关,在 Mac OS、Linux 等环境中,可以使用命令进行安装,而在 Windows 环境中,可以通过 exe 格式的安装文件进行安装,具体安装方法可上网搜索相关教程。

4.4.2 制作九宫图

本实验利用 PIL 库对一幅图片(如图 4-10(a)所示,该图片为 jpg 格式,分辨率为 1730×1228 像素)进行处理,生成如图 4-10(b)所示的九宫图。

1. 问题分析

利用 Photoshop、画图板、PowerPoint 等软件也可制作如图 4-10(b)所示九宫图,在

(a) 原始图片　　　　　　　　　　　(b) 结果图片

图 4-10　原始图片和结果图片

利用软件进行制作时,可采用如下步骤。

（1）从原始图片中裁剪出 9 幅局部图。
（2）将 9 幅局部图调整为相同大小的正方形。
（3）根据需要对局部图进行一些处理,如旋转等。
（4）将 9 幅局部图按位置粘贴到一张纯黑色图片中。

利用 PIL 库制作九宫图时,步骤也是如此,只不过是用程序语句代替手工操作。在使用 PIL 库时,经常会用到元组这种数据结构,所以下面先介绍元组,然后介绍 PIL 库的基本功能,最后给出制作九宫图的 Python 实现。

2. 元组

元组(tuple)是 Python 中一种常用的数据结构。与列表类似,元组也包含若干元素,每个元素有一个唯一的索引,利用索引可以访问某些元素。元组与列表的主要区别在于,元组一旦创建则不能再进行修改,因此,元组可以理解为不可修改的列表。

元组的创建方法与列表类似,只不过将方括号改为了圆括号,如程序 4-12 第 1 行创建了一个包含 3 个元素的元组。另外,也可以利用类型转换将列表等类型转换为元组类型,如程序 4-12 第 2 行将 range 函数生成的数列转换成元组类型。

程序 4-12

```
t1=(111, 222, 333)           #t1 包含 3 个元素
t2=tuple(range(5))           #t2 为(0, 1, 2, 3, 4)
a=t2[2]                      #a 为 t2 的第 2 号元素,即 2
x, y, z=t1                   #x 为 111,y 为 222,z 为 333
```

元组的使用方法与列表类似。例如,程序 4-12 第 3 行是取出 t2 的第 2 号元素并赋值给变量 a;第 4 行是利用多重赋值将 t1 中的 3 个元素分别赋给变量 x、y、z。另外,在元组中,也可以使用 index、count、len、max、min、sum、+、*、in 等,其功能和使用方法与列表

类似(见表2-9)。但是元组不能修改,因此不能使用 insert、pop、remove、reverse、sort 等函数,也不能直接对元素进行赋值,如执行语句 t2[2]=8 时会报错。

【小贴士】 列表更为灵活,而元组的访问效率更高,列表一般用于存放需要经常修改的数据,而元组常用于存放不需修改的数据。

3. PIL 库功能示例

与音频处理过程类似,利用 PIL 库处理图像时首先要读取图片文件,然后进行处理,最后另存为一个新的文件,下面给出若干示例。

程序 4-13 的功能是对图片进行旋转。首先导入 PIL 库中的 Image 模块;然后打开图片(使用相对路径,a.jpg 与 py 文件位于同一文件夹),并将图片数据赋给变量 a,a 中就存放了 a.jpg 的数据;然后利用 rotate 函数进行旋转操作(逆时针旋转 16°),并将旋转后的数据赋给变量 b;最后将 b 中的数据另存为图片。所以程序执行完毕后,py 文件所在文件夹内会生成 b.jpg 图片,如图 4-11 所示。

程序 4-13

```
from PIL import Image
a=Image.open('a.jpg')
b=a.rotate(16)
b.save('b.jpg')
```

程序 4-14 的功能是对图片进行缩放。其中,第 3 行中 a.size 是一个元组(x, y),x 和 y 分别是图像 a 的横向和纵向像素数,即图像的宽度和高度,通过多重赋值后,w 存储了图像宽度,h 存储了高度。第 4 行中 resize 函数的功能是重新调整图像大小,该函数的参数是一个元组(x, y),x 和 y 分别表示调整后的宽度和高度,程序 4-14 中使用的是(w//2, h//2),即将宽度和高度均调整为原来的一半,程序运行结果如图 4-11 所示。

程序 4-14

```
from PIL import Image
a=Image.open('a.jpg')
w, h=a.size
c=a.resize((w//2, h//2))
c.save('c.jpg')
```

 旋转  缩放

图 4-11 旋转与缩放

程序 4-15 的功能是裁剪图像中的一部分。其中，第 3 行利用 crop 函数实现裁剪功能，该函数的参数也是一个元组(x1, y1, x2, y2)，如图 4-12(a)所示，该元组描述了一个矩形区域（就是要裁剪的部分），其左上角像素坐标为(x1, y1)，右下角为(x2－1, y2－1)。

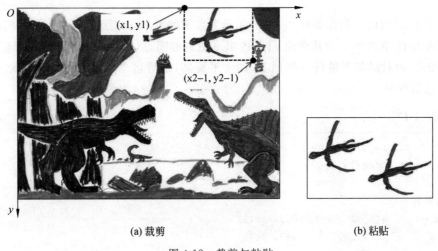

(a) 裁剪　　　　　　　　　　(b) 粘贴

图 4-12　裁剪与粘贴

这里要注意的是，对图像建立坐标系时，一般是以图像左上角为原点，水平方向为 x 轴，竖直方向为 y 轴，如图 4-12(a)所示。某像素坐标为(x, y)，表示该像素是从左往右数的第 x 个像素，从上往下数的第 y 个像素，x 和 y 从 0 开始。例如，一幅分辨率为 $N \times M$ 的图像，其左上角像素坐标为(0, 0)，右下角像素坐标为$(N-1, M-1)$。

程序 4-15

```
from PIL import Image
a=Image.open('a.jpg')
d=a.crop((1134,0,1555,331))
d.save('d.jpg')
```

程序 4-16

```
from PIL import Image
d=Image.open('d.jpg')
e=Image.new ('RGB',
             (800,500),
             'white')
e.paste(d, (4,16))
e.paste(d, (380,160))
e.save('e.jpg')
```

程序 4-16 的功能是生成如图 4-12(b)所示效果。程序先利用 new 功能生成一个

RGB 模式、分辨率为 800×500 像素、颜色为纯白色的图像 e,然后利用 paste 函数将程序 4-15 生成的图像 d 粘贴到图像 e 中。paste 函数的第二个参数是一个元组,表示粘贴后 d 的左上角像素在 e 中的位置。

4. 程序实现

程序 4-17 给出了制作如图 4-10(b)所示九宫图的 Python 实现,其过程与利用软件制作的过程类似,首先从 a 中裁剪出 a1～a9 共 9 幅局部图,然后将它们的尺寸均调整为 200×200 像素,再对局部图进行一些加工,如水平旋转,最后将 9 幅局部图按位置粘贴到一幅纯黑色图像中。

程序 4-17

```
from PIL import Image
a=Image.open('a.jpg')

#裁剪
a1=a.crop(( 825,  58, 1041,  274))
a2=a.crop((1120,   0, 1467,  347))
a3=a.crop((1550,   0, 1730,  180))
a4=a.crop(( 663, 607,  941,  885))
a5=a.crop((1491, 209, 1703,  421))
a6=a.crop((1027, 525, 1730, 1228))
a7=a.crop(( 180,  30,  370,  220))
a8=a.crop(( 699, 871,  860, 1032))
a9=a.crop(( 867, 267, 1077,  477))

#缩放
a1=a1.resize((200, 200))
a2=a2.resize((200, 200))
a3=a3.resize((200, 200))
a4=a4.resize((200, 200))
a5=a5.resize((200, 200))
a6=a6.resize((200, 200))
a7=a7.resize((200, 200))
a8=a8.resize((200, 200))
a9=a9.resize((200, 200))

#处理
a8=a8.transpose(Image.FLIP_LEFT_RIGHT)        #水平翻转

#粘贴
nineImg=Image.new('RGB', (640, 640), 'black')
nineImg.paste(a1, ( 10, 10))
```

```
nineImg.paste(a2, (220,  10))
nineImg.paste(a3, (430,  10))
nineImg.paste(a4, ( 10, 220))
nineImg.paste(a5, (220, 220))
nineImg.paste(a6, (430, 220))
nineImg.paste(a7, ( 10, 430))
nineImg.paste(a8, (220, 430))
nineImg.paste(a9, (430, 430))

nineImg.save('a_nine.jpg')
```

4.4.3 抠图

"抠图"是图像处理中的常用操作,它是指将所需物体从图像中单独提取出来的过程,被提取的部分可以用于后续的进一步处理。例如,在进行粘贴操作时,若将图片直接粘贴到另一图片,则会出现遮挡的情况,如图 4-13(a)所示,而先将物体从图像中提取出来,然后再进行粘贴,则可以达到更理想的效果,如图 4-13(b)所示。本节介绍一种简单的"抠图"技术,能实现如图 4-13(b)所示效果。

(a) 直接粘贴的效果　　　　　　　(b) "抠图"后粘贴的效果

图 4-13　直接粘贴和"抠图"后粘贴的效果对比

1. 问题分析

在计算机中,图像由像素组成,一个像素存储了一个点的颜色信息。一般来说,一幅图像每一行或每一列的像素数都是相同的,简单理解,计算机中的图像都是矩形的。因此,"抠图"的原理并不是保留所需物体的像素、删除其他部分像素,因为这种方法得到的图像不是矩形,计算机无法存储和处理。"抠图"的原理其实是保留所需物体的像素,而将其他部分像素设置为透明,这样得到的图像仍是矩形,只不过除所需物体外其他部分看起来是透明的,感觉就像只有所需的物体存在。将提取出的物体粘贴到背景图像中时,物体中的像素不透明,会在结果图中正常显示,而其他部分的像素透明,结果图中显示的仍是背景图片的像素,这样就能达到如图 4-13(b)所示的效果。

因此,本实验的思路就是保持所需物体中像素颜色不变,而将背景中像素的颜色设置为完全透明。这个过程中要解决的一个关键问题,就是如何区分一个像素是物体还是背景中的像素。一种比较简单的方法是通过像素的颜色值进行判断,例如,在一幅白色背景的图像中,如果某像素的颜色偏白色,则认为该像素是背景中的像素(像素颜色设置为透明),否则认为是物体中的像素(像素颜色保持不变)。

2. 操作像素

利用 PIL 库,可以对图像中的单个像素进行操作。例如,getpixel((x, y))函数的功能是获取(x, y)处像素的颜色值,而 putpixel((x, y), c)函数的功能是将(x, y)处像素的颜色值设置为 c。

根据所用颜色模型不同,像素颜色值的表示方式也不一样。如果使用的是 RGB 模型,则 PIL 库用元组(r, g, b)表示一个像素的颜色值,r、g、b 分别表示这个颜色的红、绿、蓝分量,分量的取值为 0~255,例如,若一个像素的值为(255, 255, 255),则该像素显示出来是纯白色。

RGB 模型能表示丰富的颜色,但不能记录透明度信息,若需记录透明度,则要使用 RGBA 模型。在 PIL 中,如果一幅图像采用的是 RGBA 模型,则一个像素点的颜色值用元组(r, g, b, a)表示,r、g、b 含义与之前相同,而 a 表示的是该像素的透明程度,a 为 0 时表示完全透明,a 为 255 时表示完全不透明,例如,若一个像素值为(255, 255, 255, 0),则该像素显示出来是完全透明的。

【小贴士】 jpg 格式不能记录透明度信息,所以一幅包含透明度信息的图像应使用其他格式存储,如 png 格式。

3. 程序实现

程序 4-18 给出了具体的程序实现,利用该程序可生成图 4-13(b)所示效果。

程序 4-18

```python
from PIL import Image

def trans(img):
    transImg=img.convert('RGBA')
    width, height=transImg.size
    for x in range(0, width):
        for y in range(0, height):
            pix=list(transImg.getpixel((x, y)))
            if pix[0]>230 and pix[1]>230 and pix[2]>230:
                pix[3]=0
                transImg.putpixel((x, y), tuple(pix))
    return transImg
```

```
img=Image.open('a.jpg')
back=img.crop((0, 0, 823, 633))
front1=img.crop((1134, 0, 1555, 331))
front2=img.crop((1543, 211, 1650, 428))
front1=trans(front1)
front2=trans(front2)
back.paste(front1, (400, 0), mask=front1.split()[3])
back.paste(front2, (4, 95), mask=front2.split()[3])
back.save('a_trans.jpg')
```

在该程序中,函数 trans(img)的功能是利用前面介绍的方法从图像 img 中提取所需物体。函数首先将 img 转换为 RGBA 模式的图像 transImg,以支持透明度信息的记录;然后获取图像的宽度 width 和高度 height;再利用双层循环依次处理 transImg 中的每个像素点。

在处理(x,y)处的像素点时,首先利用 getpixel 函数获取该像素的颜色,并将其转化为列表类型(获取到的颜色值是元组类型,因为后面可能对该颜色进行修改,而元组类型不支持修改,所以要将其转化为列表类型),然后赋给 pix,因此,pix 是一个列表[r,g,b,a],记录了(x,y)处像素的颜色值;然后根据 pix 的值进行判断,若 r、g、b 的值均大于230,则表示该像素的颜色接近白色,属于背景中的像素点,需将其设置为透明,设置方法就是将第 3 号元素 a 的值改为 0;最后再将(x,y)处像素颜色设置为修改后的 pix(设置时需将 pix 转换回元组类型)。通过以上步骤,就把背景中的像素设置为透明了。

利用定义的 trans 函数,可以得到图 4-13(b)所示效果。首先从 a.jpg 图像中裁剪出三个区域 back、front1、front2,分别代表背景图片区域和两个前景物体(翼龙和"安吉")所在区域;然后利用 trans 函数对 front1 和 front2 进行处理,提取翼龙和"安吉";再将提取出的物体粘贴到 back 中,最后保存,即得到所需效果。

4.4.4 制作马赛克效果

马赛克是一种使用广泛的图像处理技术,它能使图片模糊化,从而使观看者能够获取图像的大概信息,但又不能了解具体细节,如图 4-14 所示。

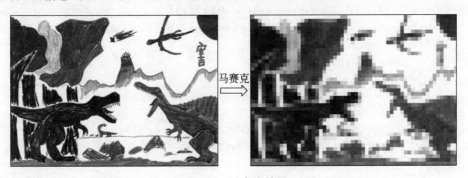

图 4-14 马赛克效果

马赛克效果的原理是将原始图像划分为 $N×M$ 个正方形区域,然后将每个区域的颜色设置为该区域的平均颜色,此处说的平均颜色是指区域内所有像素对应颜色分量的平均值所组成的颜色,例如,假设区域中包含 3 个像素,颜色分别为(30,120,210)、(60,150,234)、(15,168,255),则该区域的平均颜色为((30+60+15)/3,(120+150+168)/3,(210+234+255)/3)=(35,146,233)。程序 4-19 给出了该过程的具体实现。

函数 getAvgColor(img, x1, y1, x2, y2)的功能是计算图像 img 中某个矩形区域的平均颜色,该区域左上角像素坐标为(x1,y1),右下角像素坐标为(x2-1,y2-1)。该函数先利用双层循环计算区域内所有像素点的红色分量之和 R、绿色分量之和 G、蓝色分量之和 B,然后再计算该区域内像素的数量 N,即可得到该区域的平均颜色(R//N,G//N,B//N)(像素中颜色分量的值是整数类型,所以此处采用整除//)。

程序 4-19

```python
from PIL import Image

def getAvgColor(img, x1, y1, x2, y2):
    R, G, B=0, 0, 0
    for x in range(x1, x2):
        for y in range(y1, y2):
            pix=img.getpixel((x,y))
            R=R+pix[0]
            G=G+pix[1]
            B=B+pix[2]
    N=(x2-x1) * (y2-y1)
    return (R//N, G//N, B//N)

def setColor(img, x1, y1, x2, y2, color):
    for x in range(x1, x2):
        for y in range(y1, y2):
            img.putpixel((x,y), color)

def mosaic(img, n=10):
    width, height=img.size
    N=width//n if width%n==0 else width//n+1
    M=height//n if height%n==0 else height//n+1
    for i in range(N):
        for j in range(M):
            x1, y1=n * i, n * j
            x2=min(width, n * (i+1))
            y2=min(height, n * (j+1))
            avgColor=getAvgColor(img, x1, y1, x2, y2)
            setColor(img, x1, y1, x2, y2, avgColor)
    return img

img=Image.open('a.jpg')
```

```
img=mosaic(img, 30)
img.save('a_masaic.jpg')
```

实验关卡 4-3：处理图像信息。
实验目标：能用 PIL 库处理图像文件。
实验内容：编写程序，根据图像生成字符画，效果如图 4-15 所示。

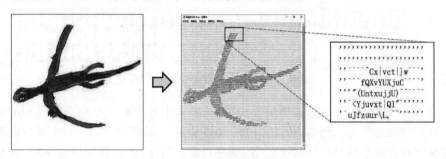

图 4-15　生成字符画

提示：可采用如下过程实现。

(1) 图像分辨率可能较高，可用 resize 函数重新调整图像大小，如宽度调整为 150，高度按比例调整，在生成的字符画中，每行的字符数即为 150 个。

(2) 利用 convert('L') 将图像转换为灰度图，在灰度图中，每个像素的颜色值为 0～255 的整数，0 表示黑色，255 表示白色

(3) 以字符串的形式定义字符画中可能出现的字符集合：
'@B%8&WM♯*oahkbdpqwmZO0QLCJUYXzcvunxrjft/\|()1{}[]?-_+~<>i!lI;:,''^`\''

字符集中的字符是有顺序的，越靠前的字符对应的颜色越黑，越靠后的字符对应的颜色越白，例如，颜色值为 0 时，像素将转化为@，为 255 时将转化为"'"。

(4) 依次将每个像素转化成对应字符，假如某像素颜色值为 gray，则它将转化为字符集中第（N * gray//255－1）号字符，其中，N 为字符集中字符的数量。

4.5　信息的加解密

信息加解密实际上也是在对信息进行处理，所以利用前面介绍的信息处理方法对加解密算法进行实现，就可以完成信息的加解密过程。信息加解密算法有很多，本节介绍若干基本算法。

4.5.1　恺撒加密

恺撒加密是一种最为简单且广为人知的加密方法，因恺撒曾利用此方法与将军们进

行联系而得名,该方法将文本中的字符按字母表顺序进行偏移即得到对应的密文。

如图4-16所示,当偏移量为2时,字母'a'对应的密文就是将'a'按字母表顺序往右移2个位置得到的字母,即字母'c';字母'y'往右移两个位置会超出字母表的范围,此时采用循环移位的方法,即'y'先移到'z'的位置,然后再移动到'a'的位置,所以得到的密文为字母'a'。因此,采用恺撒加密方法对文本'failure is the mother of success'进行加密时,若偏移量为2,则加密后的文本为'hcknwtg ku vjg oqvjgt qh uweeguu'。

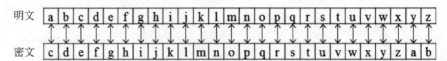

图4-16 恺撒加密中明文与密文对照表(偏移量为2)

对密文进行解密的方法与加密过程相反,将密文中的所有字符向左移动相同的偏移量即可得到对应的明文。例如,若加密时的偏移量为2,则密文中的字母'c'对应的明文就是将其按字母表顺序向左移动两个位置,即字母'a'。因此,在恺撒加密方法中,偏移量实际上就是密钥,利用此密钥可以对信息进行加密,知道密钥就能对加密的信息进行解密。

程序4-20给出了恺撒加密的具体实现。在程序中用到Python内置函数ord和chr。ord函数的功能是将某个字符转换为它对应的ASCII码(或Unicode码)编号,例如,字符'a'~'z'的编号依次为97~122。chr函数的功能与之相反,是将给定的编号转换为对应的字符,例如语句chr(97)的返回结果为'a'。

程序4-20

```
def Caesar(x, key):
    xid=ord(x)-ord('a')
    yid=(xid+key)%26
    y=chr(ord('a')+yid)
    return y

def encryptText(text, key):
    enText=''
    for x in text:
        if 'a'<=x<='z':
            enText=enText+Caesar(x, key)
        else:
            enText=enText+x
    return enText

text=input('请输入要加密的文本: \n')
key=eval(input('请输入加密密码: '))
enText=encryptText(text, key)
print('加密后的文本为: \n'+enText)
```

函数 Caesar(x，key)的功能是利用密钥 key 对某个小写英文字母 x 进行恺撒加密，得到 x 对应的密文 y。该函数首先利用 ord 函数获取 x 在字母表中的序号 xid，例如，当 x 为'w'时，ord('w')－ord('a')的值为 119－97＝22，即'w'是字母表中的第 22 号字符（'a'为第 0 号）。密文 y 在字母表中的序号 yid 就等于 xid＋key，也就是将 x 向右移动 key 个位置。此处要注意的是，当 xid＋key 超出字母表范围时，采用循环移位，即(xid＋key)％26，例如，当 xid 为 22（'w'的字母表序号），key 为 5 时，(xid＋key)％26 的值为 1（'b'的字母表序号）。最后将 yid 转换为密文 y，例如 yid 为 1 时，ord('a')＋yid 的值为 97＋1＝98，98 即字母'b'的 ASCII 码编号，利用 chr 函数就可得到转换后的密文'b'。

函数 encryptText(text，key)的功能是用密钥 key 对一个字符串 text 进行加密，该函数利用循环依次处理 text 中的每个字符 x，若 x 是小写英文字母则进行恺撒加密，否则不进行处理。

图 4-17(a)给出了程序 4-20 的运行结果示例。另外，解密过程与加密过程类似，程序 4-21 给出了程序实现，图 4-17(b)给出了运行结果示例。

```
请输入要加密的文本：
failure is the mother of success

请输入加密密码：2
加密后的文本为：
hcknwtg ku vjg oqvjgt qh uweeguu
```
(a) 加密

```
请输入要解密的文本：
hcknwtg ku vjg oqvjgt qh uweeguu

请输入解密密码：2
解密后的文本为：
failure is the mother of success
```
(b) 解密

图 4-17　程序 4-20 与程序 4-21 运行结果示例

程序 4-21

```python
def deCaesar(x, key):
    xid=ord(x)-ord('a')
    yid=((xid-key)+26)%26
    y=chr(ord('a')+yid)
    return y

def decryptText(text, key):
    deText=''
    for x in text:
        if 'a'<=x<='z':
            deText=deText+deCaesar(x, key)
        else:
            deText=deText+x
    return deText

text=input('请输入要解密的文本：\n')
key=eval(input('请输入解密密码：'))
deText=decryptText(text, key)
print('解密后的文本为：\n'+deText)
```

【小贴士】 程序4-20和程序4-21只能对小写英文字母进行加解密,读者可以试着修改这两个程序,使其能进一步处理大写字母和空格等特殊字符,甚至可以对中文字符进行加解密。

恺撒加密方法的原理简单,但变化太少,只有25种情况(偏移量为1～25),所以安全性级别很低,可以利用枚举法或字频统计法进行破解,因此在实际中很少使用。为了提高安全性级别,后人对恺撒加密方法进行了改进,提出了其他一些加密算法,维吉尼亚加密方法便是其中一种。

4.5.2 维吉尼亚加密

维吉尼亚加密方法是恺撒加密方法的一种扩展,其变化形式更加多样,安全性级别更高。该方法将恺撒加密中的26种偏移情况合并成一张表(见图4-18),通过查表,可以利用给定的密钥字符将明文字符转换为密文字符,或将密文转换为明文,下面通过一个例子介绍该方法的加解密过程。

	a	b	c	d	e	f	g	h	i	j	k	l	m	n	o	p	q	r	s	t	u	v	w	x	y	z
a	a	b	c	d	e	f	g	h	i	j	k	l	m	n	o	p	q	r	s	t	u	v	w	x	y	z
b	b	c	d	e	f	g	h	i	j	k	l	m	n	o	p	q	r	s	t	u	v	w	x	y	z	a
c	c	d	e	f	g	h	i	j	k	l	m	n	o	p	q	r	s	t	u	v	w	x	y	z	a	b
d	d	e	f	g	h	i	j	k	l	m	n	o	p	q	r	s	t	u	v	w	x	y	z	a	b	c
e	e	f	g	h	i	j	k	l	m	n	o	p	q	r	s	t	u	v	w	x	y	z	a	b	c	d
f	f	g	h	i	j	k	l	m	n	o	p	q	r	s	t	u	v	w	x	y	z	a	b	c	d	e
g	g	h	i	j	k	l	m	n	o	p	q	r	s	t	u	v	w	x	y	z	a	b	c	d	e	f
h	h	i	j	k	l	m	n	o	p	q	r	s	t	u	v	w	x	y	z	a	b	c	d	e	f	g
i	i	j	k	l	m	n	o	p	q	r	s	t	u	v	w	x	y	z	a	b	c	d	e	f	g	h
j	j	k	l	m	n	o	p	q	r	s	t	u	v	w	x	y	z	a	b	c	d	e	f	g	h	i
k	k	l	m	n	o	p	q	r	s	t	u	v	w	x	y	z	a	b	c	d	e	f	g	h	i	j
l	l	m	n	o	p	q	r	s	t	u	v	w	x	y	z	a	b	c	d	e	f	g	h	i	j	k
m	m	n	o	p	q	r	s	t	u	v	w	x	y	z	a	b	c	d	e	f	g	h	i	j	k	l
n	n	o	p	q	r	s	t	u	v	w	x	y	z	a	b	c	d	e	f	g	h	i	j	k	l	m
o	o	p	q	r	s	t	u	v	w	x	y	z	a	b	c	d	e	f	g	h	i	j	k	l	m	n
p	p	q	r	s	t	u	v	w	x	y	z	a	b	c	d	e	f	g	h	i	j	k	l	m	n	o
q	q	r	s	t	u	v	w	x	y	z	a	b	c	d	e	f	g	h	i	j	k	l	m	n	o	p
r	r	s	t	u	v	w	x	y	z	a	b	c	d	e	f	g	h	i	j	k	l	m	n	o	p	q
s	s	t	u	v	w	x	y	z	a	b	c	d	e	f	g	h	i	j	k	l	m	n	o	p	q	r
t	t	u	v	w	x	y	z	a	b	c	d	e	f	g	h	i	j	k	l	m	n	o	p	q	r	s
u	u	v	w	x	y	z	a	b	c	d	e	f	g	h	i	j	k	l	m	n	o	p	q	r	s	t
v	v	w	x	y	z	a	b	c	d	e	f	g	h	i	j	k	l	m	n	o	p	q	r	s	t	u
w	w	x	y	z	a	b	c	d	e	f	g	h	i	j	k	l	m	n	o	p	q	r	s	t	u	v
x	x	y	z	a	b	c	d	e	f	g	h	i	j	k	l	m	n	o	p	q	r	s	t	u	v	w
y	y	z	a	b	c	d	e	f	g	h	i	j	k	l	m	n	o	p	q	r	s	t	u	v	w	x
z	z	a	b	c	d	e	f	g	h	i	j	k	l	m	n	o	p	q	r	s	t	u	v	w	x	y

密钥字符(最左列) 明文字符(最上行) 密文字符(表体)

图4-18 维吉尼亚密表

假设明文为'failure is the mother of success',密钥为'mother',则先将明文和密钥按位对齐,如图4-19所示。

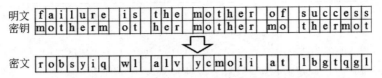

图 4-19 维吉尼亚加密过程示例

然后利用查表的方法分别对每一位进行加密,例如,首位的明文字符为'f'、密钥字符为'm',则密表中第 f 列第 m 行对应的字符'r'即转换后的密文字符。

解密过程与之相反,首先将密文和密钥按位对齐,然后按位解密。例如,密文字符为'r'、对应密钥字符为'm',则第 m 行中字符'r'对应的列号 f 就是其对应的明文。

在利用程序进行实现时,可以用二维列表存储维吉尼亚密表,二维列表实际也是一个列表,只不过该列表的每个元素也是列表,从逻辑上看就形成了一张二维表,程序 4-22 给出了具体实现。vtable 是一个列表,该列表包含 26 个元素,每个元素也是一个列表,对应了图 4-18 所示维吉尼亚密表中的某一行。

程序 4-22

```
vtable=[['a','b','c','d','e','f','g','h','i','j','k','l','m','n','o',
        'p','q','r','s','t','u','v','w','x','y','z'],
       ['b','c','d','e','f','g','h','i','j','k','l','m','n','o','p',
        'q','r','s','t','u','v','w','x','y','z','a'],
       ['c','d','e','f','g','h','i','j','k','l','m','n','o','p','q',
        'r','s','t','u','v','w','x','y','z','a','b'],
       ['d','e','f','g','h','i','j','k','l','m','n','o','p','q','r',
        's','t','u','v','w','x','y','z','a','b','c'],
       ['e','f','g','h','i','j','k','l','m','n','o','p','q','r','s',
        't','u','v','w','x','y','z','a','b','c','d'],
       ['f','g','h','i','j','k','l','m','n','o','p','q','r','s','t',
        'u','v','w','x','y','z','a','b','c','d','e'],
       ['g','h','i','j','k','l','m','n','o','p','q','r','s','t','u',
        'v','w','x','y','z','a','b','c','d','e','f'],
       ['h','i','j','k','l','m','n','o','p','q','r','s','t','u','v',
        'w','x','y','z','a','b','c','d','e','f','g'],
       ['i','j','k','l','m','n','o','p','q','r','s','t','u','v','w',
        'x','y','z','a','b','c','d','e','f','g','h'],
       ['j','k','l','m','n','o','p','q','r','s','t','u','v','w','x',
        'y','z','a','b','c','d','e','f','g','h','i'],
       ['k','l','m','n','o','p','q','r','s','t','u','v','w','x','y',
        'z','a','b','c','d','e','f','g','h','i','j'],
       ['l','m','n','o','p','q','r','s','t','u','v','w','x','y','z',
        'a','b','c','d','e','f','g','h','i','j','k'],
       ['m','n','o','p','q','r','s','t','u','v','w','x','y','z','a',
        'b','c','d','e','f','g','h','i','j','k','l'],
```

```
        ['n','o','p','q','r','s','t','u','v','w','x','y','z','a','b',
         'c','d','e','f','g','h','i','j','k','l','m'],
        ['o','p','q','r','s','t','u','v','w','x','y','z','a','b','c',
         'd','e','f','g','h','i','j','k','l','m','n'],
        ['p','q','r','s','t','u','v','w','x','y','z','a','b','c','d',
         'e','f','g','h','i','j','k','l','m','n','o'],
        ['q','r','s','t','u','v','w','x','y','z','a','b','c','d','e',
         'f','g','h','i','j','k','l','m','n','o','p'],
        ['r','s','t','u','v','w','x','y','z','a','b','c','d','e','f',
         'g','h','i','j','k','l','m','n','o','p','q'],
        ['s','t','u','v','w','x','y','z','a','b','c','d','e','f','g',
         'h','i','j','k','l','m','n','o','p','q','r'],
        ['t','u','v','w','x','y','z','a','b','c','d','e','f','g','h',
         'i','j','k','l','m','n','o','p','q','r','s'],
        ['u','v','w','x','y','z','a','b','c','d','e','f','g','h','i',
         'j','k','l','m','n','o','p','q','r','s','t'],
        ['v','w','x','y','z','a','b','c','d','e','f','g','h','i','j',
         'k','l','m','n','o','p','q','r','s','t','u'],
        ['w','x','y','z','a','b','c','d','e','f','g','h','i','j','k',
         'l','m','n','o','p','q','r','s','t','u','v'],
        ['x','y','z','a','b','c','d','e','f','g','h','i','j','k','l',
         'm','n','o','p','q','r','s','t','u','v','w'],
        ['y','z','a','b','c','d','e','f','g','h','i','j','k','l','m',
         'n','o','p','q','r','s','t','u','v','w','x'],
        ['z','a','b','c','d','e','f','g','h','i','j','k','l','m','n',
         'o','p','q','r','s','t','u','v','w','x','y']]

def enVigenere(x, k):
    xid=ord(x)-ord('a')
    kid=ord(k)-ord('a')
    return vtable[kid][xid]

def deVigenere(x, k):
    kid=ord(k)-ord('a')
    yid=vtable[kid].index(x)
    return chr(yid+ord('a'))

def Vigenere(text, key, flag):
    ret=''
    i=0
    for x in text:
        if 'a'<=x<='z':
            if flag==1:
```

```
                y=enVigenere(x, key[i])
            else:
                y=deVigenere(x, key[i])
            ret=ret+y
            i=(i+1)%len(key)
        else:
            ret=ret+x
    return ret

print(Vigenere('failure is the mother of success','mother', 1))
print(Vigenere('robsyiq wl alv ycmoii at lbgtqgl','mother', 2))
```

函数 enVigenere(x, k)的功能是将明文字符 x 转换成密文,k 为对应的密钥字符。函数首先计算字符 x 和 k 在字母表中的序号 xid 和 kid,该序号实际也对应了维吉尼亚密表中的列号和行号,例如,x 为'f',k 为'm'时,xid 和 kid 分别为 5 和 12,则第 5 列第 12 行对应的字符'r'就是转换后的密文字符。而函数中的 vtable[kid][xid]就是实现了这个功能,从程序上看是取出 vtable 第 kid 个列表中的第 xid 个元素,而从功能上看就是取出表中第 kid 行第 xid 列的字符。

函数 deVigenere(x, k)的功能是对字符 x 进行解密,k 为密钥字符。该函数首先计算 k 在字母表中的序号 kid,然后利用 vtable[kid]在维吉尼亚密表中取出对应的行,并利用 index 函数找到字符 x 在该行的位置 yid,最后利用 yid 计算其对应的明文字符。

函数 Vigenere(text, key, flag)的功能是利用维吉尼亚方法进行加解密,text 为明文或密文,key 为密钥,flag 为 1 时表示对 text 进行加密,否则进行解密。函数中的变量 i 用来指示密钥 key 中的字符,i 最开始为 0,即指向 key 的首个字符,每转换 text 中的一个字符则 i 加 1,即指向 key 的下一个字符,若 i 超过了 key 的长度,则重新指向首个字符,通过控制 i 的变化实现明文/密文与密钥的按位对齐。

【小贴士】 维吉尼亚密表并不是唯一的,表中每一行的字符可以互换位置,从而得到属于自己的密表。

在恺撒加密中,不管采用何种密钥,明文字符和密文字符之间都是一一对应的关系,所以可以通过统计密文中各字符出现的频率分析该字符对应的明文字符,从而进行破解。例如,据统计,字母'e'在文本中出现的频率最高,而'z'最低,那么在密文中出现频率最高和最低的字符很可能就对应了'e'和'z'。在维吉尼亚加密方法中,同一明文字符可以转换成不同的密文字符,如图 4-19 所示例子中,字符'f'在明文中出现两次,分别被加密成'm'和'o',而同一密文字符也可能对应不同的明文字符,如在图 4-19 中,密文中的两个'g'分别对应明文中的'c'和's',所以通过维吉尼亚加密后,字符在密文中出现的频率会和明文中的频率有较大差别,从而可以避免利用字频分析法进行破解。因此,维吉尼亚加密方法的安全性级别更高。

4.5.3 Arnold 置换加密

前面两个实验主要是对字符信息进行加解密,本节介绍图像的加解密方法。图像加密方法有很多,置换加密是一种常用的方法。置换加密的思想是通过对换像素中的数据隐藏图像信息,例如,将坐标为(1,2)的像素数据放到(8,9)处,将(8,9)处的像素放入(20,111)处,等等。根据置换方法的不同,可以得到不同的置换加密算法,本节介绍 Arnold 置换加密方法。

Arnold 置换加密方法能对 $N \times N$ 的正方形图像进行加密,其加密过程基于如下公式:

$$\begin{bmatrix} x' \\ y' \end{bmatrix} = \begin{bmatrix} 1 & b \\ a & ab+1 \end{bmatrix} \begin{bmatrix} x \\ y \end{bmatrix} \mod N$$

其中,(x, y) 是某像素在加密前的坐标,(x', y') 是加密后该像素的坐标,也就是在加密过程中,(x, y) 处的像素会被移动到 (x', y') 处。另外,N 为正方形图像的边长,mod 为求模运算(即 Python 中的%运算),a、b 为用户给定的正整数参数,a、b 取不同值时会得到不同的置换效果,所以,a、b 可作为密钥的一部分。对该公式进行转换,可得:

$$\begin{cases} x' = (x + by) \mod N \\ y' = (ax + (ab+1)y) \mod N \end{cases}$$

利用如上公式就可以对图像进行加密,只需对图像中的每个像素 (x, y),将其移动到新的位置 (x', y') 即可,这称为一次置换。但是,一次置换并不能达到很好的效果,可以进行 n 次置换,图 4-20 给出了 n 取不同值时的效果。因此,置换次数 n 也可作为密钥的一部分。

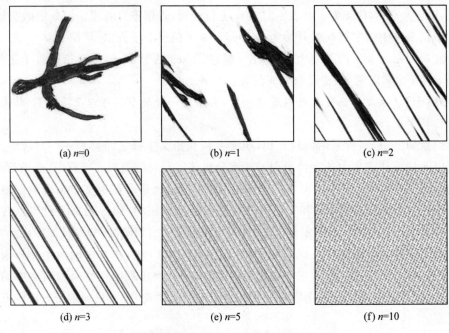

(a) $n=0$ (b) $n=1$ (c) $n=2$

(d) $n=3$ (e) $n=5$ (f) $n=10$

图 4-20 Arnold 置换加密方法 n 取不同值时的效果($a=1, b=1$)

【小贴士】Arnold 置换加密方法具有周期性,当置换次数 n 为特定值时,加密的图像会与原图像完全相同,所以并不是 n 越大越好。

程序 4-23 给出了加密过程的实现。函数 Arnold(img,a,b)的功能是对图像 img 进行一次置换加密,a、b 为置换公式中的参数。该函数首先获取 img 的宽度 width 和高度 height,因为 Arnold 置换加密方法要求图像的宽度和高度相等,所以取 width 和 height 中的较小者作为图像边长 N;然后生成一幅 $N\times N$ 的图像 enImg,用来存储加密后的图像信息;然后对 img 中每个像素坐标(x,y),利用置换公式计算新的坐标(xt,yt),并将 img 中(x,y)处的像素放入 enImg 中的(xt,yt)处。循环结束后即完成一次置换加密。

encryptImg(img,key)函数的功能是对图像 img 进行加密,key 是密钥,包含 6 个数字,前两位对应参数 a 的值,中间两位对应 b,最后两位对应 n,例如,当密钥为 010210 时,表示 a=1、b=2、n=10。所以,函数首先从密钥中分析出这 3 个参数,然后利用这些参数对图像 img 进行加密。

程序 4-23

```
from PIL import Image

def Arnold(img,a,b):
    width, height=img.size
    N=min(width, height)
    enImg=Image.new('RGB',(N,N),'white')
    for x in range(0, N):
        for y in range(0, N):
            xt=(x+b*y)%N
            yt=(a*x+(a*b+1)*y)%N
            pix=img.getpixel((x, y))
            enImg.putpixel((xt, yt), pix)
    return enImg

def encryptImg(img, key):
    a,b,n=int(key[0:2]),int(key[2:4]),int(key[4:6])
    for i in range(n):
        img=Arnold(img, a, b)
    return img

img=Image.open('test.jpg')
key=input('请输入 6 位加密密码:')
print('加密中…')
enImg=encryptImg(img, key)
enImg.save('encrypted.bmp')
print('加密完成!')
```

【小贴士】在程序 4-23 中,将加密后的图像存储为 bmp 格式,这是因为 bmp 格式不对图像进行压缩，可以保证解密后的图像与原始图像相同。而 jpg 格式采用有损压缩，若将加密后的图像存储为 jpg 格式，则解密后的图像与原始图像会有所差别。

Arnold 方法的解密过程基于如下公式进行：

$$\begin{bmatrix} x' \\ y' \end{bmatrix} = \begin{bmatrix} ab+1 & -b \\ -a & 1 \end{bmatrix} \begin{bmatrix} x \\ y \end{bmatrix} \bmod N$$

利用该公式对加密图像中的坐标经过 n 次置换后，可恢复到原始图像。如上公式经变换可得：

$$\begin{cases} x' = ((ab+1)x - by) \bmod N \\ y' = (-ax + y) \bmod N \end{cases}$$

程序 4-24 给出了解密过程的具体实现。

程序 4-24

```
from PIL import Image

def deArnold(img,a,b):
    width, height=img.size
    N=min(width, height)
    deImg=Image.new('RGB',(N,N),'black')
    for x in range(0, N):
        for y in range(0, N):
            xt=((a*b+1)*x-b*y)%N
            yt=(-a*x+y)%N
            pix=img.getpixel((x, y))
            deImg.putpixel((xt, yt), pix)
    return deImg

def decryptImg(img, key):
    a,b,n=int(key[0:2]),int(key[2:4]),int(key[4:6])
    for i in range(n):
        img=deArnold(img, a, b)
    return img

img=Image.open('encrypted.bmp')
key=input('请输入 6 位解密密码：')
print('解密中…')
deImg=decryptImg(img, key)
deImg.save('decrypted.jpg')
print('解密完成！')
```

信息的加密算法还有很多，如 DES、AES、RSA、DSA 等，且该领域十分活跃，不断涌现新的加密方法，如量子加密等，感兴趣的读者可以阅读相关资料。

> **实验关卡 4-4：信息加解密。**
> **实验目标**：能实现给定的加解密算法。
> **实验内容**：在程序 4-23 中，每次执行 Arnold 函数时均要生成一幅新的图像，置换 n 次就要生成 n 幅图像，当 n 较大时，加密过程很慢（程序 4-24 也有类似问题）。其实在 n 次置换中，并不用每次都生成新的图像，可以先计算出 n 次置换后某像素的位置，然后直接将该像素放入新的位置，从而提高加密的速度。请根据上述思路，对程序 4-23 进行改进，并比较改进前和改进后的加密速度。

4.6 值得一看的小结

计算机是一种信息处理系统，它所进行的工作其本质上都是在对信息进行处理，包括输入、输出、存储、传输、计算等。信息具有不同的表现形式，如数值、字符、音频、图像、图形、视频等。因此，通过学习如何利用 Python 对不同形式的信息进行处理，能够更好地理解计算机，也能够更好地培养利用 Python 解决问题的能力，这是本章的出发点。

另外，信息安全技术已成为计算机领域的一个重要分支，与国家、社会、个人都有着密切关联。作为信息化时代的一员，我们应该培养起信息安全的意识。

4.7 综合实验

4.7.1 综合实验 4-1

【实验目标】

进一步熟悉利用 Python 进行信息处理的方法，进一步培养利用 Python 解决实际问题的能力。

【实验内容】

利用 zip 格式对文件进行压缩时，可以设置密码，输入正确密码后才能对其进行解压或查看。现有一个已设置密码的 zip 文件，但忘记了密码，只记得密码为 6 位数字，编写程序，找回该 zip 文件的密码。

提示：解决思路如下。

(1) 利用 zipfile 库可处理 zip 文件，例如，如下程序的功能是利用密码 123456 对 test.zip 文件进行解压：

程序 4-25

```
import zipfile
zipFile=zipfile.ZipFile('test.zip', 'r')
zipFile.extractall(pwd=bytes('123456', 'ascii'))
zipFile.close()
```

(2) 执行 extractall 函数时,若密码正确,则会解压 zip 文件,若密码错误,程序会报错中止,若不想程序因此中止,可使用 try-except 结构进行异常处理(见 7.1.3 节)。

(3) 依次尝试'000000'~'999999',若 extractall 解压失败,则尝试下一个密码;若解压成功,则已找到解压密码。

4.7.2 综合实验 4-2

【实验目标】

进一步了解 Python 在信息安全方面的应用。

【实验内容】

4.5 节介绍的方法都是对称加密算法,即加密和解密使用的是同一密钥。另外还有一类方法称为非对称加密算法,这类方法需要两个密钥:公开密钥和私有密钥,利用公开密钥加密的信息,要使用对应的私有密钥进行解密,而利用私有密钥加密的信息,要用对应的公开密钥解密。一般来说,非对称加密比对称加密的安全性更高。

RSA 算法是一种典型的非对称加密算法,Python 中的 rsa 库(需使用 pip install rsa 命令安装)能较好实现该算法。请上网查询 RSA 算法的原理和 rsa 库的使用方法,并利用 rsa 库实现字符串的加解密,如图 4-21 所示。

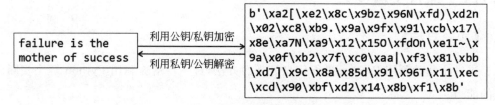

图 4-21 利用 RSA 算法加解密

4.8 辅助阅读资料

[1] ffmpeg 官方网站. https://ffmpeg.org/.
[2] pydub 官方网站. http://pydub.com/.
[3] pydub 说明文档. https://github.com/jiaaro/pydub/blob/master/API.markdown.

[4] PIL 官方网站. http://www.pythonware.com/products/pil/.

[5] PIL 说明文档. http://effbot.org/imagingbook/.

[6] zipfile 说明文档. https://docs.python.org/3/library/zipfile.html.

[7] rsa 官方网站. https://pypi.org/project/rsa/.

[8] rsa 说明文档. https://stuvel.eu/python-rsa-doc/.

[9] Michael T G,Roberto T. 计算机安全导论[M]. 葛秀慧,田浩,等译. 北京：清华大学出版社,2012.

[10] Atul K. 密码学与网络安全[M]. 3 版. 金名,等译. 北京：清华大学出版社,2018.

第 5 章 多媒体编辑

【给学生的目标】

通过学习本章的多媒体基础知识,了解几种媒体形式的概念、数字化过程、常用格式、压缩方法等。通过完成本章设定的声音、图像、视频编辑任务,学习几种轻量级的多媒体软件的使用方法,一方面加深对多媒体基础理论知识的理解;另一方面能够恰当地运用这些媒体工具,完成简单的媒体设计和制作,并学会使用压缩工具和刻录软件,对多媒体数据进行压缩和刻录。

【给老师的建议】

本章穿插着多媒体基础知识的介绍和相关软件使用方法的介绍,建议基础知识部分安排 2 学时的课堂讲授,实验部分以学生自学的形式完成。其中实验部分,如果是基于网络教学平台发布作业,完成周期建议设置为一周;如果是采用固定安排实验室上机的实验形式,建议每一节安排 1 个学时,总共 4 学时。另外,作业评分上,除了对参数和形式等做一些规范性的要求外,还应看重作品的整体效果和创造性构思。

5.1 问题描述

早期的计算机只能处理和呈现数字和文字,而人类主要是通过眼睛和耳朵来接受外部的视觉与声音信息,枯燥的数字和文字并不适合人的心理特点和欣赏习惯,怎么办?要知道聪明的人类从来不会让困难永远地绊住脚步。伴随着音频处理技术、图形图像处理技术、视频技术、动画技术等的迅速发展,以及这些技术的融合,诞生了计算机科学技术的一个非常具有活力的分支——多媒体技术。多媒体技术使得计算机具有综合处理文字、声音、图形、图像和视频信息等能力,通过多种媒体信息的获取、编辑、传递和再现,使计算机能更好地再现人类的自然世界,极大地改善了人机交互界面,改变了人们使用计算机的方式,给人们的工作和生活带来巨大的变化。因此有人说:**多媒体信息处理技术与通信技术、信息网络技术的融合和发展标志着以计算机信息处理为核心的新技术革命,把人类社会从依靠自然资源的工业时代推进到以信息、知识为重要资源的信息时代。**

多媒体技术要解决的首要问题是计算机系统如何采集、存储和处理声音、图像、视频等多种媒体信息。不管是声音、图像还是视频,要让计算机能够处理,都必须数字化,用二进制格式来表示,那么多媒体信息数字化的过程是怎样的?数字化后的多媒体信息的数据量非常庞大,给存储器的存储容量以及通信网络的带宽带来极大的压力,如何使用多媒体数据压缩软件缓解这一压力,并使多媒体的实时处理成为可能?另外,在诸多的多媒体处理软件中,如何正确地选择和综合运用这些软件,在计算机中修饰、美化、表达和串联人们的现实世界或者人们天马行空的想象世界呢?

接下来,我们也假设一个任务,学习者通过完成这个任务,来掌握一些多媒体技术的基本知识和一些轻量级软件的使用方法,逐步解决以上各种问题。

> **任务描述:**
> 主题:创作一段 3~5min 的小视频,并将小视频分别刻录成数据光盘和 DVD 视频光盘。
> 要求:
> (1) 视频以介绍**云南或者贵州的旅游产业**为主题。
> (2) 小视频中应包含配音和字幕,并且所有配音与字幕同步。
> (3) 制作的 DVD 光盘需要能在计算机光驱或 DVD 播放机中播放。

同样可以将这个任务分成四步。

第一步,设计场景和台词。

第二步,采集素材。选择或者编辑相关的图片,录制原始视频素材等。

第三步,录制和编辑声音,编辑视频。

第四步,完成光盘制作。

其中,第一步可参照第 3 章中介绍的创建思维导图的方法,根据"云南旅游产业调研报告的思维导图"设计场景,根据第 1 章中完成的"云南旅游产业调研报告"设计台词;而从第二步开始,我们希望通过攻克为达成任务目标所设置的实验关卡,一步步完成该任务。

5.2 采集图像和视频

5.2.1 视频和图像在计算机中的表示

本章的目标主要是制作一个视频。视频对于人们来说,再熟悉不过,每天网络上各种类型的视频让人应接不暇,人们的手机流量从每个月几 MB 到现在的每个月几 GB 甚至上百 GB,其中很大一部分都贡献给了视频。然而,接触了那么多的视频,你确定你真的了解视频吗?

我们知道,人眼在观察景物时,当看到的影像消失后,人眼仍能继续保留其影像

0.1~0.4s,这种现象被称为视觉暂留现象。那么将一幅幅独立的图像按照一定的速率连续播放,在眼前就形成了连续运动的画面,这就是动态图像或运动图像,其中每一幅图像称为一帧。当每一帧的图像是实时获取的自然景物图像时,称为动态影像视频,简称视频。因此,这样看来,**视频事实上就是一系列连续播放的图像**。这样似乎瞬间简单多了。

【小贴士】 视频与动画的区别是,当运动图像的每一帧是由人工或计算机产生的图像时,称为动画。

然而,图像又是什么?计算机不是说好的只能处理0和1这样的信息吗,现实世界的图像又怎样能够用计算机来存储和处理呢?右击任意一幅图像,选择"属性"选项的"详细信息"选项卡,会看到有关该图像的详细信息如图5-1所示,其中有**分辨率、位深度、像素**等名词,我们看似熟悉,可又说不出个所以然来。所以,别着急,给点耐心,我们一起先来深入了解一下有关图像的基础知识。

图5-1 图像的详细信息

图像是对客观对象的一种相似性的、生动性的描述或写真,是人类社会活动中最常用的信息载体。或者说**图像是对客观对象的一种表示**,它包含了被描述对象的有关信息。照片、绘画、剪贴画、地图、书法作品、手写汉字、传真、卫星云图、影视画面、X光片、脑电图、心电图等都是图像。**图像根据图像记录方式的不同可分为两大类:模拟图像和数字图像**。

对于现实世界的自然景物或使用光学透镜系统在胶片上记录下来的图像,任何两点之间都有无穷多个点,图像颜色的变化有无穷多个值,这种在二维空间中位置和颜色都是连续变化的图像称为模拟图像,也叫连续图像。数字图像又称为数码图像或数位图像,是二维图像用有限数字数值像素的表示,由数组或矩阵表示,其光照位置和强度都是离散的,是计算机或数字电路可以存储和处理的图像。目前来说,由数码相机、扫描仪、坐标测量机、airborne radar 设备输入的图像都是数字图像。**数字图像通常由模拟图像数字化得到**,模拟图像转换成数字图像的过程就是图像的数字化过程。图像的数字化需要经过**采样、量化和编码**这3个步骤。

1. 采样

一幅彩色图像可以看作是二维连续函数 $f(x,y)$,其颜色 f 是坐标 (x,y) 的函数,图像数字化的第一步是按一定的空间间隔自左到右、自上而下提取画面颜色信息,假设我们对二维连续函数 $f(x,y)$ 沿 x 方向以等间隔 Δx 采样,采样点数为 M,沿 y 方向以等间隔 Δy 采样,采样点数为 N,人们通常提到的**分辨率**,其实就是数字化过程中对一幅模拟图像采样的数量,即 $M\times N$。采样后得到的各个点,称为像素。颜色函数 $f(x,y)$ 是在这些像素上的取值,构成一个 $M\times N$ 的离散像素矩阵 $[f(x,y)]_{M\times N}$。

2. 量化

采样后的每个像素的颜色可以是无穷多个颜色中的任何一个,即颜色的取值范围仍然是连续的。计算机只能处理有限种颜色,因而,需要对颜色的取值进行离散化处理,即把近似的颜色划分为同一种颜色,将颜色取值限定在有限个取值范围内,这一离散化过程称为量化。例如,假设限定一幅图像的颜色只有黑白两种,则该幅图中表示每个像素的颜色只需要一个二进制位;如果量化的颜色取值有 16 个,则用来表示该幅图每个像素颜色需要 2^4 个值,也就是需要 4 个二进制位。**表示每个像素的颜色所使用的二进制位数,称为像素深度**,也称为位深度,单位是位(bit)。

3. 编码

将量化后每个像素的颜色用不同的二进制编码表示,于是就得到 $M\times N$ 的数值矩阵,把这些编码数据一行一行地存放到文件中,就构成了数字图像文件的数据部分。一般完整的数字图像文件中,除了这些表示图像的数据外,还有一些关于图像的控制信息,如图像大小、颜色种类、压缩算法等。

【小贴士】 在不同的应用场合,人们需要用不同的描述颜色的量化方法,这便是颜色模型。例如,显示器采用 RGB 模型;打印机采用 CMYK 模型;从事艺术绘画的人习惯用 HSB 模型等。数字图像的生成、存储、处理及输出时,对应不同的颜色模型需要做不同的处理和转换。关于颜色模型的话题,大家可查阅相关资料进行自学。

下面通过一个例子来说明图像的数字化过程。图 5-2 是一幅图像,从左到右、自上而下各取 16 个采样点进行采样,就得到一个 16×16 的像素矩阵。由于这幅图是单色图,只有黑白两种颜色,在计算机中只需要 1 个二进制位来表示这两种颜色。假设用 1 表示黑色,0 表示白色,于是就得到一个 16×16 的数值矩阵,如图 5-3 所示。最后,将这些数据一

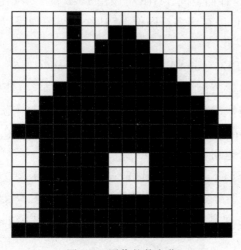

图 5-2　图像的数字化

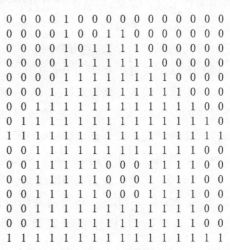

图 5-3　数字图像的表示

行一行地存放到图像文件中,一幅单色图像就经过数字化处理在计算机中存储了。当然,图像文件中除了这些图像数据以外,还包括其他一些控制信息。

> **实验关卡 5-1**：计算图像的大小。
> **实验目标**：理解图像数字化的基本过程。
> **实验内容**：图 5-1 中显示的图像,其分辨率为 960×1280 像素,位深度为 24,试解释该图像的大小为何是 3.51MB? 给出推演过程。

5.2.2 图像的格式有哪些

用于描述数字图像的文件大致上可以分为两大类：一类为位图文件;另一类为矢量类文件。前者以点阵形式描述图形图像;后者是以数学方法描述的一种由几何元素组成的图形图像(又通常称为图形文件)。本节所介绍的图像文件类型均是指狭义的位图文件。

存储同一幅图像可以有多种不同类型的文件格式,**出现多种格式的原因是图像的应用目的以及处理图像所采用的计算机软硬件不同**。不同格式的图像文件可通过图像处理软件进行转换。根据存储时图像信息是否损失,可分为有损压缩格式和无损压缩格式两类。下面介绍几种常见的图像文件格式。

(1) BMP：文件扩展名为 bmp。BMP 是 BitMap(位图)的缩写,是标准的 Windows 图像文件格式,在 Windows 环境下运行的图像处理软件都支持这种文件格式。BMP 文件一般不进行数据压缩,因此所占的存储空间较大。

(2) GIF：文件扩展名为 gif。GIF(Graphics Interchange Format)是由美国的 CompuServe 公司开发的图像文件格式,是网页上常用的图像文件格式。GIF 文件采用无损压缩技术进行存储,不丢失信息,同时减少存储空间。GIF 可以用 1～8 位表示颜色,因此最多表示 256 种颜色。一个 GIF 文件中可以存储多幅图像,而且这多幅图像可以按一定的时间间隔显示,形成动画效果。

(3) JPEG：文件扩展名为 jpg 或 jpeg。JPEG(Joint Photographic Experts Group)是联合图像专家组的英文缩写,这是一个由国际标准化组织(ISO)和国际电工委员会(IEC)联合组成的专家组,负责制定静态的数字图像压缩标准。该专家组制定的第一个静态数字图像数据压缩的国际标准,就称为 JPEG 标准。该标准采用一种有损压缩算法,但在一定分辨率下视觉感受并不明显,其压缩比可以达到 5∶1～50∶1。

(4) TIFF：文件扩展名为 tiff 或 tif。TIFF(Tag Image File Format)是标记图像文件格式,是由 Alaus 与 Microsoft 公司共同研制开发。它是一种灵活的跨平台的图像文件格式,与计算机结构、操作系统以及图像处理硬件无关,适用于大多数的图像处理软件。

(5) PNG：文件的扩展名为 png。PNG(Portable Network Graphics)是可移植的网

络图像格式。它是为适应网络数据传输而设计的一种图像文件格式。它采用无损的压缩算法来减少文件大小。存储彩色图像时,像素深度可多达 48 位。PNG 的缺点是不支持动画应用效果。

(6) EPS:文件的扩展名为 eps 或 epsf。EPS 是 Encapsulated PostScript 的缩写,是跨平台的标准格式,但苹果机的用户用得较多。EPS 格式采用 PostScript 语言进行描述,并且可以保存其他一些类型信息,如色调曲线、分色、剪辑路径等,因此常用于印刷或打印输出。

此外还有许多最初是为某些图像处理软硬件专门设计开发的专用图像文件格式,如 PCX、PSD、CDR、TGA、EXIF、PCD、DXF、UFO 等,但随着软件的普及同时为了交流方便,逐步也成为较为通用的格式为用户所熟知。

一般的图像处理软件都能兼容多种图像文件格式,用户可根据不同的应用需求选择适合的格式进行存储和处理图像。例如,如果需要高质量图像打印输出,一般要存储成如 TIFF、EPS 格式;如果是三维制作或视频输出,最好用 TGA 格式;JPEG 格式目前应用非常广泛,虽然是有损压缩,但只要不是用太高压缩比例,肉眼分辨不出图像的损失,在网络中普遍应用;PNG 格式虽然是最好的网络图像格式,可需注意的是较低版本的浏览器不支持;而如果需要网络活动图像可采用 GIF 格式。

5.2.3 图像的获取和编辑

讲了这么多,可别忘了初心:制作视频,我们是认真的。与 PPT 的制作一样,图片同样也是视频制作中的常用元素之一。数码产品和互联网的高速发展,使得人们很容易就能获得海量的图片,人们轻易就能将身边的景象通过手机或者相机记录下来,并共享到互联网上。与制作 PPT 一样,制作视频时选用的图片,同样需要从**美观**、**创意**、**内容关联性**这 3 个方面来考虑。这样,除了通过自己拍摄、互联网下载等方式获得图片外,还可以通过截图工具,截取屏幕或是屏幕的一角获得。针对不尽如人意的图片,也可以使用一些图片编辑软件,对图片进行编辑和修改。下面来介绍 Windows 自带的几种图片处理工具。

1. Windows 截图工具

在第 3 章中,已经制作一个精美的 PPT,或许我们想,某一页 PPT 正是我们想要的图片素材,那么除了将 PPT 直接另存为图片格式的文件之外,还可以直接使用 Windows 截图工具,截取屏幕上的 PPT 页面。操作如下。

(1) 在"开始"→"Windows 附件"菜单中,选择"截图工具"命令,打开截图工具,如图 5-4 所示。

(2) 单击"模式"按钮右侧的倒三角符号,选择"矩形截图"模式,如图 5-5 所示。

(3) 拖动鼠标,截取屏幕上的任意位置的图像;松开鼠标,截图将自动显示在截图工具的窗格中。

(4) 单击"工具"菜单栏中的"笔"选项,如图 5-6 所示,选择用指定颜色的笔,对截图进行简单的注释。如图 5-7 所示。

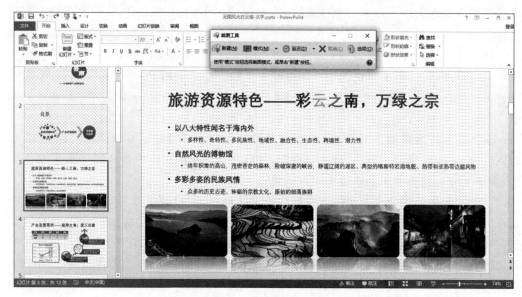

图 5-4　打开截图工具

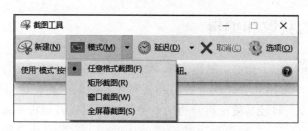

图 5-5　选取截图模式

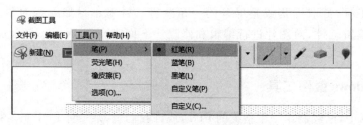

图 5-6　使用工具编辑截图

(5) 单击工具栏上的"保存"图标，可将截图保存为 JPG、JIF 或 PNG 格式的图像。

【小贴士】　使用键盘上的 PrtSc 键，同样可以完成截取屏幕的操作，但该操作截取的是整个屏幕。

2. Windows 画图工具

事实上，"Windows 附件"中还有一个画图工具，可以与截图工具配合使用，能够更好地完成图像的截取和编辑。按下键盘上的 **PrtSc 键**，或者使用截图工具截取屏幕后，可打开画

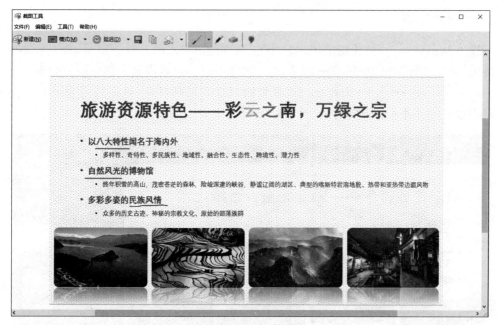

图 5-7　编辑截图

图工具,按下 Ctrl+V 键,直接将截获的图像粘贴在画图工具中。在这里你可以为截图添加文字、图形、填充效果等,也可以对图像进行旋转、调整大小等操作。由于操作界面简单,这里就不多做介绍了,大家通过自学以及完成实验关卡的内容,掌握画图工具的使用方法。

> **实验关卡 5-2**:比较不同格式图像文件之间的差异。
> **实验目标**:①自学 Windows 画图工具;②理解数字图像的性能指标,认识不同图像格式之间的差异。
> **实验内容**:给定图片"彩色梯田.bmp",利用 Windows 的画图工具,将该图像义件另存为不同的文件格式,如 BMP、JPG、GIF 格式,填写表 5-1。

表 5-1　不同格式图像文件的大小和质量比较

文件名称	文件类型	文件大小/KB	位深度	质量描述
	二值黑白位图			
	16 色位图			
	256 色位图			
彩色梯田.bmp	真彩色 24 位图	1407		
	JPG 图像			
	GIF 图像			

第 5 章　多媒体编辑

3. 照片工具

作为 Windows 10 的伴随应用,"照片"工具在经历多次的升级更新后,功能越来越丰富易用,依托最新 Win 10 Insider 版本,"照片"工具已经可以满足大部分用户的编辑需求了。右击图片,选择使用 Windows 10 自带的"照片"工具打开,单击右上角工具栏中的"编辑"命令即可进入编辑模式,如图 5-8 所示。

图 5-8　照片编辑主界面

目前照片工具可进行的编辑功能大致分为裁剪和旋转、增强、调整三大部分。

(1) **裁剪和旋转**:该功能允许用户从一张照片中选取重点部分,并且可以在一定范围内旋转角度。

(2) **增强**:主要是给照片添加色彩和材质效果,其中"增强照片"栏目可以对照片效果进行一键增强处理,达到快速美化的效果;而"选择滤镜"栏目中,预置了 15 种滤镜效果,可根据需要选择一种滤镜效果,然后拉动照片下方的滑块来决定滤镜的深度。

(3) **调整**:该模块的主要功能是对照片的光线、颜色、清晰度等参数进行调整,调整方法也都是通过滑块来进行。该模块同时还支持照片红眼和斑点去除两种特殊处理功能。

实验关卡 5-3:综合运用 Windows 自带的图像处理软件。

实验目标:能够自如选择 Windows 自带的图像处理软件进行图片编辑。

实验内容:获取实验关卡 3-8 的结果中的目录页图像,增强其艺术效果,要求:①为原图增加一个蓝色云彩图形,并添加"晕影"和 Sahara 滤镜效果,强度分别为 80 和 40;②按照 16∶9 的比例裁剪图片,右下角添加作者姓名;③利用画图工具,将椭圆形选中部分填充为"普通铅笔"效果;④将最终图像大小设置为 1024×600 像素,处理结果另存为"封面-效果.jpg",如图 5-9 所示。

图 5-9 "封面-效果"样张

5.2.4 视频的获取和参数分析

任务的第二步，除了选择和编辑图片之外，我们还需要录制原始视频素材。大家知道，录制视频的方式有多种，其中，在对视频质量要求并不太高的情况下，大家首选的一定是用手机的摄像头录制。根据设计好的场景，选择合适的场地和道具，然后演员便可开始表演了。

当然，一定也有人采用其他的方式录制视频，如数码照相机、数码摄像机、计算机摄像头等。录制完一段视频，或许你会发现，你的苹果手机录制的视频存储成了 MOV 文件，别人的其他手机可能是 MP4 或者 AVI 等格式的。并且，查看不同的视频属性，其"详细信息"选项卡中显示的参数也不尽相同，如图 5-10 所示。这些陌生又熟悉的名词是不是又勾起了你的好奇心，这些参数是什么意思？

帧宽度和帧高度：帧宽度和帧高度就是组成视频的图像的宽度和高度。可以类比前面学过的图像的分辨率的概念。

数据速率：单位时间内在信息传输通道上

图 5-10 视频的详细信息

传输的信息量的大小。数据速率越大,单位时间内传输的信息量越大。数据速率的大小会影响信息传输的速度,从而影响视频的品质。

【小贴士】 在视频中每一帧图像都有相同的分辨率,并且不经过压缩的情况下,数据速率可以通过帧高度和帧宽度计算得出。有兴趣的同学可以试一试。

总比特率:混合视频流以及音频流等在单位时间内传输的数据量大小,它包括了视频的数据速率和声音的数据速率两个部分的和。

帧速率:帧速率表示视频图像在屏幕上每秒显示帧的数量,单位是 fps(帧每秒),帧速率影响的是视频中图像的连贯性。

【小贴士】 有研究表明,视频的帧速率达到 24fps 时,人眼会由于视觉暂留和每一帧的运动模糊而误认为是连续的画面。因此,现有的视频制式一般都在 24fps 以上。例如,1952 年美国国家电视标准委员会(NTSC)制定的彩色电视广播标准,美国、加拿大等大部分西半球国家以及日本、韩国采用这种制式,NTSC 制式为 30fps;1962 年德国制定的彩色电视广播标准(PAL),德国、英国等一些西欧国家采用这种制式,PAL 制式为 25fps。

与图像一样,由于编码方式和应用场景的不同,视频也有不同的格式,常见的视频格式有 4 种。

AVI 格式:AVI(Audio Video Interleave)即音频视频交错格式。它是一种将音频信息与同步的视频信息结合在一起存储的数字视频文件格式,不需要特殊的设备就可以将视频和声音同步播出。它以帧为存储的基本单位,对于每一帧,都是先存储音频数据,再存储视频数据。它由微软公司在 1992 年推出。文件扩展名是 avi。

MPEG 格式:以 MPEG 标准记录的视频称为 MPEG 格式文件。它使用 MPEG 标准的有损压缩方法减少运动图像中的冗余信息,最高压缩比可达 200∶1。其中我们常见的 MP4 格式的视频就是采用该标准进行编码的文件格式中的一种。

MOV 格式:MOV 格式是 Quick Time for Windows 视频处理软件所使用的文件格式,是苹果公司开发的一种视频文件压缩格式。

WMV 格式:WMV(Windows Media Video)格式是微软公司推出的采用独立编码方式的视频文件格式,是目前应用最广泛的流媒体视频格式之一。

5.2.5 使用照片工具制作视频

采集完视频和照片素材,就可以开始对视频进行编辑,从而形成**形式完整**、**内容连贯**、**情节清楚**的视频。我们选用 Windows 10 自带的"照片"软件就能完成此项工作。下面通过一个简单的例子,熟悉使用"照片"工具制作视频的过程。

1. 导入视频和照片

(1) 将需要制作视频的图片和视频素材存放在同一个文件夹中。
(2) 打开"照片"应用,单击"导入"菜单,如图 5-11 所示,选择要导入的素材文件夹。

2. 创建带有音乐的自定义视频

(1) 单击菜单栏中的"创建"按钮,选择创建"带有音乐的自定义视频",如图 5-12 所示。

图 5-11　导入素材

图 5-12　创建自定义视频

（2）从弹出的对话框中选择制作视频所需要用到的图片和视频素材。

（3）单击"创建"按钮，在弹出的对话框中，为视频文件命名，如图 5-13 所示。

图 5-13　为视频文件命名

第 5 章　多媒体编辑

(4)单击"确定"按钮,即可进入视频编辑主窗口,如图 5-14 所示。

图 5-14 视频编辑主界面

主界面主要分为"项目库""预览区"和"情节提要"3 个区域,其中导入的素材显示在"项目库"区域中;单击"预览"区下方的"播放"按钮 ▷,可预览影片;在"情节提要"区,可以将素材(包括图片和视频)拖放至此,并按照一定的情节排列顺序,这些情节片段组合起来,将构成新的视频。

(5)在区域①的"主题"菜单栏中,选择任意一个主题,如图 5-15 所示,系统将自动为所有素材设置风格统一的滤镜、背景音乐和文本样式等。

【小贴士】 生成视频的同时,系统已随机为视频添加了背景音乐,并为每张照片素材分配了默认的播放时间、转场方式等。

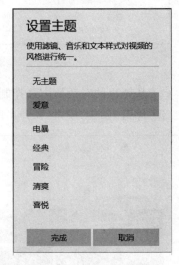

图 5-15 为视频设置主题

> **实验关卡 5-4**:为视频设置主题、添加音乐等。
> **实验目标**:练习使用并体会菜单栏中的各项命令的功能。
> **实验内容**:我们看到,在图 5-14 右上方区域①的菜单栏内,有"主题""音乐""纵横比"3 个菜单,请为视频设置一个你喜欢的主题,并配上合适的背景音乐,保持纵横比为16∶9。

3. 编辑和美化影片

虽然在生成视频时,系统会自动为视频设置统一的主题风格,但这种设置往往不能满足人们的需要,好在"照片"工具的视频编辑功能为人们提供了针对每一张图片和每一个视频素材进行编辑的功能。在图 5-14 的区域②中,可看到如图 5-16 所示的工具,下面简单介绍这些工具的作用。

图 5-16　编辑视频中的图片

持续时间:可以修改每张照片在视频中显示的时间,单击照片上面的时间标志,即可修改。

调整大小:可设置每张图片为全屏显示或是按原比例显示。

滤镜:可为每张图片添加不同的滤镜,修改图片的外观,软件自带了 14 种不同风格的滤镜,可以根据需要自由选用。

文本:可在图片显示或是视频播放的同时,添加文字说明,也可以修改文字出现的效果,照片工具中共提供了 10 种文本样式供选择。

动作:修改每一张照片的出现和消失动作效果,即设置场景间的转场效果。

3D 效果:为图片添加"白雪降落""蝙蝠群飞"等 3D 动画效果,使得画面更加生动、丰富。

裁剪:另外,当要编辑的素材为视频时,工具栏中的"持续时间"工具变成了"裁剪"工具,这时候,选中需要编辑的视频素材,单击该工具按钮,在弹出的视频裁剪界面中,移动两侧的指针,确定裁剪的起始位置和结束位置,单击右下方的"完成"按钮,即可完成对视频素材的裁剪,如图 5-17 所示。

图 5-17　裁剪视频

4. 保存与发布影片

视频编辑好之后,单击图 5-14 右上角区域③中的"导出或分享"菜单项,在弹出的如图 5-18 中,选择导出文件的质量,导出 MP4 格式的视频。至此,一个完整的视频制作完成了。

图 5-18　导出视频

5. 进一步编辑视频

事实上,导出完整的视频之后,仍可以利用"照片"软件进一步编辑视频,如图 5-19 所示。具体操作如下。

(1) 找到刚刚制作好的视频,使用"照片"打开方式打开视频。

(2) 单击播放窗口右上方单击"编辑"菜单,将对视频进行裁剪、添加慢动作、保存视频中的每一帧为图片、添加绘画及 3D 效果等操作。

> **实验关卡 5-5:制作视频。**
>
> **实验目标:** 熟悉视频制作过程以及视频编辑工具的使用。
>
> **实验内容:** 以云南或者贵州的旅游产业为主题,根据第 1 章"云南旅游产业调研报告"的内容和第 3 章"无限风光在云南"的演示文稿素材等,制作一个情节连贯、包含字幕的视频。要求至少选用一种滤镜效果、设置一种转场动作,字幕风格需与画面协调一致,并且视频的前后至少选用两段不同的音乐。

【小贴士】①在"照片"工具中,一段视频只能选择一种背景音乐,要实现同一段视频中出现两种不同的音乐,可以采用**制作两段不同的视频,然后将两段视频进行拼接**的方法完成;②若视频素材中,本身已自带声音,而我们希望这些自带的声音并不出现,而是自

图 5-19 进一步编辑视频

已给视频配音该怎么办?这时候有两种方法可以做到:一是在录制视频时,关闭声音通道,当然,这需要录像设备有这一功能;二是**使用诸如"格式工厂"这样的软件**(免费软件,可通过地址 http://www.pcfreetime.com/formatfactory/CN/index.html 进行下载),**将视频中的声音和画面分离**,只保留画面部分。

5.3 录制并编辑配音

到这里,我们似乎离目标越来越近了,情节设计好了,视频我们也会制作了,然而对照要求,我们还有一项重要的任务没有完成,那就是配音。事实上,在视频录制过程中,尤其使用手机录制视频的过程中,往往由于音源离手机话筒之间距离远,或者外界噪声干扰大,视频拍摄过程中所录制下来的声音常常出现噪声大、质量差、听不清的现象。因此,为了保证视听效果,早期的电影行业,也都需要对声音进行后期编辑和制作。

那么一系列问题随之又来了,我们每天听到的各种不同的声音到底是怎么产出的?又怎么变成计算机可以识别和处理的信号的呢?编辑声音,采用什么样的软件好呢?下面从认识声音开始,看看我们该怎样跟声音"打交道"吧。

5.3.1 认识声音

声音是由物体振动引发的一种物理现象,声源是一个振荡源,它使周围的介质(如空气、水等)产生振动,并以波的形式进行传播。声音随时间连续变化,可以近似地看成是一种周期性的函数。如图 5-20 所示,它可用 3 个物理量来描述。

(1) **振幅**:即波形最高点(或最低点)与基线的距离,它表示声音的强弱。

(2) **周期**:即两个相邻波峰之间的时间长度。

(3) **频率**:即每秒钟振动的次数,以 Hz 为单位。

不同的声音有不同的频率范围。人耳能听到的声音频率为 20Hz～20kHz。人们把频率低于 20Hz 的声音称为亚音信号或次音信号,而高于 20kHz 的声音称为超音信号或称为超声波。人说话的声音信号频率为 300Hz～3kHz,这种频率范围内的信号通常称为语音信号。**在多媒体技术中,研究和处理的主要是频率范围为 20Hz～20kHz 的声音信号。**

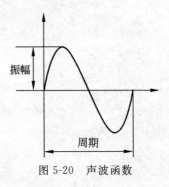

图 5-20 声波函数

早期记录声音的技术,是利用设备的物理参数随着声波的连续变化而变化的特性,来模拟和记录声音,如通过话筒进行录音。当人对着话筒讲话时,话筒能根据它周围空气压力的变化而输出相应连续变化的电压值,以电压的大小表示声音的强弱。这种变化的电压值便是一种对人的讲话声音的模拟,是一种模拟量,它不仅在时间上连续,在幅值上也是连续的。目前,在计算机中,只有数字形式的信息才能被接收和处理。因此,对连续的模拟声音信号必须先进行数字化处理,转换为计算机能识别的二进制表示的数字信号,才能对其进行进一步的处理。**声音信号用一系列二进制数字表示,称为数字音频。**

5.3.2 声音的数字化

把模拟的声音信号转换为数字音频的过程称为声音的数字化。这个过程包括采样、量化和编码 3 个步骤,如图 5-21 所示。

图 5-21 声音的数字化过程

1. 采样

当把模拟声音变成数字音频时,需要每隔一个时间间隔测量一次声音信号的幅值,这个过程称为采样,测量到的每个数值称为样本,这个时间间隔称为采样周期。这样就得到了一个时间段内的有限个幅值。**单位时间内采样的次数称为采样频率,通常用赫兹(Hz)表示。**

2. 量化

采样后得到的每个幅度的数值在理论上可能是无穷多个,而计算机只能表示有限精度。因此,还要将声音信号的幅度取值的数量加以限制,**用有限个幅值表示实际采样幅值的过程称为量化**。例如,假设所有采样值可能出现的取值范围为 0～1.5,而我们只记录有限个幅值:0、0.1、0.2、0.3、…、1.4、1.5 共 16 个值。那么,如果采样得到的实际幅值是

0.4632,则近似地用 0.5 表示,如果采样得到的幅值是 1.4167,就取其近似值 1.4。

3. 编码

声音数字化的最后步骤是将量化后的幅度值用二进制形式表示,这个过程称为编码。对于有限个幅值,可以用有限位的二进制数来表示。例如,可以将上述量化中所限定的 16 个幅值分别用 4 位二进制数 0000～1111 依次来表示,这样模拟的声音信号就转化为数字音频。编码所用的二进制位数人们称为量化位数,它与量化后的幅值个数有关,如果量化后有 32 个值,需要用 5 位二进制数进行编码,如果量化后有 256 个值,就需要 8 位二进制数来表示。

下面用图 5-22 来说明对模拟声音信号使用 4 位二进制编码的数字化过程。在横坐标上,t_1～t_{20} 为采样的时间点,纵坐标上假定幅值的范围为 0～1.5,并且将幅值量化为 16 个等级,然后对每个等级用 4 位二进制数进行编码。例如,在 t_1 采样点,它的采样值为 0.335,量化后取值为 0.3,用编码 0011 表示。

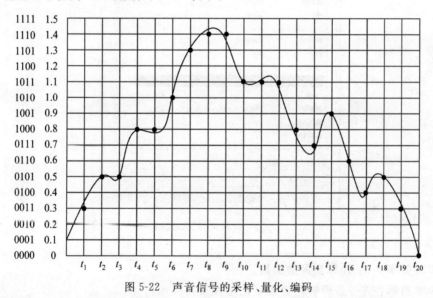

图 5-22 声音信号的采样、量化、编码

【小贴士】 采样和量化的时间间隔可以相同,也可以不同,相应的我们分别称之为均匀采样、线性量化和非均匀采样、非线性量化,上述编码方式采用的是均匀采样和线性量化的方式。

上述的音频编码方法也称为脉冲编码调制(Pulse Code Modulation,PCM),它是使用最早,也是使用最为广泛的音频编码方法。编码后的音频信号就变成了一串 01 代码,这样的音频信号则为数字音频,也是人们接下来要处理的声音形式。

由此,我们可以看出,数字化过程中的**采样频率**、**量化位数**决定了数字音频的质量的好坏。事实上,还有一个指标也起到了决定性的作用,那就是声道数。**声道数**是指产生声音的波形数,单声道只产生一个波形,而双声道产生两个声音波形,双声道又称为立体声。立体声的效果比单声道声音更丰富更具有空间感,但存储容量增加一倍。

我们给定一段音乐文件，在该音频文件"属性"对话框的"详细信息"选项卡中，我们往往看到的还有"比特率"这个参数，如图 5-23 所示。**比特率指的是音频数据每秒传送的比特（bit）数**，也就是单位时间内的二进制数据量，在不经过压缩的情况下，比特率＝采样频率×量化位数×声道数。

图 5-23　音频文件详细信息

实验关卡 5-6：计算音频数据量。

实验目标：进一步理解声音数字化过程及其技术指标。

实验内容：已知图 5-23 中音频文件的量化位数为 32 位，双声道，试计算该音频文件的大小及其理论上的采样频率。

5.3.3　常用音频格式有哪些

由于编码后的信号数据量较大，为了便于数字音频的存储和传输，通常人们会将这些数据按照一定的算法进行压缩存储，不仅是声音数据需要压缩，多媒体中的其他信息如图像、视频等都需要进行数据压缩，关于多媒体数据压缩，将在 5.4 节详细阐述。对于同样的音频信号，**采用不同的音频编码方式和数据压缩算法保存这些文件，使得这些文件有了不同的格式类型**。了解常用的存储数字音频的文件格式，有利于在获得各种音频资料处理实际问题时可以灵活运用。下面简要列举一些最常用的格式类型。

（1）**CD Audio**：文件扩展名为 cda。唱片采用的格式，又称为"红皮书"格式，记录的是波形流，是目前音质最好的音频格式。但缺点是无法编辑，文件长度较大。

（2）**WAV**：文件扩展名为 wav。它是 Windows 操作系统下的最广泛使用的音频文件格式。该格式记录声音的波形，能够和原声基本一致，该文件主要用于自然声音的保存与重放。

（3）**MPEG-3**：文件扩展名为 mp3。MP3 是目前流行的音频文件格式，它是采用由国际标准化组织 ISO 的一个专门研究动态图像压缩技术的专家组 MPEG（Moving Picture Experts Group）制定的 MP3 算法压缩生成的音频数据文件。由于该文件的压缩比高（可达 10∶1～12∶1）以及压缩后的音质效果基本不失真，所以受到广泛使用。

（4）**Windows Media Audio（WMA）**：文件扩展名为 wma。它是由微软公司开发的。这种格式的特点是同时兼顾了音频质量的要求和网络传输需求。WMA 采用的压缩算法使音频数据文件比 MP3 文件小，音质却不差，它的压缩比一般都可以达到 18∶1。

（5）**RealAudio**：文件扩展名为 ra 或 rm。它是由 Real Networks 公司开发的一种音乐压缩格式，压缩比可达 96∶1，RealAudio 文件的最大特点是可以在网络上一边下载一边播放，而不必把全部数据下载完再播放，常用于网络的在线音乐欣赏。

（6）**MIDI**：文件的扩展名为 mid。MIDI(Musical Instrument Digital Interface)是由世界上主要的电子乐器制造厂商建立起来的一个通信标准，利用声音合成技术实现。MIDI 不是把音乐的波形进行数字化采样和编码，而是将数字式电子乐器的弹奏过程记录下来。因此，MIDI 文件记录的不是乐曲本身，而是一些描述乐曲演奏过程中的指令，因此，它占用的存储空间比 WAV 文件要小得多。MIDI 文件适合应用在对资源占用要求苛刻的场合，如多媒体光盘、游戏制作等，较适合作为背景音乐。

此外，还有苹果公司开发的 AIFF、雅马哈公司开发的 VQF、杜比实验室开发的 AAC 等小众音频格式，以及如 OGG、APE、TAK 等新生代音频格式。

了解了常用的音频格式之后，本节我们来学习一款轻量级的声音处理软件——Audacity 的使用方法，体验音频处理的基本过程。

5.3.4 使用 Audacity 软件编辑声音

Audacity 是一款免费的、源代码开放的、跨平台的声音编辑软件，用于录音和编辑音频，可在 Mac OS X、Microsoft Windows、GNU/Linux 和其他操作系统上运作，一般可在其官方网站进行下载，地址是 https://www.audacityteam.org/。寻找一套功能强大、却又不过度耗费操作系统资源的声音编辑软件并不是件容易的事，在一般情况下很难两者兼顾，不是功能过于简易，就是些相当庞大的商用版套装软件，而 Audacity 可谓兼具功能与不过度耗费系统资源的中庸特质。

使用 Audacity，可以轻易地将不同格式的文件导入并加以编辑，再搭配上剪辑、复制、混音等功能，便可修剪出令人满意的音频。使用专业的编辑特效如音频放大、重低音、声音淡入淡出、反相、杂音消除、Wahwah 等，可最佳化编辑出来的声音文件。接下来，我们以制作配乐诗朗诵声音文件为例,体验一下 Audacity 软件的魅力吧!

1. Audacity 的主界面

Audacity 的使用界面非常简洁、直观,并在"帮助"菜单中提供了"快速帮助"和"使用手册"的帮助文档,十分易学易用。认识 Audacity 后,你会发现它兼具傻瓜式的操作界面和专业的音频处理效果,十分符合人们的期许。图 5-24 给出了 Audacity 工作的主界面,包括菜单栏、工具栏、波形编辑区、音乐标签面板和下工具栏停靠区 5 个部分。

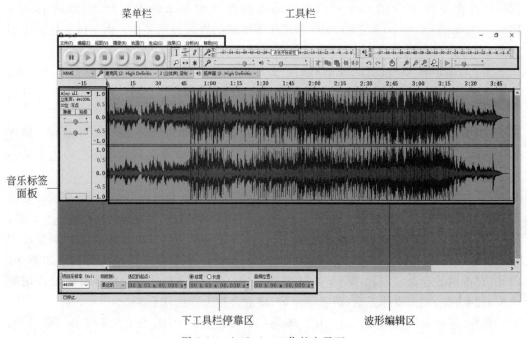

图 5-24 Audacity 工作的主界面

其中,打开不同的声音文件,波形编辑区中显示的波形将不同,并且,在该音轨左侧的音乐标签面板中,我们可以直接看到该声音文件数字化过程中的采样频率、声道数以及量化位数。

> **实验关卡 5-7**:比较计算得出的采样频率和使用软件查看的采样频率。
> **实验目标**:认识理论值与实际值之间的差距。
> **实验内容**:给定一段音乐文件 All Rise.mp3 试比较实验关卡 5-6 中计算出来的采样频率,与使用 Audacity 软件查看到的采样频率,分析两者为何不一致。

2. 使用 Audacity 软件进行录音

(1) 将耳麦与笔记本连接好,单击工具栏内的"录音"红色圆按钮 ,开始后录音。录音完成后,单击左边的"停止"按钮 停止录音。

【小贴士】 默认设置下,使用 Audacity 录制的音频文件,其采样频率为 44100Hz,声道数为立体声。但在录音前,也可以对此进行设置,如图 5-25 和图 5-26 所示。

图 5-25　设置采样频率

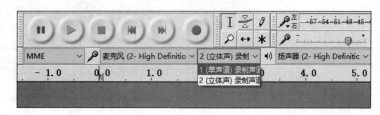

图 5-26　设置声道数

(2) 单击菜单栏中的"文件"→"保存项目",将文件保存到自己的声音处理文件夹中,保存的文件为可编辑的工程文件。

3. 给录制的声音文件降噪

由于外界声音或是计算机内部电流声音的干扰,通过麦克风录制的声音,通常有部分的噪声,如两句话之间的空白噪声等。降噪的步骤如下。

(1) 使用选择工具,选取一段空白噪声,单击菜单栏中的"效果"→"降噪"选项,在弹出来的对话框中,单击"取得噪声特征"按钮,获得要处理的噪声类型,如图 5-27 所示。

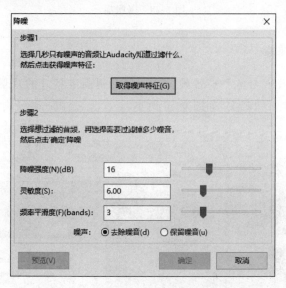

图 5-27　降噪处理

(2) 待对话框消失后,按 Ctrl+A 全选该段录音,再次单击菜单栏中的"效果"→"降噪"选项,在弹出来的对话框中,调节噪声抑制的范围,单击"确定"按钮,这时,整段录音的空白噪声将得到较大程度的消解。图 5-28 和图 5-29 是降噪后的波形对比图。

【小贴士】 检查声波,如有一些单独的、不协调的噪声,选中该段噪声,单击菜单栏中的"生成"→"静音",可直接清除掉这些噪声。

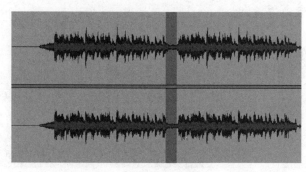

图 5-28 降噪前

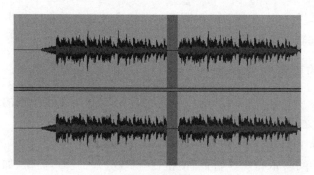

图 5-29 降噪后

4. 添加配音伴奏

单击菜单"文件"→"导入"→"音频"选项,打开提前准备好的背景音乐文件。这时背景音乐出现在另一个音轨之上,如图 5-30 所示。

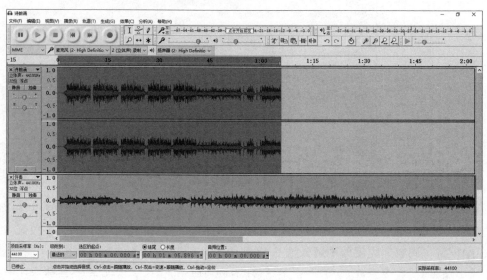

图 5-30 导入伴奏

5. 声音的剪辑

比对录音和伴奏音乐两个音轨的长度,若伴奏音乐过短,则使用"选择"工具 I,选择伴奏音乐,单击菜单栏中的"编辑"→"复制"选项,复制伴奏音乐,然后点击"编辑"→"粘贴"选项,将复制的伴奏音乐添加在伴奏音轨末端,从而加长伴奏。若伴奏音乐过长,则直接使用"选择"工具 I,选择多余的伴奏音乐,单击"编辑"→"删除"即可。

6. 调节声音的音量

单击工具栏中的"播放"按钮,预播放两个音轨叠加后的声音。若发现录音音量过小,则单击该录音音轨"音乐标签面板"的空白处,全选录音,单击菜单栏中的"效果"→"增幅"选项,在弹出来的对话框中,将增益值设置为 5,并且勾选"允许破音"复选框,单击"确定"按钮,如图 5-31 所示,录音音量将增大。

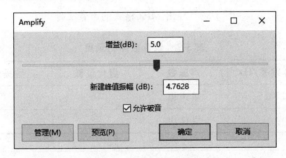

图 5-31 调整声音的增幅

【小贴士】 若要减小某音轨声音的音量,则将增益值设置为负数即可。

> **实验关卡 5-8**:给音频添加淡入淡出效果。
> **实验目标**:让读者举一反三,尝试 Audacity 软件的多种编辑效果。
> **实验内容**:给导出的"配乐诗朗诵.mp3"添加淡入淡出效果,保证淡入淡出效果只体现在前奏和朗诵结束之后的伴奏部分。

【小贴士】 Audacity 还有很多功能,如给声音降调、添加回声等,这里不一一呈现给大家,有兴趣的读者可以自己摸索。

7. 合成并导出声音文件

按 Ctrl+S 保存项目,并单击菜单栏中的"文件"→"导出音频"选项,在弹出的对话框中的"保存类型"下拉菜单中选择"MP3 文件"类型,质量选择"标准,170~210kbps",如图 5-32 所示,单击"保存"按钮,导出 MP3 格式的音频文件。

> **实验关卡 5-9**:比较不同技术指标的录音效果。
> **实验目标**:理性认识理论值与实际值之间的差距。

第 5 章 多媒体编辑

实验内容：分别录制两段 30s 的声音文件，采样频率分别设置为 11025Hz、44100Hz，声道数分别为单声道、立体声，分别保存为 16 位和 32 位的 WAV 格式音频文件。试听两段声音的质量，并记录文件的数据量，填写表 5-2。

图 5-32　导出 MP3 格式的声音文件

表 5-2　录音数据记录表

录音文件	采样频率/Hz	声道数	量化位数	数据量	试听效果
Test1	11025	单声道	16		
Test2	44100	立体声	32		

实验关卡 5-10：为视频配音。

实验目标：练习并掌握从声音录制到声音剪辑和给视频配音等一系列音频处理操作。

实验内容：基于实验关卡 5-5 的结果，使用 Audacity 软件录制和编辑过的声音替代原有的背景音乐，要求用来配音的声音为采样频率 44100Hz 的立体声音频，声音清晰、音量大小适中、噪声干扰小，并且声音与字幕同步出现。

5.4　多媒体数据压缩与光盘刻录

5.4.1　多媒体数据压缩

计算机采用数字化方式对声音、图像、视频等媒体信息进行处理。在数字化的过程中，人们为了获得满意的音频效果，可能采用更高的采样频率和量化位数；为了获得满意的图像或视频画面，可能采用更高的图像分辨率和像素深度。然而**质量的提高带来的是数据量的急剧增加**，给存储和传输造成极大的困难。因此，我们希望在保证一定质量的同时，减少数据量。数据压缩技术则是一个行之有效的方法。**数据压缩是指对原始数据进行重新编码，去除原始数据中冗余数据的过程**。将压缩数据还原为原始数据的过程称为解压缩。

1. 数据压缩的必要性

通过 5.2 节和 5.3 节的实验,我们清楚了数字媒体数据量的计算方法,在不经过压缩情况下,存储 2min 的一段采样频率是 44.1kHz,量化位数为 16 位的立体声音乐,所需的存储容量为 $(44.1×1000×16×2)×120/8≈20$MB。存储 1min 的视频所需的存储容量(假设分辨率为 1024×760 像素,画面均为 24 位深度的彩色图像,帧速率为 25 帧/秒,不含音频数据)为 $(1024×760×24)×25×60/8≈3.26$GB。

不经过压缩,1min 的视频,其数据量达到了 3.26GB!**数字化后的多媒体信息的数据量是惊人的**,这需要大容量的存储器,并且在网络上传输时也需要很高的带宽,而单靠增加存储容量和提高网络带宽也是不现实的,因此,我们**必须要通过数据压缩来减少多媒体信息的数据量**。

2. 数据压缩的可能性

多媒体信息的数据量巨大,但其中也存在大量的数据冗余,而冗余数据则是无用多余的数据,可以**通过数据压缩来尽可能地消除这些冗余数据**。多媒体信息的冗余主要体现在两个方面:一是相同或是相似信息的重复;二是在实际应用中,信息接受者由于受条件限制,导致一部分信息分量被过滤或屏蔽。

例如,有一幅图,其大部分区域的背景为白色,在这个区域中,相邻的像素具有相同的颜色特征。在原始数据中需要连续记录每个像素的 RGB 值。如果改用一个简单的记法,先记录这个像素的 RGB 值,再记录这个像素连续重复出现的次数,则表达的信息量并没有发生变化,但使用的数据量将会大大减少。

在视频中,相邻两帧的画面可能几乎相同,差异部分很小,此时就没有必要记录相同的画面,对于后一帧只需记录与前一帧的差异即可。

人的听觉系统对于不同频率的声音的敏感性是不同的,并不能察觉所有频率的变化,**因此,那些不被听觉所感知的变化可以被忽略,没有必要存储或传输**。同样,人的视觉系统也有这样的特性。

3. 数据压缩的方法

数据压缩可分为两种类型:一种是无损压缩;另一种是有损压缩。

无损压缩又称为可逆压缩,是指被压缩的数据经过解压缩(又称为还原)后,可以得到与原始数据完全相同的数据。无损压缩常用于对信息还原要求很高的情况,如计算机程序、原始数据文件等。常用的无损压缩方法有行程编码(Run-length Encode)、哈夫曼(Huffman)编码、算术编码等。

有损压缩又称为不可逆压缩,是指被压缩后的数据经过解压缩后,不能得到与原始数据完全相同的数据。有损压缩常用于声音、图像和视频等数据的压缩,虽然该压缩方法不能完全还原出原始数据,但是所损失部分对理解原始数据所表达的内容影响较小,减少这些信息并不影响人们的听觉效果和视觉效果。常用的有损压缩方法有预测编码、变换编码、混合编码等。

评价数据压缩性能的指标之一是**压缩比，即压缩前的数据量与压缩后的数据量之比**。有损压缩较无损压缩能提供较高的压缩比。通常人们希望在保证还原质量要求的前提下，压缩比尽量地大。

我们通过下面例子来介绍行程编码的压缩方法。计算机在处理文字、图像、声音等多媒体数据时，常常会出现大量连续重复的字符或数值，行程编码就是利用连续数据单元有相同数值这一特点对数据进行压缩。行程编码的思想：**重复的数据用该值以及重复的次数来代替**。重复的次数称为行程长度。

例如，有一幅真彩色图像，第 n 行的像素值如下：

(150,20,30)(150,20,30)…(150,20,30) (255,255,255)(255,255,255) (0,100,10)

|←   55   →| |←   2   →| |← 1 →|

(0,0,200)(0,0,200)…(0,0,200) (150,20,30)(150,20,30)…(150,20,30)

|←   8   →| |←   68   →|

上述数据进行行程编码后得到的结果为：

55(150,20,30) **2**(255,255,255) **1**(0,100,10) **8**(0,0,200) **68**(150,20,30)

括号中的数值代表像素的颜色，每对括号前的数字表示行程长度。假设行程长度的值用 2B(字节)存储，则用行程编码后该行所需的存储容量为(2B+3B)+(2B+3B)+(2B+3B)+(2B+3B)+(2B+3B)=25B；而原来所需的存储容量为 55×3B+2×3B+1×3B+8×3B+68×3B=402B。

因此，对该段数据使用行程编码进行压缩，得到的压缩比为 402B/25B≈16.1∶1。

行程编码的压缩方法简单、直观，它的解压缩过程也很容易，只需按行程长度重复后面的数值，还原后得到的数据与压缩前的数据完全相同，因此，行程编码是无损压缩。行程编码所能获得的压缩比主要取决于数据本身的特点。

4. 数据压缩标准

1) JPEG 静态图像压缩标准

JPEG 的全称是 Joint Photogragh Coding Experts Group(联合照片专家组)，**是一种基于 DCT 的静止图像压缩和解压缩算法**，它由 ISO(国际标准化组织)和 CCITT(国际电报电话咨询委员会)共同制定，并在 1992 年后被广泛采纳后成为国际标准。**它是把冗长的图像信号和其他类型的静止图像去掉**，甚至可以减小到原图像的百分之一(压缩比为 100∶1)。但是在这个级别上，图像的质量并不好；压缩比为 20∶1 时，能看到图像稍微有点变化；当压缩比大于 20∶1 时，一般来说图像质量开始变坏。

2) MPEG 运动图像压缩标准

MPEG 是 Moving Pictures Experts Group(动态图像专家组)的英文缩写，实际上是指一组由 ITU 和 ISO 制定发布的视频、音频、数据的压缩标准。**它采用的是一种减少图像冗余信息的压缩算法**，它提供的压缩比可以高达 200∶1，同时图像和音响的质量也非常高。现在通常有 4 个版本：MPEG-1、MPEG-2、MPEG-4、MPEG-7，以适用于不同带宽和数字影像质量的要求。它的 3 个最显著优点是兼容性好、压缩比高(最高可达 200∶1)、数据失真小。

5. 使用 WinRAR 进行行数据压缩

通过实验关卡 5-6 和 5-7 的对比分析可以看到，MP3 格式的音频文件是已经经过压缩的文件格式，同 MP3 一样，人们常见的 JPG 格式的图像文件、MP4 格式的视频文件等，都是**已经按照一定的压缩标准，执行一定的压缩算法进行过编码的**，其数据量已经远远小于压缩前的数据量。关于压缩的算法我们在此不做过多的讲述，有兴趣的同学可以阅读 1.7 节中的相关参考文献，对媒体数据压缩相关内容进行深入学习。然而，数据压缩的原理我们现在可以不学，但一款现成的压缩软件，我们还是要了解一下，那就是常见的 WinRAR。

WinRAR 是一个文件压缩管理共享软件，几乎是目前市面上一款装机必备的软件，它由 Eugene Roshal（所以 RAR 的全名是 Roshal ARchive）开发，首个公开版本 RAR 1.3 于 1993 年发布。目前，其官方网站 http：//www.winrar.com.cn/上提供了多种版本的软件下载链接。WinRAR 是流行的压缩工具，界面友好，使用方便，能备份你的数据，减少你的 E-mail 附件的大小，解压缩从 Internet 上下载的 RAR、ZIP 和其他格式的压缩文件，并能创建 RAR 和 ZIP 格式的压缩文件等，在压缩率和速度方面也都有很好的表现，是目前压缩率较大、压缩速度较快的格式之一，**即使是面对已经经过高精度压缩编码的 JPEG、MP3、MP4、RM 等格式的图像、音频、视频文件，也仍能"挤出"空间来**。下面我们了解一下 WinRAR 软件的基本功能。

1) 把 WinRAR 当成资源管理器

WinRAR 是一个压缩和解压缩工具，但它同时也是一款相当优秀的文件管理器。打开 WinRAR 软件主界面，在地址栏中输入一个文件路径，如图 5-33 所示，则该路径下的文件都会被显示出来，甚至包括隐藏的文件和文件夹。其中，人们可以像在资源管理器中一样，复制、删除、移动、运行这些文件。

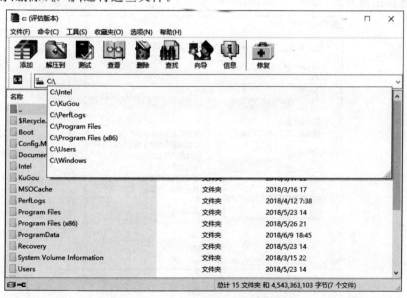

图 5-33　WinRAR 当作资源管理器

2) 创建压缩包

打开 WinRAR 主界面,选择你要压缩的文件或者文件夹,单击左上角的"添加"按钮,在弹出的对话框中的"常规"选项卡中,可以对你的压缩文件进行如下设置。

(1) **给压缩文件命名**:默认的压缩文件名为你要压缩的文件或文件夹名,如图 5-34 所示,同时压缩多个文件或文件夹时,默认压缩文件名为第一个文件或文件夹名。

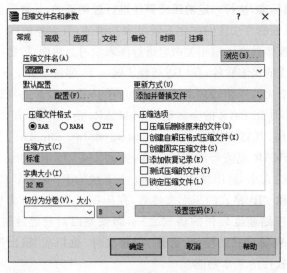

图 5-34 给压缩文件取名

(2) **选择压缩文件存放路径**:单击左上角的"浏览"按钮,设定文件压缩后的存放路径。

(3) **选择压缩文件格式**:可以选择的压缩文件格式有 RAR、RAR4 和 ZIP。

(4) **选择压缩方式**:如图 5-35 所示,压缩方式一般有存储、最快、较快、标准、较好、最

图 5-35 压缩方式选择

好6种。从"存储"到"最好",压缩率越来越高,压缩耗费时间也越来越多,可以根据自己的实际需求,来选到底该用哪种压缩方式。

(5) **选择字典大小**:压缩字典是压缩算法使用的内存区域,字典越大,压缩效果越好,但压缩速度就越慢,耗内存越多。一般选择32MB或者64MB,如图5-36所示。

图5-36 选择字典大小

(6) **分割大文件**:在"切分为分卷"下拉列表中,可以选择分卷文件大小,如图5-37所示;将大文件切分为若干个分卷,分卷压缩后各分卷将以压缩文件名+part1、part2等序号标示,如图5-38所示。

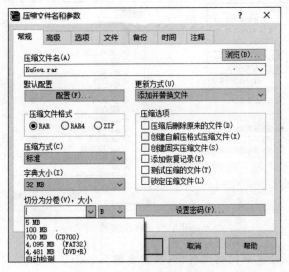

图5-37 分割文件大小设置

(7) **设置密码**:单击右下角的"设置密码"按钮,可以为压缩文件设置密码,这样,拿

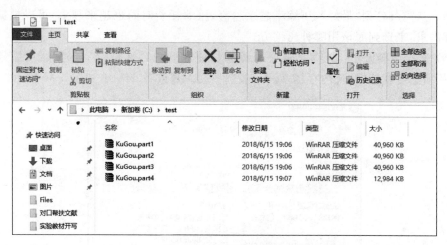

图 5-38 分卷压缩结果

到该文件的其他用户,需要使用密码才能打开和使用压缩包里的文件,有利于保护重要文件。

3)解压文件

右击需要解压的.rar 文件,选择"解压文件"选项,在弹出的对话框右侧,选择解压后的文件存放路径,以及更新方式、覆盖方式等。单击"确定"按钮,解压文件,如图 5-39 所示。

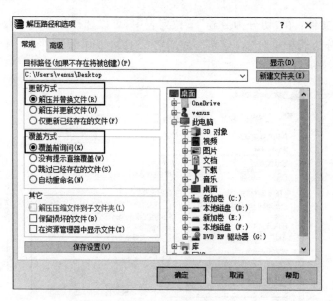

图 5-39 解压文件

【小贴士】 解压分卷压缩的文件时,只需要解压 part1 分卷,其他分卷将会同时自动解压。

4)制作自解压文件

(1)**直接生成**:如果你需要将压缩文件传输给你的朋友,而他(她)并不会使用相关软件解压文件该怎么办呢？这就需要在创建压缩包时，勾选"创建自解压格式压缩文件"复选框即可，如图 5-40 所示。这样生成的压缩包将是一个 EXE 可执行文件，**对方不需要安装 WinRAR 等解压缩软件，也可以解压该压缩包**。

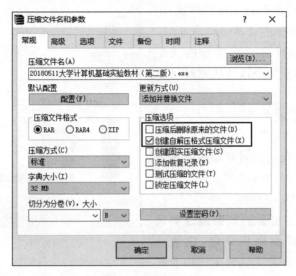

图 5-40　创建自解压文件

（2）**由 .rar 格式转换**：使用 WinRAR 软件打开压缩文件，在"工具"菜单项中选择"压缩文件转换为自解压格式"选项，同样可以将已经生成的 RAR 文件转换成 EXE 文件格式，如图 5-41 所示。

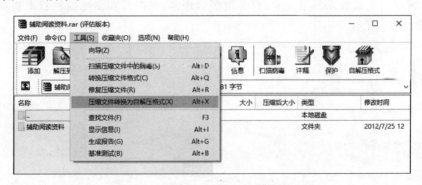

图 5-41　将压缩文件转化成自解压文件

5）修复受损的文件

在解压文件时，常常会碰到文件被损坏的提示，从而无法正常解压文件，这时可以启动 WinRAR，定位到这个受损的文件夹，选中这个受损的压缩文件，再选择工具栏上的"修复"按钮，在弹出的对话框中选择修复后文件存储的位置，确定后，**系统将自动修复该受损文件**。

6）估计压缩效果

在对文件或文件夹进行压缩之前，可以通过 WinRAR 软件**预先估计此次压缩的比率**

和压缩后文件的大小。具体操作：打开 WinRAR 主界面，定位并选中待压缩的文件（也可以按下 Ctrl 键，同时选中多个文件和文件夹），单击工具条上的"信息"按钮，在弹出的对话框中，单击左下角的"估计"按钮，WinRAR 将为你计算出将实施的压缩操作的压缩率、压缩包大小以及压缩时间。

5.4.2 光盘刻录

根据任务描述，我们还需要做**第四步**的操作，那就是将制作好的视频刻录成数据光盘以及可以播放的 DVD 视频光盘。

光盘刻录就是把想要的数据通过刻录机、刻录软件等工具刻制到光盘、烧录卡（**GBA**）等介质中，在日常生活和工作中非

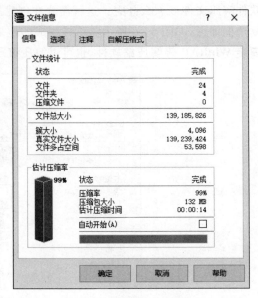

图 5-42　估计压缩效果

常用。可以根据需要，利用 Windows 10 系统自带的光盘刻录功能，刻录数据光盘、音乐光盘，或将 ISO 文件刻录为光盘。下面我们来一一体验这几种形式的刻录方法。

1. 制作普通数据光盘

（1）将空白光盘放入刻录光驱，打开资源管理器，在设备和驱动器栏目下将显示光驱图标，如图 5-43 所示。

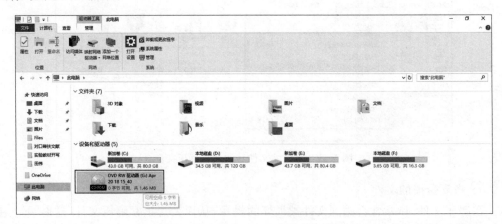

图 5-43　资源管理器中的光盘驱动器

（2）双击该光驱图标，在弹出的"光盘刻录"对话框中，修改光盘的标题，并选择光盘的用途。这里选择"类似于 U 盘"选项，如图 5-44 所示。

（3）单击"下一步"按钮，系统将对光盘进行格式化，格式化完成之后，光盘就可以像 U 盘一样随时保存、编辑和删除磁盘上的文件了。

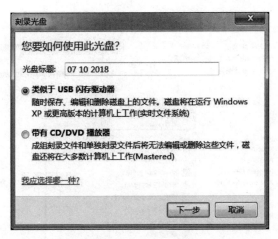

图 5-44 选择光盘用途

（4）重新打开资源管理器，双击光驱图标，打开空白光盘，将需要刻录的数据文件复制或直接拖放至光盘中即可。

> **实验关卡 5-11**：刻录数据文件。
> **实验目标**：①练习使用 WinRAR 压缩文件；②练习刻录数据光盘。
> **实验内容**：基于关卡实验 5-10 的结果，将制作好的 MP4 视频文件添加到"相约云南.rar"压缩文件中，并将其刻录成数据光盘。

2. 将 ISO 文件刻录为光盘

ISO 文件是复制光盘上的所有信息而形成的镜像文件，将 ISO 文件刻录成光盘后，新光盘与原始光盘具有相同的文件夹、文件和属性。从互联网上下载的许多资源都是 ISO 镜像，尤其是游戏软件安装包、操作系统安装文件等。在早期版本的 Windows 操作系统中，需要 WinISO、WinImage、Daemon Tools 等专业工具软件才能刻录 ISO 文件，但是在 Windows 7 之后的操作系统中，人们可以直接利用系统自带的刻录功能，即可完成 ISO 文件的刻录。

（1）将空白光盘放入刻录光驱，打开需要刻录的 ISO 文件所在的文件夹，右击需要刻录的 ISO 文件，选择"刻录光盘映像"选项，如图 5-45 所示。

（2）在弹出的"Windows 光盘映像刻录机"对话框中，单击"刻录"按钮，开始刻录光盘映像，如图 5-46 所示。

【小贴士】 如果计算机安装了不止一个刻录光驱，可以在图 5-46 所示的"光盘刻录机"下拉列表中，选择相应的刻录光驱，如果需要在刻录后校验光盘数据，则选中左下角的"刻录后验证光盘"复选框。

3. 音乐 CD 的制作

自己制作音乐 CD，看似高大上的事情，其实可以分分钟搞定。无须使用专门的刻录

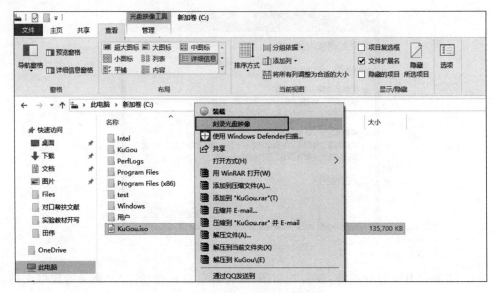

图 5-45　刻录光盘映像

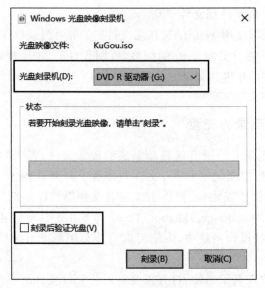

图 5-46　选择刻录机

工具软件，Windows 10 自带的 Windows Media Player 可以直接将音乐文件刻录成音乐 CD 或者 DVD。下面一起来试试看。

（1）**收集需要刻录的音乐文件**：将需要刻录的音乐文件，存放在同一个文件夹下，并命名为"音乐 CD"。

（2）**创建播放列表**：打开 Windows Media Player 软件主界面，如图 5-47 所示，单击主窗格中间的"单击此处"提示按钮，创建播放列表，并为该播放列表命名为"音乐 CD 刻录"。

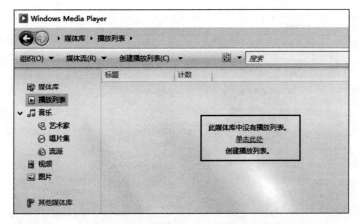

图 5-47　Windows Media Player 主界面

（3）**将音乐文件导入媒体库**：单击左上角的"组织"下拉菜单，选择"管理媒体库"下的"音乐"命令。在弹出的"音乐库位置"对话框中，将"音乐CD"文件夹添加到媒体库中，如图 5-48 所示。

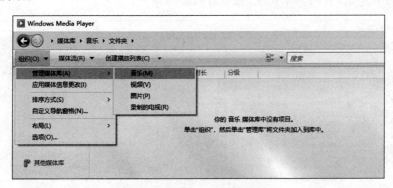

图 5-48　将音乐导入媒体库

（4）**将媒体库中的音乐添加到播放列表**：单击左上角媒体库右侧的三角形按钮，选择"音乐"媒体类型，如图 5-49 所示。双击主界面中间窗格中的"文件夹"类型，之前添加的"音乐CD"文件夹将自动显示在窗格中。右击媒体库中的"音乐CD"文件夹，选择"添加到"选项中的"音乐CD刻录"命令，将该文件夹中的所有音乐文件导入到"音乐CD刻录"播放列表中，如图 5-50 所示。

（5）**刻录播放列表中的音乐**：单击右侧的"刻录"选项卡，将"音乐CD刻录"播放列表拖放至右侧的刻录列表中，如图 5-51 所示。在刻录光驱中插入空白CD，单击"开始刻录"按

图 5-49　选择媒体库中的媒体类型

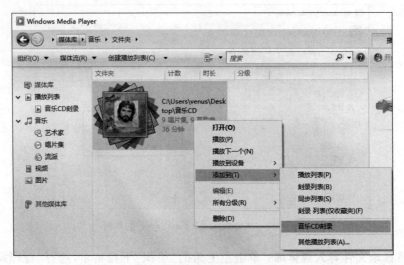

图 5-50　将音乐 CD 文件夹添加到播放列表

钮，系统将开始刻录，直到刻录完成，光盘自动弹出即可。

图 5-51　刻录播放列表中的音乐

【小贴士】　以上步骤也顺便带大家了解了 Windows Media Player 的一些基本功能。事实上，Windows Media Player 是一款 Windows 系统自带的、功能强大的免费播放器，通过它，可以轻松管理计算机上的**音乐库**、**照片库和视频库**等，享受多媒体世界的乐趣。有兴趣的读者可以继续摸索。

> **实验关卡 5-12**：刻录 DVD 视频光盘。
> **实验目标**：练习将视频文件刻录成 DVD 视频光盘。
> **实验内容**：使用 Windows Media Player 或其他刻录软件，将实验关卡 5-10 制作好的 MP4 视频文件刻录成 DVD 视频光盘，要求在 DVD 播放器中能直接播放。

5.5 值得一看的小结

多媒体信息处理技术与通信技术、信息网络技术的融合和发展标志着以计算机信息处理为核心的新技术革命，把人类社会从依靠自然资源的工业时代推进到以信息、知识为重要资源的信息时代。作为新时代的大学生，**有必要掌握更多的多媒体知识及应用技术，从而提升计算机应用能力，提高个人综合素质**。

所谓"师傅引进门，学艺靠自身"，篇幅有限，本章只简单介绍了图像、视频、音频以及多媒体数据压缩的基础知识，并给大家展示了诸如 Windows 截图工具、画图工具、照片工具、Audacity，以及 WinRAR 和 Windows Media Player 等基础软件的使用方法，旨在让大家体会多媒体信息处理的基本过程，并能够通过完成实验关卡的任务，粗糙地进行一些多媒体作品的设计和制作。当然，仅仅完成这些任务，还不足以让你成为图像编辑或是音频、视频编辑的高手。因为，这些软件大多简单易用，但同时也功能有限。事实上，每一种媒体的处理，都可能找到更专业、功能更齐全的软件作为替代，例如，图像处理，可以选择 Photoshop 软件；视频处理，可以选择绘声绘影、Premiere 等软件；光盘刻录，可以使用 Nero、Ones 等刻录软件，在 1.7 节中，我们给出了一些参考书籍或参考资料的链接，想要成为高手的同学可以有选择性地进行自学。

5.6 综合实验

【实验目标】

多媒体处理技术的综合应用。

【实验内容】

(1) 自拟主题(如"我的家乡""我的校园生活""×××的故事""信息安全""推荐一款笔记本电脑"等)，搜集素材，构思内容。

(2) 制作一个主题鲜明、内容丰富、图文并茂、意义深刻的演示文稿(PPT)作品。

(3) 作品中要求嵌入经过媒体编辑软件或者 Python 程序处理过的图像、音频、视频 3 种媒体形式以增强作品的表现力。

(4) 认真排练作品的演播时间，并保存为可自动播放的文档，时长 5～8min，作品压缩后大小须控制在 80MB 以内。

5.7 辅助阅读资料

[1] 百度百科. https://baike.baidu.com/item/视频编辑.

[2] 百度百科. https://baike.baidu.com/item/数据压缩.

[3] 天极网. Premiere 视频教程连载. http://design.yesky.com/premiere_pro/.

[4] 我要自学网. Photoshop CS5 视频教程. http://www.51zxw.net/list.aspx?cid=339.

[5] 中华网. 网络教室. http://tech.china.com/zh_cn/netschool/homepage/flash/.

[6] 硅谷动力网. Flash 教程. http://www.enet.com.cn/eschool/includes/zhuanti/flash1130/.

[7] 郭开鹤. Flash CS4 中文版基础与实例教程[M]. 4 版. 北京：机械工业出版社，2010.

[8] 孙军. Premiere Pro CS3 基础与典型范例[M]. 北京：电子工业大学出版社.

[9] Rafael C G, Richard E W. 数字图像处理[M]（英文版）. 3 版. 北京：电子工业出版社，2010.

[10] 冯博琴, 贾应智. 大学计算机基础[M]. 北京：中国铁道出版社，2009.

[11] 创锐设计. 数码摄影后期密码 Photoshop CC 光影神话[M]. 2 版. 北京：人民邮电出版社，2015.

[12] 龙飞. 会声会影 X10 从入门到精通[M]. 6 版. 北京：清华大学出版社，2017.

[13] Maxim J. Adobe Premiere Pro CC 2017 经典教程彩色版[M]. 北京：人民邮电出版社，2018.

[14] 郭建璞. 多媒体技术基础及应用[M]. 3 版. 北京：电子工业出版社，2014.

[15] 林福宗. 多媒体技术基础[M]. 4 版. 北京：清华大学出版社，2017.

第6章 微机组装与配置

【给学生的目标】

通过完成本章设定的微型计算机(微机)系统组装与配置任务,能将微型计算机硬件与操作系统基础知识应用到实际使用中,具备基本装机技能,能够组装一台微型计算机,进行常见操作系统的安装,排除简单安装错误,有意识地培养计算机的硬件动手能力和操作系统的实操能力。

【给老师的建议】

本章实验建议以任务形式布置给学生,无须课堂讲解和演示。学生主要以自学的方式,通过完成微型计算机硬件组装、操作系统安装、简单故障检测与排除3个方面实验任务,掌握微型计算机系统组装与配置的技能。微型计算机硬件组装的实验建议利用课外时间集中安排在实验室,建议课时为2学时。操作系统安装的实验可以集中安排在实验室,也可以让学员在自己的笔记本上进行实验,建议课时为2学时。故障检测与排除实验可根据实际条件酌情删减。

6.1 认识微型计算机硬件

一台计算机在能够正常投入使用前,首先需要将各种硬件配件组装成一台完整的机器,即通常所说的裸机。本节主要介绍一台裸机的主要组成,以及如何组装一台裸机。

6.1.1 主机

一台完整的裸机由主机与外部设备构成。主机包括中央处理器(CPU)、主板、内存等,外部设备包括硬盘、显卡、声卡、网卡、电源、DVD驱动器(或DVD刻录机)、主机箱、键盘、鼠标和显示器等各种配件。现在大多数主板都集成有显卡、声卡和网卡,但相比独立的显卡等性能要差,用户可根据实际需要选择是否配置独立的显卡和声卡。

图6-1为一台完整的台式机示意图,包括主机箱、液晶显示器、键盘和鼠标等。图6-2为主机与显示器之间的数据连接线,也可用作主机与投影仪之间的数据连接。图6-3为

主机箱的正面、背面主板接口示意图。图 6-4 为装配好各配件的主机箱内部示意图。

图 6-1　一台完整的台式机示意图

图 6-2　主机与显示器之间的数据连接线

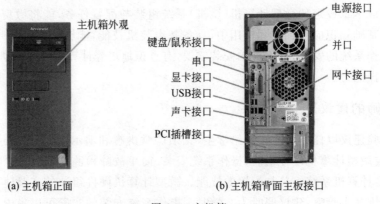

(a) 主机箱正面　　(b) 主机箱背面主板接口

图 6-3　主机箱

图 6-4　主机箱内部示意图

1. CPU

图 6-5 为 CPU 及其主板接口示意图。CPU 经过多年的发展,采用的接口方式有引脚式(PLCC)、卡式(Slot)、触点式(LGA)、针脚式(PGA)等。目前 AMD 的 CPU 大多数是采用传统的针脚式,而 Intel 处理器现在全部采用触点式。采用针脚式接口,引脚做在 CPU 芯片上,组装时将 CPU 引脚插入主板对应引脚针孔中,这种方式在组装时很容易导

致 CPU 引脚的损坏。采用触点式接口,针脚位于主板上,而不位于 CPU 芯片上,主板底座上通常有一个卡扣,用于扣住 CPU。相对而言,与针脚式相比,触点式更不容易造成 CPU 与主板接触部分的弯曲和折断,改善了 CPU 组装时的损耗问题。

(a) CPU 正面　　　　　(b) CPU 背面　　　　　(c) 主板上的 CPU 底座

图 6-5　CPU 及其主板接口示意图

　　CPU 工作时会产生热量,CPU 的温度会在短时间内快速上升,而 CPU 一般只能稳定工作在 70°～80°,因此,CPU 必须主动散热才能稳定工作。CPU 风扇又称为散热风扇,是一种用来给 CPU 散热的风扇,它能快速地将 CPU 的热量传导出来并吹到附近的空气中去,起到降温的效果。图 6-6 为 CPU 风扇示意图。

(a) CPU 风扇及其底架　　　(b) 安装在主板 CPU 上方的风扇

图 6-6　CPU 风扇

2. 内存

　　目前,市场上主流的内存条都属于 DDR 内存。DDR 全称是 DDR SDRAM(Double Data Rate SDRAM,双倍速率 SDRAM)。DDR 是 21 世纪初开始成为主流的内存规范,各大芯片组厂商的主流产品都支持 DDR 规范。目前,DDR 运行频率主要有 100MHz、133MHz、166MHz 三种,由于 DDR 内存具有双倍速率传输数据的特性,因此,在 DDR 内存的标识上采用了工作频率×2 的方法,也就是 DDR200、DDR266、DDR333 和 DDR400。随着发展,到目前已形成了 DDR(也称为 DDR1)、DDR2、DDR3、DDR4 四代 DDR 内存条。这 4 种内存条工艺不同,接口不同,性能不同,互不兼容。每一代 DDR 内存条的缺口处位置都不同,所以可从外观上分辨出是哪一代,图 6-7 给出了四代 DDR 内存条的示意图。

　　目前状况是,DDR1 代内存已被淘汰了,DDR2 代内存停产了但一小部分微机还在使

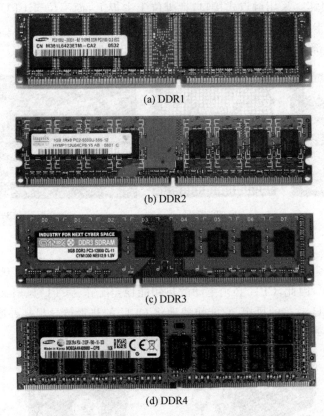

图 6-7　DDR1、DDR2、DDR3、DDR4 四代内存条

用,DDR3 代内存快停产了但目前大部分微机在使用,DDR4 代内存是最新一代内存规格,正逐步普及。三星电子于 2011 年 1 月宣布,已经完成了历史上第一款 DDR4 DRAM 规格内存条的开发,并采用 30nm 级工艺制造了首批样品。

相比 DDR3,DDR4 的性能更高、DIMM 容量更大、数据完整性更强且能耗更低。DDR4 采用了 16b 预取机制(DDR3 为 8b),同样内核频率下理论速度是 DDR3 的两倍。DDR4 采用的工作电压降为 1.2V,更节能。DDR4 每引脚速度超过 2Gbps 且功耗低于 DDR3L(DDR3 低电压),能够在提升性能和带宽 50% 的同时降低总体计算环境的能耗。这代表着对以前内存技术的重大改进,并且能源节省高达 40%。DDR4 采用了更可靠的传输规范,数据可靠性进一步提升。DDR4 提供用于提高数据可靠性的循环冗余校验(CRC),并可对链路上传输的"命令和地址"进行完整性验证的芯片奇偶检测。此外,它还具有更强的信号完整性及其他强大的 RAS 功能。从外观上,DDR4 相比 DDR3 有些细节性的差别。

(1) 卡槽差异:DDR4 内存条上的卡槽与 DDR3 内存条卡槽的位置不同。两者的卡槽都位于插入侧,但 DDR4 卡槽的位置稍有差异,以便防止将内存条安装到不兼容的主板或平台中。

(2) 厚度差异:为了容纳更多信号层,DDR4 内存条比 DDR3 内存条稍厚。

(3) 平滑曲线边:DDR4 内存条金手指部分(内存条上与内存插槽之间部分)是弧形

的(中间稍突出、边缘收矮,在中央的高点和两端的低点以平滑曲线过渡),而之前内存条的金手指都是平直的。这样的设计既可以保证 DDR4 内存的金手指和内存插槽触点有足够的接触面,信号传输确保信号稳定的同时,让中间凸起的部分和内存插槽产生足够的摩擦力稳定内存,这样可以方便插入和缓解内存安装期间对印刷电路板(PCB)的压力。

3. 硬盘

图 6-8 为微型台式计算机的硬盘接口示意图。其中,图 6-8(a)为老式的 IDE 并行数据接口硬盘,图 6-8(b)为目前主流的串行 Serial ATA(SATA)数据接口硬盘。目前市场上台式机硬盘容量从 320GB 到 2TB 不等,转速主要分为 5400 转/分和 7200 转/分。两种接口的硬盘在硬盘外部传输速度方面,SATA 接口较 IDE 接口速度快,但受硬盘内部结构限制,硬盘内部传输速度比外部传输速度低,因此,两者在实际应用中没有大的差别。不过因为 SATA 接口数据线信号引脚数少、体积小,故而对机箱散热更有利。图 6-9 为 SATA 接口和 IDE 接口的数据连接线。

(a) IDE数据接口硬盘

(b) Serial ATA(SATA)数据接口硬盘

图 6-8 硬盘

图 6-9 SATA 接口和 IDE 接口的数据连接线

4. 主板

主板,又称为主机板或系统板或母板,是 CPU、内存、硬盘、显卡、声卡以及键盘、鼠标等外设的连接载体,负责管理和协调其上各部件的工作,是微型计算机的重要部件之一。主板一般为矩形电路板,上面安装了组成计算机的主要电路系统,一般有南北桥芯片组、BIOS 芯片、I/O 控制芯片、键盘和面板控制开关接口、指示灯插接件、各种插槽、主板及插卡的直流电源供电接插件等元器件,如图 6-10 所示。主板采用了开放式结构,大都有 6~15 个扩展插槽,供 PC 外围设备的控制卡(适配器)插接。通过更换这些插卡,可以对微机的相应子系统进行局部升级,使用户在配置机型方面有更大的灵活性。

(a) 主板侧面实物照　　　　　　　(b) 主板正面实物照

图 6-10　主板

按照主板上各元器件的电路特性以及布局的不同设计有多种主板结构。目前，市场上主流的主板结构主要是 ATX(AT eXtended)和 Micro ATX，在继承了老式主板功能的基础上，集成了图形处理、音频处理和网络适配器功能。ATX 是市场上最常见的主板结构，扩展插槽较多，PCI 插槽数量为 4~6 个，大多数主板都采用此结构。Micro ATX 又称为 Mini ATX，是 ATX 结构的简化版，就是常说的"小板"，相比较 ATX 主板，Micro ATX 主板减少了 DIMM 插槽和 PCI 扩展插槽，减小了主板面积，结构更为紧凑，多用于品牌机并配备小型机箱。

(1) 各种插槽。如图 6-10 所示，目前主流的主板上主要有 CPU 插槽、内存插槽、AGP 插槽、IDE 插槽、SATA 插槽以及 PCI 插槽等。CPU 插槽和内存插槽分别用来固定 CPU 和内存条。AGP 插槽是显示适配器(简称显卡)与主板之间的接口，目前主板上已经集成了图形处理功能，在对图形、图像处理功能要求不高的情况下可不配置独立的显卡；IDE 插槽和 SATA 插槽是用来连接硬盘和光驱的接口，目前最新型号的主板已经取消了 IDE 插槽，只配置 SATA 插槽；PCI 插槽(Peripheral Component Interconnect，外设部件互连总线)允许用户通过安装新的扩展卡扩充计算机的功能，多个 PCI 插槽内部相通，扩展卡可以插入其中任何一个。

(2) 南北桥芯片组。微机主板上有两块重要的芯片：北桥芯片和南桥芯片。北桥芯片通常靠近 CPU 和 AGP 插槽，负责 CPU、内存和显卡之间的数据交互，因数据流量大、工作频率高，故发热量大，需要在芯片上加装散热片；南桥芯片通常位于 PCI 插槽附近，负责硬盘等存储设备和 PCI 之间的数据流通。一般主板以北桥芯片的名称来命名。

(3) BIOS 芯片。BIOS 是 Basic Input-Output System 的缩写，指微机的基本输入输出系统。微机主机加电后，在进入操作系统之前需要进行硬件识别、自检等工作，主板上的 BIOS 芯片中封装有微机系统的基本输入输出程序、系统信息设置、开机上电自检程序和系统启动自举程序等，只有当 BIOS 程序运行正常，主机才能进入操作系统开始正常工作。早期用于存放 BIOS 程序的芯片是 ROM，用户不能修改其中的程序，随着技术和需求的发展和变化，现在的 BIOS 程序存放在 E^2PROM 或闪存(Flash Memory)中，用户可以根据需要重新修改其中的 BIOS 程序。关于 BIOS 的具体功能详见 6.3.3 节。

6.1.2 常见外设

由于外部设备种类繁多,结构各不相同,无法一一介绍,本节介绍几种常用的输入输出设备的特点和常用指标。

1. 键盘

键盘是计算机中使用最普遍的输入设备,通过键盘,可以将英文字母、数字、标点符号等输入到计算机中,从而向计算机发出命令、输入数据等。键盘一般由按键、导电塑胶、编码器以及接口电路等组成。键盘上通常有上百个按键,每个按键负责一个功能,当用户按下其中一个时,键盘中的编码器能够迅速将此按键所对应的编码通过接口电路输送到计算机的键盘缓冲器中,由 CPU 进行识别处理。从工作原理上来说,用户按下某个按键时,会通过导电塑胶将线路板上的这个按键排线接通产生信号,产生了的信号会迅速通过键盘接口传送到 CPU 中。

键盘的功能就是及时发现被按下的键,并将该按键的信息送入计算机。键盘由发现下按键位置的键扫描电路、产生被按下键代码的编码电路,以及将产生代码送入计算机的接口电路等构成,这些电路统称为键盘控制电路。

依据键盘的工作原理,可以把计算机键盘分为编码键盘和非编码键盘。对编码键盘,键盘控制电路的功能完全依靠硬件自动完成,它能自动将按下键的编码信息送入计算机。编码键盘响应速度快,但它以复杂的硬件结构为代价,而且其复杂性随着按键功能的增加而增加。非编码键盘并不直接提供按键的编码信息,而是用较为简单的硬件和一套专用程序来识别按键的位置,在软件驱动下与硬件一起来完成诸如扫描、编码、传送等功能。非编码键盘可通过软件为键盘的某些按键重新定义,为扩充键盘功能提供了极大的方便。

键盘按照键开关的类型可分为触点式和无触点式两种。按照按键材料则有机械式、薄膜式和电容式等种类。目前常用的键盘接口有 3 种:直径为 13mm 的老式 AT 接口,直径为 8mm 的 PS/2 键盘接口,以及 USB 接口。图 6-11 给出了常见的微型台式机用的 USB 接口键盘和笔记本电脑用的键盘。

(a) 微型台式机键盘

(b) 笔记本电脑键盘

图 6-11 键盘

2. 鼠标

鼠标是一种很常用的计算机输入设备,它可以对当前屏幕上的游标进行定位,并通过按键和滚轮装置对游标所经过位置的屏幕元素进行操作。

鼠标按其工作原理的不同可以分为机械鼠标、光电机械鼠标和光电鼠标。目前常见的光电鼠标由发光二极管、光学透镜、光学传感器和控制电路构成,是通过检测鼠标器的位移,将位移信号转换为电脉冲信号,再通过程序的处理和转换来控制屏幕上的鼠标箭头的移动。具体来说,工作时通过发光二极管发出的光线(通常为红色或蓝色),照亮光电鼠标底部表面。然后将光电鼠标底部表面反射回的一部分光线,经过一组光学透镜,传输到一个光感应器件内成像。这样,当光电鼠标移动时,其移动轨迹便会被记录为一组高速拍摄的连贯图像。最后利用光电鼠标内部的一块专用图像分析芯片对移动轨迹上摄取的一系列图像进行分析处理,通过对这些图像上特征点位置的变化进行分析,来判断鼠标的移动方向和移动距离,从而完成光标的定位。

鼠标的一个重要指标是分辨率,以 cpi(counts per inch,每英寸测量次数)为单位来衡量,指的是鼠标在桌面上每移动 1 英寸距离鼠标所产生的脉冲数,脉冲数越多,鼠标的灵敏度也越高。光标在屏幕上移动同样长的距离,分辨率高的鼠标在桌面上移动的距离较短,给人感觉"比较快"。对光电机械鼠标来说,分辨率是由底部滚球的直径与光栅转轴直径的比例,以及光栅栅格的数量共同决定的。滚球直径越大,光栅直径越小,光栅栅格数量越多,分辨率就越高。一般说来,光机鼠标的灵敏度为 300~600cpi,少数专业产品甚至可达到 2000cpi 以上。对光学鼠标来说,分辨率的高低取决于感应器本身,目前主流光学鼠标的分辨率为 400cpi/800cpi 标准。

按照鼠标按键数目,可分为单键鼠标、双键鼠标、三键鼠标、三键滚轮鼠标、五键滚轮鼠标,以及多键滚轮鼠标等。鼠标一般有 3 种接口,分别是 RS-232 串口、PS/2 口和 USB 口。图 6-12 给出了常见的 USB 有线鼠标和无线蓝牙鼠标的示意图。

(a) USB有线鼠标　　　　(b) 无线蓝牙鼠标

图 6-12　鼠标

3. 显示器

显示器的作用是将计算机主机输出的电信号变为光信号,最后形成文字、图像显示出来。显示器分为阴极射线管显示器(CRT)和液晶显示器(LCD),如图 6-13 所示,目前常用的是 LCD。

LCD 显示屏由两块玻璃板构成,厚约 1mm,其间由包含液晶材料的 $5\mu m$ 均匀间隔隔开。在显示屏两边设有作为光源的灯管,而在液晶显示屏背面有一块背光板和反光膜,背光板由荧光物质组成并可发射光线,其作用主要是提供均匀的背景光源。背光板发出的光线在穿过第一层偏振过滤层之后进入包含成千上万液晶液滴的液晶层。液晶层中的液滴都被包含在细小的单元格结构中,一个或多个单元格构成屏幕上的一个像素。在玻璃板与液晶材料之间是透明的电极,电极分为行和列,在行与列的交叉点上,通过改变电压而改变液晶的旋光状态。当 LCD 中的电极产生电场时,液晶分子就会产生扭曲,从而将穿越其中的光线进行有规则的折射,然后经过第二层过滤层的过滤在屏幕上显示出来。

各种显示器的接口一般是标准的,常用的有 15 针 D-Sub 接口和 DVI 接口。显示器的常用性能指标及其含义列于下面。

(1) 屏幕尺寸:依屏幕对角线计算,通常以 inch 作为单位。常用的显示器又有标屏(窄屏)与宽屏,标屏为 4∶3(还有少量的 5∶4),宽屏为 16∶10 或 16∶9。

(2) 分辨率:指水平和垂直方向上的最大像素个数,通常用"水平像素数×垂直像素数"来表示。

(3) 点距:计算公式为可视宽度/水平像素数或可视高度/垂直像素数。例如,14 英寸 LCD 的可视面积为 285.7mm×214.3mm,最大分辨率为 1024×768 像素,则点距为 285.7mm/1024=0.279mm。

(a) 液晶显示器(LCD)　　　(b) 阴极射线管显示器(CRT)

图 6-13　显示器

4. 打印机

打印机已成为计算机系统的标准输出设备之一,通常采用并行数据传递方式与计算机系统进行数据传送。打印机与主机的接口有 25 针 D 形接头的并行接口、USB 接口,以及目前不常用的串口。根据从主机接收的数据类型,可将打印机的工作方式分为字符方式和图形方式。字符方式下,主机向打印机发送的是字符的 ASCII 码,根据接收的 ASCII 码,打印机将从字模 ROM 取出字符点阵输出。图形方式下,主机传送的是图形像素信息,可以是字符、汉字或任意图像。

打印机的种类很多,按照打印原理,可分为击打式和非击打式打印机。前者有针式打印机,后者有激光打印机、喷墨打印机。目前,针式打印机除了一些特殊场合,如打印财务发票,已很少使用。

以激光打印机为例(见图 6-14),它由打印引擎和打印控制器两部分构成。打印控制器与计算机通过各

图 6-14　激光打印机

类接口或网络接收计算机发送的控制和打印信息,同时向计算机传送打印机的状态。打印引擎在打印控制器的控制下将接收到的打印内容转印到打印纸上。打印控制器其实是一台功能完整的计算机(嵌入式系统),由通信接口、处理器、内存和控制接口等构成。打印时,将打印控制器保存的光栅位图图像数据转换为激光扫描器的激光束信息,通过反射棱镜对感光鼓充电。感光鼓表面将形成以正电荷表示的与打印图像完全相同的图像信息,然后吸附碳粉盒中的碳粉颗粒,形成感光鼓表面的碳粉图像。打印纸在与感光鼓接触前被充电单元充满负电荷,当打印纸走过感光鼓时,由于正负电荷相互吸引,感光鼓的碳粉图像就转印到打印纸上。经过热转印单元加热使碳粉颗粒完全与纸张纤维吸附,形成了打印图像。

常用的打印机技术指标有如下一些。

(1) 分辨率:用 dpi(dots per inch,每英寸点数)表示,是衡量打印输出图像细节表现力的重要指标,分辨率越大表示图像越精细。打印分辨率一般包括纵向和横向两个方向,一般情况下激光打印机在纵向和横向两个方向上的输出分辨率几乎是相同的。喷墨打印机在纵向和横向两个方向上的输出分辨率相差很大,一般所说的喷墨打印机的分辨率就是指横向喷墨表现力。喷墨打印机的分辨率一般为 300~1440dpi,激光打印机的分辨率为 300~2880dpi。

(2) 打印速度:激光和喷墨打印机是页式打印机,其打印速度用 ppm(papers per minute,每分钟打印张数)衡量,是一项重要的指标。一般为几 ppm 至几十 ppm。

(3) 字体:即打印机内置字体,使用匹配的字体打印可提高打印速度。通常都有 5~10 种字体。当然,在图形打印方式下,这个指标影响不大。

(4) 内存:打印机用内存存储要打印的数据,但如果内存不足,则每次传输到打印机的数据就很少。内存大小也是决定打印速度的重要指标。目前,主流打印机的内存主要为 8~16MB。

(5) 打印幅面和最大打印幅面:打印幅面指的是打印机可打印输出的面积,而最大打印幅面是指打印机所能打印的最大纸张幅面。打印幅面越大,打印的范围越大。目前常用的幅面为 A3、A4、A5 等。有些特殊用途需要更大的幅面,如工程晒图、广告设计等,需要使用 A2 或者更大幅面。

6.2 微型计算机硬件的拆装

认识了微型计算机主机箱内部各种硬件配件后,接着就是进行裸机的拆装。拆装过程中需注意的事项主要如下。

(1) 检查拆装机器所需工具是否齐备,主要是十字螺丝刀。
(2) 检查各种硬件配件和各种规格的螺丝是否齐备。
(3) 仔细观察每种配件的外部特征,明了其拆装方法。
(4) 不要粗暴拆装,要轻拿轻放。
(5) 防止静电。

(6) 防止液体浸入电路。

(7) 遵循正确的拆装顺序进行拆装。

6.2.1 台式机拆装

微型台式机的拆卸顺序大致如下。

(1) 断开电源：拔掉主机箱背面所有的连接线(如连接显示器、键盘、鼠标等的连接线)，然后拧开主机箱背面的两个大螺丝，打开主机箱后盖，然后把主机箱平躺放置。

(2) 拆内存条：用力掰开内存条两头的卡锁，往上使劲拔出内存条。

(3) 拆显卡：拔掉右下角的卡锁，拧开螺丝，往上用力就可拔出显卡；用同样方式拔掉其他 PCI 设备，如网卡等。

(4) 拆硬盘：拔掉连接硬盘的线头，拧开固定硬盘的螺丝，取出硬盘。

(5) 拆光驱：拔掉连接光驱的线头，拧开固定光驱的螺丝，取出光驱。

(6) 拆电源：拧开固定电源的所有螺丝，和大堆的线路一起拿出来。

(7) 拆 CPU：首先拧开固定 CPU 风扇四个角的螺丝，拿掉风扇，这时就能看到 CPU 了，记得后面安装回去的话一定要把风扇拧紧；打开主板上 CPU 插槽的固定支架，取出 CPU。

(8) 拆主板：将固定主板的螺丝拧开，就可以把主板从机箱里拆出了。

拆卸完成后，按拆机时相反的顺序重新将配件装回去即可，盖上机箱盖，将连接外部设备的连接线插好，然后开机检测。建议拆机过程中每完成一步就拍张照片，这样在后面组装时就会轻松点。图 6-15 给出了打开机箱盖之后时拍摄的主机箱内部连线的照片。

图 6-15 主机箱内部连接线连接示意图

实验关卡 6-1：微机硬件系统的拆卸。

实验目标：能将一台连接完整的微机拆卸成独立元件。

实验内容：将一台连接完整的微机的各个硬件设备按照合理的顺序拆卸下来。

【小贴士】 各部件要轻拿轻放,尤其是硬盘,摔一下可能就坏了,不要挤压硬盘、光驱;拆 CPU 时,一定要先把 CPU 的卡子掰起,再轻轻拿起 CPU,并注意拔起的方向以便安装。

> **实验关卡 6-2**:微机硬件系统的组装。
> **实验目标**:能把一组独立、配套齐全的硬件设备,组装成一台完整的微型计算机。
> **实验内容**:将如下硬件设备组装成一台完整的微型计算机:微机主机箱、微机电源、主板、CPU 芯片及散热片、内存、硬盘、光驱、显示器、鼠标、键盘各一个,数据连接线若干根。组装好后,通电检查。

【小贴士】 安装 CPU 时一定要看清引脚和方向,对准再安放,不要用力挤压,如果方向不对,稍微用力不当就可能导致引脚折断或变形,或 CPU 报废。安装 CPU 时,注意 CPU 上有两个缺口,要对准主板 CPU 插槽上的两个固定点放下。

> **实验关卡 6-3**:双硬盘安装。
> **实验目标**:能成功安装并检测到双硬盘。
> **实验内容**:在完成实验关卡 6-2 的基础上,另外拿一块硬盘和一根数据连接线,为主机安装第二块硬盘,注意主从盘的设置。通电进入系统 BIOS,检查双硬盘是否安装成功。

【小贴士】 一般在硬盘上都标有主从盘设置说明,其设置接口在数据接口附近,可按照硬盘使用用途不同设置主从盘。若要在硬盘上安装操作系统并用其启动机器,可设置成主盘;若将硬盘当成数据盘使用,可设置成从盘。操作系统均从主盘引导启动。

6.2.2 笔记本电脑拆装

现在许多人都拥有自己的便携式笔记本电脑。在为笔记本电脑升级内存、换固态硬盘、清理灰尘或更换键盘时,都需要拆装笔记本电脑。相对于台式计算机,笔记本电脑更为精密,拆装难度也更大,尤其存在不少需要特别注意的细节。

普通笔记本电脑的拆卸顺序大致如下。

(1) 拆机前,先拔掉电源,拆下电池。

(2) 从背部拧下所有固定螺丝,拆下的螺丝按顺序放好,建议用手机拍好照,做好标记。然后,用撬片撬开后盖。

(3) 掰开内存条两侧固定卡,拔出内存条。

(4) 拆下硬盘的固定螺丝,拔出硬盘。

(5) 拆下光驱的固定螺丝,抽出光驱。

(6) 拧下固定键盘的螺丝,然后利用撬片撬开键盘,取下键盘后,拔出键盘排线,就可以将键盘完全分离。

(7) 拆下键盘后,壳上可能还有螺丝需要拧下来,拧下螺丝后沿着四周缝隙轻轻撬开 C 壳(指掌托)。

(8) 拔掉所看到的几个连接线,拧下螺丝,随后取下主板,可用毛刷将主板表面的灰尘清理干净。

(9) 取下主板后,拧下 CPU 散热器的固定螺丝。

(10) 取下散热器和风扇,用毛刷将散热器和风扇上的灰尘清理干净。

(11) 给 CPU 和显卡涂上导热硅脂。

(12) 装回 CPU 散热器和风扇,按拆机时相反的顺序重新将配件装回去即可。

最后提醒一下,拆卸笔记本电脑要小心,不同品牌、不同型号笔记本电脑的内部构造都不同,建议先在网上找找同款笔记本电脑的拆机教程或视频,可以一边看教程或视频一边拆。同样地,建议拆机过程中每完成一步就拍张照片,这样在组装时就会轻松点。图 6-16 给出了笔记本电脑拆卸过程中的内部的照片。

(a) 内部照片1

(b) 内部照片2

图 6-16　笔记本电脑拆卸

【小贴士】　笔记本电脑拆机前一定要注意关机,断电源,拆下电池;笔记本电脑的不同固定位置可能采用的是不同型号的螺丝,因此,拆机时一定要留心记住螺丝的顺序,不同型号的螺丝分开保存,最好做好标记,以便稍后装回时,知道哪些螺丝是固定哪个位置的;拆卸笔记本电脑时要善用撬片,尤其是在分离后盖或者键盘的时候,顺着缝隙较大的地方将撬片伸进去,慢慢打开;打开笔记本后壳之后,会看到很多排线连接扬声器、风扇、子电路板等,另外键盘上也有排线,拆卸时要小心断开排线,注意飞线,不要用力猛拉,需要在接口处轻轻拔出。

6.3　微型计算机操作系统的安装

6.2 节我们将各种硬件设备组装成了一台裸机,但是一台计算机在正常投入使用前,还需在裸机上安装操作系统和各种应用软件。本节主要介绍操作系统的安装与系统配置。

6.3.1　常用操作系统简介

从微型计算机面世以来,出现过各种各样的操作系统,经过多年发展和市场竞争,目前在微机操作系统这个领域内占据主要市场的主要有 Windows 操作系统、Linux 操作系统和 MacOS 操作系统。

1. Windows 操作系统

Windows 系列视窗操作系统由美国微软公司研发销售。从 1985 年至今，微软公司开发出多种 Windows 操作系统，近年来大家熟知的包括 Windows XP、Windows Vista、Windows 7、Windows 8、Windows 8.1、Windows 10 等。随着不断的更新升级，Windows 操作系统越来越易于使用，也深受人们喜欢。

Windows 10 是微软公司研发的跨平台及设备应用的操作系统，于 2014 年 10 月发布技术预览版，于 2015 年 7 月发布正式版。Windows 10 有家庭版(Home)、专业版(Pro)、企业版(Enterprise)、教育版(Education)、移动版(Mobile)、移动企业版(Mobile Enterprise)、物联网核心版(IoT Core)共 7 个发行版本，分别面向不同的用户和设备。对于一般用户而言，主要选择 Windows 10 家庭版或专业版。2018 年 5 月，微软公司宣布 Windows 10 用户数接近 7 亿。

安装 Windows 10 操作系统，对主机硬件有一定的要求，桌面版本最低配置要求如下。

(1) 处理器(CPU)：1GHz 或更快的处理器或 SoC。

(2) 内存(RAM)：1GB(32 位)或 2GB(64 位)。

(3) 硬盘空间：16GB(32 位操作系统)或 20GB(64 位操作系统)。

(4) 显卡：DirectX 9 或更高版本(包含 WDDM 1.0 驱动程序)。

(5) 显示器：800×600 像素及以上分辨率。

2. Linux 操作系统

Linux 操作系统是一套免费使用和自由传播的类 UNIX 操作系统，它主要用于基于 x86 系列 CPU 的计算机上。Linux 最早是在 1991 年由芬兰赫尔辛基大学的一名叫 Linus Torvalds 的学生编写并将其源代码在网络上公开免费下载，同时希望大家一起来将它完善，经过 Internet 的传播，世界各地成千上万的程序员参与了 Linux 的设计、实现和完善，尤其是 GNU 的参与极大地推动了 Linux 的发展。1994 年 3 月，Linux 1.0 版正式发布，同时 Red Hat 软件公司成立，成为最著名的 Linux 分销商之一。Ubuntu(见图 6-17)是一个以桌面应用为主的开源 GNU/Linux 操作系统，基于 Debian GNU/Linux，支持 x86、amd64(即 x64)和 ppc 架构。

Linux 操作系统的基本思想与 UNIX 操作系统很相似，主要包含两点：第一，一切都是文件；第二，每个软件都有确定的用途。Linux 具有很多优点，主要如下。

(1) 低廉性。Linux 是自由软件，拥有数量庞大的 GNU 软件以及世界各地 Linux 高手所开发的软件，用户可以不支付任何费用获得它和它的源代码，自由安装，并且可以根据自己的需要对它进行必要的修改，无偿对它使用，无约束地继续传播。

(2) 广泛性。Linux 支持 Intel x86、680x0、SPARC、Alpha 及 MIPS 等平台，并广泛支持各种周边设备。目前，除了个人计算机使用 Linux 的用户越来越多外，Linux 还被广泛用于服务器。在传统的 LAMP(Linux、Apache、MySQL、Perl/PHP/Python 的组合)经典技术组合基础上,现在在面向更大规模级别的领域中也可以在 Linux 上得到很好支持。目前,Linux 已逐渐成为网站服务提供商最常使用的操作系统平台。

(3) 灵活性。Linux 系统与 System V 及 BSD UNIX 兼容,并且符合 POSIX 1.0 规格。它具有 UNIX 的全部功能,任何使用 UNIX 操作系统或想要学习 UNIX 操作系统的人都可以从 Linux 中获益,支持 X-Window 图形用户界面,是一个多任务、多用户的操作系统。Linux 操作系统软件包不仅包括完整的 Linux 操作系统,而且还包括了文本编辑器、高级语言编译器等多种应用软件和系统软件。

由国防科技大学等单位研制的银河麒麟系列操作系统也与 Linux 兼容,目前已经能够支持所有体系结构的 Linux 软件,尤其对 Red Hat 有相当广泛的支持。2010 年 12 月,国防科技大学和中标软件有限公司签订了战略合作协议,两大国产操作系统("银河麒麟"操作系统和"中标 Linux"操作系统)正式宣布合并,双方今后将共同开发军民两用的操作系统,共同成立操作系统研发中心,共同开拓市场,并将在"中标麒麟"的统一品牌下发布统一的操作系统产品。另外,2013 年 3 月,工信部软件与集成电路促进中心(CSIP)携手国防科技大学(NUDT)与国际著名开源社区 Ubuntu 的支持公司 CANONICAL 在京宣布合作成立开源软件创新联合实验室,发起开源社区操作系统项目——优麒麟操作系统 UbuntuKylin。其宗旨是通过研发用户友好的桌面环境以及特定需求的应用软件,为全球 Linux 桌面用户带来非凡的全新体验。优麒麟操作系统是 Ubuntu 官方衍生版,目前得到来自 Debian、Ubuntu、Mate、LUPA 等国际社区及众多国内外社区爱好者的广泛参与和热情支持。

3. Mac OS 操作系统

Mac OS 是一套运行于苹果 Macintosh 系列计算机上的操作系统。Mac OS 是由苹果公司开发的基于 UNIX 内核的图形化操作系统,也是首个在商用领域成功的图形用户界面操作系统。苹果公司不仅自己开发操作系统,也涉及硬件的开发。另外,值得一提的是,大部分计算机病毒几乎都是针对 Windows 的,由于 Mac 的架构与 Windows 不同,所以很少受到病毒的袭击。但是,Mac OS 一般情况下在普通微机(非苹果 Macintosh 系列计算机)上无法安装。目前,Mac OS 操作系统已经发展到了 OS 10,代号为 Mac OS X(X 为 10 的罗马数字写法)。Mac OS X 操作系统的界面非常独特,突出了形象的图标和人机对话。新系统非常可靠,它的许多特点和服务都体现了苹果公司的理念。2017 年 6 月,苹果公司发布了新一代 Mac OS 桌面操作系统,代号为 High Sierra,并于 2017 年秋推出了 Mac OS High Sierra 正式版。

【小贴士】 GNU 与 Linux:1983 年,理查德·马修·斯托曼(Richard Stallman)创立了 GNU 计划(GNU Project)。这个计划的目标之一是发展一个完全免费自由的 UNIX-like 操作系统。GNU 计划发起以来,大量地产生或收集了各种系统所必备的元件,如函数库(libraries)、编译器(compilers)、调试工具(debuggers)、文本编辑器(text editors)、网页服务器(Web server),以及一个 UNIX 的使用者接口(UNIX shell),但一直缺乏执行核心(kernel)。到 1991 年 Linux 内核发布的时候,GNU 已经几乎完成了除了

图 6-17　Ubuntu 操作系统

图 6-18　Mac OS 操作系统

系统内核之外的各种必备软件的开发。在 Linus Torvalds 和其他开发人员的努力下，GNU 组件得以运行在 Linux 内核之上。整个内核基于 GNU 通用公共许可(GNU General Public License,GPL)，但是 Linux 内核并不是 GNU 计划的一部分。

6.3.2 操作系统安装前期准备

在实施操作系统安装前,应做好相应的准备工作,主要包含下面9个方面。

(1) 在完成微机硬件组装后,先通电进入BIOS,完成相关配置,具体操作见6.3.3节。

(2) 硬盘在使用前必须进行数据分区。可以根据机器硬盘容量大小,分析机器使用过程中可能存放的文件类型,以及个人的喜好,规划硬盘数据分区。建议:硬盘至少分为两个区,操作系统和应用软件安装在一个分区,其他数据文件存放在另一个分区。

(3) 选择合适的操作系统版本。应从机器硬件配置、操作系统版本性能、个人使用熟练程度等多个方面考虑。例如,Windows 10操作系统有32位和64位两个版本,根据微机硬件的性能选择安装哪个版本。又如,Windows 10 Home 版和 Windows 10 Professional 版在功能上存在一定的差别,尤其是在网络应用方面,用户在选择两者之一安装时应做好充分的了解。

(4) 为各个数据分区选择合适的文件系统。根据所选操作系统版本、个人需求等选择合适的文件系统,目前常用的文件系统主要有 NTFS 和 FAT 两大类。

(5) 安装前应准备好机器所需的显卡、声卡、网卡等驱动程序。

(6) 建议采用原版光盘或可从光驱运行的安装光盘,并尽可能采取格式化安装分区的方式进行操作系统安装,以保证操作系统的纯净、正规和安全。为使机器能从光盘启动,应在安装前进入 BIOS,将系统第一优先启动设备设置为光驱。

(7) 准备好合适的操作系统补丁程序。

(8) 若是重新安装操作系统,安装前应备份 C 盘储存的个人资料,并按上面第(5)、(6)点进行。

(9) 断开与计算机连接的外设,如打印机、扫描仪、外置 MODEM、USB 设备等,防止安装过程中可能出现的资源冲突,造成安装程序死锁。

【小贴士】 32位和64位操作系统:64位操作系统只能安装在64位微机上,即 CPU 必须是64位的。64位操作系统上安装的应用软件最好也要是64位的版本,这样才能发挥64位的最佳性能。32位操作系统则可以安装在32位微机上(即 CPU 是32位的),也可以安装在64位微机上(即 CPU 是64位的)。但是,在64位微机上安装32位操作系统,不能充分发挥64位的性能。另外,32位操作系统支持的内存是 2^{32} B,也就是4GB。由于32位系统最大仅支持4GB内存,即便在微机上安装了8GB内存,也仅能识别4GB。而64位操作系统支持的内存大小是 2^{64} B,也就是128GB,是32位最大支持的32倍。一般来说,现在内存都是4GB以上,默认都是安装64位操作系统,但是如果事先没看配置直接安装32位操作系统,会发现无法识别4GB以上内存。注意,64位操作系统最好装在4GB内存以上的微机上,不然使用起来将非常卡顿。

6.3.3 BIOS 的使用与配置

每台微机投入使用前应先对其主板中的 BIOS 程序进行基本的设置。不同主板

BIOS 程序界面不相同,但功能相差不大,图 6-19 是经典的 Phoenix-Award BIOS 程序进入的首界面。不同种类、机型的 BIOS 程序其进入方法也有所不同,通常会在开机画面有所提示,一般通过按 Del、F1 或 F2 等键进入 BIOS。在 BIOS 中,鼠标不能使用,必须通过键盘对其进行设置,具体使用键盘的方法在其相应画面中均有提示,也可通过按 F1 键打开帮助界面了解。

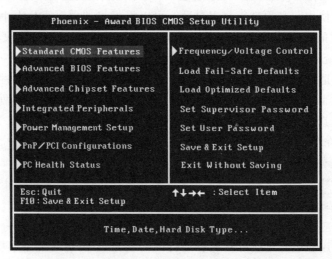

图 6-19　Phoenix-Award BIOS 程序首界面

下面以 Phoenix-Award BIOS 程序为例简单介绍 BIOS 的使用与配置。BIOS 的主要内容包括 Standard CMOS Features、Advanced BIOS Features、Advanced Chipset Features、Integrated Peripherals、Power Management Setup、PnP/PCI Configurations、PC Health Status、Frequency/Voltage Control、Load Fail-Safe Defaults、Load Optimized Defaults、Set Supervisor Password、Set User Password、Save & Exit Setup、Exit Without Saving 等子菜单。

这里,我们介绍其中几个常用的选项功能。

(1) Standard CMOS Features 子菜单:主要用来设置系统日期和时间、识别和显示主机中安装的 IDE 设备。主要选项如下。

① System Date(mm:dd:ww):设定系统日期。

② System Time(hh:mm:ss):设定系统时间。

③ Primary IDE Master:显示第一主 IDE 设备,一般为硬盘。

④ Primaty IDE Slave:显示第一从 IDE 设备,可以是硬盘或光驱等。

⑤ Secondary IDE Master:显示第二主 IDE 设备,可以是硬盘或光驱等。

⑥ Secondary IDE Slave:显示第二从 IDE 设备,可以是硬盘或光驱等。

⑦ Third IDE Master:显示第三主 IDE 设备,可以是硬盘或光驱等。

⑧ Third IDE Slave:显示第三从 IDE 设备,可以是硬盘或光驱等。

⑨ Halt On:设置系统自我检测的中断位置,包括 All Errors、All Errors but…两个选项。

(2) Advanced BIOS Features 子菜单：其中，Boot Sequence 可以设置系统开机时的启动顺序，下设 First Boot Device、Second Boot Device、Third Boot Device 等选项，分别对应第一、第二、第三优先开机装置，包括光驱、硬盘、USB 等。

(3) Set Supervisor Password 子菜单：设置进入系统 BIOS 的密码。

(4) Set User Password 子菜单：设置系统开机密码。

【小贴士】 CMOS 本意是指互补金属氧化物半导体，多用于集成电路芯片制造，这里是指微机主板上的一块可读写的 RAM 芯片，由主板上的电池供电，即使系统关机掉电，其内部信息也不会丢失。CMOS 主要用来保存当前系统配置的各项参数，这些参数需要通过上面介绍的 BIOS 程序来完成设置。可通过拆卸主板上的电池清除 CMOS 中存放的参数，俗称"CMOS 放电"。

6.3.4 操作系统安装过程

按照前面讲述的准备工作做好后，就可以开始安装操作系统。下面以 Windows 10 操作系统为例，讲述主要的安装步骤。

1. 使用光盘安装 Windows 10 操作系统

下面介绍如何使用 DVD 安装光盘全新安装 Windows 10 操作系统，具体步骤如下。

(1) 将 Windows 10 安装光盘放入光驱，启动微机后进入 BIOS，在 BIOS 中将计算机第一启动项设置为从光驱启动（现在很多微机都有快捷启动设置菜单，也可从中选择从光驱启动，从而不用进入 BIOS）。

(2) 屏幕上显示"Press any key to boot from CD…"，即请按任意键继续（表示确认从光驱启动），随后将启动 Windows 10 安装程序，出现 Windows 徽标。

(3) 稍等片刻后，会弹出"Windows 安装程序"窗口，选择语言、国家、键盘和输入法，然后单击"下一步"按钮，并在出现的界面中，点击"现在安装"按钮（如果是想修复原有操作系统而非安装新操作系统，此处可单击"修复计算机"超链接）。

(4) 在弹出的对话框中输入产品密钥（用于激活系统），然后单击"下一步"按钮。这里，也可以不输入产品密钥，直接单击"跳过"超链接（表示以后再激活系统）。

(5) 在弹出的对话框中选择系统版本，这里我们选择"Windows 10 专业版"选项，然后单击"下一步"按钮。

(6) 在弹出的"微软软件许可条款"对话框中，阅读 Windows 操作系统许可条款，勾选上"我接受许可条款"复选框，然后单击"下一步"按钮。

(7) 在弹出的安装类型对话框中，选择"自定义：仅安装 Windows（高级）"选项，然后选择要安装 Windows 10 操作系统的分区，然后单击"下一步"按钮（注意：如果是一台全新的微机没有任何分区，此处可以创建硬盘分区、设置各个分区）。

(8) 进入"正在安装 Windows"界面，表示正在安装 Windows 10 操作系统，等待安装完成。安装完成后，安装程序会提示"Windows 需要重启才能继续"，若干秒后会自动重启机器。

(9) 自动重启后,会显示 Windows 徽标,然后开始安装设备驱动过程,显示"正在准备设备",继续等待准备就绪。机器安装好设备驱动后,会再次重启。

(10) 重启进入系统后,会弹出"快速上手"界面,可以按照系统默认的一些设置来配置系统。

(11) 稍后可以登录 Microsoft 账户,或者为这台计算机创建一个账户并设置账户信息(这个账户会作为计算机管理员,用户也可以在系统安装完成后自行添加新的用户账号)。

(12) 安装程序开始自动设置应用,并进行最后的配置准备。

(13) 稍等片刻后,即可进入 Window 10 系统桌面,如图 6-20 所示。至此,Windows 10 安装完成。

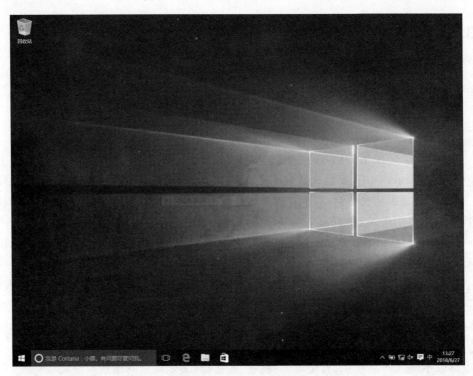

图 6-20　Windows 10 桌面

【小贴士】　不论是第一次安装还是重新安装操作系统,建议在安装过程中格式化 C 盘,其他数据分区可以在操作系统安装完毕,进入操作系统后再进行格式化和数据整理工作。

2. 使用 U 盘安装 Windows 10 操作系统

可以使用 U 盘替代光盘来安装 Windows 10 操作系统,尤其是有些个人计算机(如笔记本电脑)没有光驱时。但是,使用 U 盘安装,首先需要制作一个 Windows 10 启动 U 盘。制作启动 U 盘有多种方法。可以利用微软官方提供的 MediaCreationTool 工具制作 Windows 10 启动 U 盘。首先,从微软官网(http://www.microsoft.com/zh-cn/

software-download/windows 10)下载 MediaCreationTool 工具,根据自己操作系统的位数选择相应的工具进行下载。待 MediaCreationTool 工具下载完成后,安装并运行此工具,后续步骤大致如下。

(1) 从弹出的"Windows 10 安装程序"主界面中,勾选"为另一台电脑创建安装介质"项,单击"下一步"按钮。

(2) 在打开"选择语言、版本和体系结构"界面中,选择"中文(简体)",同时根据实际情况选择版本(如 Windows 10 家庭版)和体系结构(如 64 位),单击"下一步"按钮。

(3) 在"选择要使用的介质"界面中,直接选择"U 盘",单击"下一步"按钮(注意:U 盘大小至少 8GB)。

(4) 根据"Windows 10 安装向导"的提示,插入 U 盘存储介质,待 U 盘被正常识别后,单击"下一步"按钮。

(5) "Windows 10 安装程序"将自动下载 Windows 10 系统到 U 盘,同时将 U 盘制作成一个具有启动功能的 Windows 10 系统安装 U 盘。

当 Windows 10 系统启动 U 盘制作完成后,将其插入目标计算机中,进入 U 盘,双击其中的 setup.exe 程序即可启动 Windows 10 安装操作。或者,插入 Windows 10 系统启动 U 盘,重启一下计算机,在计算机启动时,进入快捷启动设置菜单或 BIOS 设置界面,在界面中选择从"U 盘(或可移动磁盘)启动"。然后,自动进入 Windows 10 操作系统安装界面,接下来的后续过程与使用光盘安装 Windows 10 系统类似,根据安装向导操作即可完成 Windows 10 系统的全新安装操作。

【小贴士】 使用 MediaCreationTool 工具不仅可以制作 Windows 10 启动 U 盘,还可以直接升级操作系统,或者下载 Windows 10 安装文件并制作成 DVD 盘或 ISO 文件。

6.3.5 设备驱动程序及其安装

设备驱动程序(Device Driver)相当于硬件设备与操作系统的接口,可以使计算机和硬件设备实现相互间的通信,操作系统通过这个接口控制硬件设备的工作,如果一个硬件设备的驱动程序没有正确安装,则该设备不能正常工作。

因此,当操作系统安装完毕后,第一件要做的工作便是安装硬件设备的驱动程序。通常在安装一个原本不属于微机的硬件设备时,系统会要求安装驱动程序,主要包括显卡、声卡、网卡、扫描仪、打印机、调制解调器等。目前随着计算机硬件设备的升级、操作系统功能的增强,上述大多数硬件设备在使用前都不需要再单独安装驱动程序。例如,在带有集成显卡、声卡和网卡的主板上安装 Windows XP 及以上版本的操作系统,一般系统会自动安装相应设备的驱动程序,若为追求高品质的图形图像效果而安装独立显卡,则通常情况下需要安装其相应的驱动程序;再比如 Windows 10 操作系统自带有绝大多数设备的驱动程序,通常情况下不再需要额外安装驱动程序。

驱动程序按照其提供的硬件支持可以分为显卡驱动程序、声卡驱动程序、打印机驱动程序、扫描仪驱动程序、网络设备驱动程序等。驱动程序通常可通过 3 种途径得到:一是操作系统自带有大量驱动程序;二是购买的硬件附带有驱动程序;三是从 Internet 上下载驱动程序。从其来源和发布上可将驱动程序分为官方正式版、微软 WHQL 认证版、第三方驱动、发烧友修改版、Beta 测试版等，操作系统不同，相应的硬件驱动程序也不同，各个硬件厂商为了保证硬件的兼容性及增强硬件的功能，会不断升级驱动程序，因此，建议通过 Internet 下载最新的驱动程序。

在 Windows 操作系统中，安装驱动程序的方法一般有以下几种。

（1）系统检测到新安装的硬件设备，如果是即插即用的硬件（如键盘、鼠标），操作系统会从自带的驱动程序包自动安装，无须用户干预；对于非即插即用的硬件，操作系统可能会弹出对话框，如图 6-21 所示。用户可以选择"自动搜索更新的驱动程序软件"选项，操作系统会在计算机和 Internet 上进行搜索并自动安装。当然，如果用户知道驱动程序安装文件已经在硬盘或光盘的某个位置，也可以选择"浏览计算机以查找驱动程序软件"选项，指定驱动程序所在的目录，可以较快地完成安装。

（2）直接运行设备驱动程序的安装软件，按照安装提示进行操作。

（3）进入操作系统"控制面板"，选择"添加硬件"，按照提示安装设备驱动程序。

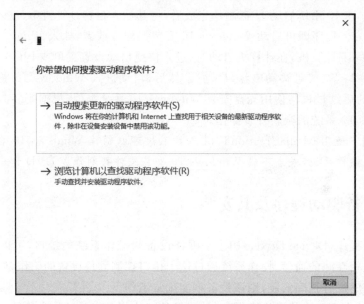

图 6-21　安装设备驱动程序

6.4　微型计算机操作系统的配置

本节以 Windows 10 操作系统为例，简单介绍操作系统的一些常见配置。

6.4.1　"设置"和控制面板

熟悉 Windows 系列历史版本操作系统（如 Windows XP、Windows 7 等）的用户，可能习惯了使用控制面板,来对计算机系统进行各种配置。控制面板提供了丰富的用于更改 Windows 外观和行为方式的工具,可用来修改系统配置、添加新硬件和程序,对系统外部设备及网络进行有效的管理和控制。但是,微软公司在 Windows 10 操作系统中逐步放弃传统的控制面板,让更加现代的"设置"应用来挑大梁,以期将来替代控制面板。Windows 10 继续加强并改进了"设置"应用,越来越多的功能设置选项被移至"设置"应用,有意识弱化用户使用控制面板的习惯。相比控制面板,"设置"应用的功能分类更加合理,选项更加简洁易懂。而且,"设置"应用的搜索功能比较强大,可以利用关键词快速查找需要的设置选项。

在图 6-22 所示的"开始"菜单左侧列表中选择"设置"或按下 Win+I 键即可打开"设置"应用界面,如图 6-23 所示。"设置"应用共有系统、设备、网络和 Internet、个性化、账户、时间和语言、轻松使用、隐私、更新和安全 9 种设置分类。

图 6-22 "开始"菜单

按照微软公司当前的设计,不难想象 Windows 10 以及今后的 Windows 版本,"设置"应用将逐步替代控制面板。Windows 10 中依然保留了传统的控制面板,提供着一些"设置"应用所没有的选项。建议大家使用"设置",但是有些人可能已经习惯了使用旧式控制面板。对于这些用户来说,如何快速找回控制面板呢?一种方法是右击"开始"菜单按钮(或按下 Win+X 键),在弹出的菜单中单击控制面板,如图 6-24 所示。打开的"控制面板"分类视图如图 6-25 所示,共有系统和安全,网络和 Internet,硬件和声音,程序,用户账户,外观和个性化,时钟、语言和区域,轻松使用 8 种设置。

"设置"应用和控制面板的功能较多,更为详细的介绍,用户可参考 Windows 10 自带

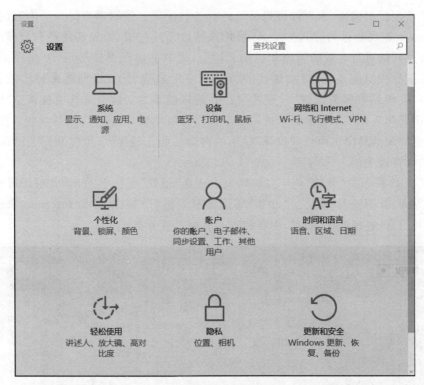

图 6-23 "设置"分类视图

图 6-24 按 Win+X 键弹出菜单

图 6-25 "控制面板"分类视图

的帮助文档。

【小贴士】"设置"应用更方便触屏设备使用,而控制面板功能强大,更适合计算机用户使用。另外,Windows 10 打开控制面板的具体方法还有很多,用户可以自行选择:①单击桌面左下角的"开始菜单",在弹出的列表中找到 W 字母列的"Windows 系统",单击"Windows 系统",在下拉列表中就会看到控制面板,单击即可进入控制面板;②在桌面底部的开始菜单右侧的搜索框中直接输入"控制面板"关键字,系统便会显示控制面板应用的入口。

6.4.2 系统配置

进入"资源管理器"之后,在左侧栏右单击"此电脑"图标,在弹出的快捷菜单中选择"属性",就会得到如图 6-26 所示的"系统"相关信息。从中可以查看有关计算机的基本软硬件配置信息,包括 Windows 版本、系统、计算机名、域和工作组设置,以及 Windows 激活信息。其中,"系统"栏显示了处理器、已安装的内存(RAM)、操作系统类型等信息。在此界面,进一步单击左上方的"设备管理器"选项,打开"设备管理器",如图 6-27 所示。

在"设备管理器"窗口可以查看系统硬件设备配置情况。默认是按照类型显示所有设备,单击每种类型前面的图标就可以展开该类型的设备,并查看属于该类型的具体设备。使用设备管理器可以更新硬件设备的驱动程序(或软件)、修改硬件设置等。双击某个设备,就可以打开相应设备的"属性"对话框,选择"驱动程序"选项卡,可以查看当前设备驱动程序提供商、驱动程序日期、驱动程序版本、数字签名者等信息,如图 6-28(a)所示。打开"更新驱动程序"对话框,就可以为该设备更新驱动程序,如图 6-28(b)所示。

图 6-26 "系统"窗口

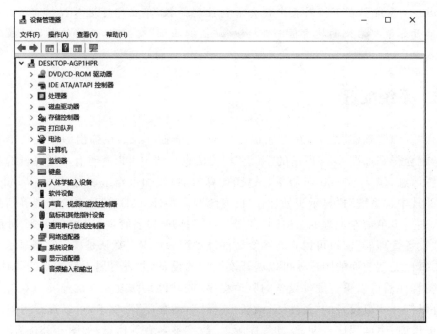

图 6-27 "设备管理器"窗口

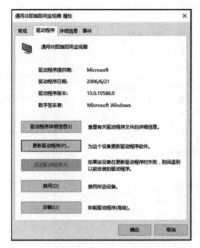 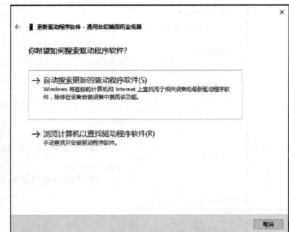

(a) 查看设备驱动程序　　　　　　　　(b) 更新设备驱动程序

图 6-28　查看和更新设备驱动程序

> **实验关卡 6-4**：设备的停用与启用。
> **实验目标**：停用和启用网络适配器后能够成功观察本机网络连接的变化情况。
> **实验内容**：单击"控制面板"→"系统和安全"→"系统",单击"设备管理器"选项,进入设备管理器,选中网络适配器,查看其各项属性,并将其停用,查看本机网络连接情况,再启用它。

6.4.3　网络设置

"设置"中的"网络和 Internet"分类主要用于完成与网络和安全相关的系统设置,从左侧栏可以看到细分有飞行模式、数据使用量、VPN、拨号、以太网和代理 6 项。单击"以太网",会进入以太网的相关设置,具体包含更改适配器选项、更改高级共享设置、网络和共享中心、家庭组、Windows 防火墙等 6 个方面。在该界面单击"网络和共享中心",可以查看基本网络信息并设置连接,如图 6-29 所示。

在"控制面板"→"网络和 Internet"→"网络和共享中心"界面的左下角单击"Internet 选项"可以设置系统打开 Microsoft Edge 浏览器时默认的主页地址,清除历史记录,删除临时文件、Cookies、保存的密码和网页表单等信息,如图 6-30(a)所示;在"高级"选项卡中可以对系统显示网页进行各项设置,例如,在网络速度较慢的时候,为了加快网页显示速度,可以在"多媒体"中选择关闭"在网页中播放动画""在网页中播放声音"等,如图 6-30(b)所示。

在"控制面板"→"网络和 Internet"→"网络和共享中心"界面的左下角单击"Windows 防火墙",然后在显示界面的左侧栏单击"启用或关闭 Windows 防火墙",如图 6-31 所示,主要用于提高系统网络安全防护能力,用户可以选择是否启用 Windows 防火

图 6-29　网络和共享中心

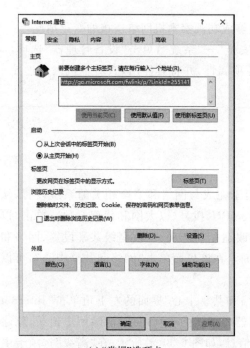
(a) "常规"选项卡

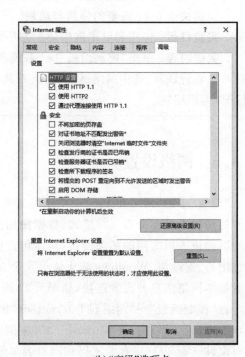
(b) "高级"选项卡

图 6-30　Internet 属性

墙来帮助系统防范病毒和入侵者的攻击,有些品牌的杀毒软件和防火墙产品在安装使用过程中会和 Windows 自带的防火墙发生冲突,这时可以选择关闭 Windows 防火墙,也可以更换一款产品。

在"控制面板"→"网络和 Internet"→"网络和共享中心"界面,单击左侧"更改适配器

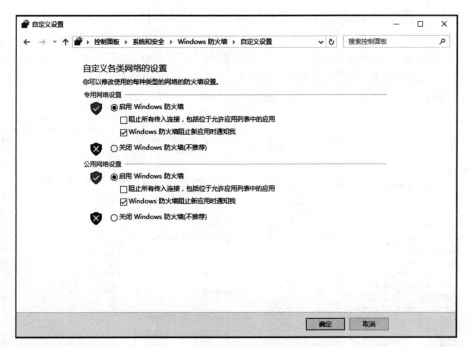

图 6-31　启用或关闭 Windows 防火墙

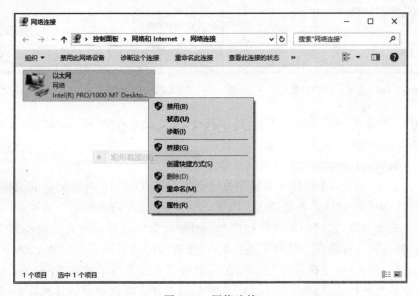

图 6-32　网络连接

设置"会显示目前活动的网络。图 6-32 显示了系统中已经创建的所有网络连接方式。通过这些网络连接方式列表可以有选择地进入其中一个连接的属性对话框,设置 IP 地址等相关属性。进入方式:选中并右击其中的网络,在右键菜单中选择"属性",会弹出"以太网 属性"对话框,如图 6-33 所示。在"此连接使用下列项目"列表中选中"Internet 协议版本 4(TCP/IPv4)",单击"属性"按钮,进入图 6-34 所示的"Internet 协议版本 4(TCP/

IPv4)属性"对话框,在此选择"使用下面的 IP 地址"单选按钮,就可以根据实际网络连接情况设置主机的 IP 地址、子网掩码、网关和 DNS 服务器地址。通常当用户将主机接入一个局域网或接入一个不提供动态 IP 地址分配的网络(不支持 DHCP)时需要配置上述信息,目前大多数家庭接入互联网都不需要配置本机 IP 地址相关信息,只需选择"自动获得 IP 地址"即可。

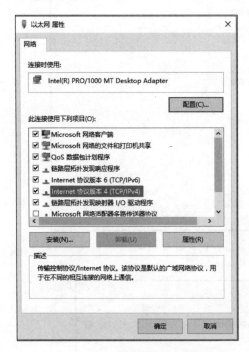

图 6-33 "以太网 属性"对话框

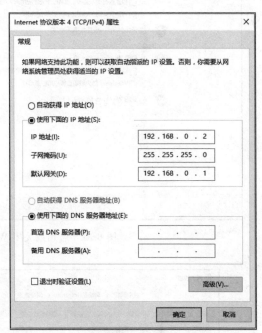

图 6-34 "Internet 协议版本 4(TCP/IPv4)属性"对话框

当用户进行初始网络连接设置时,可以选择"网络安装向导"和"无线网络安装向导",按照安装向导的指引一步步完成设置。

在本节最后,再介绍几种常用的网络命令。

(1) ipconfig 命令:主要用于显示主机所有当前的 TCP/IP 网络配置值、刷新动态主机配置协议(DHCP)和域名系统(DNS)设置。ipconfig 命令有多种命令格式,可以根据需要选择命令所带参数,常用的不带参数的 ipconfig 命令可以显示所有适配器的 IP 地址、子网掩码、默认网关等信息。使用方法:单击"开始"→"所有应用"→"Windows 系统"→"命令提示符",进入"命令提示符"窗口,在该窗口下可以先输入命令"ipconfig /?",全面了解此命令的各种格式,如图 6-35(a)所示,然后再选择需要的命令格式执行 ipcongfig 命令,查看主机相关网络配置信息,如图 6-35(b)所示。

(2) ping 命令:ping 命令是 Windows 系列自带的一个可执行命令。利用它可以检查网络是否能够连通,帮助分析判定网络故障。该命令只有在安装了 TCP/IP 后才可以使用。ping 命令也有多种命令格式,可通过"ping /?",全面了解此命令的各种格式,其中最常用的格式为"ping 有效 IP 地址",如图 6-36 所示,系统执行"ping 192.168.0.1"命令时,是通过发送数据包并接收应答信息来检测本机与 IP 地址为 192.168.0.1 的设备之间

(a)执行ipconfig\?命令   (b)执行ipconfig命令

图 6-35　ipconfig 命令

网络是否连通。当网络出现故障时,可以使用这个命令依次判断主机本身、主机与网关(路由器)、主机与 DNS 服务器等设备之间的网络畅通情况,并依此预测故障和确定故障地点。

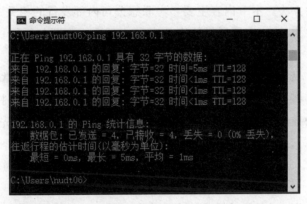

图 6-36　执行 ping 192.168.0.1 命令

实验关卡 6-5:网络设置与使用。

实验目标:能查看并设置好网络属性,成功连接到网络上。

实验内容:

(1)进入"控制面板"→"网络和 Internet"→"网络和共享中心",在"查看当前活动网络"区域单击"以太网"选项,进入"以太网 状态"对话框,可以查看当前连接的连接状态、持续时间、速度等,通常使用此对话框来判断当前网络连接是否正常。为了更进一步了解信息,单击"详细信息"按钮,查看该网络连接详细信息,记录本机 IP 地址、网关、DNS 服务器等相关信息。

(2) 单击"开始"→"所有应用"→"Windows 系统"→"命令提示符",进入"命令提示符"窗口,练习 ipconfig 命令,通过 ipconfig 命令查看本机网络配置信息,并与第(2)个要求中记录的信息相核对(可参考辅助参考资料中提供的相关资料)。

(3) 单击"开始"→"所有应用"→"Windows 系统"→"命令提示符",进入"命令提示符"窗口,练习 ping 命令,并比较插拔网络双绞线两种情况下 ping 命令的不同。

(4) 进入"控制面板"→"网络和 Internet"→"网络和共享中心",进入"Internet 选项",将默认主页设置成空白页,并在"高级"选项卡中去掉对"在网页中播放动画""在网页中播放声音"两个复选框的勾选,单击"确定"按钮保存所做改动,接着打开 Microsoft Edge 浏览器,观察与改动前的异同之处。

(5) 准备无线路由器,根据实际网络环境,完成主机到无线路由器的连接配置和安全设置。

6.5 微型计算机系统常见故障检测与排除

计算机系统的故障主要可以分为硬件故障和软件故障,这里主要介绍一些简单的硬件故障检测与排除方法。本节内容主要参考联想公司内部发行的相关资料。

在进行故障检测时,一定要通过认真的观察才可进行判断与维修。应尽可能按照如下原则操作。

(1) 先想后做,做到心中有数。先全面观察机器出现的所有不正常现象,初步判断可能是哪些设备或是哪些软件出现故障;对于可能出现故障的设备或软件,尽可能地先通过查阅相关资料查找维修方法,再着手维修;在分析判断过程中,尽可能先依靠自身的知识、经验进行判断,再向有经验的人员寻求帮助。

(2) 先软后硬。进行故障检测时,对不正常现象,应先判断是否为软件故障,再从硬件方面检查。

(3) 抓主要矛盾。进行故障检测维修时,若发现有两个或两个以上设备或软件出现故障时,应该先判断、维修主要的故障设备或软件,再维修次要故障设备或软件。

6.5.1 微型计算机系统安装常见故障

本节介绍一些常见的微机安装故障,下面列出了计算机从开机到关机期间可能出现的一些故障分类,并列出了部分故障现象。

1. 加电类故障可能的故障现象

(1) 主机不能加电或有时不能加电、开机掉闸、机箱金属部分带电等。

(2) 开机没有显示,或开机报警。

(3) 自检报错、自检显示的配置与实际不符。
(4) 反复重启,或死机。
(5) 不能进入 BIOS,或刷新 BIOS 后出错。
(6) CMOS 掉电,或时钟不准。
(7) 机器噪声大、自动开关机、电源设备问题等其他故障。

2. 启动与关闭类故障可能的故障现象

(1) 操作系统启动过程中死机、报错、黑屏、反复重启等。
(2) 操作系统启动过程中,总是执行一些不应该的操作或程序。
(3) 操作系统只能以安全模式或命令行模式启动。
(4) 关闭操作系统时死机或报错。

3. 磁盘类故障可能的故障现象

(1) 硬盘工作时声音异常,噪声较大。
(2) BIOS 不能正确识别硬盘、硬盘干扰其他驱动器的工作等。
(3) 硬盘不能分区或格式化、有坏道、容量不正确、数据损失等。
(4) 硬盘逻辑驱动器盘符丢失或被更改、访问硬盘时报错。
(5) 硬盘保护卡、还原卡引起的故障。
(6) 光驱工作时声音异常,光驱划盘、托盘不能弹出或关闭等。
(7) 光驱盘符丢失或被更改、系统检测不到光驱等。
(8) 访问光驱时死机或报错等。

4. 显示类故障可能的故障现象

(1) 开机无显示、显示器不能加电。
(2) 显示抖动或滚动、显示发虚、偏色、花屏等。
(3) 在某种应用或配置下花屏、发暗、重影、死机等。
(4) 屏幕参数不能设置或更改。
(5) 系统休眠唤醒后显示异常。

显示故障有时并不是显示设备或配件引起的,机器其他设备或软件也有可能引起显示方面的故障,应注意全面观察和判断。

5. 安装软件可能的故障现象

(1) 安装操作系统时,出现死机或报错。
(2) 硬件设备驱动程序安装不成功、安装后系统无反应或异常。
(3) 安装应用软件时报错、重启、死机等。
(4) 应用软件安装后无法卸载,或卸载后无法再安装等。

6.5.2 微型计算机系统安装故障检测常用方法

微机故障检测的方法主要有观察法、最小系统法、逐步添加/去除法、隔离法、替换法、比较法、升降温法、敲打法、对计算机产品进行清洁的建议等,具体操作方法受篇幅所限这里不做详细介绍。

针对6.5.1节中的磁盘类故障,可以从下列方面进行检测。

1. 检查硬盘连接

(1) 硬盘电源线是否已正确连接,不应有接反、过松或插不到位的现象。

(2) 硬盘数据线是否接错或接反,是否连接到主板上的正确接口,主板上硬盘接口中的接针是否有折断、歪斜等状况。

(3) 硬盘数据线类型是否与硬盘的技术规格要求相符。

(4) 硬盘连接线是否有破损或硬折痕,可通过更换连接线检查。

(5) 硬盘上的 ID 跳线是否正确,它应与连接在线缆上的位置匹配。

2. 检查硬盘外观

(1) 硬盘外部是否有破损。

(2) 硬盘电源插座的接针是否有虚焊或脱焊现象。

(3) 加电后,硬盘自检时指示灯是否不亮或常亮,工作时指示灯是否能正常闪亮。

(4) 加电后,倾听硬盘驱动器的运转声音是否正常,不应有异常的声响及过大的噪声。

3. 检查硬盘供电

加电后,机器电源是否能够正常供电,供电电压是否在允许范围内,波动范围是否在允许的范围内等。

> **实验关卡 6-6**:内存故障检测与排除。
> **实验目标**:能重现下述内存故障并排除。
> **实验内容**:故障现象为开机后主机发出长时间不间断的报警声。此种故障现象通常表明内存条未插紧或已经损坏。可先对内存条和内存插槽进行卫生清理并重新正确安装内存条,若还不行,则可通过更换一块已知为好的内存条来帮助判断该内存条是否已损坏。若损坏,则更换新内存条。

> **实验关卡 6-7**:显卡故障检测与排除之一。
> **实验目标**:能重现下述显卡故障并排除。
> **实验内容**:故障现象为开机后主机发出1长2短的报警信号。开机发出1长2

短报警信号通常是显卡或显示器出现故障。先检查显卡工作是否正常,可通过清理显卡接口和主板 AGP 插槽卫生、检查插槽接口连接、更换好的显卡检测等简单手段排除故障;若显卡工作正常,再检查显示器。

实验关卡 6-8:显卡故障检测与排除之二。
实验目标:能重现下述显卡故障并排除。
实验内容:故障现象为开机主机运行正常,但无显示。打开主机箱,检查机器硬件环境,发现主机随机附带两块显卡:一个是主板集成显卡;另外还有一块单独的显卡。仔细检查显卡连接线,发现显示器信号线接到了主板集成的显卡接头上,这样会导致开机无显,但是此时主机工作正常。

6.6 值得一看的小结

拆装机,要勇于尝试,自己多动手实践;操作系统安装并不难,要熟悉过程并尝试不同的安装方式;微机故障检测与排除,要多积累经验并学会分析。通过完成本章的任务,应该掌握了拆装机的基本技能,熟悉了操作系统的安装与配置,虽然距离装机达人和计算机维修高手还有很大差距,但相信通过一步步的实践,自己亲自动手积累了一些经验,收获了一些信心。学习者可以通过完成 6.7 节提供的综合实验趁热打铁,继续进行拓展学习,积攒经验。在 6.8 节中,我们给出了一些参考书籍或参考资料的链接,想要成为高手的读者可以选择性地进行自学。

6.7 综合实验

【实验目标】

针对实际碰到的微机故障问题,综合应用拆装机、操作系统安装与配置、故障检测与排除技术。

【实验内容】

(1) 实验室可能有多台坏了的微机,不同的微机产生故障的部件可能也不太一样,例如,有的微机可能是内存条坏了,有的可能是 CPU 坏了,有的可能是显卡坏了,等等。首先,检测并分析不同微机各自的故障原因。这个过程中,不仅可以拆卸出现故障的微机,也可以拆卸正常工作的微机来帮助定位故障机器的故障原因。

(2) 定位出了故障微机各自的故障部件后,可以把多台故障微机的正常部件组合起来,组装成几台全由正常部件构成的微机。

(3) 为这些新组装出来的微机重新安装操作系统。

(4)在操作系统中,设置好这些微机的网络配置,接入到实验室的局域网中去。

6.8 辅助阅读资料

[1] 刘瑞新. 计算机组装与维修实训[M]. 3版. 北京:机械工业出版社,2009.
[2] 龙马高新教育. 新编 Windows 10 从入门到精通[M]. 北京:人民邮电出版社,2016.
[3] 刘冲,方芳,等. Windows 10 使用详解[M]. 北京:机械工业出版社,2016.
[4] 李志鹏. 精解 Windows 10[M]. 2版. 北京:人民邮电出版社,2017.
[5] 我乐网. 微机故障检测流程视频. http://www.56.com/w67/play_album-aid-5751325_vid-MzU1MDA0Nzg.html.
[6] 网易学院. IPconfig 命令介绍及使用技巧. http://tech.163.com/07/0724/16/3K69O1M000092AR5.html.

第 7 章 计算机系统的程序员视角

【给学生的目标】

本章共包含两个综合实验：利用 Python 实现一个简单的资源管理器和模拟一个采用冯·诺依曼体系结构的 TOY 计算机。通过这两个实验熟悉利用 Python 管理计算机软硬件资源的方法，包括进程、主存、硬盘、文件等；了解 Python 的图形用户界面编程；加强利用 Python 解决实际问题的能力；另外，进一步加深对计算机系统组成、结构及工作原理的理解。

【给老师的建议】

结合授课内容讲授本章实验，两个实验各 6 学时。对于 TOY 计算机模拟实验：结合计算机系统总体结构、指令等内容，介绍 TOY 计算机的硬件和指令集（2 学时）；结合计算机的存储系统等内容，介绍 TOY 程序的加载（2 学时）；结合计算机的 CPU 等内容，介绍 TOY 程序的执行（2 学时）。对于资源管理器实验：结合操作系统的存储管理功能，介绍利用 Python 获取存储信息（2 学时）；结合操作系统的 CPU 管理功能，介绍利用 Python 进行进程操作（2 学时）；结合操作系统的文件管理功能，介绍利用 Python 进行文件操作（2 学时）；图形用户界面编程由读者课后自学。

7.1 资源管理器——掌握我的计算机信息

7.1.1 问题描述

计算机由 CPU、主存、硬盘、外设等硬件及各种软件组成，这些都属于计算机中的资源，而操作系统的主要功能就是对各种软硬件资源进行管理。在操作系统中，通常都会提供一些工具，帮助查看软硬件资源的信息和进行其他操作。

例如，在 Windows 中，通过任务管理器（见图 7-1(a)）可以查看系统中所有进程的信息，包括进程名称、状态、CPU 占用率、内存使用量等；利用文件资源管理器（见图 7-1(b)）可以查看计算机上的文件结构；利用设备管理器（见图 7-1(c)）可以查看计算机上所有硬件的相关信息；等等。

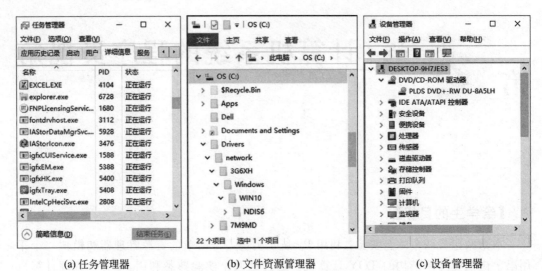

(a) 任务管理器　　　　　　(b) 文件资源管理器　　　　　　(c) 设备管理器

图 7-1　Windows 10 中的各种资源管理器

【小贴士】　图 7-1 中各种管理器的打开方法如下：

任务管理器：在桌面的任务栏上右击，在弹出的快捷菜单中选择"任务管理器"。

文件资源管理器：同时按 Win+E 键。

设备管理器：右击"此电脑"，在弹出的快捷菜单中选择"管理"，再单击"设备管理器"。

其实，Python 也可以对计算机中的各种资源进行操作，利用这些功能，可以实现一个属于自己的资源管理器，对关心的资源进行一些操作。本实验将完成如图 7-2 所示的资源管理器。

该资源管理器的主界面上有 3 个按钮，对应了它的 3 个功能：①查看计算机上各存储设备的相关信息，主要包括主存/交换区/各硬盘分区的总容量、已用容量和剩余容量；②查看计算机中进程的信息，包括每个进程的名字、进程号、状态、所属用户、CPU 占用率、内存使用量等；③统计某文件夹下各类型文件的数量和总容量。如果愿意，还可以在此基础上添加许多其他的功能。

本节首先介绍如何利用 Python 对计算机中的进程、存储、文件等资源进行操作，然后介绍如何利用 Python 的图形用户界面编程技术对这些功能进行集成，实现如图 7-2 所示效果。

7.1.2　获取存储信息

主存、硬盘等都属于计算机的存储设备，利用 Python 的 psutil 库可以获取这些设备的相关信息。Anaconda 开发环境已包含 psutil 库，可以直接使用，但基本的 Python 环境未包含 psutil，可使用 pip install psutil 命令安装，具体方法见 4.3.1 节。

1. 获取主存信息

利用 psutil 库中的 virtual_memory 函数可以获取本机的主存信息，获取到的信息主

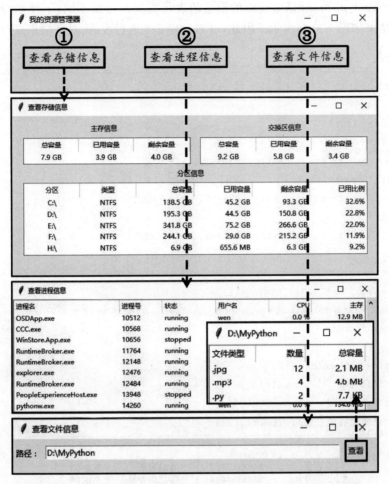

图 7-2 本实验效果图（虚线箭头表示单击按钮后打开的窗口，后同）

要如下。

(1) total：总容量，单位为字节。

(2) used：当前已用容量，单位为字节。

(3) free：当前剩余容量，即 total-used，单位为字节。

(4) percent：当前已用容量所占比例，可近似认为是 used/total * 100%。

所以，利用程序 7-1 就可以查看本机主存的总容量、已用容量和剩余容量。

程序 7-1

```
import psutil
m=psutil.virtual_memory()          #将主存信息赋给变量 m
print('总容量：\t', m.total)        #打印总容量
print('已用容量：\t', m.used)       #打印已用容量
print('剩余容量：\t', m.free)       #打印剩余容量
```

第 7 章 计算机系统的程序员视角

但是，virtual_memory 函数获取的信息的表示方式与习惯不同，不便于阅读，如程序 7-1 的运行结果如图 7-3(a)所示。因此，可对程序 7-1 进行改进，对其结果进行转换。

程序 7-2

```
import psutil

def BtoKMG(n):
    if n>=1024**3:
        return str(round(n/1024**3, 1))+' GB'
    elif n>=1024**2:
        return str(round(n/1024**2, 1))+' MB'
    else:
        return str(round(n/1024**1, 1))+' KB'

def getMemInfo():
    m=psutil.virtual_memory()
    info=(BtoKMG(m.total),BtoKMG(m.used),BtoKMG(m.free))
    return info

memInfo=getMemInfo()
print('总容量: \t', memInfo[0])
print('已用容量: \t', memInfo[1])
print('剩余容量: \t', memInfo[2])
```

总容量：	8488312832		总容量：	7.9 GB
已用容量：	3885264896		已用容量：	3.6 GB
剩余容量：	4603047936		剩余容量：	4.3 GB

(a) 程序7-1的运行结果　　　(b) 程序7-2的运行结果

图 7-3　程序 7-1 和程序 7-2 运行结果对比

函数 BtoKMG 的参数 n 是一个以字节为单位的整数，函数的功能是按 n 的大小将 n 表示为 GB、MB 或 KB，如 n 为 8488312832 时，返回值为'7.9 GB'。函数利用 if-elif-else 分支进行判断，如果 $n \geqslant 1024^3$，则将 n 表示为 GB，否则当 $n \geqslant 1024^2$ 时(此时 $n < 1024^3$)，表示为 MB，否则(即 $n < 1024^2$)，表示为 KB。在转换时，用到内置函数 round(x, y)，该函数的功能是将小数 x 保留 y 位小数。例如，在转换为 GB 时，先计算 n/1024**3 的值，然后利用 round 函数保留 1 位小数，再将其转化为字符串类型并在后面加上单位'GB'。

函数 getMemInfo 首先利用 virtual_memory 函数获取主存当前信息；然后利用 BtoKMG 函数分别将主存总容量、已用容量、剩余容量表示成合适的单位，并形成一个元组赋值给 info；最后返回 info。所以该函数的返回值为元组(x, y, z)，x、y、z 分别表示主存的总容量、已用容量和剩余容量。

程序最后通过调用 getMemInfo 函数获得主存的相关信息 memInfo，并对各信息进行打印。

2. 获取交换区信息

目前绝大部分的操作系统都支持虚拟存储管理,虚拟存储管理中的一个重要概念是交换区,交换区是硬盘上的一片存储区域。当主存可用空间不够时,操作系统会把主存中的部分数据放入交换区,以增大主存的可用空间,在需要时,再将交换区中的数据移回主存。所以,交换区可以看作虚拟主存,起到扩大主存总容量的作用。

利用 psutil 库中的 swap_memory 函数可以获取交换区的相关信息,该函数的使用方法及获取到的信息与 virtual_memory 函数类似。例如,程序 7-3 的功能是打印交换区当前的总容量、已用容量和剩余容量。

程序 7-3

```
import psutil

#函数 BtoKMG(n)的定义,见程序 7-2

def getSwapMemInfo():
    m=psutil.swap_memory()
    info=(BtoKMG(m.total),BtoKMG(m.used),BtoKMG(m.free))
    return info

swapInfo=getSwapMemInfo()
print('总容量:\t', swapInfo[0])
print('已用容量:\t', swapInfo[1])
print('剩余容量:\t', swapInfo[2])
```

3. 获取分区信息

在操作系统的外存管理中,分区是一个重要概念。在 Windows 系统中,打开"此电脑"后可以看到所有分区,如图 7-4 所示,共包含 6 个分区:C~F 盘为硬盘分区、G 盘为光驱、H 盘对应了一个 U 盘。

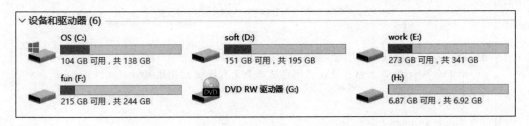

图 7-4 分区示例(操作系统为 Windows 10)

利用 psutil 库中的 disk_partitions 函数,可以获取计算机上所有分区的信息,该函数的返回值是列表类型,列表中的每个元素记录了一个分区的信息,主要包括以下信息。

(1) device:设备名,如 C:\、D:\等。

(2) mountpoint:挂载点,在 Windows 系统中一般就等于 device。

(3) fstype:分区的文件系统类型,在 Windows 中,常见的类型有 NTFS、FAT32、FAT 等,不同类型具有不同的特点,如在 FAT32 格式的分区中,文件的最大容量为 4GB,4GB 以上的文件不能存入 FAT32 分区,而 NTFS 格式对文件大小没有限制。

(4) opts:记录了其他信息,如'rw'表示分区可读也可写,'cdrom'表示该分区是光驱,'removable'表示该分区对应了可移动存储设备。

函数 disk_partitions 只能获得各分区的概要信息,如果还要获取使用方面的信息,需要用到 disk_usage(x)函数。该函数的参数 x 表示某分区对应的挂载点,功能是获取该分区的使用信息,如 disk_usage('C:/')是获取 C 盘的信息。主要包括以下信息。

(1) total:总容量,单位为字节。

(2) used:当前已用容量,单位为字节。

(3) free:当前剩余容量,即 total-used,单位为字节。

(4) percent:当前已用容量所占比例,即 used/total * 100%。

利用如上两个函数,可以查看计算机上各分区的相关信息,程序 7-4 给出了示例。

程序 7-4

```
import psutil

#函数 BtoKMG(n)的定义,见程序 7-2

def getDiskInfo():
    info=[]
    for part in psutil.disk_partitions():
        if not 'cdrom' in part.opts:
            usage=psutil.disk_usage(part.mountpoint)
            info.append((part.device,
                        part.fstype,
                        BtoKMG(usage.total),
                        BtoKMG(usage.used),
                        BtoKMG(usage.free),
                        str(usage.percent)+'%'))
    return info

diskInfo=getDiskInfo()
print('分区\t 类型\t 总容量\t 已用容量\t 剩余容量\t 已用比例')
for part in diskInfo:
    out=''
    for x in part:
        out=out+x+'\t'
    print(out)
```

在程序 7-4 中，getDiskInfo 函数的功能是获取各分区的相关信息。函数首先利用 disk_partitions 函数获取各分区的概要信息；对于每个分区 part，若 part 不是光驱（获取光驱使用信息时会报错），则利用该分区的挂载点（part.mountpoint）和 disk_usage 函数获取该分区的使用信息 usage；然后将该分区的名字、类型、总容量、已用容量、剩余容量、已用比例放入一个元组，并将该元组加入到列表 info 中。所以该函数的返回值 info 是一个列表，列表中的元素是元组类型，每个元组记录了一个分区的相关信息，依次为分区名、类型、总容量、已用容量、剩余容量、已用比例。

通过调用 getDiskInfo 函数，程序获取各分区信息，并赋给 diskInfo，然后对其进行格式化打印。程序运行结果如图 7-5 所示。

```
分区      类型     总容量      已用容量    剩余容量    已用比例
C:\      NTFS    138.5 GB    33.7 GB   104.8 GB     24.3%
D:\      NTFS    195.3 GB    43.9 GB   151.5 GB     22.5%
E:\      NTFS    341.8 GB    67.9 GB   273.9 GB     19.9%
F:\      NTFS    244.1 GB    29.0 GB   215.2 GB     11.9%
```

图 7-5　程序 7-4 运行结果示例

实验关卡 7-1：获取存储信息。

实验目标：能用 Python 查看存储信息。

实验内容：编写一个程序，该程序能根据用户的输入显示对应的存储信息，如输入 1 显示主存信息、输入 2 显示交换区信息、输入 3 显示分区信息、输入 0 程序结束，如图 7-6 所示。

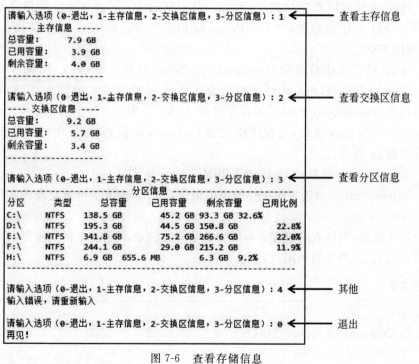

图 7-6　查看存储信息

7.1.3 进程操作

进程是操作系统中最为核心的概念之一,简单理解,进程就是正在运行的程序。例如,在 Windows 中,打开 Word,系统中就会出现 WINWORD.exe 进程,打开记事本,系统中就会出现 notepad.exe 进程,WINWORD.exe 和 notepad.exe 就是对应程序的名字;而关闭所有 Word 和记事本后,这两个进程也就会结束(可利用任务管理器体会此过程)。

1. 获取进程信息

利用 psutil 库中的 process_iter 函数可以获取系统中所有进程的相关信息,对于其中一个进程对象 p,主要包括以下信息。

(1) pid:进程号,相当于进程的身份证号,每个进程的进程号都不一样,利用进程号可以唯一标识系统中的一个进程。

(2) name:进程名,即对应程序的名字,如 WINWORD.exe、notepad.exe 等,若两个进程对应同一程序,则它们的名字也会相同,所以,利用进程名并不能唯一标识一个进程。

(3) status:进程状态,如'running'表示进程处于运行状态,'stopped'表示进程处于暂停状态。

(4) create_time:进程的创建时间。

(5) username:进程所属用户的名字,如'SYSTEM'表示系统进程。

(6) exe:进程对应程序的路径,例如,WINWORD.exe 进程对应的程序路径就是 WINWORD.exe 程序的路径,如 D:\Program Files (x86)\Microsoft Office\Office14\WINWORD.EXE。

(7) cwd:进程工作目录的路径,例如,用 Word 打开 a.docx 文件,则程序路径为 WINWORD.exe 的路径,而工作目录路径为 a.docx 所在文件夹的路径;用记事本打开 b.txt 文件,则 notepad.exe 的路径为程序路径,而 b.txt 所在文件夹的路径为工作目录路径;用 python 运行 c.py 文件,则程序路径为 python.exe 的路径,工作目录路径为 c.py 所在文件夹路径,等等。

(8) cpu_percent:进程对 CPU 的占用率。

(9) memory_info:该进程对主存的使用情况,如 rss 表示不可被交换的物理存储空间大小。

通过以上操作,可以获取进程 p 各方面的信息。例如,程序 7-5 的功能是打印系统中所有进程的进程号、进程名和用户名。

程序 7-5

```
import psutil
for p in psutil.process_iter():
    print(p.pid, '\t', p.name(), '\t', p.username())
```

但是,该程序在运行过程中可能报"拒绝访问"(AccessDenied)的错误。这是因为一些系统进程的某些信息不允许被访问,如 username、exe 等,当程序试图访问这些信息时就会报错,并停止运行。

在一些时候,我们希望程序在运行过程中,如果出错就停止运行,而更多时候,则希望程序出错时,在经过一些特殊处理后还能够继续运行下去。例如,当程序 7-5 碰到拒绝访问的进程时,不是报错中止,而是跳过这个进程,继续打印下一个进程的信息。要实现这一功能,可以使用 try-except 结构。

try-except 结构提供了一种异常处理机制,其语法格式如下所示,它表示的意思是,在执行 try 中的语句块 1 时,若未发生异常,则按正常顺序执行,一旦发生异常,则程序跳而执行 except 中的语句块 2。因此,在编写程序时,可以将一些可能发生异常的语句放入 try 中,并在 except 中给出发生异常时的处理语句。

```
try:
    语句块 1
except:
    语句块 2
```

例如,程序 7-6 的功能是读取用户输入的 x,然后计算并打印 x 的倒数,该程序在执行时可能发生异常,即用户输入 0 时,程序第 2 条语句在执行时会报除 0 错,如图 7-7(a)所示。

程序 7-6

```
x=eval(input('x='))
y=1/x
print('1/x=', y)
```

而程序 7-7 使用了 try-except 结构,当 y=1/x 语句发生除 0 异常时,程序不会停止,而是转而执行 except 中的语句,即打印提示信息,如图 7-7(b)所示。

程序 7-7

```
x=eval(input('x='))
try:
    y=1/x
    print('1/x=', y)
except:
    print('x 不能为 0')
```

(a) 程序7-6运行结果示例　　(b) 程序7-7运行结果示例

图 7-7　程序 7-6 和程序 7-7 运行结果对比

所以,可利用 try-except 结构对程序 7-5 进行改进,如程序 7-8 所示。

程序 7-8

```python
import psutil
for p in psutil.process_iter():
    try:
        print(p.pid, '\t', p.name(), '\t', p.username())
    except:
        pass
```

该程序将访问进程信息的过程放入 try 中,当发生拒绝访问的异常时,则转而执行 except 中的 pass 语句,pass 语句是空语句,表示不做任何处理,然后再开始下一次循环。所以,程序 7-8 的功能是打印所有可被访问的进程的相关信息,不允许访问的则跳过不管。

【小贴士】 一个 try 后面可以有多个 except,每个 except 语句中指定异常的类型,当 try 中的语句发生某一类型异常时,就转而执行相应 except 后的语句,通过这种方式,可以对不同类型的异常进行不同的处理,具体使用方法可查阅相关资料。

程序 7-9 给出了一个功能更加完善的程序,可以打印系统中进程的名字、进程号、状态、用户名、CPU 占用率、主存使用量等信息。

程序 7-9

```python
import psutil

#函数 BtoKMG(n)的定义,见程序 7-2

def getProcInfo():
    info=[]
    for p in psutil.process_iter():
        try:
            name=p.name()
            pid=str(p.pid)
            statu=p.status()
            user=p.username().split('\\')[1]
            cpu=str(p.cpu_percent())+' %'
            mem=BtoKMG(p.memory_info().rss)
            info.append((name,pid,statu,user,cpu,mem))
        except:
            pass
    return info

procInfo=getProcInfo()
```

```
print('进程名\t进程号\t状态\t用户名\tCPU\t主存')
for p in procInfo:
    out=''
    for x in p:
        out=out+x+'\t'
    print(out)
```

在该程序中,函数 getProcInfo 的返回值是一个列表,列表中的元素是元组类型,每个元组记录了一个进程的相关信息。该函数在处理用户名的时候用到 split 函数,该函数的功能是根据字符串 x 将某字符串拆分成若干部分,并存入一个列表,例如,若 s 的值为 'a++b++c++d',则 s.split('++')的返回结果为['a','b','c','d'],若不指定分隔的字符串,则默认根据空格、制表符等空白字符进行拆分,如 s 为'hello world'时,s.split()的返回结果为['hello', 'world']。从程序 7-8 的运行结果可以看到,username()返回的结果是 x\y 的形式,如'NT AUTHORITY\SYSTEM',符号'\'后面的 y 是用户的具体名字,所以 p.username().split('\\')[1]语句的功能是将用户名按照符号'\\'('\\'是特殊字符,就表示'\')拆分成若干部分存入列表,然后取出列表中的第 1 号元素,也就是 x\y 中的 y 部分。

2. 新建和关闭进程

利用 terminate()函数可以关闭一个进程,例如,程序 7-10 的功能是关闭所有名为 'notepad.exe'的进程,所以该程序运行完毕后,所有已打开的记事本均会被关闭。

程序 7-10

```
import psutil
for p in psutil.process_iter():
    if p.name()=='notepad.exe':
        p.terminate()
```

新建进程需用到 subprocess 库,Anaconda 及基本的 Python 环境均已包含 subprocess 库,不需额外安装。

在新建进程时需指定其对应的程序,如程序 7-11 第 2 行的功能是新建一个进程,该进程对应的程序是 notepad.exe 程序,所以该行语句执行完毕后,会打开一个空白的记事本。如要用记事本打开特定的文件,则在新建进程时还需指定文件路径,如程序 7-11 第 3 行所示,该语句执行完毕后,会用记事本打开 D:/MyPython/HelloWorld.py 文件。

程序 7-11

```
from subprocess import Popen
Popen(['notepad.exe'])
Popen(['notepad.exe', 'D:/MyPython/HelloWorld.py'])
```

【小贴士】 若程序所在文件夹的路径已加入系统路径(系统路径的配置方法见 2.3.3 节),

则新建进程时直接给出程序名即可,如程序 7-11 中直接给出'notepad.exe';否则,需给出程序的完整路径,例如,若路径'C:/Windows'未被加入系统路径,则需将程序 7-11 中的 Popen(['notepad.exe'])改为 Popen(['C:/Windows/notepad.exe'])。

psutil 库的功能十分丰富,除了本章提到的获取存储、进程等信息外,还可以获取 CPU、网络、用户、Windows 服务等信息,具体使用方法可参考 psutil 库的官方说明文档。

> **实验关卡 7-2**:进程操作。
>
> **实验目标**:能利用 Python 对进程进行操作。
>
> **实验内容**:编写程序,显示相关进程的信息,这些进程的名字包含用户输入的关键字,例如,用户输入 python,则显示 python.exe、pythonw.exe 等进程信息,如图 7-8 所示。

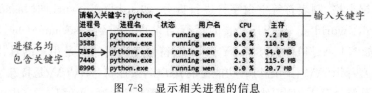

图 7-8 显示相关进程的信息

7.1.4 文件操作

1. os 库

os 库提供了丰富的文件操作功能,利用这些功能可以方便地对计算机上的文件进行各种操作,Anaconda 及基本的 Python 环境均已包含 os 库,不需再额外安装。表 7-1 给出了 os 库中一些常用功能的示例。

表 7-1 os 库中一些常用功能示例

示 例	含 义
listdir('D:/tmp')	获取 D:/tmp 下所有文件和文件夹的名字,tmp 不存在或不是文件夹时报错
mkdir('D:/tmp')	在 D:/下创建文件夹 tmp,tmp 已存在时报错
rename('D:/tmp1','D:/tmp2')	将 D:/下的 tmp1 改名为 tmp2,tmp1 不存在或 tmp2 已存在时报错
remove('D:/tmp/a.py')	删除 D:/tmp 下的 a.py 文件,a.py 不存在或不是文件时报错
rmdir('D:/tmp')	删除 D:/下的 tmp 文件夹,tmp 不存在、不是文件夹、不是空文件夹时报错
path.exists('D:/tmp')	判断路径 D:/tmp 是否存在
path.isdir('D:/tmp')	判断 D:/下的 tmp 是否为文件夹
path.isfile('D:/tmp')	判断 D:/下的 tmp 是否为文件

续表

示 例	含 义
path.join('D:/tmp','a.py')	路径合并,结果为'D:/tmp/a.py'
path.split('D:/tmp/a.py')	路径拆分,结果为('D:/tmp', 'a.py')
path.splitext('D:/tmp/a.py')	扩展名拆分,结果为('D:/tmp/a', '.py')
path.basename('D:/tmp/a.py')	获取文件或文件夹名,结果为'a.py'
path.dirname('D:/tmp/a.py')	获取所在文件夹路径,结果为'D:/tmp'
path.getsize('D:/tmp/a.py')	获取 D:/tmp/a.py 的文件大小,a.py 不存在时报错

【小贴士】 若要复制、移动文件,可使用 shutil 库中的 move、copy 等函数。

2. 操作文件

程序 7-12 首先将'D:/tmp'赋给变量 path,path 即代表了这个路径,然后利用 exists 函数判断 path 对应的路径是否存在,若不存在则利用 mkdir 函数创建该路径对应的文件夹,否则打印提示信息。所以该程序的功能就是检查 D 盘下是否存在文件夹 tmp,若不存在则创建。

程序 7-12

```
import os
path='D:/tmp'
if not os.path.exists(path):            #若路径不存在
    os.mkdir(path)                      #创建路径
    print('创建成功')
else:
    print('路径已存在')
```

在程序 7-13 中,函数 printDir(dirpath)的功能是打印 dirpath 对应的文件夹下所有文件的路径和大小。函数首先利用 listdir 函数获取该文件夹下所有文件和文件夹的名字,并存于列表 L 中,例如,文件夹 D:/MyPython 下有 dirA、dirB 两个文件夹和 fileA.txt 和 fileB.txt 两个文件,则 L 为['dirA', 'dirB', 'fileA.txt', 'fileB.txt']。然后利用 for 循环对 L 中每个元素的 filename 进行处理,首先利用 join 函数进行路径合并,例如 filename 为'dirA'时,path 的值为'D:/MyPython/dirA',再利用 isfile 函数判断 path 对应的是否为文件,若为文件(而不是文件夹),则利用 getsize 函数获取该文件的大小,最后打印该文件的路径和大小。

程序 7-13

```
import os
#函数 BtoKMG(n)的定义,见程序 7-2
```

```
def printDir(dirpath):
    L=os.listdir(dirpath)
    for filename in L:
        path=os.path.join(dirpath,filename)
        if os.path.isfile(path):
            size=BtoKMG(os.path.getsize(path))
            print(path,'\t',size)

printDir('D:/MyPython')
```

【小贴士】 在程序 7-13 中,若还要进一步打印 dirpath 下所有子文件夹中的文件信息,则可使用递归函数(即一个函数自己调用自己),即在函数 printDir 最后加上两行:else:printDir(path),表示如果 filename 是文件则直接打印其信息,否则它是文件夹,则用 printDir 函数打印它下面所有文件的信息。

在程序 7-14 中,函数 getFileInfo(dirpath)的功能是统计 dirpath 对应文件夹下各类型文件的数量和总大小。该函数的返回值是元组(filetype,num,size),其中,filetype、num 和 size 均为列表类型,分别存储了文件夹下所有的文件类型、对应的数量、对应的总容量。例如,若 3 个列表中信息如下:

    filetype: [　'.jpg',　'.mp3',　'.py',　'.bmp'　]
    num: [　12,　4,　3,　1　]
    size: [　'2.1 MB',　'4.6 MB',　'8.4 KB',　'516.8 KB'　]

表示对应文件夹下有 12 个 jpg 文件、共 2.1MB,4 个 mp3 文件、共 4.6MB,等等。

程序 7-14

```
import os

#函数 BtoKMG(n)的定义,见程序 7-2

def getFileInfo(dirpath):
    filetype,num,size=[],[],[]
    for filename in os.listdir(dirpath):
        path=os.path.join(dirpath,filename)
        if os.path.isfile(path):
            ext=os.path.splitext(path)[1]
            if not ext in filetype:
                filetype.append(ext)
                num.append(1)
                size.append(os.path.getsize(path))
            else:
                idx=filetype.index(ext)
                num[idx]=num[idx]+1
```

```
            size[idx]=size[idx]+os.path.getsize(path)
    for i in range(len(size)):
        size[i]=BtoKMG(size[i])
    return (filetype,num,size)

info=getFileInfo('D:/MyPython')
for i in range(len(info[0])):
    print(info[0][i], '\t',info[1][i], '\t',info[2][i])
```

为进行此统计，函数 getFileInfo 依次检查 dirpath 下的每个 filename，如果 filename 是文件，则首先利用 splitext 函数获取该文件的类型（即文件的后缀名 ext），然后将其信息记录到 3 个列表中，记录方法分两种情况：①若列表中还未记录该类型文件，即该文件的后缀名 ext 未在 filetype 列表中出现，则分别将 ext、1、该文件大小添加到 3 个列表；②若之前已记录该类型文件，则先用 index 函数找到该类型文件在 3 个列表中的索引，然后将该类型文件的数量加 1，总大小加上该文件的大小。统计完后，size 列表中存储了各类型文件的总容量，单位是字节，利用 BtoKMG 函数转化为更合适的单位。

```
.jpg    12    2.1 MB
.mp3    4     4.6 MB
.py     3     8.6 KB
.bmp    1     516.8 KB
```

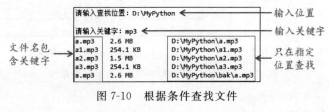

图 7-9　程序 7-14 执行结果示例

程序 7-14 执行结果如图 7-9 所示。

实验关卡 7-3：文件操作。

实验目标：能利用 Python 对文件进行操作。

实验内容：编写程序，根据用户输入的位置和关键字，在指定位置（该文件夹以及它的子文件夹）查找文件名包含关键字的文件，并打印这些文件的相关信息，如图 7-10 所示。

图 7-10　根据条件查找文件

7.1.5　图形用户界面编程

软件其实就是程序，但之前所写的 Python 程序与平常使用的软件好像不太一样，平时所使用的 Word、播放器、浏览器等软件拥有漂亮的图形化界面，这些界面可以获取用户输入，软件的输出也能在界面上清晰地展示给用户，从而方便人和计算机之间的交互。其实，利用 Python 也可以制作这样的界面，这就是 Python 图形用户界面（Graphical User Interface，GUI）编程技术。本节给出若干利用 tkinter 库进行 GUI 开发的示例。

Anaconda 及基本 Python 环境中均已包含 tkinter 库,可直接使用。

1. 生成一个界面

程序 7-15 首先利用 Tk 函数生成界面 frame,然后用 mainloop 函数打开该界面,程序运行结果如图 7-11(a)所示。

程序 7-15

```
from tkinter import *
frame=Tk()
frame.mainloop()
```

程序 7-16

```
from tkinter import *
frame=Tk()
frame.title('我的界面')
frame.geometry('400x200')        #x 为英文字母,表示乘号
frame.mainloop()
```

在创建界面的时候,可以指定界面的标题、大小等信息,如程序 7-16 生成的界面的标题为"我的界面",初始尺寸为 400×200 像素,运行结果如图 7-11(b)所示。

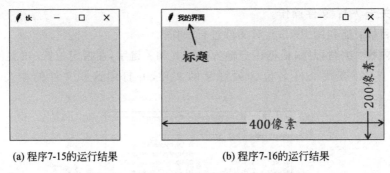

(a) 程序7-15的运行结果　　　　　(b) 程序7-16的运行结果

图 7-11　程序 7-15 和程序 7-16 的运行结果

2. 添加一个按钮

在生成的界面中可以添加按钮,如程序 7-17 第 5 行的功能是在 frame 界面中生成按钮 btn,按钮上的文字为"一个按钮",文字的字体为楷体、14 号,place 函数的功能是指定按钮在界面上的位置,程序运行结果如图 7-12(a)所示。

程序 7-17

```
from tkinter import *
frame=Tk()
frame.title('我的界面')
```

```
frame.geometry('400x200')
btn=Button(frame,text='一个按钮',font=('Kaiti',14))
btn.place(x=150,y=50)
frame.mainloop()
```

但是,在生成的界面中单击这个按钮时,不会有任何反应,这是因为没有指定单击按钮时的响应函数。程序 7-18 进行了改进,在定义按钮 btn 时,通过 command＝onBtn 指定该按钮的响应函数为 onBtn 函数,当用户单击该按钮时,程序就会调用 onBtn 函数。onBtn 函数的功能是创建一个界面 frame2,并在这个界面中添加一个标签 label,label 的文字内容为'Hello World!'。所以,当单击主界面的按钮时,会弹出一个新的窗口,如图 7-12(b)所示。

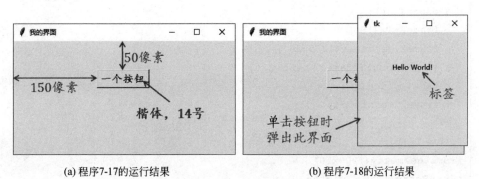

(a) 程序7-17的运行结果　　　　　　(b) 程序7-18的运行结果

图 7-12　程序 7-17 和程序 7-18 的运行结果

程序 7-18

```
from tkinter import *

def onBtn():                          #定义响应函数
    frame2=Tk()
    label=Label(frame2,text='Hello World!')
    label.place(x=60,y=50)
    frame2.mainloop()

frame=Tk()
frame.title('我的界面')
frame.geometry('400x200')
btn=Button(frame,
           text='一个按钮',
           font=('Kaiti',14),
           command=onBtn)             #指定响应函数
btn.place(x=150, y=50)
frame.mainloop()
```

3. 添加一个文本框

文本框可用于文字的输入和显示,程序 7-19 用 Entry 函数在主界面中创建了一个文本框 text,在按钮 btn 的创建语句中,通过 get 函数获取文本框中的内容,并作为参数传递给响应函数 onBtn,onBtn 的功能是生成一个界面并显示参数中的文字。所以,在主界面的文本框中输入文字,然后单击按钮,则会弹出一个新的界面,新界面会显示主界面文本框中输入的文字,如图 7-13 所示。

程序 7-19

```
from tkinter import *

def onBtn(txt):
    frame2=Tk()
    frame2.geometry('200x50')
    label=Label(frame2, text=txt)
    label.place(x=1, y=1)
    frame2.mainloop()

frame=Tk()
frame.geometry('200x50')
text=Entry(frame, width=20)
text.place(x=5, y=5)
btn=Button(frame, text='按钮',
           command=lambda:onBtn(txt=text.get()))   #lambda 函数
btn.place(x=150, y=1)
frame.mainloop()
```

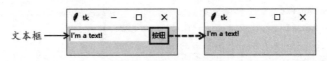

图 7-13　程序 7-19 的运行结果

【小贴士】　在程序 7-19 中定义按钮 btn 时,用到关键字 lambda,表示定义一个 lambda 函数,lambda 函数是一个没有名字且只包含一条语句的函数,一般用于临时使用。

4. 添加一个表格

界面上经常要显示一些数据,数据可以采用表格的方式进行显示。程序 7-20 在界面上绘制了一个表格,用来记录学生的信息,每一行对应一个学生,包括学号、姓名和年龄,图 7-14 给出了程序的运行结果。

程序 7-20

```
from tkinter import *
from tkinter import ttk                    #创建表格需用到 ttk 模块

frame=Tk()
frame.title('我的界面')
frame.geometry('323x100')

#创建表格对象 table
table=ttk.Treeview(frame,show='headings',height=3)
table.place(x=1,y=1)

#给每列取个名字
table['columns']=['id','name','age']

#指定每列的宽度和对齐方式
table.column('id',width=150,anchor='w')
table.column('name',width=100,anchor='center')
table.column('age',width=50,anchor='e')

#指定每列的标题
table.heading('id',text='学号',anchor='w')
table.heading('name',text='姓名',anchor='center')
table.heading('age',text='年龄',anchor='e')

#往表格中添加 4 个学生的记录
table.insert('',0,values=('200506021041','张三',16))
table.insert('',1,values=('200506021042','李四',18))
table.insert('',2,values=('200506021043','王五',17))
table.insert('',3,values=('200506021044','赵六',18))

#定义垂直滚动条
sbar=ttk.Scrollbar(frame,
                   orient="vertical",
                   command=table.yview)
sbar.place(x=300, y=1, height=100)
table.configure(yscrollcommand=sbar.set)

frame.mainloop()
```

程序首先利用 ttk.Treeview 函数在界面 frame 中添加了一个表格，height＝3 表示表格显示出来的行数为 3 行；然后给表格每一列取上名字，表格共三列，在程序中的名字分别为'id'、'name'、'age'；再利用 column 函数设置这三列的宽度 width 和对齐方式 anchor，在

图 7-14 程序 7-20 的运行结果

对齐方式中,'w'、'center'、'e'分别表示左对齐、居中对齐和右对齐;然后设置每列显示出来的标题,分别为学号、姓名和年龄;再利用 insert 函数向表中添加 4 个学生的信息;另外,因为表中学生的数量超过了表格可显示的行数,所以还为表格创建了一个垂直滚动条。

【小贴士】 tkinter 是 Python 自带的 GUI 库,功能较丰富,但在使用中,用得更多的是 PyQt5、wxPython 等第三方 GUI 库,这些库在易用性、简洁性方面具有更多优势。

目前还有一些界面开发工具,如 Qt Designer(见图 7-15),利用这些工具可直接对界面进行设计和制作,然后再将其转换为 py 文件,运行这些 py 文件就能生成对应的界面。

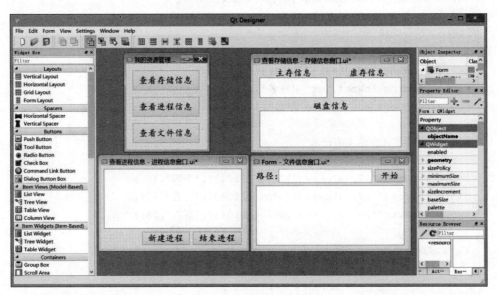

图 7-15 QT Designer

另外,还有一些工具可以将 Python 程序转化为可执行文件,如 py2exe 可将 Python 程序转换为 exe 文件,使程序可以直接在 Windows 中运行,而不需要安装 Python 环境。

实验关卡 7-4:图形用户界面。

实验目标:能实现简单的图形用户界面。

实验内容:先不看程序 7-21,试着自己实现图 7-2 中的功能①和功能②。

7.1.6 程序实现

程序 7-21 给出了"我的资源管理器"的完整实现,程序运行结果如图 7-2 所示。

在程序中,函数 start 的功能是生成主界面,主界面包含 3 个按钮,这 3 个按钮的响应函数分别是 onBtn01、onBtn02、onBtn03;这 3 个函数的功能分别是生成存储信息界面、进程信息界面和文件信息界面;文件信息界面包含一个文本框和一个按钮,文本框用于输入要统计的文件夹路径,按钮的响应函数为 onBtn31,该函数的功能是生成文件信息显示界面,用于显示路径下各类文件的统计信息。

程序 7-21

```
from tkinter import *
from tkinter import ttk
import psutil,os

#函数 BtoKMG(n)的定义,见程序 7-2
#函数 getMemInfo()的定义,见程序 7-2
#函数 getSwapMemInfo()的定义,见程序 7-3
#函数 getDiskInfo()的定义,见程序 7-4
#函数 getProcInfo()的定义,见程序 7-9
#函数 getFileInfo(dirpath)的定义,见程序 7-14

#存储信息界面 frame1:包括 3 个表格 table11~table13、3 个标签 label11~label13
def onBtn01():
    frame1 =Tk()
    frame1.title('查看存储信息')
    frame1.geometry('660x280')

    #显示主存信息
    memInfo =getMemInfo()
    label11=Label(frame1,text='主存信息')
    label11.place(x=140,y=10)
    table11 =ttk.Treeview(frame1,show='headings',height=1)
    table11['columns']=['total','used','free']
    table11.column('total',width=100,anchor='center')
    table11.column('used',width=100,anchor='center')
    table11.column('free',width=100,anchor='center')
    table11.heading('total',text='总容量')
    table11.heading('used',text='已用容量')
    table11.heading('free',text='剩余容量')
    table11.insert('',0,values=memInfo)
    table11.place(x=20,y=38)
```

```python
#显示交换区信息
swapInfo =getSwapMemInfo()
label12=Label(frame1,text='交换区信息')
label12.place(x=460,y=10)
table12 =ttk.Treeview(frame1,show='headings',height=1)
table12['columns']=['total','used','free']
table12.column('total',width=100,anchor='center')
table12.column('used',width=100,anchor='center')
table12.column('free',width=100,anchor='center')
table12.heading('total',text='总容量')
table12.heading('used',text='已用容量')
table12.heading('free',text='剩余容量')
table12.insert('',0,values=swapInfo)
table12.place(x=340,y=38)

#显示磁盘信息
diskInfo =getDiskInfo()
label13=Label(frame1,text='分区信息')
label13.place(x=296,y=90)
table13 =ttk.Treeview(frame1,show='headings',height=5)
table13['columns']=['dev','type','total',
                    'used','free','rate']
table13.column('dev',width=102,anchor='center')
table13.column('type',width=102,anchor='center')
table13.column('total',width=104,anchor='e')
table13.column('used',width=104,anchor='e')
table13.column('free',width=104,anchor='e')
table13.column('rate',width=104,anchor='e')
table13.heading('dev',text='分区')
table13.heading('type',text='类型')
table13.heading('total',text='总容量',anchor='e')
table13.heading('used',text='已用容量',anchor='e')
table13.heading('free',text='剩余容量',anchor='e')
table13.heading('rate',text='已用比例',anchor='e')
for i in range(len(diskInfo)):
    table13.insert('',i,values=diskInfo[i])
table13.place(x=20,y=118)

frame1.mainloop()

#进程信息界面frame2:包括1个表格table21、1个滚动条sbar21
def onBtn02():
    frame2 =Tk()
```

```python
    frame2.title('查看进程信息')
    frame2.geometry('686x430')

    #显示进程信息
    procInfo =getProcInfo()
    table21 =ttk.Treeview(frame2,show='headings',height=20)
    table21.place(x=1,y=1)
    table21['columns']=['name','pid','statu',
                       'user','cpu','mem']
    table21.column('name',width=200,anchor='w')
    table21.column('pid',width=80,anchor='w')
    table21.column('statu',width=100,anchor='w')
    table21.column('user',width=100,anchor='w')
    table21.column('cpu',width=80,anchor='e')
    table21.column('mem',width=100,anchor='e')
    table21.heading('name',text='进程名',anchor='w')
    table21.heading('pid',text='进程号',anchor='w')
    table21.heading('statu',text='状态',anchor='w')
    table21.heading('user',text='用户名',anchor='w')
    table21.heading('cpu',text='CPU',anchor='e')
    table21.heading('mem',text='主存',anchor='e')
    for i in range(len(procInfo)):
        table21.insert('',i,values=procInfo[i])
    sbar21 =ttk.Scrollbar(frame2,orient="vertical",
                         command=table21.yview)
    sbar21.place(x=666, y=1, height=430)
    table21.configure(yscrollcommand=sbar21.set)

    frame2.mainloop()

#文件信息显示界面 frame4：包括 1 个表格 table41、1 个滚动条 sbar41
def onBtn31(path):
    frame4 =Tk()
    frame4.title(path)
    frame4.geometry('322x300')

    #显示文件信息
    fileInfo=getFileInfo(path)
    table41 =ttk.Treeview(frame4,show='headings',height=13)
    table41.place(x=1,y=1)
    table41['columns']=['type','num','size']
    table41.column('type',width=100,anchor='w')
    table41.column('num',width=100,anchor='e')
```

```
    table41.column('size',width=100,anchor='e')
    table41.heading('type',text='文件类型',anchor='w')
    table41.heading('num',text='数量',anchor='e')
    table41.heading('size',text='总容量',anchor='e')
    for i in range(len(fileInfo[0])):
        value=(fileInfo[0][i],fileInfo[1][i],fileInfo[2][i])
        table41.insert('',i,values=value)

    sbar41 =ttk.Scrollbar(frame4,orient="vertical",
                          command=table41.yview)
    sbar41.place(x=301, y=1, height=300)
    table41.configure(yscrollcommand=sbar41.set)

    frame4.mainloop()

#文件信息界面 frame3: 包括 1 个标签 label31、1 个文本框 text31、1 个按钮 btn31
def onBtn03():
    frame3 =Tk()
    frame3.title('查看文件信息')
    frame3.geometry('560x50')
    label31=Label(frame3,text='路径：')
    label31.place(x=1,y=10)
    text31=Entry(frame3,width=64)
    text31.place(x=50,y=10)
    btn31=Button(frame3,text='查看',
                 command=lambda:onBtn31(path=text31.get()))
    btn31.place(x=510,y=5)
    frame3.mainloop()

#主界面 frame0:包括 3 个按钮 btn01、btn02、btn03
def start():
    frame0 =Tk()
    frame0.title('我的资源管理器')
    frame0.geometry('600x100')
    btn01=Button(frame0,text='查看存储信息',
                 font=('Kaiti',14),command=onBtn01)
    btn02=Button(frame0,text='查看进程信息',
                 font=('Kaiti',14),command=onBtn02)
    btn03=Button(frame0,text='查看文件信息',
                 font=('Kaiti',14),command=onBtn03)
    btn01.place(x=20,y=30)
    btn02.place(x=220,y=30)
    btn03.place(x=420,y=30)
```

```
    frame0.mainloop()
start()
```

【小贴士】 还可以进一步对程序 7-21 进行完善,添加更多资源管理功能,如新建/关闭进程、查看网络/CPU 信息、查找指定类型文件的位置等。

7.2 TOY 计算机模拟——制造一台计算机

7.2.1 问题描述

指令是计算机的最小功能单位,一条指令可以指挥计算机完成一个操作,如一条加法指令可以命令计算机进行一次加法运算。一台计算机上所有类型指令的集合称为指令集,指令集定义了一台计算机能完成的所有基本操作。表 7-2 给出了某计算机 TOY 的指令集,其中,Rx、Ry 表示 CPU 中某个通用寄存器,mem 表示主存中某个存储单元。

表 7-2 TOY 计算机的指令集

指令名	汇编指令			含 义
数据移动指令	mov1	Rx	mem	将主存单元 mem 中的值移入寄存器 Rx
	mov2	mem	Rx	将寄存器 Rx 中的值移入主存单元 mem
	mov3	Rx	n	将数字 n 放入寄存器 Rx
加法指令	add	Rx	Ry	寄存器 Rx 的值加上 Ry 的值,结果存入 Rx
减法指令	sub	Rx	Ry	寄存器 Rx 的值减去 Ry 的值,结果存入 Rx
乘法指令	mul	Rx	Ry	寄存器 Rx 的值乘以 Ry 的值,结果存入 Rx
除法指令	div	Rx	Ry	寄存器 Rx 的值除以 Ry 的值,结果存入 Rx
无条件跳转指令	jmp	mem		程序跳转到 mem 处继续执行
条件跳转指令	jz	Rx	mem	若寄存器 Rx 的值为 0,则跳转到 mem 处继续执行,否则不跳转
输入指令	in	Rx		读取键盘输入的整数,放入寄存器 Rx
输出指令	out	Rx		将 Rx 的值输出到屏幕
停止指令	halt			程序执行结束

指令由操作码和操作数组成,操作码规定了指令的功能,操作数给出了操作的对象,如在 TOY 指令 add Rx Ry 中,add 是操作码,表示该指令的功能是进行加法运算,Rx 和 Ry 是操作数,表示该加法指令的操作对象是寄存器 Rx 和 Ry。

虽然 TOY 指令集较为简单,但利用这些指令也可以完成一些较复杂的计算,例如,

add.toy

000	mov3	1	12	将数字12存入寄存器1
001	mov3	2	13	将数字13存入寄存器2
002	add	1	2	寄存器1和寄存器2的值相加，存入寄存器1
003	out	1		打印寄存器1的值
004	halt			程序结束

sum100.toy

000	mov3	1	0	将数字0存入寄存器1
001	mov3	2	1	将数字1存入寄存器2
002	mov3	3	1	将数字1存入寄存器3
003	add	1	2	寄存器1和寄存器2中的值相加，存入寄存器1
004	add	2	3	寄存器2和寄存器3中的值相加，存入寄存器2
005	mov3	4	101	将数字101存入寄存器4
006	sub	4	2	寄存器4减去寄存器2中的值，存入寄存器4
007	jz	4	009	若寄存器4的值为0，则跳转到第009行
008	jmp	003		跳转到第003行
009	out	1		打印寄存器1的值
010	halt			程序结束

图 7-16　TOY 程序示例

图 7-16 是利用 TOY 指令编写的两个 TOY 程序，其功能分别是计算并打印 12＋13 和 $\sum_{i=1}^{100} i$ 的值，其中，每条指令前的数字表示指令在程序中的地址。

本实验就是用 Python 程序构建一台 TOY 计算机，该计算机能够执行 TOY 指令集中的各种指令，从而可以执行如图 7-16 所示的 TOY 程序。

【小贴士】　在本实验中，TOY 计算机执行的是汇编指令，而在实际计算机中，执行的是由 0 和 1 组成的机器指令。机器指令和汇编指令一般是一一对应的关系，所以对它们进行 Python 模拟的过程也是类似的。读者可以仿照本实验的过程，为 TOY 计算机设计一套机器指令，然后进行 Python 实现（见综合实验 7-2）。

另外，用 Python 等高级语言编写的程序都会被转化成汇编/机器指令。在实验过程中，读者可以体会 Python 等高级语言与机器/汇编语言的区别，思考哪些 Python 语句可以转化成 TOY 指令，如果不能转换，还需要在 TOY 指令集中添加哪些指令。

7.2.2　TOY 计算机的硬件

如图 7-17 所示，TOY 计算机的硬件主要包括主存和 CPU。

TOY 主存用来存储正在执行的 TOY 程序和相关数据，TOY 的主存共包含 1000 个主存单元，主存单元的地址依次为 000～999，每个主存单元可以存储一条 TOY 指令或一个相关数据。

TOY 的 CPU 是用来执行 TOY 指令的，每次执行一条指令。在 CPU 中，通用寄存器是用来存储临时数据的，如执行完 mov3 1 12 和 mov3 2 13 两条指令后，第 1 号和第 2 号寄存器中的值分别为 12 和 13，这两个数据会在后面的指令中被用到，TOY 计算机中共有

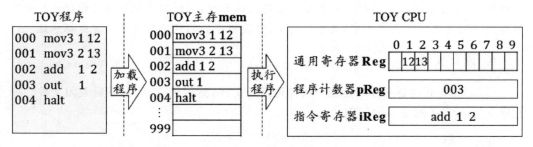

图 7-17 TOY 计算机的结构

10 个通用寄存器,编号从 0 到 9;指令寄存器中存储了正在被执行的指令,如图 7-17 中,正在被 CPU 执行的指令是 add 1 2 指令;程序计数器用来存储下一条指令的地址,如图 7-17 中,程序计数器的值为 003,表示下一条被执行的指令是第 003 号主存单元中的指令。

因此,在进行 Python 模拟时,可以用一个包含 1000 个字符串元素的列表 mem 表示 TOY 的主存,用一个包含 10 个整型元素的列表 Reg 模拟通用寄存器,用整型变量 pReg 和字符串变量 iReg 代表程序计数器和指令寄存器,如程序 7-22 所示。

程序 7-22

```
mem=['']*1000        #利用列表 mem 模拟 TOY 的主存,men 包含 1000 个元素,
                     #对应主存的 1000 个主存单元,初始值均为空字符串
reg=[0]*10           #利用列表 reg 模拟通用寄存器,reg 包含 10 个元素,
                     #对应 TOY 中的 10 个通用寄存器,初始值均为 0
pReg=0               #利用整型变量 pReg 模拟程序计数器,初始值为 0
iReg=''              #利用字符串变量 iReg 模拟指令寄存器,初始值为空字符串
```

TOY 程序最开始是存储在 .toy 文件(即文件后缀名为 toy)中的,要运行其中的程序,首先需要将文件中的所有指令移到 TOY 主存中,这个过程称为 TOY 程序的加载;加载完程序后,CPU 就可以依次执行主存中的每条指令从而完成程序的功能了,这个过程称为 TOY 程序的执行。下面介绍如何加载和执行 TOY 程序。

【小贴士】 .toy 文件是自己定义的一种文本文件,可以先新建一个 .txt 文件,然后将后缀名 txt 改成 toy 即可;.toy 文件可以使用记事本打开,方法是在文件上右击,在"打开方式"中选择用"记事本"打开。

7.2.3 TOY 程序的加载

加载 TOY 程序是指把 TOY 程序从外存载入到 TOY 的主存,从而使 CPU 可以执行程序中的各指令,其实就是把 .toy 文件中的指令存入到对应的主存单元(即列表 mem 中的对应位置),例如,加载图 7-16 中 add.toy 文件的第 3 行 002 add 1 2,就是把指令 add 1 2 放入第 002 号主存单元,也就是将列表 mem 的第 2 号元素设置为 'add 1 2'。下面先介绍 Python 读写文件的方法和全局变量的概念,最后给出程序加载的具体实现。

【小贴士】 严格来说,.toy 文件中指令前的地址是逻辑地址,主存单元的地址是物

理地址,一条指令的物理地址不一定等于它的逻辑地址,将逻辑地址转换为物理地址的过程称为地址重定位。在实验中,为简单起见,假设指令的物理地址就等于其逻辑地址。

1. 读写文件

利用 Python 读写文件的过程一般是先打开文件,然后进行读写,最后关闭文件。如程序 7-23 给出了写文件的示例。

程序 7-23

```
txt=open('D:/MyPython/add.toy', 'w')           #打开文件
txt.write('000 mov3 1 12\n')                   #写文件
txt.write('001 mov3 2 13\n')
txt.write('002 add 1 2\n')
txt.write('003 out 1\n')
txt.write('004 halt\n')
txt.close()                                    #关闭文件
```

该程序首先用 open(file,mode) 函数打开一个文件,file 给出的是文件的路径,mode 表示打开文件的模式,下面给出了 3 种常用的模式。

(1) r:读模式,以此模式打开的文件只能进行读操作,不能进行写操作。

(2) w:写模式,以此模式打开的文件只能进行写操作,不能进行读操作,当文件不存在时会自动创建该文件。

(3) a:也是写模式,它与 w 模式的区别在于,在 w 模式中,程序写入的内容会覆盖文件打开前已有的内容,而在 a 模式中,文件已有内容不会被覆盖,程序写入的内容会被追加到已有内容之后。

所以,程序 7-23 第 1 行的意思是以写模式打开 D:\MyPython\add.toy 文件,若文件不存在则自动创建该文件,若文件已存在则覆盖之前的内容;然后利用 write 函数往文件中写入 5 条 TOY 指令,write 函数在写文件时不会自动换行,所以要在每条指令最后加上换行符'\n',否则 5 条指令会被写到同一行;最后关闭文件。所以程序执行完毕后,在 D:\MyPython 文件夹下会存在 add.toy 文件,文件内容就是图 7-16 中 add.toy 的内容。

程序 7-24 给出的是读文件的示例,程序首先以读模式打开文件,然后读取并打印文件中所有内容,最后关闭文件。

程序 7-24

```
txt=open('D:/MyPython/add.toy', 'r')
while True:
    line=txt.readline()
    if line=='':                    #此处是两个单引号
        break
    print(line)
txt.close()
```

函数 readline 的功能是读取文件中的某一行,首次使用 readline 函数时读取的是文件第 1 行,下次再使用 readline 时会读文件第 2 行,第 i 次调用 readline 读取的就是文件第 i 行。因此,可以利用循环依次读取文件中的每一行,因为在读取之前不知道文件总共有多少行,也就是不知道确切的循环次数,所以程序使用了 while 循环。while 的条件表达式为 True,即条件永远成立,所以该条件表达式不能使循环结束,使循环的结束的是循环体中的 break 语句,执行 break 语句的条件是 line=='',即读出来的这一行是空字符串,也就是什么都没读到,这表示文件已经读到最后,此时即可结束循环。

除 readline 之外,还可以使用函数 read 和 readlines 读取文件,这两个函数的功能都是读取文件中的所有内容,区别在于以何种形式存放读取到的内容,read 函数将文件中的所有内容存放在一个字符串中,而 readlines 将结果存于一个列表,列表中的一个元素对应文件中的一行。例如,add.toy 是程序 7-23 生成的文件,则在程序 7-25 中,变量 s 的值为'000 mov3 1 12\n001 mov3 2 13\n002 add 1 2\n003 out 1\n004 halt',而在程序 7-26 中,s 的值为['000 mov3 1 12\n', '001 mov3 2 13\n', '002 add 1 2\n', '003 out 1\n', '004 halt\n']。

程序 7-25

```
txt=open('add.toy','r')
s=txt.read()
print(s)
txt.close()
```

程序 7-26

```
txt=open('add.toy','r')
s=txt.readlines()
print(s)
txt.close()
```

2. 全局变量

在函数体中可以读取函数外部定义的变量(但一般不建议这么做,一般建议通过参数传递的方式将外部变量的值传递到函数体中),如在程序 7-27 中,变量 a 是在 test 函数外部定义的变量,而在 test 函数中,可以读取 a 的值,所以该程序执行结束后,会打印 a 的值 1。

程序 7-27

```
a=1
def test():
    b=a                    #读取外部变量 a
    print(b)
test()                     #打印结果为 1
```

程序 7-28

```
a=1
def test():
    a=2                      #修改外部变量 a
test()
print(a)                     #打印结果仍为 1
```

但是,在函数体中修改外部变量的值并不会对外部变量起作用,如在程序 7-28 中,a 为 test 函数外部的变量,虽然在函数体中将 a 的值修改为 2,但在函数体外,该修改并不会生效,所以最后的 print 语句打印出的还是 1。

有些时候,希望函数体中对外部变量的修改能够在函数外部生效,此时可使用关键字 global 进行全局变量的声明。例如,在程序 7-29 中,test 函数首先声明变量 a 为全局变量,然后再对 a 进行修改,此时的修改会在函数外部生效,所以 print 语句打印出的是修改后的结果 2。

程序 7-29

```
a=1
def test():
    global a                 #声明 a 为全局变量
    a=2                      #对 a 的修改会在外部生效
test()
print(a)                     #打印结果为 2,证明函数体中的修改已生效
```

3. 程序实现

程序 7-30 中的函数 loadProgram(file)的功能是加载文件 file 中的 TOY 程序。

程序 7-30

```
mem=[''] * 1000              #主存
reg=[0] * 10                 #通用寄存器
pReg=0                       #程序计数器
iReg=''                      #指令寄存器

def loadProgram(file):
    global pReg, iReg, reg, mem    #全局变量声明
    fil=open(file, 'r')             #打开文件
    first=True                      #用于标识是否为第 1 条指令
    while True:                     #每循环一次加载一条指令
        line=fil.readline()         #读 1 行
        if line =='':               #若读取完毕,则结束循环
            break
```

```
            flds=line.split()                    #将1行拆分为若干部分
            address=int(flds[0])                 #第0部分为地址
            instruc=flds[1]                      #将后面的部分重新拼接为指令
            for fld in flds[2:len(flds)]:
                instruc=instruc+ ' '+ fld
            mem[address]=instruc                 #将指令加载到主存单元
            if first==True:                      #若是第1条指令
                pReg=address                     #则将其地址存入程序寄存器
                first=False                      #后面的指令不再是第1条指令
        fil.close()                              #关闭文件

loadProgram('D:/MyPython/add.toy')               #加载 add.toy 中的程序
for i in range(5):                               #加载完成后,查看主存中的信息
    print('第', i, '个主存单元: ', mem[i])
```

函数 loadProgram 会对 mem、pReg 等变量进行修改,其修改结果在函数外部会被继续使用,所以该函数首先将这些变量声明为全局变量。

该函数利用文件读取功能实现加载过程,首先打开文件,然后读取,最后关闭。在读取时,利用 while 循环依次读取文件中的每一行并存于变量 line 中,line 为空字符串时,表示已经读取完毕,则结束循环。

对于读取到的某一行 line,首先用 split 函数按空格、制表符等空白符号对其进行拆分,并赋值给变量 flds,例如,若 line 的值为'002 add 1 2',则列表 flds 的值为['002', 'add', '1', '2'],其第0号元素为指令对应的地址,后面的元素为指令的各部分。所以,函数随后利用 int(flds[0]) 将 flds 的第0号元素转换为整数并赋值给变量 address,address 就是该指令对应的主存地址。然后利用 for 循环将 flds 后面的元素重新拼接为完整的指令,并赋值给变量 instruc,如 flds 为['002', 'add', '1', '2'],则 instruc 为'add 1 2',所以,instruc 就存放了要加载的指令。然后利用 mem[address]=instruc 语句将指令 instruc 放入第 address 号主存单元,即完成一条指令的加载。

另外,在加载程序的过程中,还要设置程序计数器 pReg 的初始值,把程序第1条指令的地址放入 pReg,这样 CPU 才知道从哪条指令开始执行。布尔型变量 first 的功能就是用来标识指令是否为第1条指令,first 最开始的值为 True,所以在加载第1条指令时,条件表达式 first==True 成立,利用语句 pReg = address 将第1条指令的地址存入 pReg,然后将 first 的值改为 False,所以在加载后面的指令时,条件表达式 first==True 不再成立,pReg 的值也不会再被修改,始终存储了第1条指令的值。

程序最后3行为测试代码,利用 loadProgram 函数加载 D:/MyPython/add.toy 文件(程序7-23生成的文件)中的 TOY 程序,该程序包含5条指令,依次被加载到第0~4号主存单元,所以程序随后打印出这5个主存单元的内容,打印出的结果如图7-18所示。

```
第 0 个主存单元:  mov3 1 12
第 1 个主存单元:  mov3 2 13
第 2 个主存单元:  add 1 2
第 3 个主存单元:  out 1
第 4 个主存单元:  halt
```

图7-18 程序7-30运行结果示例

【小贴士】 还可以对程序 7-30 进行改进,以处理一些特殊的情况,如文件中有空行、指令后面以'#'标识的注释内容等。

实验关卡 7-5:文件读写。

实验目标:能利用 Python 读写文本文件。

实验内容:编写程序,在指定的 txt 文件中查找关键字出现的位置,如图 7-19 所示。

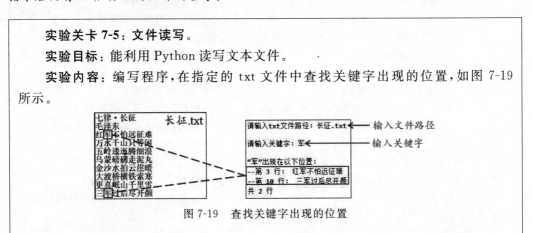

图 7-19 查找关键字出现的位置

7.2.4　TOY 程序的执行

CPU 的功能是依次执行程序中的各条指令,在执行一条指令时其工作过程如下。

(1) 取指令:按照程序计数器的值,取出对应主存单元中的指令,存入指令寄存器,并将程序计数器的值加 1,以便下个指令周期取出的是下一条指令。

(2) 译码:对指令寄存器中的指令进行分析,取出操作码和各操作数。

(3) 执行和写结果:根据操作码对操作数进行处理,并将处理结果放入对应位置。

程序 7-31 的 cycle 函数即模拟了 CPU 执行一条指令的过程。

程序 7-31

```
mem=['']*1000                    #主存
reg=[0]*10                       #通用寄存器
pReg=0                           #程序计数器
iReg=''                          #指令寄存器

def cycle():
    global pReg, iReg, reg, mem
    
    #取指令
    iReg=mem[pReg]               #根据 pReg 的值,将指令从 mem 取到 iReg
    pReg=pReg+1                  #pReg 加 1,指向下一条指令
    
    #译码
    flds=iReg.split()
    opcode=flds[0].lower()       #操作码
```

```
        if len(flds)> 1:op1=int(flds[1])           #操作数 1
        if len(flds)> 2:op2=int(flds[2])           #操作数 2

        #执行和写结果
        if opcode=='mov1':                         #数据移动指令:寄存器←主存
            reg[op1]=mem[op2]
        elif opcode=='mov2':                       #数据移动指令:主存←寄存器
            mem[op2]=reg[op1]
        elif opcode=='mov3':                       #数据移动指令:寄存器←数字
            reg[op1]=op2
        elif opcode=='add':                        #加法指令
            reg[op1]=reg[op1]+reg[op2]
        elif opcode=='sub':                        #减法指令
            reg[op1]=reg[op1]-reg[op2]
        elif opcode=='mul':                        #乘法指令
            reg[op1]=reg[op1] * reg[op2]
        elif opcode=='div':                        #除法指令
            reg[op1]=reg[op1]/reg[op2]
        elif opcode=='jmp':                        #无条件跳转指令
            pReg=op1
        elif opcode=='jz':                         #条件跳转指令
            if reg[op1]==0:
                pReg=op2
        elif opcode=='in':                         #输入指令
            reg[op1]=int(input('input:'))
        elif opcode=='out':                        #输出指令
            print('output:',reg[op1])
        elif opcode=='halt':                       #停止指令
            return False

    return True

mem[0]='add 0 1'
pReg, reg[0], reg[1]=0, 12, 13
cycle()
print(reg[0])
```

在取指令步骤中,语句 iReg = mem[pReg]是将 mem 中第 pReg 号元素赋给 iReg,即表示根据程序计数器 pReg 的值从主存 mem 中取出对应指令并存入指令寄存器 iReg,然后程序计数器 pReg 的值加 1,指向下一条指令。

在译码步骤中,首先利用 split 函数将指令寄存器中的指令拆分成若干部分,并赋给变量 flds,如 iReg 中的指令为'add 0 1'时,flds 的值为['add', '0', '1']。所以,flds 的第 0 号元素即为该指令的操作码,后面的元素为操作数,将操作码赋给变量 opcode,并根据操作数的数量对 op1 和 op2 进行赋值。所以，译码结束后 opcode 为指令的操作码，op1 和 op2 为对应的操作数。

在执行和写结果步骤中，利用多重分支对操作码 opcode 进行判断，不同的操作码处理的方法也不一样。例如，对于 mov1 指令，将主存 mem 中第 op2 号主存单元的数据移到第 op1 号寄存器；对于 add 指令，将第 op1 号和 op2 号寄存器的值相加，结果存入第 op1 号寄存器；对于 jmp 指令，将程序计数器 pReg 的值修改为 op1，下一条将被执行的指令变为第 op1 号主存单元的指令；对于 out 指令，将第 op1 号寄存器的值打印到屏幕。

当执行的指令是 halt 指令时，cycle 函数返回 False，表示不再执行下一条指令，即程序执行完毕，否则返回 True，即程序还没结束，还要继续执行下一条指令。

程序最后 4 行是测试代码，测试的指令是'add 0 1'，即将寄存器 0 和寄存器 1 的值相加，结果存入寄存器 0，最后打印寄存器 0 的值，寄存器 0 和 1 的初始值分别为 12 和 13，所以打印的结果是 25。

程序 7-32 中给出了 TOY 计算机的完整实现，run(file) 函数的功能是执行文件 file 中的整个 TOY 程序，该函数首先利用 loadProgram 函数将文件中的 TOY 程序加载到主存，然后利用 while 循环依次执行程序中的每条指令。在循环体中，首先利用 cycle 函数执行一条 TOY 指令，并将 cycle 函数的返回值赋给变量 hasNextInstruc，当 hasNextInstruc 的值为 False 时，表示当前执行的是 halt 指令，程序已经执行结束，条件表达式 hasNextInstruc==False 成立，执行 break 语句，循环结束，不再执行下一条指令；否则，当 hasNextInstruc 的值为 True 时，表示程序还未结束，开始下一循环，执行下一条指令。

程序 7-32

```
mem=['']*1000                              #主存
reg=[0]*10                                 #通用寄存器
pReg=0                                     #程序计数器
iReg=''                                    #指令寄存器

#函数 loadProgram(file)的定义,见程序 7-30
#函数 cycle()的定义,见程序 7-31

def run(file):
    global pReg, iReg, reg, mem
    loadProgram(file)                      #加载 TOY 程序
    
    while True:                            #每循环一次,执行一条指令
        hasNextInstruc=cycle()             #执行一条 TOY 指令
        if hasNextInstruc==False:          #若执行的是 halt 指令
            break                          #则跳出循环

run('D:/MyPython/add.toy')                 #运行 add.toy 中的 TOY 程序
run('D:/MyPython/sum100.toy')              #运行 sum100.toy 中的 TOY 程序
```

程序最后两行是测试代码,分别利用 TOY 计算机运行 add.toy 和 sum100.toy 文件中的 TOY 程序(见图 7-16),这两个 TOY 程序的功能分别是计算并打印 12+13 和 $\sum_{i=1}^{100} i$ 的值,所以程序运行结果应该为 25 和 5050。

至此,已利用 Python 构建了一台基于冯·诺依曼体系结构的计算机 TOY,该计算机的功能并不局限于 add.toy 和 sum100.toy 两个程序,它还能进行更为复杂的计算,读者可以试着利用 TOY 指令集中的指令编写更为复杂的 TOY 程序,然后利用 TOY 计算机执行,也可以对 TOY 计算机的指令集进行扩展,使其功能更为强大。

7.3 值得一看的小结

计算机系统由软件和硬件两部分组成,这是本章两个实验各自的侧重点。资源管理器实验侧重于软件系统,通过系统调用,Python 能够对计算机中最基本的软件——操作系统——进行各种操作,从而可以更为深入地理解操作系统中的相关概念。另外,从狭义上看,每个 Python 程序都是一个软件,但它和平时使用的 Word、播放器等软件有着较大区别,而通过图形用户界面编程技术,可以开发一个看起来更像软件的 Python 程序,从而使软件不再神秘。

第 2 个实验看起来是做了一件没有意义的事情,通过大量代码模拟了一台计算机,然后用这台计算机算出 12+13 和 1+2+…+100 的结果,而利用 Python 只要少量语句就可计算出它们的值。但通过这个实验,能够更加深入地理解计算机的硬件组成与工作原理,以及计算机软件与硬件之间的关系。

因此,在实验过程中,不仅要了解 Python 的相关功能、编写出对应程序,更应该深入思考程序背后的意义。

7.4 综合实验

7.4.1 综合实验 7-1

【实验目标】

进一步熟悉利用 Python 进行系统调用的功能,进一步了解图形用户界面编程技术。

【实验内容】

编程实现图 7-20 所示程序,用户在主界面的文本框中输入文件夹的位置和关键字,单击"查找"按钮后,程序在指定位置查找内容包含关键字的文件,并在新的界面中以表格形式显示这些文件的名字、路径等信息。

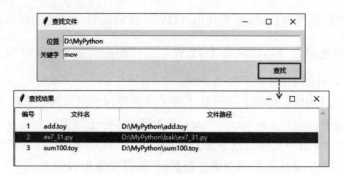

图 7-20 查找包含关键字的文件

7.4.2 综合实验 7-2

【实验目标】

进一步熟悉利用 Python 进行冯·诺依曼体系结构的模拟。

【实验内容】

TOY2 计算机和 TOY 计算机类似,也包含 1000 个主存单元、10 个通用寄存器,其区别在于 TOY2 计算机执行的是十进制的机器指令,而不是汇编指令。如图 7-21 所示,TOY2 指令的长度为 6 位,前两位为操作码,第 3 位和第 4～6 位为操作数。

图 7-21 TOY2 的指令格式

TOY2 的指令集如表 7-3 所示。

表 7-3 TOY2 的指令集

指令名	机器指令	含义
停止指令	00 0 000	停止程序执行
数据移动指令	01 r mmm	将第 mmm 号主存单元中的值移入第 r 号寄存器
	02 r mmm	将第 r 号寄存器中的值移入第 mmm 号主存单元
	03 r nnn	将数字 nnn 放入第 r 号寄存器
加法指令	04 r 00s	将第 r 号和第 s 号寄存器的值相加,结果存入第 r 号寄存器
减法指令	05 r 00s	将第 r 号和第 s 号寄存器的值相减,结果存入第 r 号寄存器
乘法指令	06 r 00s	将第 r 号和第 s 号寄存器的值相乘,结果存入第 r 号寄存器
除法指令	07 r 00s	将第 r 号和第 s 号寄存器的值相除,结果存入第 r 号寄存器
无条件跳转指令	08 0 mmm	程序跳而执行第 mmm 号主存单元中的指令
条件跳转指令	09 r mmm	若第 r 号寄存器的值为 0,则跳而执行第 mmm 号主存单元中的指令,否则不跳转
输入指令	10 r 000	读取键盘输入的整数,放入第 r 号寄存器
输出指令	11 r 000	将第 r 号寄存器中的值输出到屏幕

例如,图 7-22 中两个程序的功能分别是计算 12+13 和 1+2+…+99+100。

add.toy2

000 031012	将数字12存入寄存器1
001 032013	将数字13存入寄存器2
002 041002	寄存器1和寄存器2的值相加,存入寄存器1
003 111000	打印寄存器1的值
004 000000	程序结束

sum100.toy2

000 031000	将数字0存入寄存器1
001 032001	将数字1存入寄存器2
002 033001	将数字1存入寄存器3
003 041002	寄存器1和寄存器2中的值相加,存入寄存器1
004 042003	寄存器2和寄存器3中的值相加,存入寄存器2
005 034101	将数字101存入寄存器4
006 054002	寄存器4减去寄存器2中的值,存入寄存器4
007 094009	若寄存器4的值为0,则跳转到第009行
008 080003	跳转到第003行
009 111000	打印寄存器1的值
010 000000	程序结束

图 7-22 TOY2 程序示例

参照 TOY 计算机的模拟过程,对 TOY2 计算机进行模拟,并利用 TOY2 计算机执行如上两个 TOY2 程序。

7.5 辅助阅读资料

[1] psutil 说明文档. https://pypi.org/project/psutil/.

[2] subprocess 说明文档. https://docs.python.org/3/library/subprocess.html.

[3] os 说明文档. https://docs.python.org/3/library/os.html.

[4] os.path 说明文档. https://docs.python.org/3/library/os.path.html.

[5] shutil 说明文档. https://docs.python.org/3/library/shutil.html.

[6] tkinter 说明文档. https://docs.python.org/3/library/tkinter.html.

[7] tkinter.tkk 说明文档. https://docs.python.org/3/library/tkinter.ttk.html.

[8] wxPython 官方网站. https://www.wxpython.org/.

[9] PyQt5 官方网站. https://pypi.org/project/PyQt5/5.6/.

[10] Qt Designer 说明文档. https://doc.qt.io/archives/qt-4.8/designer-manual.html.

[11] py2exe 官方网站. http://py2exe.org/.

第 8 章 网络数据获取与分析

【给学生的目标】

本章共包含两个实验：利用 Python 抓取和分析网页数据以及收发邮件。通过这两个实验熟悉 Python 处理网络数据的方法，进一步熟悉 HTML、POP3、STMP 等相关网络技术，了解正则表达式等概念，另外，进一步加强利用 Python 解决实际问题的能力。

【给老师的建议】

电子邮件的发送与接收实验由学生课后自学，网页数据的抓取和分析实验可配合授课内容进行讲授，建议分 3 次课实施：抓取分数线目录页和获取历年分数线数据页的网址（第 1 次课）；抓取历年分数线数据页和获取历年分数线数据（第 2 次课）；查询分数线数据（第 3 次课）。

8.1 网页数据的抓取与分析

8.1.1 问题描述

在国防科技大学本科招生信息网（网址为 http://www.gotonudt.cn/）主页上，选择"招生指南"中的"录取分数"，可以看到国防科技大学历年高考录取分数统计的目录（见图 8-1(a)，后面简称该页面为分数线目录页），单击某一年的链接，可以看到这一年的详细数据（见图 8-1(b)，后面简称该页面为××××年分数线数据页），包括各省（市、自治区，后同）的理科一本线，工程技术类学员的最高、最低、平均录取分数，学历教育合训类学员的最高、最低、平均录取分数。

历年分数线数据页上以表格的形式给出了详细的录取分数信息，但这些信息使用起来并不方便，如要查询"湖南省历年技术类录取的平均分"，则需依次打开每年的分数线数据页并记录下对应的分数数据，才能获取想要的信息。另外，网页上给出的是具体的数字，看起来不太直观，如想知道"2016 年各省合训类录取的最高分"中最高和最低的省份，则很难从网页中一眼看出。

因此，本实验利用 Python 从历年分数线数据页上获取录取数据，并将其存于 txt 文

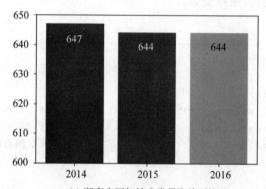

(a) 分数线目录页　　　　　　　　(b) 分数线数据页

图 8-1　分数线目录页和 2016 年分数线数据页

件中,然后对获取的数据进行分析,以图表形式显示查询结果,如图 8-2 所示。

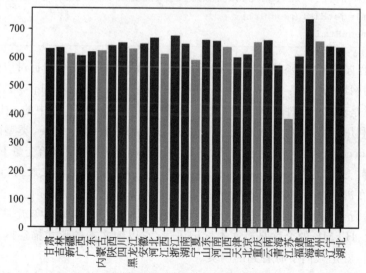

(a) 湖南省历年技术类录取的平均分

(b) 2016年各省合训类录取的最高分

图 8-2　实验结果示例

为达到此效果,实验分为以下几个步骤进行。

第 8 章　网络数据获取与分析

(1) 抓取分数线目录页。
(2) 获取历年分数线数据页的网址。
(3) 抓取历年分数线数据页。
(4) 获取历年分数线数据。
(5) 查询分数线数据。

注：因为 2012 年和 2013 年分数线数据页所用格式不同，所以只对 2014—2016 年三年的数据进行抓取和分析。

8.1.2 抓取分数线目录页

在 Python 中，可以利用 urllib 库抓取网页，基本 Python 环境和 Anaconda 环境中均已包含 urllib 库，不需要再额外安装。

程序 8-1

```python
import urllib.request as req

def getHTML(url):
    webpage=req.urlopen(url)              #打开网页
    webdata=webpage.read()                #读取网页数据
    html=webdata.decode('utf-8')          #对网页数据进行解码
    return html

menuUrl='http://www.gotonudt.cn/site/gfkdbkzsxxw/lqfs/index.html'
menuHtml=getHTML(menuUrl)
print(menuHtml)
```

例如，在程序 8-1 中，函数 getHTML(url) 的参数 url 表示某一网页对应的网址，如分数线目录页的网址为'http://www.gotonudt.cn/site/gfkdbkzsxxw/lqfs/index.html'，该函数的功能就是获取 url 对应网页的数据。函数首先利用 urllib 库中的 urlopen 函数打开网页，然后利用 read 函数读取网页上的数据，读取到的数据是 Bytes 类型的，不方便处理，所以利用 decode 函数对其进行解码，转化为字符串类型，并赋值给变量 html。

【小贴士】 若程序报 urlopen error 错误，检查计算机是否连接互联网，以及 url 是否拼写正确，可在浏览器中输入程序中的 url，看是否能正确打开对应网页。

程序的运行结果是一大段看似杂乱无章的文本，这种文本其实就是网页对应的 HTML 代码。HTML 的全称是超文本标记语言，它以纯文本的形式描述网页，浏览器对其进行解释后，就是人们平时看到的网页。

所以，可利用 HTML 语言制作属于自己的网页，图 8-3 给出了一个示例，过程如下：
(1) 新建一个 test.txt 文件。
(2) 打开 test.txt 文件，输入如下内容：

<a href=http://www.gotonudt.cn/>科大本科招生网</a>

(3) 关闭 test.txt 文件,并将其后缀名改为.html,文件名变为 test.html。

(4) 双击 test.html 文件,即可用浏览器打开制作的网页,如图 8-3(b)所示。

(a) HTML代码　　　　　　　　　　　　　(b) 显示效果

图 8-3　HTML 语言示例 1

在 HTML 语言中,<a>和</a>是一对标签,可用来定义一个链接,属性 href 给出了该链接对应的网址。所以在 test.html 对应的网页中,包含一个链接"科大本科招生网",单击该链接后,会跳转到 http://www.gotonudt.cn/。

在 HTML 中,还有很多其他的标签,可以用来定义不同的网页元素,例如,<p>用于表示段落,<font>用于定义字体,<hr>用于绘制水平线,<img>用于插入图片,<input>用于定义输入框,等等。利用这些标签,可以制作形态丰富的网页,图 8-4 给出了一个稍复杂的例子。

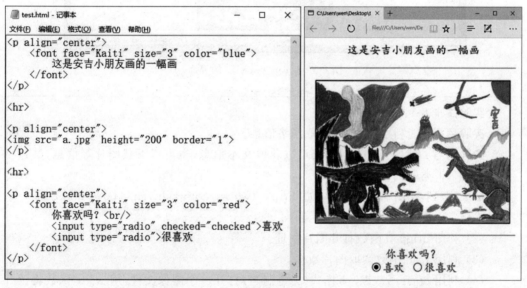

(a) HTML代码　　　　　　　　　　　　　(b) 显示效果

图 8-4　HTML 语言示例 2

如果将这些用 HTML 描述的网页文件存储在服务器上,用户就可以通过网络从服务器上下载这些网页文件,并用浏览器对其进行解释,从而显示对应的网页,其实这就是上网浏览网页的过程。

利用 urllib 库抓取网页与使用浏览器浏览网页的过程类似,也是将 HTML 网页文件从服务器上下载到本地计算机,只不过浏览器会对网页文件进行图形化显示,而 urllib 库则是直接获取原始的 HTML 文件内容,也就是程序 8-1 运行后打印出的结果。

【小贴士】 在实际制作网页时，一般会使用专门的网页制作软件，如 Adobe Dreamweaver(见图 8-5)等。

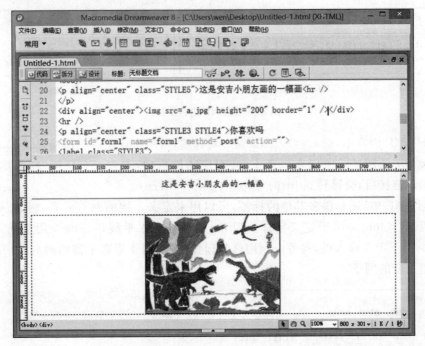

图 8-5　Dreamweaver 8 的界面

实验关卡 8-1：获取网络数据。

实验目标：能利用 Python 抓取网络信息。

实验内容：利用 urllib 库不仅可以获取文本信息，也可以下载图片等信息，其过程与程序 8-1 类似。

(1) 找到某图片的链接，如 http://www.gotonudt.cn/site/gfkdbkzsxxw/resources/img/logo.png。

(2) 利用 urlopen 函数打开图片网址。

(3) 利用 read 函数读取图片数据。

(4) 利用 open 函数以'wb'模式(二进制写)打开一个图像文件，用 write 函数将读取到的图片数据写入图像文件，关闭图像文件。

根据上述步骤，编写程序，功能是从网络上下载一幅图像。

实验关卡 8-2：HTML 语言练习一。

实验目标：能利用 HTML 语言编写简单的静态网页。

实验内容：利用 HTML 语言编写一个简单的网页，网页的主题可以是自我介绍、我的家乡等，网页中至少应包含格式化的文字、链接、图片等内容。

8.1.3 获取历年分数线数据页的网址

要获取分数线数据页中的数据,首先要知道这些网页对应的网址,而这些网址其实都包含在分数线目录页的 HTML 代码中。

观察分数线目录页,每年的录取分数数据对应一个链接"国防科技大学××××年录取分数统计",单击某年的链接就会跳转到对应的分数线数据页。在分数线目录页的 HTML 代码中,这些链接正是通过<a>和</a>标签定义的,如图 8-6 所示。

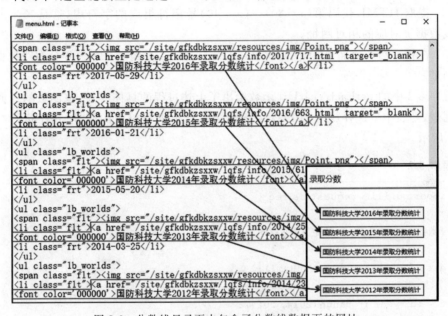

图 8-6 分数线目录页中包含了分数线数据页的网址

进一步分析,发现这些链接定义语句的格式都是相同的,如图 8-7 所示,每条定义语句以标签<a>开头,以</a>结尾,在这两个标签之间给出了链接的文字内容:"国防科技大学××××年录取分数统计",在标签<a>中,利用 href 定义了链接对应的网址。具体来说,若"国防科技大学××××年录取分数统计"中的"国"字是 HTML 代码中第 x 号字符,则这一年对应的网址为第 $(x-80) \sim (x-40)$ 号字符组成的字符串,例如,"国防科技大学 2016 年录取分数统计"在目录页 HTML 代码中出现的位置是第 14292 号,则 HTML 代码中第 14212~14252 号字符组成的字符串为'/site/gfkdbkzsxxw/lqfs/info/2017/717.html',这正是 2016 年分数线数据页对应的网址。

但是,这些网址不是完整的网址,在浏览器中输入这些网址并不能打开对应的分数线数据页。这些网址是相对网址,还需要在前面加上服务器的域名 www.gotonudt.cn,例如,2016 年分数线数据页对应的完整网址为

http://www.gotonudt.cn/site/gfkdbkzsxxw/lqfs/info/2017/717.html

因此,从分数线目录页的 HTML 代码中分析××××年分数线数据页网址的过程如下。

图 8-7　分数线数据页链接的格式

(1) 在分数线目录页的 HTML 代码中找到"国防科技大学××××年录取分数统计"出现的位置,假设为 x。

(2) 提取 HTML 代码第 $(x-80)\sim(x-40)$ 号字符组成的字符串,这是××××年分数线数据页对应的相对网址。

(3) 在相对网址前加上 'http://www.gotonudt.cn',得到××××年分数线数据页的完整网址。

程序 8-2 中的 getEachYearUrl 函数给出了上述过程的具体实现,该函数的返回值为一个列表,列表中依次存放了 2014—2016 年分数线数据页对应的网址,程序运行结果如图 8-8 所示。

程序 8-2

```
import urllib.request as req

#函数 getHTML(url)的定义,见程序 8-1

def getEachYearUrl(menuHtml):
    urls=[]
    for year in range(2014, 2017):
        keyStr='国防科技大学'+str(year)+'年录取分数统计'
        x=menuHtml.find(keyStr)
        href=menuHtml[x-80:x-39]
        urls.append('http://www.gotonudt.cn'+href)
    return urls

menuUrl='http://www.gotonudt.cn/site/gfkdbkzsxxw/lqfs/index.html'
menuHtml=getHTML(menuUrl)
eachYearUrl=getEachYearUrl(menuHtml)
for url in eachYearUrl:
    print(url)
```

```
http://www.gotonudt.cn/site/gfkdbkzsxxw/lqfs/info/2015/610.html
http://www.gotonudt.cn/site/gfkdbkzsxxw/lqfs/info/2016/663.html
http://www.gotonudt.cn/site/gfkdbkzsxxw/lqfs/info/2017/717.html
```

图 8-8　程序 8-2 的运行结果

其中,函数 getEachYearUrl 中用到 find 函数,find 函数的功能是查找子串在某字符串中首次出现的位置,例如,字符串 S 的值为'abcdeabcde',则 S.find('cd')的返回值为 2。

【小贴士】 函数 rfind 的功能与函数 find 类似,也是查找子串在某字符串中首次出现的位置,其区别在于,find 函数是从左往右查找,而 rfind 是从右往左。例如,若字符串 S 的值为'abcdeabcde',则 S.rfind('cd')的返回值为 7。

实验关卡 8-3:HTML 代码分析练习一。

实验目标:能利用字符串处理的方法对 HTML 代码进行分析。

实验内容:在目录页中,包含很多图片,这些图片也有对应的网址。编写程序,从目录页的 HTML 代码中提取其中包含的图片对应的网址。

提示:在目录页中,图片通过<img>标签定义,其中就包含了图片的网址,如在<img src="/site/gfkdbkzsxxw/resources/img/down2.png" width="10" height="8">中,图片的相对网址就是 src 后面的/site/gfkdbkzsxxw/resources/img/down2.png。因此,可以利用 find 函数在目录页的 HTML 代码中查找每一个 img 标签,进而提取对应的网址。

另外,需要注意的是,如果使用 html.find('<img src="')进行查找,则每次查找到的都是第一个 img 标签,此时应设置开始查找的位置,如 html.find('<img src="',pos)表示从 html 的第 pos 个字符开始查找,每找到一个,将 pos 设置为标签的结尾位置,这样就可以避免重复查找。

8.1.4 抓取历年分数线数据页

分析出历年分数线数据页的网址后,就可以利用这些网址获取数据页的具体数据,其过程与获取目录页数据的过程类似,程序 8-3 中的 getEachYearHTML 函数给出了具体实现。

程序 8-3

```
import urllib.request as req

#函数 getHTML(url)的定义,见程序 8-1
#函数 getEachYearUrl(menuHtml)的定义,见程序 8-2

def getEachYearHTML(eachYearUrl):
    eachYearHTML=[]
    for url in eachYearUrl:
        webpage=req.urlopen(url)
        webdata=webpage.read()
        html=webdata.decode('utf-8')
        eachYearHTML.append(html)
    return eachYearHTML
```

```
menuUrl='http://www.gotonudt.cn/site/gfkdbkzsxxw/lqfs/index.html'
menuHtml=getHTML(menuUrl)
eachYearUrl=getEachYearUrl(menuHtml)
eachYearHTML=getEachYearHTML(eachYearUrl)
print(eachYearHTML[-1])
```

在 getEachYearHTML 函数中，利用 for 循环依次获取每一年的分数线数据，先利用 urlopen 函数打开某一年分数线数据页，然后利用 read 函数读取网页数据，再对网页数据进行解码，转换成字符串类型，最后将转换后得到的 HTML 代码追加到列表 eachYearHTML 最后。所以该函数的返回值为列表类型，列表中的一个元素对应了某年分数线数据页的 HTML 代码。

程序最后打印出 2016 年分数线数据页对应的 HTML 代码，该代码的主要功能是定义如图 8-1(b)所示的表格。

在 HTML 语言中，定义表格的标签为＜table＞，一个表格包括很多行，表格中的行用＜tr＞标签定义，每一行又包括很多单元格，定义单元格的标签为＜td＞。例如，在图 8-9(a)中，table.html 文件中的 HTML 代码定义了一个包含 3 行的表格，每一行包含 2 个单元格，利用浏览器打开 table.html 文件后结果如图 8-9(b)所示。

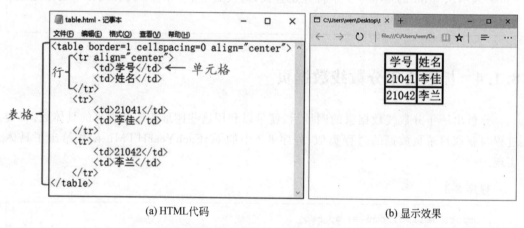

图 8-9　HTML 语言中表格定义示例

实验关卡 8-4：**HTML 语言练习二**。
实验目标：能利用 HTML 语言编写包含表格的静态网页。
实验内容：在实验关卡 8-2 制作的网页基础上，添加一个表格，如个人简历表、家乡特产列表等。

8.1.5　获取历年分数线数据

因此，获取某一年分数线数据就是从这一年分数线数据页的表格中提取单元格中的内容，提取时可采用程序 8-2 的方法，即使用 find 函数依次找到相关的 HTML 标签，但因为<tr>、<td>等标签在 HTML 代码中出现了多次，所以采用 find 函数的方法将十分麻烦。本节介绍一种更为方便的技术——正则表达式。

正则表达式是字符串处理的有力工具，被广泛应用于字符串查找、替换、文本解析等场合。正则表达式通过使用特殊字符定义一个模式，从而表示一系列符合这一模式的字符串，如果一个字符串符合某一正则表达式，则称该字符串匹配该正则表达式。

例如，在正则表达式中，点号'.'表示的是某一个任意字符（但不包括换行符'\n'），则正则表达式'a.b'表示的是这样的字符串：以字符'a'开头、以字符'b'结尾、中间有且仅有一个任意字符，所以，字符串'acb'、'adb'均匹配该正则表达式，而以下字符串均不匹配该正则表达式：'ab'(字符'a'和'b'之间没有字符)、'abc'(未以字符'b'结尾)、'adcb'(字符'a'和'b'之间的字符超过一个)。

又例如，在正则表达式中，星号'*'表示的意思是前一字符出现 0 到多次，所以正则表达式'ac*b'代表的是以字符'a'开头、以字符'b'结尾、中间有 0 到多个字符'c'的字符串，所以，与该正则表达式相匹配的字符串包括'ab'、'acb'、'accb'、'acccb'，等等。

表 8-1 给出了正则表达式中一些常用的特殊字符及示例。

表 8-1　正则表达式中常用的特殊字符及示例

特殊字符	含　义	示　例	
		正则表达式	匹配的字符串
.	除换行符外的任意 1 个字符	'a.b'	'acb'、'adb'、…
*	前一字符出现 0 到多次	'ac*b'	'ab'、'acb'、'accb'、…
+	前一字符出现 1 到多次	'ac+b'	'acb'、'accb'、…
?	前一字符出现 0 或 1 次	'ac?b'	'ab'、'acb'
{n}	前一字符出现 n 次	'ac{3}b'	'acccb'
{m,n}	前一字符出现 $m\sim n$ 次	'ac{2,4}b'	'accb'、'acccb'、'accccb'
|	或者	'abc|def'	'abc'、'def'
[…]	字符集	'a[def]b'	'adb'、'aeb'、'afb'
-	用在[…]中表示字符范围	'a[d-f]b'	'adb'、'aeb'、'afb'
^	用在[…]中表示除…之外的字符	'a[^def]b'	'acb'、'agb'、…
(…)	分组，分组会被当作整体看待	'a(bc|de)f'	'abcf'、'adef'
\	转义字符，使后一字符含义改变	'a\\.b'	'a.b'
\d	数字字符	'a\\db'	'a0b'、'a1b'、'a2b'、…
\D	非数字字符	'a\\Db'	'acb'、'adb'、…
\s	空白字符，如空格、制表符、换行符等	'a\\sb'	'a b'、'a\\tb'、'a\\nb'、…
\S	非空白字符	'a\\Sb'	'acb'、'adb'、…
\w	大小写字母、数字和下画线	'a\\wb'	'a1b'、'acb'、'a_b'、…
\W	与\w 相反	'a\\Wb'	'a b'、'a\\tb'、'a\\nb'、…

在正则表达式中,通过特殊字符的配合使用,可发挥更为强大的表达能力。例如,'a.*b'表示的是以字符'a'开头、以字符'b'结尾的所有字符串,'a'和'b'之间可以存在 0 到多个任意字符,所以字符串'ab'、'acb'、'adb'、'acdb'、'acdeb'均与该正则表达式相匹配。又如,正则表达式'201806(021|133)\d{3}'表示的是某专业某年级的学号:由 12 位数字组成、以'201806'开头、第 7~9 位为'021'或'133',如'201806021041'、'201806133999'均与该正则表达式相匹配。

在 Python 中,re 库能够利用正则表达式对字符串进行处理。在基本 Python 环境和 Anaconda 环境中,均已包含 re 库,不需再额外安装。

例如,程序 8-4 的功能是在字符串 s 中找出所有与正则表达式 r 相匹配的子串。正则表达式可以看作特殊的字符串,所以在程序中也是用引号定义,但为了与一般的字符串相区别,还要在引号前加上符号 r,例如,语句 r = r'a.*b'定义了正则表达式'a.*b',并将其赋给变量 r。re 库中的函数 findall(r, s)的功能是从字符串 s 中找出所有与正则表达式 r 相匹配的子串,其返回值为列表类型,例如,在字符串'00000000000acb000'中,与正则表达式'a.*b'相匹配的子串只有'acb',所以列表 L 只包含一个元素,即'acb'。

程序 8-4

```
import re
s='00000000000acb000'
r=r'a.*b'
L=re.findall(r, s)
print(L)
```

前面提到,在正则表达式中,点号'.'的含义是匹配任意一个字符,但不包括换行符'\n',所以,字符串'a\ncb'不匹配正则表达式'a.*b',因此,在程序 8-5 的第 4 行,函数 findall 不能在 s 中找到任何匹配 r 的子串,所以 L1 为空列表。而有些时候,可能需要对换行符也进行匹配,此时可在 findall 函数中加上选项 re.S,该选项的意思是使点号'.'匹配任意一个字符,也包括换行符'\n',如在程序 8-5 的 5 行中,加上 re.S 选项后,函数 findall 可在 s 中找到 1 个与 r 相匹配的子串'a\ncb',所以 L2 的值为['a\ncb']。

程序 8-5

```
import re
s='00000000000a\ncb000'
r=r'a.*b'
L1=re.findall(r, s)
L2=re.findall(r, s, re.S)
print(L1, L2)
```

再看程序 8-6,字符串 s 的值为'00adb000000000acb000',正则表达式 r 为'a.*b',在利用 findall 函数查找 s 中所有匹配 r 的子串时,希望找到的结果是'adb'和'acb',即 L 的值为['adb', 'acb'],但实际上,L 的值是['adb000000000acb'],该结果并没有错,字符串

'adb000000000acb'也是以'a'开头、'b'结尾的字符串,与正则表达式'a.*b'相匹配。这实际上涉及匹配的两种模式:贪婪模式和非贪婪模式。

程序 8-6

```
import re
s='00adb000000000acb000'
r=r'a.*b'
L=re.findall(r, s, re.S)
print(L)
```

在程序 8-6 中,正则表达式 r 中的'*'采用的是贪婪匹配模式,它总是试图匹配尽可能长的字符串,如在'00adb000000000acb000'中,与正则表达式'a.*b'相匹配的最长子串是'adb000000000acb',所以 findall 函数就返回该子串。

而在'*'、'+'、'?'、{n}、{n,m}等符号后加上问号'?'时,表示这些符号采用的是非贪婪匹配模式,即匹配尽可能短的字符串。例如,在程序 8-7 中,正则表达式 r 为'a.*?b',其中,'*'采用的是非贪婪匹配模式,所以利用该正则表达式查找 s 中的子串,得到的结果就不再是最长的子串'adb000000000acb',而是'adb'和'acb'。

程序 8-7

```
import re
s='00adb000000000acb000'
r=r'a.*?b'
L=re.findall(r, s, re.S)
print(L)
```

在程序 8-8 中,三次调用 findall 函数对 s 中的子串进行查找,所用正则表达式分别为'(a.*?b)'、'a(.*?)b'、'(a.*?)b',这 3 个正则表达式表示的意思实际上都与'a.*?b'相同,即以'a'开头、'b'结尾的字符串,所以在字符串 s 中找到的子串都是'adb'和'acb'。其区别在于 findall 函数只会返回括号中的内容,例如,使用正则表达式'a(.*?)b'进行查找时,找到的子串是'adb'和'acb',但 findall 函数返回的是'd'和'c'。

程序 8-8

```
import re
s='00adb000000000acb000'
L1=re.findall(r'(a.*?b)', s, re.S)
print(L1)                              #L1为['adb', 'acb']
L2=re.findall(r'a(.*?)b', s, re.S)
print(L2)                              #L2为['d', 'c']
L3=re.findall(r'(a.*?)b', s, re.S)
print(L3)                              #L3为['ad', 'ac']
```

有了以上知识,就可以提取 HTML 表格中的内容了,程序 8-9 给出了示例,其中,

table.html 文件的内容如图 8-9(a)所示。

程序 8-9

```
import re
f=open('table.html', 'r')
html=f.read()
f.close()

#提取表格定义语句 table
table=re.findall(r'<table.*?>(.*?)</table>', html, re.S)[0]
print(table,'\n')

#提取行定义语句 trs
trs=re.findall(r'<tr.*?>(.*?)</tr>', table, re.S)
print(trs,'\n')

#提取单元格内容 tds
tds=[]
for tr in trs:
    cells=re.findall(r'<td.*?>(.*?)</td>', tr, re.S)
    tds.append(cells)
print(tds,'\n')
```

程序首先将 table.html 文件中的内容读到变量 html 中,则 html 的值为

```
'<table border=1 cellspacing=0 align="center">\n<tr align="center">\n
<td>学号</td>\n<td>姓名</td>\n</tr>\n<tr>\n<td>21041</td>\n<td>李佳
</td>\n</tr>\n<tr>\n<td>21042</td>\n<td>李兰</td>\n</tr>\n</table>'
```

然后提取表格定义的语句,所用正则表达式为'<table.*?>(.*?)</table>',表示提取标签<table>和标签</table>之间的内容,所以变量 table 的值为

```
'\n<tr align="center">\n<td>学号</td>\n<td>姓名</td>\n</tr>\n<tr>\n
<td>21041</td>\n<td>李佳</td>\n</tr>\n<tr>\n<td>21042</td>\n<td>
李兰</td>\n</tr>\n'
```

然后再提取每一行的定义语句,所用正则表达式为'<tr.*?>(.*?)</tr>',即提取每一对<tr>和</tr>之间的内容,列表 trs 的值为

```
['\n<td>学号</td>\n<td>姓名</td>\n',
 '\n<td>21041</td>\n<td>李佳</td>\n',
 '\n<td>21042</td>\n<td>李兰</td>\n']
```

最后提取单元格中的内容,即用'<td.＊?>(.＊?)</td>'提取<td>和</td>之间的内容,列表 tds 的值为

```
[['学号', '姓名'],
['21041', '李佳'],
['21042', '李兰']]
```

这样,就将 html 表格中的内容提取到二维列表 tds 中了。对分数线数据页表格中内容进行提取的过程与程序 8-9 类似,程序 8-10 中的函数 getEachYearData 给出了该过程的具体实现。

程序 8-10

```
import urllib.request as req
import re

#函数 getHTML(url)的定义,见程序 8-1
#函数 getEachYearUrl(menuHtml)的定义,见程序 8-2
#函数 getEachYearHTML(eachYearUrl)的定义,见程序 8-3

def getEachYearData(eachYearHTML):
    for year in range(2014, 2017):
        html = eachYearHTML[year-2014]

        #提取表格定义语句 table
        table = re.findall(r'<table.＊?>(.＊?)</table>',
                     html, re.S)[0]

        #提取行定义语句 trs
        trs = re.findall(r'<tr.＊?>(.＊?)</tr>', table, re.S)

        #提取单元格内容 tds
        tds=[]
        for tr in trs:
            cells = re.findall(r'<td.＊?>(.＊?)</td>', tr, re.S)
            ProcessedCells = []
            for i in range(len(cells)):
                cell = cells[i]
                rightindex = cell.find('</span>')
                leftindex = cell[0:rightindex].rfind('>')
                if rightindex != -1:
                    cell = cell[leftindex+1:rightindex]
```

第 8 章 网络数据获取与分析

```
                cell = cell.strip()
                cell = cell.replace(' ', '')
                cell = cell.replace('\u3000', '')
                cell = cell.replace(' ', '')
                ProcessedCells.append(cell)
        tds.append(ProcessedCells)

    #将××××年的数据写入"××××年数据.txt"文件
    outfile = open(str(year)+'年数据.txt', 'w')
    for tr in tds:
        for td in tr:
            outfile.write(td+'\t')
        outfile.write('\n')
    outfile.close()

menuUrl = 'http://www.gotonudt.cn/site/gfkdbkzsxxw/lqfs/index.html'
menuHtml = getHTML(menuUrl)
eachYearUrl = getEachYearUrl(menuHtml)
eachYearHTML = getEachYearHTML(eachYearUrl)
getEachYearData(eachYearHTML)
```

函数 getEachYearData 利用 for 循环依次处理 2014—2016 年中每一年的 HTML 代码,对于某一年,首先提取表格定义语句,然后提取行定义语句,再提取单元格内容,最后将提取到的数据存入 txt 文件。

在提取单元格内容时,getEachYearData 函数利用 for 循环依次对每一行的定义语句 tr 进行处理,首先将 tr 中所有单元格的定义语句提取出来,存放到 cells 列表中,cells 列表的一个元素就对应了 tr 行中一个单元格的定义语句,然后依次对 tr 中的每个元素进行一些处理,得到一个新的列表 ProcessedCells,ProcessedCells 中存放了这一行所有单元格的最终提取结果,如['湖南', '517', '662', '635', '644', '646', '593', '609']。

与程序 8-9 相比,getEachYearData 函数在提取单元格内容的时候,多了一些操作,这是因为图 8-9(a)所示的 HTML 表格中,标签＜td＞和＜/td＞之间的内容就是需要提取的内容,而在分数线数据页的表格中,标签＜td＞和＜/td＞之间还包含一些其他内容。例如,2016 年数据页表格中'湖南'单元格对应的 HTML 语句如图 8-10 所示。

```
'\n    <p align="center" style="text-align:center;">\n    <strong><span style="font-family: 楷体_gb2312;"><span style="font-size:14.0pt;"> 湖   南 </span></span></strong></p>\n    '
```
             leftindex rightindex

图 8-10　变量 cell 初始值示例

里面包含了换行符、空格,还包含段落标签＜p＞和＜/p＞、文本强调标签＜strong＞和＜/strong＞、span 标签＜span＞和＜/span＞,另外,还包含一些特殊的 HTML 符号,如' '(空格)、'\u3000'(中文全角空格)等,这些内容需要去除。所以,在获取每一个单元格定义语句 cell 后,还需对 cell 进行进一步的处理,处理过程分为两个步骤:提取单元格内容(如提取图 8-10 中的'湖 南')和对单元格内容进一步处理(如去除'湖 南'中的' '、空格等内容)。

观察发现,对于每个有意义的单元格定义语句 cell,需要提取的单元格内容前面总存在标签＜span＞,后面总跟随标签＜/span＞。所以,getEachYearData 函数先利用 find 函数从左往右找到'＜/span＞'在 cell 中首次出现的位置 rightindex,然后从此位置开始,利用 rfind 函数从右往左找到'＞'首次出现的位置 leftindex。如图 8-10 所示,在 cell 中,第 leftindex+1～rightindex-1 号元素即为单元格的内容,而语句 cell[leftindex+1: rightindex]的作用就是提取该部分内容,如提取图 8-10 中的'湖 南'。

提取出的内容还需进一步处理,首先利用 strip 函数去除 cell 首尾的空白字符,如空格、制表符、换行符等,然后通过 3 次调用 replace 函数,依次将 cell 中的空格、'\u3000'、' '替换为空字符串,即从 cell 中删除这些符号,就可以得到最终的单元格内容。

程序 8-10 执行完毕后,会在 py 文件所在文件夹下生成 3 个 txt 文件,分别存储了 3 年的分数线数据,如图 8-11 所示。

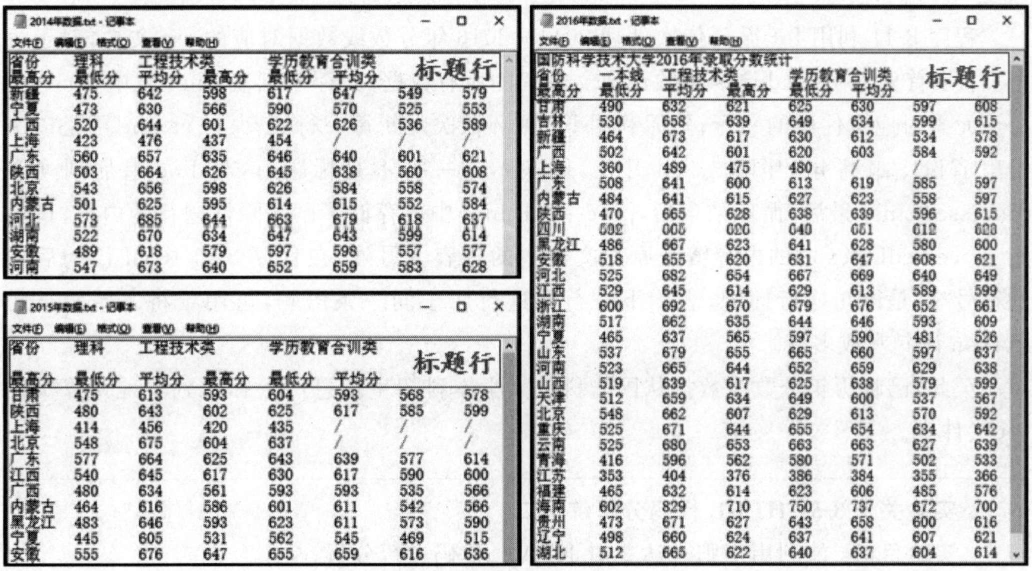

图 8-11 程序 8-10 的执行结果

对于图 8-11 中的 3 个 txt 文件,开头 2 或 3 行为标题行,这些内容在后续处理过程中可能会带来一些麻烦,可以手动删除,或使用程序 8-11 去除,后面在使用这 3 个 txt 文件时,假设它们均不包含标题行。

程序 8-11

```
for year in range(2014, 2017):
    filename=str(year)+'年数据.txt'
    f=open(filename, 'r')
    lines=f.readlines()
    f.close()

    processedLines=[]
    for line in lines:
        if line.startswith('省份') or \
            line.startswith('最高分') or \
            line.startswith('国防') or \
            line.startswith('\n'):
            continue
        processedLines.append(line)

    f=open(filename, 'w')
    for line in processedLines:
        f.write(line)
    f.close()
```

程序 8-11 利用 for 循环依次处理 2014—2016 年分数线数据对应的 txt 文件，对于每个文件：首先利用 readlines 函数读取文件中的所有数据，并存于列表 lines 之中，lines 中每个元素对应文件中的一行；然后利用 for 循环依次判断每一行，若某一行 line 不是以字符串'省份'、'最高分'、'国防'、'\n'开头，则表示这一行不是标题行，将 line 追加到列表 processedLines 最后，循环结束后，processedLines 中就存储了已去除标题行的内容；最后用 processedLines 中的内容覆盖原先文件中的内容。另外，在程序 8-11 中，if 语句后面的符号"\"是语句换行标记，表示下一行与这行属于同一条语句，可用于将一条较长的 Python 语句写成多行。

至此，已将历年分数线数据从国防科技大学本科招生信息网上抓取到本地计算机的 txt 文件中。

实验关卡 8-5：HTML 代码分析练习二。
实验目标：能利用正则表达式对 HTML 代码进行分析。
实验内容：在实验关卡 8-3 中，利用字符串处理的方法提取了目录页中所有图片的网址，该方法可行，但比较麻烦，而采用正则表达式的方法可以简化解决过程。编写程序，利用正则表达式提取目录页中所有图片的网址。

8.1.6 查询分数线数据

对于 txt 文件中的分数线数据,可以利用 Python 程序进行进一步的统计分析和图形化显示,以获取关心的信息。

例如,程序 8-12 的功能是查询湖南省历年技术类录取的平均分,并以柱状图的形式显示,程序运行结果如图 8-2(a)所示。

程序 8-12

```python
import matplotlib.pyplot as plt

years = [2014,2015,2016]                    #年份
grades = []                                 #湖南省历年技术类录取平均分
for year in years:
    f=open(str(year)+'年数据.txt', 'r')
    while True:
        line = f.readline()
        flds = line.split()
        if flds[0] == '湖南':
            grades.append(int(flds[4]))
            break
    f.close()

plt.ylim((600, 650))                        #设置 y 轴坐标范围
plt.xticks(fontsize=16)                     #设置 y 轴坐标值字体
plt.yticks(fontsize=16)                     #设置 x 轴坐标值字体
for a,b in zip(years, grades):              #添加数据标签
    plt.text(a-2014,b-5,b,ha='center',fontsize=16)
plt.bar(range(len(grades)),                 #绘制柱状图
        grades,color='rgy',
        tick_label=years)
plt.show()                                  #显示图形
```

在程序中,列表 years 用来存储年份,列表 grades 用来存储湖南省历年技术类录取平均分,grades 中第 i 个平均分对应 years 中第 i 个年份。程序利用 for 循环构建 grades 中的数据,每循环一次,获取一年的平均分。

对于某一年,先打开这一年对应的 txt 文件,然后利用 while 循环依次读取文件中的每一行 line,再利用 split 函数将 line 拆分成若干部分并赋给变量 flds。例如,如果 line 为 '新疆\t475\t642\t598\t617\t647\t549\t579\n',则 flds 为 ['新疆', '475', '642', '598', '617', '647', '549', '579'],即 flds 中的元素依次为省份、理科一本线、技术类最高分、最低

分、平均分,合训类最高分、最低分、平均分。所以,程序随后检查 flds 的第 0 号元素,若为'湖南',则将第 4 号元素(即技术类平均分)转换为整型并追加到 grades 中。另外,因为湖南省的信息在每个文件中只会出现一次,所以在文件中某行找到湖南省的信息后,就不用再继续分析文件后面的内容,即程序中的 break 语句。

程序后半部分的功能是利用列表 years 和 grades 中的数据绘制柱状图,各函数含义如下。

(1) ylim((600,650)):设置 y 轴坐标值范围为 600~650。

(2) xticks(fontsize=16)、yticks(fontsize=16):设置 x 轴和 y 轴坐标值的字体大小为 16 号。

(3) text(x,y,v,ha='center',fontsize=16):在坐标系中添加一个数据标签,位置为(x,y),内容为 v,对齐方式为居中对齐,标签字体大小为 16 号。

(4) bar(x,y,color='rgy',tick_label=z):绘制柱状图,柱状图的数据来自列表 x 和 y,即第 x[i]个柱形的高度为 y[i],柱形的颜色依次为 r(红色)、g(绿色)、y(黄色),柱形的标签(即 x 轴上显示的内容)为列表 z 中的元素。

(5) show()函数:显示图形。

另外,在绘制过程中,用到 Python 内置函数 zip,zip 函数可以对多个列表(或其他类型的序列)进行压缩,压缩后的一个元素包含多个列表中对应位置的元素。例如,在程序 8-13 中,变量 Z 存放了 L1、L2、L3 三个列表压缩后的结果,将 Z 转换为列表 LZ 后,LZ 的值为[(1, 'a', 'A'), (2, 'b', 'B'), (3, 'c', 'C'), (4, 'd', 'D')],即第 i 个元素包含了 L1、L2、L3 中的第 i 个元素(见图 8-12)。另外,解压是压缩的逆过程,利用 zip 函数也可以进行解压操作,方法是在被解压对象前加上星号 *。例如,程序 8-13 倒数第 4 行的功能是将 LZ 解压成 3 个元组 L1、L2、L3,LZ 与 L1~L3 的元素也具有对应关系(见图 8-12)。

程序 8-13

```
L1=[1, 2, 3, 4]
L2=['a', 'b', 'c', 'd']
L3=['A', 'B', 'C', 'D']

Z=zip(L1, L2, L3)          #将 L1、L2、L3 压缩为 Z
LZ =list(Z)                #将 Z 转换为列表类型
print(LZ)

L1, L2, L3=zip(*LZ)        #将 LZ 解压为 L1、L2、L3
print(list(L1))            #[1, 2, 3, 4]
print(list(L2))            #['a', 'b', 'c', 'd']
print(list(L3))            #['A', 'B', 'C', 'D']
```

程序 8-14 的功能是查询 2016 年各省合训类录取的最高分,并以柱状图的形式显示,程序运行结果如图 8-2(b)所示。

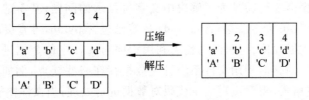

图 8-12　压缩和解压示例

程序 8-14

```
import matplotlib.pyplot as plt
from pylab import mpl
mpl.rcParams['font.sans-serif']=['SimHei']

prov,grades=[], []
f =open('2016年数据.txt', 'r')
while True:
    line =f.readline()
    if line=='':
        break
    flds =line.split()
    try:
        grades.append(int(flds[5]))
        prov.append(flds[0])
    except:
        pass
f.close()

plt.xticks(fontsize=10, rotation=90)
plt.yticks(fontsize=16)
plt.bar(range(len(grades)), grades,
        color='rgy', tick_label=prov)
plt.show()
```

在程序中,列表 prov 和 grades 分别用来存储省份名字和对应的合训类最高分,构建这两个列表的方法与程序 8-12 类似。程序利用 while 循环依次处理 2016 年对应的 txt 文件中的每一行,对于每一行 line,先利用 split 函数将 line 拆分成若干部分并赋给变量 flds,然后将 flds 的第 5 号元素(即最高分)转化为整型后追加到 grades 中,将第 0 号元素(即省份)追加到 prov 中。

在构建列表 prov 和 grades 的过程中,使用了 try-except 结构,这是因为上海市等地方的合训类最高分为'/'(即 2016 年没在这些地区招收合训类学员),如果不使用 try-except 结构,则利用 int 进行类型转化时程序会报错中止。

另外,在柱状图中,x 轴显示的内容是各省份的名字,这些中文字符在图形中可能不能正常显示,而程序第 3 行就是为了解决中文字符显示的问题(基本的 Python 环境不包含 pylab 库,可使用 pip 命令安装,Anaconda 环境已包含 pylab,可直接使用)。

在本实验中,数据存储在文件中,然后利用程序对文件中的数据进行统计分析,查询对应信息,这是可行的。但利用文件系统管理数据存在一些缺点,例如,程序员需要掌握文件中数据的存储格式,需要编写大量代码对数据进行处理,当文件中的数据格式发生变化时程序也要进行改动,难以保证数据的安全性等。因此,在实际系统中,一般不将数据直接存储在文件中,而是利用数据库管理系统对数据进行管理,相关内容将在第 10 章进行介绍。

> **实验关卡 8-6**:分析文件中的数据。
> **实验目标**:能对文件中的数据进行分析。
> **实验内容**:查询 2016 年一本线分数最高的 3 个省份,并以柱状图的形式显示结果。

8.2 电子邮件的发送与接收

8.2.1 问题描述

电子邮件(E-mail)是用电子手段提供信息交换的通信方式,是应用最广泛的网络服务之一。与现实世界通过邮政系统收发信件类似,电子邮件用户可以通过电子邮件系统将电子邮件发送给其他用户,也可以接收和查看其他用户写给自己的电子邮件,从而可以与世界上任何一个角落的网络用户交换文字、图像、声音等信息。

目前,有很多网络服务商都提供了电子邮件服务,如新浪、雅虎等。要使用某服务商的电子邮件服务,首先要注册一个邮箱账户,注册后将产生一个对应的邮箱地址,一般是"账户名@邮件服务器域名"的形式,如在新浪上注册的账户名为 lovingpython,则对应的邮箱地址为 lovingpython@sina.com。网络上的每个电子邮件用户都有一个独一无二的电子邮箱地址,有了这个地址,就能够知道一封电子邮件是由谁发送给谁的。

收发邮件时,可以采用 Web 的方式,即在浏览器中直接登录自己的电子邮箱;也可以采用客户端的形式,即在计算机上安装客户端软件(如 Outlook、Foxmail 等),通过客户端软件收发邮件;另外,还可以通过编写 Python 程序的方式接收和发送电子邮件。本实验的主要内容就是通过 Python 接收和发送电子邮件。

8.2.2 电子邮箱的申请与使用

要接收和发送电子邮件,首先要有自己的电子邮箱,本节以新浪邮箱为例,简单介绍电子邮箱的申请过程。

新浪邮箱的网址为 http://mail.sina.com.cn/,在浏览器中打开该网页后,可以看到如图 8-13(a)所示页面,如果已有自己的新浪邮箱,可输入账户和密码进行登录,如果还未申请,则可点击"注册"按钮进行邮箱申请。

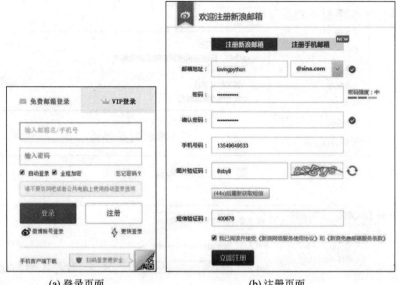

(a) 登录页面　　　　　　　　(b) 注册页面

图 8-13　申请新浪邮箱

单击"注册"按钮后,会进入如图 8-13(b)所示注册页面,按要求填写相关信息后,单击"立即注册"按钮即可完成申请,此时就有了属于自己的电子邮箱,该邮箱有一个对应的地址,例如,本书申请的账户名为 lovingpython,对应的邮箱地址为 lovingpython@sina.com。

【小贴士】　电子邮箱是黑客经常攻击的对象,通过暴力破解等方法,黑客可以获取电子邮箱的密码,从而获取邮箱内的信息,给用户造成损失。一种最简单有效的预防方法是避免使用简单的密码,如出生日期、英文单词等,而应该设置高强度的密码,如密码长度较大、包含特殊字符、使用无意义的字母数字组合等。

注册完成后,会自动进入邮箱(或使用账号密码登录自己的邮箱),在邮箱中单击"收件箱"可以查看别人发送给自己的邮件。注册新浪邮箱后,系统会自动给此邮箱发送若干邮件,如图 8-14 所示,单击某一邮件,可以查看此邮件的具体内容。

如图 8-15 所示,单击"写信",可以编辑并发送一封邮件。在撰写邮件时,需指明该邮件是发送给谁的,即填写收件人邮箱地址(一般可填写多个收件人);需指明该邮件的主题;邮件的正文部分除包含格式化的文字外,还可添加图片、音频、表格、文件等内容。完成以上信息后,单击"发送"按钮,就可将邮件发送到对方邮箱,对方登录自己的邮箱后就可以查看这封邮件了。

【小贴士】　读者朋友对本书有任何意见或建议,或者在学习过程中碰到一些问题,欢迎给 lovingpython@sina.com 发送电子邮件!

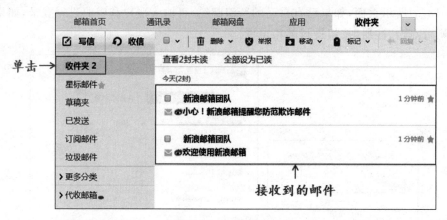

图 8-14 接收邮件

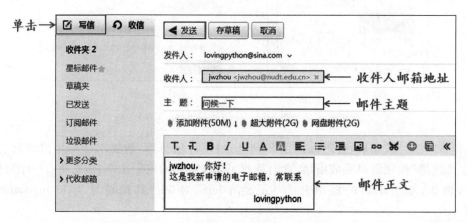

图 8-15 发送邮件

实验关卡 8-7：收发邮件。

实验目标：能在浏览器中收发邮件。

实验内容：申请一个属于自己的电子邮箱，给 lovingpython@sina.com 发送一封电子邮件，邮件主题为"通过浏览器发送的一封邮件"，正文内容为"你好！我来自×××学校，我的爱好是……"，并可适当添加相关图片、链接等内容，格式要尽量美观。发送后，查收 lovingpython@sina.com 自动回复的邮件。

8.2.3 利用 Python 发送电子邮件

在电子邮件系统中，发送邮件可以采用 SMTP，即简单邮件传输协议，该协议定义了从一个邮箱发送邮件到另一邮箱的相关规则。在 Python 中，可以利用 smtplib 库和 SMTP 服务器进行通信，从而实现邮件的发送功能。在基本 Python 和 Anaconda 环境中均已包含 smtplib 库，不需要再额外安装。

利用smtplib库发送邮件与在浏览器中发送邮件的过程类似,主要包括登录邮箱、撰写邮件、发送邮件、关闭邮箱等几个步骤,例如,程序8-15的功能是从lovingpython@sina.com邮箱给lovingpython@sina.com邮箱发送一封邮件。

程序8-15

```
import smtplib

#登录邮箱
mailbox=smtplib.SMTP('smtp.sina.com',25)            #创建SMTP对象
mailbox.login('lovingpython@sina.com',              #账号
              'lovingpython')                       #密码

#撰写邮件
mail=''
mail=mail+'From:lovingpython@sina.com\n'            #发件人
mail=mail+'To: lovingpython@sina.com\n'             #收件人
mail=mail+'Subject: A mail from Python\n'           #主题
mail=mail +'\nHello, I am a mail sent by Python!'   #内容

#发送邮件
mailbox.sendmail('lovingpython@sina.com',           #发件人地址
                 'lovingpython@sina.com',           #收件人地址
                 mail)                              #邮件

#关闭邮箱
mailbox.close()
```

程序首先创建SMTP对象mailbox,此过程需要给定SMTP服务器的地址和端口,如新浪邮箱的SMTP服务器地址为smtp.sina.com(其他提供商的POP3服务器地址一般可在电子邮箱中找到,如图8-18所示,也可通过搜索引擎查询),端口号为25(SMTP服务的默认端口号为25);然后利用login函数进行登录,登录过程中需给定账号和密码;然后撰写邮件mail,并利用sendmail函数进行发送,在发送时,需给定发件人地址和收件人地址;最后利用close函数关闭邮箱。

邮件mail为字符串,与在浏览器中撰写邮件类似(见图8-15),mail要包含发件人(From)、收件人(To)、主题(Subject)、正文等信息,且其格式如图8-16所示,开头3行分别为发件人、收件人、主题,后面为一个空白行,然后是邮件的正文。

程序8-15运行完成后,在lovingpython@sina.com邮箱中会收到这封邮件,如图8-17所示。

在运行程序8-15时,如果报getaddrinfo failed错误,原因可能是未连接国际互联网;如果报authenticationfailed错误,可能是login函数中的邮箱地址或密码不正确;如果报

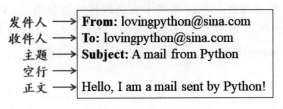

图 8-16 邮件内容示例

图 8-17 收到 Python 发送的邮件

SMTP access disabled 错误,则还要在电子邮箱中进行如下设置(见图 8-18)。

(1) 登录邮箱,单击右上角的"设置"。

(2) 单击侧边栏中的"客户端 pop/imap/smtp"。

(3) 将"POP3/SMTP 服务"和"IMAP4 服务/SMTP 服务"中的两个服务状态均设置为"开启"。

(4) 单击"保存"按钮。

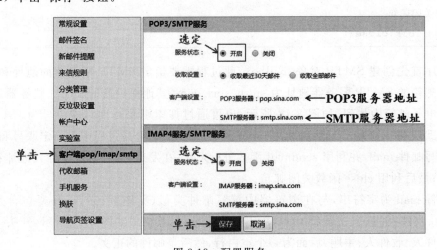

图 8-18 配置服务

除了用字符串构建邮件内容外,还可使用 email 库中的 MIMEText 构建邮件(email 库已包含在基本 Python 和 Anaconda 环境中,可直接使用),如程序 8-16 所示。

程序 8-16

```
import smtplib
from email.mime.text import MIMEText

#登录邮箱
mailbox=smtplib.SMTP('smtp.sina.com', 25)
mailbox.login('lovingpython@sina.com',
              'lovingpython')

#利用 MIMEText 构建邮件
mail=MIMEText('Hello, I am the second mail sent by Python! ',
              'plain')
mail['From']='lovingpython@sina.com'
mail['To']='lovingpython@sina.com'
mail['Subject']='The second mail from Python'

#发送邮件
mailbox.sendmail('lovingpython@sina.com',
                 'lovingpython@sina.com',
                 mail.as_string())

#关闭邮箱
mailbox.close()
```

程序首先构建 MIMEText 对象 mail，构建时给定了两个参数，前一个参数'Hello, I am the second mail sent by Python!'是邮件的正文，后一个参数'plain'表示邮件正文是无格式的纯文本形式，然后依次设置发件人、收件人、主题等信息，再在 sendmail 中利用 as_string 函数将其转化为字符串后进行发送。

程序 8-15 和程序 8-16 发送的邮件正文都是无任何格式的纯文本，而在浏览器中，可以对文字格式进行设置，如设置字体、大小、颜色等，还可以添加图片、表格等内容。其实，对正文进行格式化是通过 HTML 实现的，即利用 HTML 语言构建网页式的正文。而利用 MIMEText 也可以发送这样的邮件，如程序 8-17 所示。

程序 8-17

```
import smtplib
from email.mime.text import MIMEText

#登录邮箱
mailbox=smtplib.SMTP('smtp.sina.com', 25)
mailbox.login('lovingpython@sina.com',
              'lovingpython')
```

```
#利用MIMEText构建HTML形式的邮件
msg='<hr>' +\
    '<p align="center">' +\
    '<font face="Courier New" size="3" color="blue">' +\
    'Hello, I am the third mail sent by ' +\
    '<b><i>Python</b></i>!' +\
    '</font>' +\
    '<hr>'
mail=MIMEText(msg,'html')
mail['From']='lovingpython@sina.com'
mail['To']='lovingpython@sina.com'
mail['Subject']='The third mail from Python'

#发送邮件
mailbox.sendmail('lovingpython@sina.com',
                 'lovingpython@sina.com',
                 mail.as_string())

#关闭邮箱
mailbox.close()
```

在构建 MIMEText 对象 mail 时,给定了邮件正文 msg,即一段 HTML 代码,第 2 个参数为'html',表示邮件正文采用的是 HTML 格式,收到的邮件如图 8-19(a)所示。如果第 2 个参数不改为'html',而是仍为'plain',则看到的邮件正文就是这段 HTML 代码,如图 8-19(b)所示。

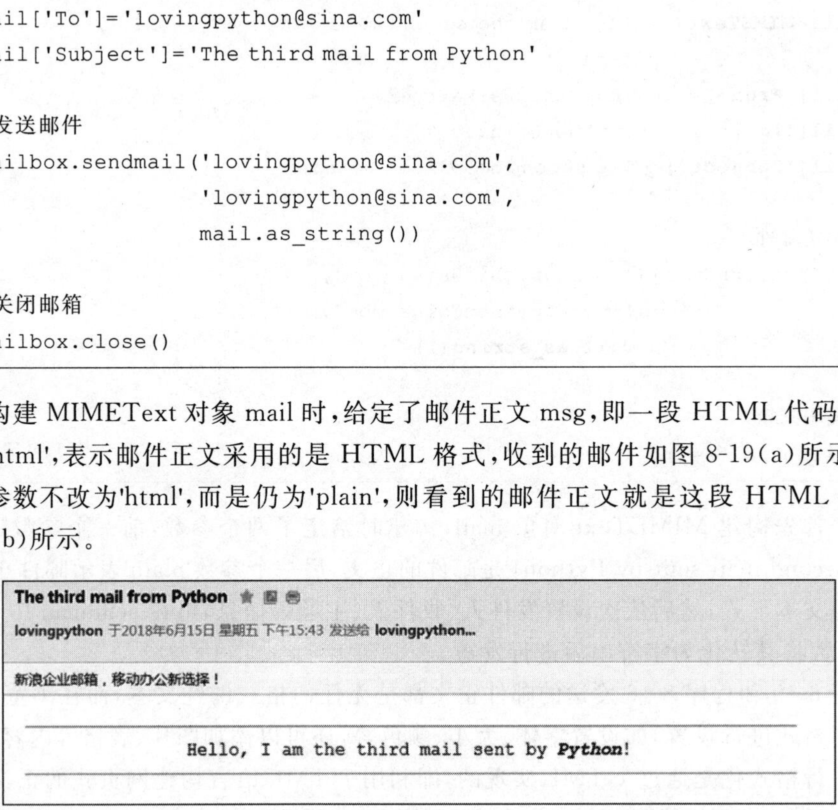

(a) HTML格式的正文

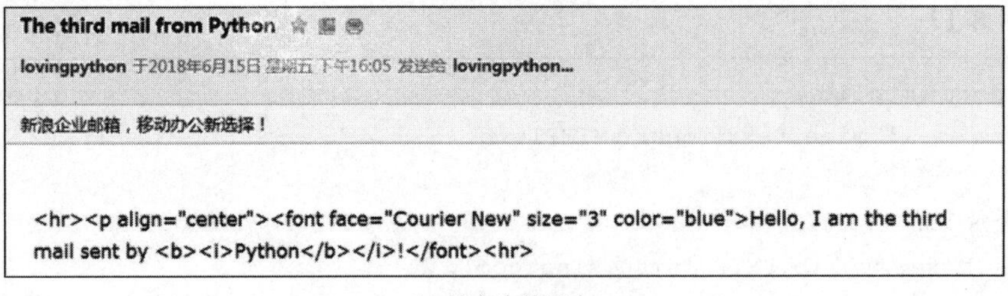

(b) 纯文本的正文

图 8-19　HTML 格式的正文和纯文本的正文

【小贴士】 利用 MIMEText 还可在邮件中添加图片、附件等。

> **实验关卡 8-8**：利用 Python 发送邮件。
> **实验目标**：能利用 Python 发送电子邮件。
> **实验内容**：利用 Python 程序给 lovingpython@sina.com 发送一封电子邮件，邮件主题为 A mail from Python，邮件内容为实验关卡 8-2 或 8-4 完成的 HTML 代码。

8.2.4 利用 Python 接收电子邮件

在邮件系统中，接收邮件一般采用 POP，即邮局协议，该协议规定了如何连接到邮件服务器以及如何下载电子邮件，目前该协议已发展到第 3 个版本，称为 POP3。在 Python 中，利用 poplib 库可以和 POP3 服务器进行通信，从而实现邮件接收功能。在基本 Python 和 Anaconda 环境中均已包含 poplib 库，可以直接使用。

利用 poplib 库接收邮件也与在浏览器中查看邮件的过程类似，主要包括登录邮箱、查看邮件、关闭邮箱等几个步骤，例如，程序 8-18 的功能是查看电子邮箱中邮件的数量和总字节数。

程序 8-18

```
import poplib

#登录邮箱
mailbox=poplib.POP3('pop.sina.com', 110)          #创建 POP3 对象
mailbox.user('lovingpython@sina.com')             #账号
mailbox.pass_('lovingpython')                     #密码

#查看邮件统计信息
info=mailbox.stat()                               #获取统计信息
print('邮箱中的邮件数为：', info[0])              #打印邮件数量
print('邮件的总字节数为：', info[1])              #打印总字节数

#关闭邮箱
mailbox.close()
```

程序首先创建 POP3 对象 mailbox，此过程需要给定 POP3 服务器的地址和端口，如新浪邮箱的 POP3 服务器地址为 pop.sina.com（其他提供商的 POP3 服务器地址一般可在电子邮箱中找到，如图 8-18 所示，也可通过搜索引擎查询），端口号为 110（POP3 服务的默认端口号为 110）；然后利用函数 user 和 pass_ 发送账号和密码进行登录；登录邮箱后，可以使用 stat 函数获取邮箱中邮件的统计信息，该函数返回一个元组，元组包含两个元素，第 0 号元素为邮箱中的邮件数、第 1 号元素为邮件的总字节数；最后关闭邮箱。

运行程序 8-18 时，如果报 getaddrinfo failed 错误，原因可能是未连接国际互联网；如

果报 auth error 错误,可能是邮箱地址或密码不正确;如果报 pop3 nosupport 错误,则还要在电子邮箱中进行图 8-18 中的设置。

利用 poplib 中的 retr(i) 函数可以收取邮箱中第 i 封邮件,其中,i 从 1 开始编号。例如,程序 8-19 的功能是接收并打印邮箱中第 3 封邮件(即程序 8-15 发送的邮件)。

程序 8-19

```
import poplib

#登录邮箱
mailbox=poplib.POP3('pop.sina.com', 110)
mailbox.user('lovingpython@sina.com')
mailbox.pass_('lovingpython')

#获取并打印第3封邮件
mail=mailbox.retr(3)
for line in mail[1]:
    print(line.decode('utf-8'))

#关闭邮箱
mailbox.close()
```

程序利用 retr 函数获取了邮箱中的第 3 封邮件,并将其赋给变量 mail,mail 为元组类型,其中,第 1 号元素是一个列表,存放了邮件的内容,这些内容是 Bytes 类型的,所以程序利用 UTF-8 格式对其进行解码,转换成字符串类型,然后再进行打印。程序运行结果如图 8-20 所示。

```
X-Mda-Received: from <mx-11-44.mail.sina.com.cn>([<10.29.11.44>])
 by <mda-113-64.mda.fmail.tg.sinanode.com> with LMTP id <1062972>
 Jun 15 2018 12:32:56 +0800 (CST)
X-Sina-MID:04EF15F38A9B8E601FD054F71F55007B89000000000000001
X-Sina-Attnum:0
Received: from mail3-162.sinamail.sina.com.cn (HELO mail3-
162.sinamail.sina.com.cn)([202.108.3.162])
        by sina.com with SMTP
        id 5B234178000038E2; Fri, 15 Jun 2018 12:32:56 +0800 (CST)
X-Sender: lovingpython@sina.com
X-SMAIL-MID: 875096524791
Received: from unknown (HELO [169.254.53.227])([43.250.201.8])
        by sina.com with ESMTP
        id 5B234177000062C9; Fri, 15 Jun 2018 12:32:56 +0800 (CST)
X-Sender: lovingpython@sina.com
X-Auth-ID: lovingpython@sina.com
X-SMAIL-MID: 523661394026
From: lovingpython@sina.com
To: lovingpython@sina.com
Subject: A mail from Python

Hello, I am a mail sent by Python!
```

图 8-20 poplib 获取的邮件示例

运行结果与平时看到的邮件形式不太一样,但仔细观察会发现,里面包含了相关的信息,如最后 4 行分别为发件人、收件人、主题、正文。因此,可以使用字符串处理、正则表达式等方式获取各部分信息,另外,也可以使用 email 库中的 Parser 对邮件内容进行解析,如程序 8-20 所示。

程序 8-20

```
import poplib
from email.parser import Parser

#登录邮箱
mailbox=poplib.POP3('pop.sina.com', 110)
mailbox.user('lovingpython@sina.com')
mailbox.pass_('lovingpython')

#获取并打印第 3 封邮件
mail=mailbox.retr(3)
msg=b'\n'.join(mail[1]).decode('utf-8')
msg=Parser().parsestr(msg)
print('From:', msg['From'])
print('To:', msg['To'])
print('Subject:', msg['Subject'])
print('Text:',msg.get_payload())

#关闭邮箱
mailbox.close()
```

函数 parsestr(msg) 的功能就是对邮件内容进行解析,但该函数的参数 msg 是字符串,而 mail[1] 的类型为列表,列表中每个元素为邮件中的一行,所以程序在对邮件内容进行解析之前,先利用 join 函数和 decode 函数将 mail[1] 列表转换成字符串 msg。

join 函数与 split 函数的功能相反,它是将字符串列表(或元组等)中的元素用某字符串连接起来,例如,在程序 8-21 中,列表 L 包含 3 个字符串类型的元素:'I'、'love'、'Python',程序第 2 行的功能是利用字符串 '-' 对这 3 个元素进行连接,并将结果赋给 L1,L1 的值为 'I-love-Python',第 3、4 行的功能类似,只是连接的字符串有所不同。

程序 8-21

```
L=['I', 'love', 'Python']
S1='-'.join(L)              #S1 为 'I-love-Python'
S2='++'.join(L)             #S2 为 'I++love++Python'
S3=''.join(L)               #S3 为 'IlovePython'
print(S1, S2, S3)
```

在程序 8-20 中,稍有不同的是,mail[1]是 bytes 列表,而不是严格意义上的字符串列表,但在使用 join 函数时功能是类似的,即利用'\n'(前面加上 b 表示'\n'是 bytes 类型)对 mail[1]中各 bytes 类型的元素进行连接,然后再利用 decode 函数对其进行解码,形成字符串 msg。

将 mail[1]转换成字符串 msg 之后,就可以利用 parsestr 函数对 msg 进行解析,解析的结果仍赋给变量 msg。利用解析后的 msg 就可以获取邮件各部分内容,例如 msg['From']是获取发件人、get_payload 函数是获取邮件正文。程序 8-20 的运行结果如图 8-21(a)所示。

```
From: lovingpython@sina.com
To: lovingpython@sina.com
Subject: A mail from Python
Text:

Hello, I am a mail sent by Python!
```

```
From: lovingpython@sina.com
To: lovingpython@sina.com
Subject: The third mail from Python
Text:

<hr><p align="center"><font face="Courier
New" size="3" color="blue">Hello, I am the
third mail sent by
<b><i>Python</b></i>!</font><hr>
```

(a) 正文为纯文本　　　　　　　　　　　(b) 正文为HTML

图 8-21　程序 8-20 运行结果示例

程序 8-20 获取的第 3 封邮件的正文是无格式的纯文本,所以打印出来易于阅读。但在 8.2.3 节中提到,邮件的正文也可以是 HTML 形式的,此时利用 poplib 获取到的邮件正文其实就是 HTML 代码,打印出来不易理解。例如,将程序 8-20 中 retr 函数参数从 3 改为 5,即获取邮箱中第 5 封邮件(程序 8-17 发送的邮件),其运行结果如图 8-21(b)所示。对于 HTML 格式的正文,可以采用正则表达式等方式去除 HTML 标签,提取有价值的内容,但这种方式比较麻烦。一种更好的方法是将 HTML 格式的正文保存到 .html 文件中,然后再利用浏览器打开 .html 文件,这样不但可以查看正文信息,还能保留正文格式。程序 8-22 给出了该方法的具体实现。

程序 8-22

```python
import poplib
from email.parser import Parser
from subprocess import Popen

#登录邮箱
mailbox=poplib.POP3('pop.sina.com', 110)
mailbox.user('lovingpython@sina.com')
mailbox.pass_('lovingpython')

#获取第 5 封邮件
mail=mailbox.retr(5)
```

```
msg=b'\n'.join(mail[1]).decode('utf-8')
msg=Parser().parsestr(msg)

#将邮件正文写入.html文件
text=msg.get_payload()
f=open('D:/MyPython/tmp.html', 'w', encoding='utf-8')
f.write(text)
f.close()

#利用IE浏览器打开.html文件
Popen(['C:/Program Files/Internet Explorer/iexplore.exe',
       'D:/MyPython/tmp.html'])

#关闭邮箱
mailbox.close()
```

程序在获取并解析第 5 封邮件后，首先利用 get_payload 函数提取正文内容，然后将其写入到 D:/MyPython/tmp.html 文件，再通过启动进程（见 7.1.3 节）的方式用 IE 浏览器打开 tmp.html 文件，浏览器能以网页形式对 HTML 正文进行显示。程序运行结果如图 8-22 所示。

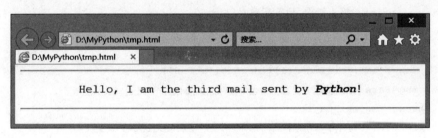

图 8-22　程序 8-22 运行结果示例

利用 poplib 的这些功能，可以编写一个简单的邮件接收客户端，程序 8-23 给出了示例。

程序 8-23

```
import poplib
from email.parser import Parser
from subprocess import Popen

#登录邮箱
mailbox=poplib.POP3('pop.sina.com', 110)
mailbox.user('lovingpython@sina.com')
mailbox.pass_('lovingpython')
```

```python
#邮件列表
info=mailbox.stat()
num=info[0]
print('邮箱总共', num, '封邮件')
print('-'*100)
for i in range(1, num+1):
    mail=mailbox.retr(i)
    msg=b'\n'.join(mail[1]).decode('utf-8')
    msg=Parser().parsestr(msg)
    print('邮件编号：', i)
    print('发件人：', msg['From'])
    print('主题：', msg['Subject'])
    print('-'*100)

#用IE浏览器查看某封邮件的正文
while True:
    i=int(input('请输入您想查看的邮件编号(0退出)：'))
    if i==0:
        break
    if i<0 or i>num:
        print('输入错误，请重新输入！')
        continue
    mail=mailbox.retr(i)
    msg=b'\n'.join(mail[1]).decode('utf-8')
    msg=Parser().parsestr(msg)
    text=msg.get_payload()
    f=open('D:/MyPython/tmp.html', 'w', encoding="utf-8")
    f.write(text)
    f.close()
    Popen(['C:/Program Files/Internet Explorer/iexplore.exe',
           'D:/MyPython/tmp.html'])

#关闭邮箱
print('再见！')
mailbox.close()
```

该程序首先登录邮箱，然后显示邮箱中邮件的列表(邮件编号、发件人、主题)，再根据用户输入的邮件编号利用浏览器显示邮件的正文内容，当用户输入0时，退出邮箱，程序结束。图8-23给出了程序的运行结果示例。

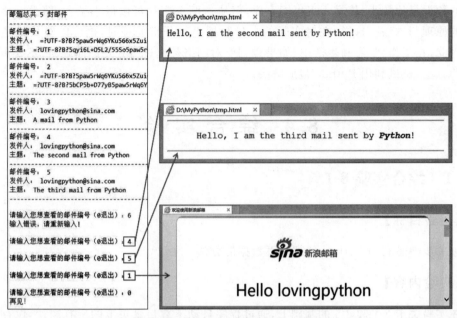

图 8-23　程序 8-23 运行结果示例

实验关卡 8-9：利用 Python 接收邮件。

实验目标：能利用 Python 查看电子邮件。

实验内容：对程序 8-23 进行改进，使其只显示指定发件人发送的邮件，如图 8-24 所示。

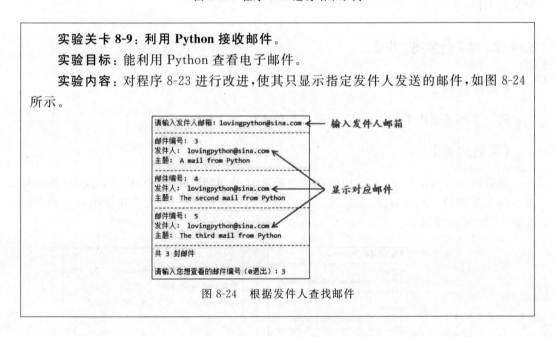

图 8-24　根据发件人查找邮件

8.3　值得一看的小结

在信息化时代，计算机网络成为人们获取信息的重要途径，带来了极大的便利。但是，网络上数据量越来越庞大，依靠人工已很难有效提取关键信息。为此，本章以网页数据和电子邮件数据为对象，设置了两个利用 Python 处理网络数据的实验。虽然这两个实验的数据量比较小，依靠人工也能完成，但从这两个实验可以以小见大，熟悉网络数据处理的原理与方法。这样，在对实际的大量数据进行分析处理时，也可以较快地达到目的。因此，在工作、学习和生活中，如果碰到要对网络数据进行处理的问题时，不要再采用人工的方法，试试利用 Python 帮助解决。

8.4 综合实验

8.4.1 综合实验 8-1

【实验目标】

进一步熟悉利用 Python 处理网页数据的方法。

【实验内容】

在实验关卡 8-1 和 8-5 的基础上，通过程序自动下载目录页上的所有图片，保存在一个文件夹内。

8.4.2 综合实验 8-2

【实验目标】

进一步熟悉利用 Python 处理电子邮件的方法。

【实验内容】

随着使用时间的增加，邮箱中的邮件会越来越多，如果通过逐个查看的方法查找一封邮件将十分麻烦。编写程序，根据用户输入的关键字查找邮件，即邮件正文中包含给定的关键字，如图 8-25 所示。

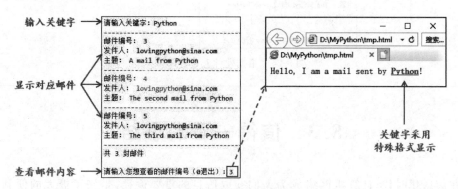

图 8-25 根据关键字查找邮件

提示：显示邮件时关键字可采用特殊格式（如红色、加粗、下画线），这可以通过修改原始的 HTML 代码实现，例如将 HTML 代码中的'Python'替换成'<u><font color="red">Python</font></u>'。

8.5 辅助阅读资料

[1] HTML 教程. http://www.w3school.com.cn/html/index.asp.
[2] Dreamweaver 官方网站. https://www.adobe.com/cn/products/dreamweaver.html.
[3] urllib 说明文档. https://docs.python.org/3/library/urllib.html.
[4] re 说明文档. https://docs.python.org/3/library/re.html.
[5] pylab 官方网站. https://scipy.github.io/old-wiki/pages/PyLab.
[6] matplotlib 官方网站. https://matplotlib.org/.
[7] smtplib 说明文档. https://docs.python.org/3/library/smtplib.html.
[8] poplib 说明文档. https://docs.python.org/3/library/poplib.html.
[9] email 说明文档. https://docs.python.org/3/library/email.html.

第 9 章 玩转表格

【给学生的目标】

通过完成本章设定的数据整理和分析任务,学习和掌握使用电子表格提高工作效率的基本方法和技巧,能根据主题任务,编制合理的报表,关注如何用电子表格提供的自动计算和统计功能来提高数据分析效率,培养使用软件工具取代简单重复的手工业务的意识,体验智能表格带来的便利。

【给老师的建议】

与第1、3章的实验类似,本章实验建议以任务形式布置给学生,无须课堂讲解和演示。学生主要以自学的方式,通过完成本章实验关卡任务熟悉掌握相关软件基本功能的使用。如果是基于网络教学平台发布作业,完成周期建议设置为7～10天;如果是采用每周课外固定安排实验室上机的实验形式,建议课时为4～6学时。本章的不同之处在于,电子表格的功能相对文档和演示文档制作软件更为复杂,技能点比较庞杂,由于软件应用的目的更偏重于自动计算而非内容表现,因此数据操作的熟练度比表格形式美化更为重要,后者的操作方法是与文档和PPT类似的,不必过多强调。本章示例采用的实验软件为 MS Office 2016 的 Excel 组件。

9.1 问题描述

电子表格是办公软件三件套里学起来最困难的一个。原因可能有两个:一是在文档编辑和演示文稿制作那里学的一些套路在电子表格软件里派不上很大的用处,一般只能用于修饰一下表格的外观和数据的可视化展示,但这些都不是电子表格的核心功能,因此,打开电子表格的工作界面,看到复杂陌生的功能,心生畏惧是自然而然的事情;二是学生时期需要用电子表格记录、统计、分析大量数据的场合是比较少的,多数时候学生感觉用纸、笔、计算器、Word 做一个表格就够了,因此,没有明确的需求而导致失去学习的动力。

上述问题的确暂时无法解决,但如果有心者在网络社交平台上随手一搜,就能发现很多初入职场的新手"表哥""表妹"会后悔当初没有学到电子表格的真功夫,被无穷的数据分析和报表突袭而不得不加班加点。如果你能将视野放得更长远一点,为今后的职业生涯提前打造一把利剑,那将是极其明智的选择。

闲话少说,来说说本章的任务。不知大家还记不记得第 1 章埋下的伏笔,在 1.2 节一开始分析任务时,介绍了第 1 章的任务是做网络调研,并猜测你是不是希望能实地调研。那么问题来了,实地调研好是好,但是需要经费,这笔差旅费从哪里来呢?

接下来,我们依然延续第 1 章的任务主题,来完成一个能赚取调研旅费的行动方案,通过这个任务,掌握 Excel 制表工具"最"基本的功能,这里为什么加了"最"字,因为——它实在是太专业、太强大了!希望通过这个任务,激发你继续探索其他功能的兴趣和斗志,成为工具真正的主人。再重复一遍这句话:**把关注力放在如何高效地完成任务的方法或者说"套路"上**,至于软件工具的使用,是一个不断积累和熟能生巧的过程,古语说"庖丁解牛,无他,但手熟尔"就是这个道理。

任务描述:

主题:**云南和贵州的旅行规划。**

假设:为简化描述,旅行抵达城市为昆明和贵阳,由**两人同行**来完成此次实地调查任务。可以另行组团出行,允许向参团者收取合理的费用,但其他团员总共不超过 9 人(不含 2 名策划人)。如果是学生出行,实际费用可以打折,假设可以节省 20% 的差旅费,但暂不考虑两个策划人自己是学生而费用打折的细分情况。

要求:

(1) 基于本章实验素材提供的网络资料或者自行搜索,完成旅行计划及预算表,并用直观的图表形式给出两个人差旅费预算中交通、住宿等各项费用的占比示意图。

(2) 根据预算表和上述假设,设计一个模拟运算表来自动给出可行的组团和收费方案,目标是赚取两人的差旅费。

(3) 使用电子表格完成自动计算和方案展示。

需要用专业电子表格进行数据处理的任务,一般也要经历**"四步走"**。

第一步,数据导入,就是理清数据之间的关系,据此设计表单并有序地录入数据或者从其他的数据源导入数据。

第二步,数据清洗或整理,就是对外部导入的不规范、不清晰的数据进行规整,排除一些数据噪音以方便后续的分析。

第三步,数据分析,就是根据数据处理任务的需求对数据进行统计、分类、计算、汇总、筛选等操作,目的是得到一些分析结论。

第四步,数据可视化,就是把繁杂的文本、数字信息用直观的形式呈现出来。

下面,作者依然按照四个步骤"走"一遍,其中第二步和第三步着重在数据分析上,后面将合并在一节内介绍。

【小贴士】 上述四步中,如果导入的数据本身是规范、统一、完整的,那么第二步不是必需的。此外,第四步也是可选的,主要还是看任务是否有需求。这两点提醒我们,**尽量保持原始数据的结构简单、规范一致**能有效提高工作效率,**数据与形式分离**是非常重要的原则。一方面,可以使得后续的数据分析更加容易;另一方面,变换不同的数据呈现方式也很方便。

9.2 初识电子表格

9.2.1 Excel 有多强大

按套路又到了广告时间！如果说办公软件里微软公司的 Word 和 PPT 还有敢于与之抗衡的软件(比如 IBM、谷歌、苹果推出的 Office 应用软件)，但 Excel 则是绝对的老大。即使有，例如，Calc 是 Sun 公司开发的办公套件 Open Office 中的电子表格处理软件，但其功能和界面都与 Excel 相类似，与 Excel 在文件格式上也兼容，唯一的优势是它是一款免费开源软件；再如，WPS 表格是金山公司开发的 WPS Office 办公软件中的组件之一，其功能和界面也与 Excel 相类似，并且实现与 Excel 的双向无障碍兼容。WPS 表格可以跨 Excel 文件进行数据引用，若改变了被引用的 Excel 文件数据，WPS 表格文件中的引用数据会同步更新。这些软件能有市场的原因都是向 Excel 看齐，否则强大的使用习惯和广泛的 Windows 市场会很快将其消灭。当然，WPS 表格作为中文民族软件，具有一些更符合中文特色的功能，如阿拉伯数字自动转换为人民币大写，同时自动添加货币单位等功能，使其成为一款在国内市场具有竞争力的 Office 产品。

Excel 是一款专业的表格制作和数据处理软件。它具有出色的数据计算、统计分析、辅助决策以及图表绘制功能，广泛地应用于管理、统计、财经、金融等众多领域，为用户提供了实现智能化工作的强大工具。其中，公式和函数是数据计算的利器，条件规则、排序、分类汇总是数据管理的法宝，迷你图、图表和数据透视表是分析数据的高效手段。此外，用户还能借助于数据进行限制和拦截。

9.2.2 熟悉工作界面

Excel 2016 保持了与其他的 Office 2016 组件一致的工作界面风格，如图 9-1 所示。但功能区以下的界面设计了一些与表格相关的特殊标识、栏框和按钮。

单元格名称框用于指示当前选定的单元格、图表项或绘图对象；编辑栏用于显示、输入和编辑当前活动单元格中的数据或公式。单击"取消"按钮 ✖ 可以取消在编辑栏输入的内容，单击"输入"按钮 ✓ 可确定输入的内容，单击"插入函数"按钮 *fx* 可插入函数。

工作区由行号、列标、工作表标签和单元格组成，可以输入不同类型的数据，是最直观显示所有输入内容的区域。

【小贴士】 在 Word 和 PPT 的介绍中我们没有关注过工作界面右下角的"**视图切换按钮**"，因为在默认的主工作区内，文档和演示文稿不同页面之间的界限是比较清晰的。在 Excel 默认的"普通"视图下(见图 9-1)，我们可以看到所有的数据信息，并没有页面的概念。对于数据处理和分析而言，我们无须关注这些信息是否分页，但如果需要将表格打印出来，这时候如果不关注"页面布局"视图，就很可能无法正常打印完整的数据视图。如

图 9-2 所示,图 9-2(a)是"普通"视图,图 9-2(b)是"页面布局"视图,可见如果直接打印输出,"普通"视图下完整的表格会被拆分打印到两页纸上。因此,这里特别提醒各位读者,当需要打印输出时,在"页面布局"视图或"分页浏览"视图下调整表格样式是必要的。

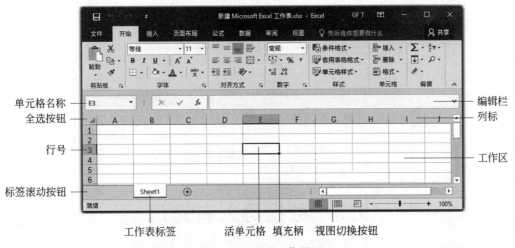

图 9-1 Excel 的工作界面

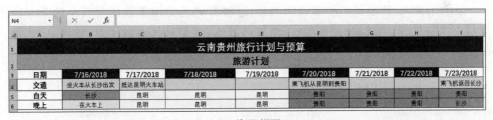

(a)"普通"视图

(b)"页面布局"视图

图 9-2 同一表格的"普通"视图和"页面布局"视图对比

9.2.3 Excel 三大要素

工作簿、工作表与单元格是组成 Excel 文件的三大要素,Excel 中的操作主要是针对它们进行的。一个 Excel 文件就是一个工作簿,是用来存储并处理工作数据的文件,其默认的名字是 Book,以 xlsx 为扩展名。一个工作簿包含多张工作表,工作表的默认名字为 Sheet(图 9-1 中的工作表标签),每一张工作表有若干行和若干列。一行一列交叉处为一个单元格,单元格的名字由其所在的列标和行号组成,如 A1、C5。在 Excel 中,单元格是存储数据的最小单位。工作簿、工作表与单元格之间的关系如图9-3所示。这样的设计架构给数据分类、分层管理,以及数据与显示分离提供了便利。理解了这里的多表设计,也可为第10章关系数据库的构建打下基础。

图 9-3 工作簿、工作表与单元格之间的关系

9.3 数据导入有窍门

要用 Excel 处理数据,首先要获取数据,在空白的工作簿中添加数据的方式无外乎两种:一是手工录入,就是我们平常说的填表,这种方式通常用于数据量较小的个人应用,如填写个人信息、问卷调查、记账等;二是外部导入,就是从其他数据源,如网页、文档、外部工作表中批量导入数据。

9.3.1 工作表设计

在手工录入数据之前,通常需要根据任务需求进行工作表设计;而对于批量导入,则一般是导入后再调整表格的布局。

工作表的设计主要包括多表设计和表内的行列设计。多表设计是指,这个工作簿要设计几个工作表,每个工作表的职能,分别存放哪些数据。行列设计是指工作表的布局设计,一般而言是将数据按列分类,也就是某一列中存放的都是同一类数据。通常会在第一行填写该列的数据名称,如姓名、学号、成绩等,以便于区分。如图9-4所示,这种行列规整、单元格之间没有合并、拆分的数据表,就是前面所说的**结构简单、规范一致的数据表**,通常称为**源数据表**。对于需要多种统计结果或者分析结论的数据处理任务,都建议先建立源数据表,然后再创建另外的工作表来逐项实施数据加工的操作。

此外,也有少数情况是为了收集信息或者信息报表而设计工作表,如问卷调查,又如本章任务的行动方案(如图 9-2(a)的规划表),那么这类设计跟 Word 和 PPT 中的表格设计类似,根据任务要求来安排表格的布局。

9.3.2 数据录入的诀窍

工作表设计好之后,就该录入数据了。最简单的办法就是每个单元格依次输入对应

	A	B	C	D	E	F	G
4	学号	姓名	原始 平时成绩	原始 期中成绩	期末 基础知识	期末 综合实践	原始 期末成绩
5	201713113001	马俊杰	88	61	78	40	63
6	201713113002	杨伟博	90	48	80	89	84
7	201713113003	孙宇航	91	84	86	98	91

图 9-4 源数据表示例

的数据,具体方法:选定一个单元格后直接输入数据,按 Enter 键或 Tab 键,向下或向右移动一个单元格,可继续输入下一个数据;或先选定单元格,将光标定位于功能区下面的编辑栏,在编辑栏中输入数据,两者的数据是同步显示的。

【小贴士】 如果要在一个单元格中输入多行数据,可在输入一行后按下快捷键 **Alt＋Enter** 换行(这个非常实用)。也可设置单元格自动换行:选定要自动换行的单元格,选择"开始"选项卡,在"对齐方式"组中单击"自动换行"按钮。但后者只适合一行填满的情况下才能自动换行,如果需要**主动换行还是 Alt＋Enter 最便捷**!

在一些有规律可寻的数据录入情况下,Excel 提供了一些"偷懒"的方法可以提高输入效率。这里给出几个常用的技巧,更高级的技巧可以查阅相关的参考书、网站。

1. 数值和文本要分清

大部分情况下,数值和文本数据的输入与常规输入一致,默认情况下输入的文本会沿单元格左侧对齐,输入的数值数据会沿单元格右侧对齐。在一些特殊情况下,如果不注意区分,Excel 也会不听指挥,降低工作效率。

(1) 如果要输入分数(如 1/2),则应先输入 0 和一个空格,然后输入 1/2。如果直接输入 1/2,Excel 会把该数据当作日期格式处理,存储为"1 月 2 日"。

(2) 对于全部由数字组成的文本型数据(如电话号码、邮政编码、身份证号、学号等),输入时应在数据前面输入一个英文单引号"'"(如'201713113001);或者在输入之前,选中单元格,在右击后展开的菜单中选择"设置单元格格式",在弹出的对话框(见图 9-5)中设置该单元格的格式分类为"文本",然后再输入数据,否则 Excel 会自动将其识别为数值型数据。如果是位数不超过 12 位的非零开头的数字串文本,显示打印还不会受很大影响。但如果遇到以 0 开头的编号,Excel 会自动省略开头的 0 串;遇到位数大于等于 12 的数字文本(如学号、身份证号),就会采用科学记数法显示,如图 9-6 所示;如果位数超过 15 位,最后几位还会自动变为 0,这时再修改格式为时已晚,只能重新录入。

【小贴士】 (1)数值型数据中不能存在空格,有空格的数据 Excel 将识别为文本型数据。(2)有时候,在输入数值数据时,单元格中会显示＃＃＃＃,这是因为单元格中数据的宽度超过该单元格的列宽,不能显示出完整的数据。增加列宽就可显示所有数据。

2. 输入标准的日期时间

日期和时间是 Excel 中的特殊数字,如果输入不当,会给后续的统计工作带来很多不

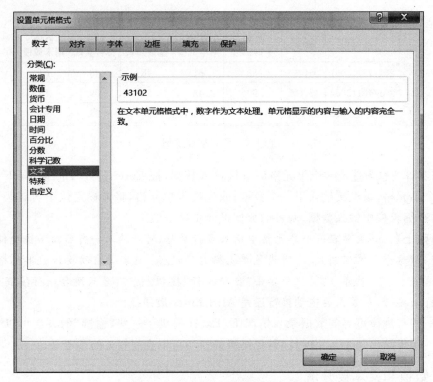

图 9-5 “设置单元格格式”对话框

	A	B	C
4	学号	姓名	原始平时成绩
5	2.01713E+11	马俊杰	88
6	2.01713E+11	杨伟博	90
7	2.01713E+11	孙宇航	91

图 9-6 数字文本的错误显示

必要的麻烦，因为非标准的数据是无法参加运算的。因此，如果要输入日期和时间，最好是按照标准的格式输入。

日期的标准输入方式：使用斜线(/)或连字符(-)分隔日期的年、月、日。例如，在单元格中输入 2018/6/28 或 2018-6-28。按 Enter 键后，单元格最后显示的日期格式都是 2018/6/28，且自动右对齐。如果输入 2018 年 6 月 28 日或者 6 月 28 日，Excel 也会智能识别出这是日期数据，只是不改变当前的显示格式，但在上方的编辑栏内，这几种输入方式都会被自动纠正为标准日期形式，如图 9-7 所示，B 列是输入格式，D 列是显示格式，而上方编辑栏内都会纠正为标准输入格式，表示这是日期数据。

现在回头观察一下图 9-2 中的日期格式，与图 9-7 中的都不一样，这又是怎么回事呢？事实上，我们可以自己定义数据的显示格式，选中数据单元格，右击打开图 9-5 所示的“设置单元格格式”对话框，选择“自定义”类型，然后在“类型”下方的编辑栏中输入

图 9-7　标准日期的输入方式

mm/dd/yyyy，单击"确定"按钮后，日期显示就变成了自定义的格式。自定义栏框内Excel 提供了一些预定的模板，可以直接选择这些模板，也可以选择后在这些模板上修改变为新的模板，确定后新的模板会自动加入到预定义集合中可供下次使用。如图 9-8 所示，左侧的输入格式，可以自定义显示成不同的样式。

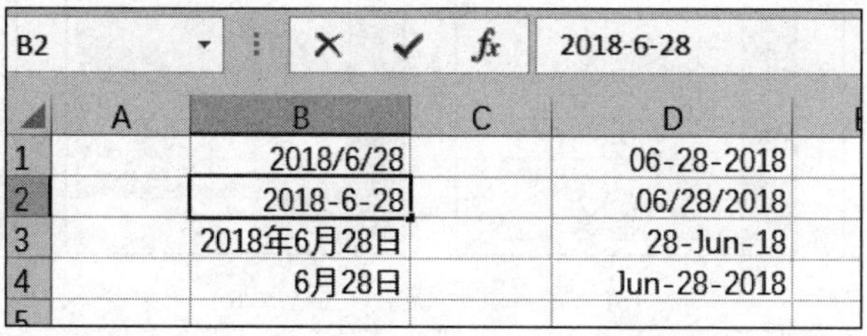

图 9-8　自定义不同的显示格式

时间也有类似的规则，标准输入方式是使用分号（:）分隔时、分、秒。如果采用 12 小时制的时间，Excel 将把插入的时间默认为上午时间（AM）。若输入的是下午时间，则应在时间后面加一空格，然后输入 PM。当输入带日期的时间时，日期和时间之间可以输入一个空格。

【小贴士】　按快捷键"Ctrl＋;"输入当前日期；按快捷键"Ctrl＋Shift＋;"则可以输入当前时间。

3. 批量输入相同的内容

批量输入的前提是先要批量选中需要输入数据的单元格，这里沿用了 **Window** 系统下的快捷键习惯：**按住 Shift 键是选中连续的区域，按住 Ctrl 键则可以选择不连续的多个区域**。这个规则在各种窗口应用软件应用中都适用！例如，在一个文件夹下选中多个文件，在一个图形绘制区内选中多个图形等。

就 Excel 而言，要在多个单元格中输入相同的内容，有两种情况。

（1）如果多个单元格在同一工作表中，则选定这些单元格，在其中高亮的单元格中输入数据，按快捷键 Ctrl＋Enter。

（2）如果多个单元格在不同的工作表中但位置相同，则选定这些工作表，然后在某个工作表中选定要输入相同数据的单元格，在其中高亮的单元格中输入数据，按快捷键 Ctrl＋Enter。

这里举一个常用的填写"性别"的例子，如图 9-9 所示。图 9-9(a)中，按住 Ctrl 键选中要填入"女"的单元格,然后在最后一个高亮的单元格内输入"女";按快捷键 Ctrl+Enter,这些选中的单元格就全部填充了相同的内容,如图 9-9(b)所示。然后可以按照相同的方法在其他单元格内填入"男"。这里再介绍**一个小窍门**,可以利用"定位"功能,按条件批量选中目标区域,常用的就是选定所有空白单元格,然后填补空白单元格。具体操作如下:鼠标移至 B 列上方,鼠标形状变为向下的黑色箭头,单击则选中了"性别"这一列,然后单击"开始"选项卡右侧的"查找"功能,在下拉菜单中选择"定位条件",弹出"定位条件"对话框,如图 9-10 所示,选择"空值"单选按钮,确定后就选中了所有剩下的单元格,再批量输入"男"可以了,如图 9-9(c)和图 9-9(d)所示。

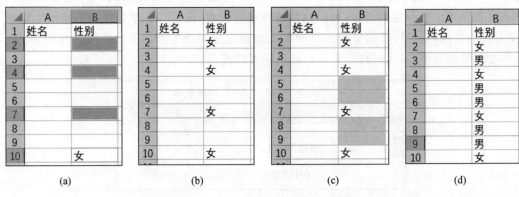

图 9-9 批量输入相同的数据示例

图 9-10 "定位条件"对话框

4. 自动填充序列

Excel 提供自动填充序列的功能,例如,如果想在图 9-9 的"姓名"列前面添加一列"序号",插入新的一列后,在第 2 行输入 1,这时不必逐行输入序号,只需用鼠标向下拖动序号 1 的单元格右下角的填充柄(一个实心小方块,鼠标移至其上会变为黑色十字叉,向下拖动即可),就会快速填充数字,默认是填充一样的内容,通过点选浮动标记,即可以选择填充序列的方式,如图 9-11 所示。此外还可以选中要填充的区域后,点选"开始"选项卡中"填充"功能对"序列"进行设置来完成需要的填充形式。

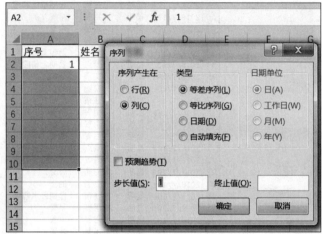

图 9-11　自动填充序列示例

针对数据录入,这些应该能满足大多数的需要了,至于对已录入的数据进行格式编辑,与 Word 和 PPT 中的设置方式类似,应该已经轻车熟路了。下面通过一个实验关卡来完成本章任务旅行规划的主表和源数据表。

实验关卡 9-1：工作表设计和数据录入。

实验目标：熟悉 Excel 的工作界面,能根据具体任务设计工作表,并高效完成数据录入。

实验内容：

(1) 新建工作簿,命名为"旅行规划.xlsx",在 Sheet1 中按照图 9-2(a)给出的样式,完成旅行计划表,要求先在第 3 行 B 列填入标准日期,并通过自定义的方式将日期格式显示为 m/d/yyyy 形式,然后横向拖动填充柄,自动填充其他日期。

(2) 录入其他单元格数据,用填充柄或者 Ctrl+Enter 键填充相同的内容,并设置单元格格式,包括合并单元格、字体、对齐、边框底纹、行高、列宽等,最后将工作表名字 Sheet1 修改为"旅行计划"。

(3) 增加一个新表 Sheet2,更名为"预算原始数据",根据本章提供的实验素材或者自行网络搜索,设计一个预算源数据表,并填入数据,保持结构简单、规整,参考示例见图 9-12(电子素材文档可扫描本书前言中提供的二维码下载,本章后续实验关卡可基于此素材完成)。

	A	B	C	D	E
1	日期	城市	消费类型	消费项目	1人消费
2	2018/7/16	长沙	交通	火车	189.5
3	2018/7/16	长沙	交通	公交	5
4	2018/7/16	长沙	用餐	早餐	8
5	2018/7/16	长沙	用餐	中餐	15
6	2018/7/16	长沙	用餐	晚餐	15
7	2018/7/17	昆明	交通	公交	12
8	2018/7/17	昆明	交通	的士	50
9	2018/7/17	昆明	住宿	昆明机场宾馆	198
10	2018/7/17	昆明	用餐	早餐	10
11	2018/7/17	昆明	用餐	中餐	20
12	2018/7/17	昆明	用餐	晚餐	50
13	2018/7/17	昆明	景点	西游洞	77
14	2018/7/17	昆明	景点	昆明世博园	85
15	2018/7/18	昆明	交通	公交	20
16	2018/7/18	昆明	交通	的士	10
17	2018/7/18	昆明	住宿	昆明复莱酒店	88
18	2018/7/18	昆明	用餐	早餐	10
19	2018/7/18	昆明	用餐	中餐	20
20	2018/7/18	昆明	用餐	晚餐	50
21	2018/7/18	昆明	景点	云南民族村	85
22	2018/7/18	昆明	景点	昆明大观公园	18
23	2018/7/19	昆明	交通	公交	10
24	2018/7/19	昆明	交通	的士	30
25	2018/7/19	昆明	住宿	昆明云水酒店	50
26	2018/7/19	昆明	用餐	早餐	10
27	2018/7/19	昆明	用餐	中餐	20
28	2018/7/19	昆明	用餐	晚餐	50
29	2018/7/19	昆明	景点	昆明轿子雪山旅游景区	75
30	2018/7/19	昆明	景点	云南华侨城温泉水公园	38

图 9-12　昆明—贵阳旅行预算源数据表(部分截图)示例

9.3.3　外部导入很轻松

除了上述自建表格的数据录入,在现今这样的大数据时代,很多时候数据是来源于其他部门、平台、文档、资料库等。在已有数据的基础上做分析论证形成自用的数据是常态化的工作。因此,Excel 在"数据"选项卡里提供了从网页、文本文件、Access 数据文件、XML 文件等数据源导入已有的数据。

在第 8 章中,通过编写 Python 程序获取了国防科技大学历年的分数线数据,并保存在 txt 文本里,如图 8-11 所示。现在可以通过 Excel 提供的外部导入功能,将 txt 文本中的数据直接导入到工作表中进行后续的分析利用。具体的步骤如下。

(1) 新建一个工作簿,命名为"2016 年国防科技大学分数线.xlsx",新建一个工作表,选择功能区的"数据"选项卡,单击"获取外部数据"组的"自文本"按钮,弹出"导入文本文件"对话框,浏览选择要导入的 txt 文件,单击"导入"按钮,如图 9-13 所示。

(2) 进入"文本导入向导"的 3 步设置,这 3 步设置依次要确定文本文件中数据之间的间隔方式、原始的编码格式、导入起始行、是否包含标题、分隔符类型、每一列的数据类型等,图 9-14 给出了第 1 步的设置对话框。按照提示完成设置后单击"完成"按钮。

(3) 弹出"导入数据"对话框,选择数据的放置位置,如果是放在现有工作表中,还可以设置起始的导入位置。单击"确定"按钮,数据就完整导入到 Excel 中了,并保留了 txt

图 9-13　从文本导入 2016 年的分数线数据

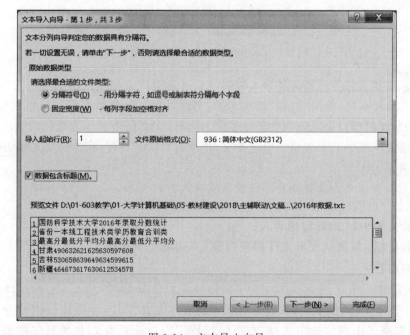

图 9-14　文本导入向导

第 9 章　玩转表格

文档中的结构样式,图 9-15 给出了 2016 年文本数据的导入结果(对列宽做了统一调整)。后续可在此基础上再做数据统计和分析。

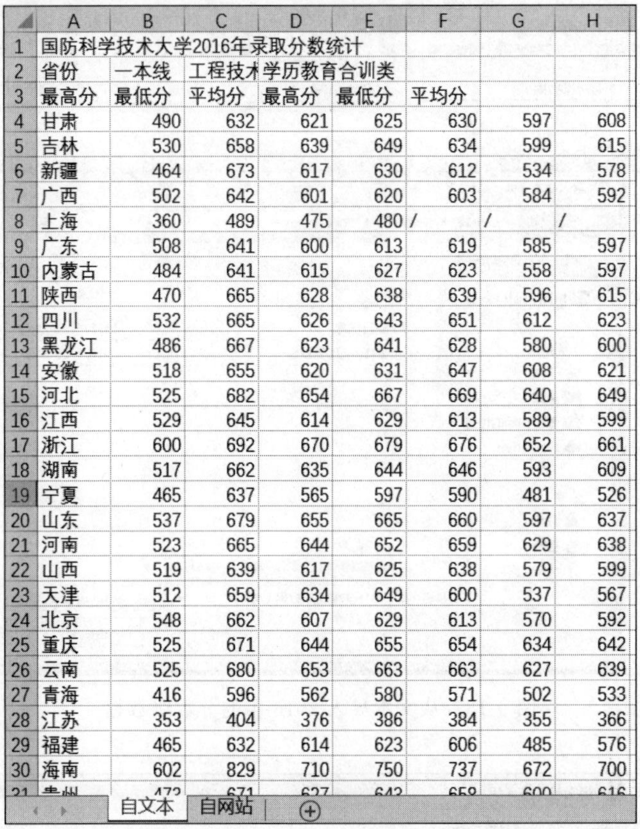

	A	B	C	D	E	F	G	H
1	国防科学技术大学2016年录取分数统计							
2	省份	一本线	工程技术		学历教育合训类			
3		最高分	最低分	平均分	最高分	最低分	平均分	
4	甘肃	490	632	621	625	630	597	608
5	吉林	530	658	639	649	634	599	615
6	新疆	464	673	617	630	612	534	578
7	广西	502	642	601	620	603	584	592
8	上海	360	489	475	480	/	/	/
9	广东	508	641	600	613	619	585	597
10	内蒙古	484	641	615	627	623	558	597
11	陕西	470	665	628	638	639	596	615
12	四川	532	665	626	643	651	612	623
13	黑龙江	486	667	623	641	628	580	600
14	安徽	518	655	626	631	647	608	621
15	河北	525	682	654	667	669	640	649
16	江西	529	645	614	629	613	589	599
17	浙江	600	692	670	679	676	652	661
18	湖南	517	662	635	644	646	593	609
19	宁夏	465	637	565	597	590	481	526
20	山东	537	679	655	665	660	597	637
21	河南	523	665	644	652	659	629	638
22	山西	519	639	617	625	638	579	599
23	天津	512	659	634	649	600	537	567
24	北京	548	662	607	629	613	570	592
25	重庆	525	671	644	655	654	634	642
26	云南	525	680	653	663	663	627	639
27	青海	416	596	562	580	571	502	533
28	江苏	353	404	376	386	384	355	366
29	福建	465	632	614	623	606	485	576
30	海南	602	829	710	750	737	672	700
31	贵州	473	671	627	643	658	600	616

图 9-15 2016 年文本数据导入结果截图

除了从文本文件等外部文件导入数据,Excel 还提供直接从网页上导入表格数据,具体操作:连接互联网,单击"数据"选项卡的"自网站"按钮,将数据网址粘贴到地址栏中,单击"转到",此时窗口会跳转到要获取数据的网页,在页面中会出现橙色的箭头标志,单击指向需要下载的数据表格的橙色箭头,再单击"导入"按钮,稍等一会儿便能得到页面上的数据表了。

完成实验关卡 9-2,尝试两种不同的数据导入方式。

实验关卡 9-2:外部数据导入。

实验目标:掌握从文本文件和网页导入外部数据的方法。

实验内容:

(1) 新建工作簿,命名为"2016 年国防科技大学分数线.xlsx",在 Sheet1 中按照图 9-13~图 9-15 的提示,从实验素材提供的文本文件"2016 年数据.txt"中导入数据(分隔符选择 Tab 键),选中各列,右击将"列宽"统一设置为 7,然后将工作表更名为"自文本"。

（2）新建一个工作表，根据上文的提示，从网址 http://www.gotonudt.cn/site/gfkdbkzsxxw/lqfs/info/2017/717.html 导入 2016 年分数线表格，选中各列，右击将"列宽"统一设置为 7，然后将工作表更名为"自网站"。导入结果如图 9-16 所示（2018.6.29）。

	A	B	C	D	E	F	G	H
1	国防科学技术大学2016年录取分数统计							
2	省份	理科	工程技术类			学历教育合训类		
3		一本线	最高分	最低分	平均分	最高分	最低分	平均分
4	甘肃	490	632	621	625	630	597	608
5	吉林	530	658	639	649	634	599	615
6	新疆	464	673	617	630	612	534	578
7	广西	502	642	601	620	603	584	592
8	上海	360	489	475	480	/	/	/
9	广东	508	641	600	613	619	585	597
10	内蒙古	484	641	615	627	623	558	597
11	陕西	470	665	628	638	639	596	615
12	四川	532	665	626	643	651	612	623
13	黑龙江	486	667	623	641	628	580	600
14	安徽	518	655	620	631	647	608	621
15	河北	525	682	654	667	669	640	649
16	江西	529	645	614	629	613	589	599
17	浙江	600	692	670	679	676	652	661
18	湖南	517	662	635	644	646	593	609
19	宁夏	465	637	565	597	590	481	526
20	山东	537	679	655	665	660	597	637
21	河南	523	665	644	652	659	629	638
22	山西	519	639	617	625	638	579	599
23	天津	512	659	634	649	600	537	567
24	北京	548	662	607	629	613	570	592
25	重庆	525	671	644	655	654	634	642
26	云南	525	680	653	663	659	627	639
27	青海	416	596	562	580	571	502	533
28	江苏	353	404	376	386	384	355	366
29	福建	465	632	614	623	606	485	576
30	海南	602	829	710	750	737	672	700
31	贵州	472	671	627	643	659	600	616

图 9-16 2016 年网页数据导入结果截图

对比图 9-15 和图 9-16 会发现，数据都一致，但从网页导入的标题部分更加规整。

【小贴士】 通过外部导入的数据，如果数据源有变动，则不需要重新导入，只需单击一下"刷新"按钮就能自动同步。

9.4 数据分析手段多

有了原始数据，下一步就应该是根据任务目标对数据进行分析和处理，得出我们想要的结论，或者发现数据的规律。按照我们的认知规律，拿到数据后，首先可能是观察和整理数据；然后是基于原始数据做一些统计计算；最后按照目标给出结论性的汇总数据，并用合适的形式展示出来。Excel 为上述工作提供了丰富的手段，下面我们沿着这个思路介绍一些常用的功能，即可满足日常基本的数据处理需求。

在开始操作数据之前需要特别提醒：无论进行什么操作，都不要破坏原始数据表！**强烈建议先在当前工作簿中复制一份源数据表，再在副本上进行新的操作。**

9.4.1 排序

排序是指按照指定的条件将数据重新排列，排序是数据整理的重要手段，是 Excel 中使用频率最高的操作之一。

数据分为文本和数值两种类型，Excel 对这两种数据默认的排序方式不一样。数值（包括标准的日期和时间）是按照大小进行比较排序；文本是按照英文字母、中文拼音字母的前后关系进行比较排序，如果有多个字符则先比较第一个，第一个相同再比较第二个，依次类推。这样看来在 9.3.2 节中强调的"数值文本要分清"是多么重要，如果这两种格式混用，就不能得到正确的排序结果。在进行排序操作之前一定要清楚排序的数据是什么类型，保持规范性和一致性，警惕数据格式对计算结果的影响。

【小贴士】 中文字符的排序是按拼音字母 A～Z 排序。这里需要注意的是多音字的干扰，例如"重庆"，按照正确的发音，应该排在拼音 b 开头的文字后面，但 Excel 却将它排在了最后，原因就是"重"是个多音字，Excel 默认它的拼音是 zhong。

排序的操作十分简单，单击作为排序条件的列中任一个数据，选择"数据"选项卡，单击"升序" 或者"降序" 的排序按钮即可(此外，在"开始"选项卡的"编辑"组里也能找到排序按钮)。例如，要操作图 9-12 给出的数据，先为预算原始数据建立一个副本，取名为"排序与筛选"，在这个副本表中，单击 E 列中任何一个数据单元格，再单击"降序"按钮，所有数据列即按照"1人消费"这一列中数据大小顺序完成降序排列，如图 9-17 所示。

	A	B	C	D	E
1	日期	城市	消费类型	消费项目	1人消费
2	2018/7/23	长沙	交通	飞机	1070
3	2018/7/20	贵阳	交通	飞机	538
4	2018/7/20	贵阳	住宿	芭缇雅泰公馆酒店	248
5	2018/7/21	贵阳	住宿	贵州栢顿酒店	248
6	2018/7/22	贵阳	住宿	贵阳诺富特酒店	248
7	2018/7/17	昆明	住宿	昆明机场宾馆	198
8	2018/7/16	长沙	交通	火车	189.5
9	2018/7/22	贵阳	景点	漂流——桃源河	120
10	2018/7/22	贵阳	景点	保利国际温泉	118
11	2018/7/18	昆明	住宿	昆明复莱酒店	88
12	2018/7/17	昆明	景点	昆明世博园	85
13	2018/7/18	昆明	景点	云南民族村	85
14	2018/7/20	贵阳	交通	的士	80
15	2018/7/23	长沙	交通	的士	80

图 9-17 按"1人消费"降序排列结果

除了简单的升序降序，Excel 还提供了其他排序条件(如单元格颜色、字体颜色等)以及多条件排序功能，单击"数据"选项卡中的排序功能按钮，就会弹出"排序"对话框，在这个对话框中单击"选项"按钮会弹出"排序选项"对话框，如图 9-18 所示，在这两个对话框中可以组合设置出更为复杂的排序方式，学习者可自行摸索。

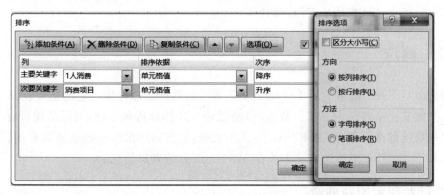

图 9-18 “排序”以及“排序选项”对话框

实验关卡 9-3：数据排序。

实验目标：自学复制工作表的操作，按要求建立工作表副本；能根据数据整理需求，设计排序条件，给出排序结果。

实验内容：

(1) 在实验关卡 9-2 成果的基础上，复制工作表“自网络”(移至最后，建立副本)，并将该副本工作表更名为“排序”。

(2) 对“排序”工作表中的数据设置排序条件，主条件是按一本线分数“降序”排列，次条件是按技术类平均分“升序”排列，注意对比观察与只按照一本线分数“降序”排列结果的区别，理解多条件排序的含义。参考结果如图 9-19 所示。

	A	B	C	D	E	F	G	H
1	国防科学技术大学2016年录取分数统计							
2	省份	理科	工程技术类			学历教育合训类		
3		一本线	最高分	最低分	平均分	最高分	最低分	平均分
4	海 南	602	829	710	750	737	672	700
5	浙 江	600	692	670	679	676	652	661
6	北 京	548	662	607	629	613	570	592
7	山 东	537	679	655	665	660	597	637
8	四 川	532	665	626	643	651	612	623
9	吉 林	530	658	639	649	634	599	615
10	江 西	529	645	614	629	613	589	599
11	重 庆	525	671	644	655	654	634	642
12	云 南	525	680	653	663	663	627	639
13	河 北	525	682	654	667	669	640	649
14	河 南	523	665	644	652	659	629	638
15	山 西	519	639	617	625	638	579	599

	A	B	C	D	E	F	G	H
1	国防科学技术大学2016年录取分数统计							
2	省份	理科	工程技术类			学历教育合训类		
3		一本线	最高分	最低分	平均分	最高分	最低分	平均分
4	海 南	602	829	710	750	737	672	700
5	浙 江	600	692	670	679	676	652	661
6	北 京	548	662	607	629	613	570	592
7	山 东	537	679	655	665	660	597	637
8	四 川	532	665	626	643	651	612	623
9	吉 林	530	658	639	649	634	599	615
10	江 西	529	645	614	629	613	589	599
11	河 北	525	682	654	667	669	640	649
12	重 庆	525	671	644	655	654	634	642
13	云 南	525	680	653	663	663	627	639
14	河 南	523	665	644	652	659	629	638
15	山 西	519	639	617	625	638	579	599

图 9-19 单条件排序和双条件排序的区别(左边为单条件结果，右边为双条件结果)

【小贴士】 实验关卡 9-3 的排序操作不能直接使用前面介绍的简单操作，因为这个数据表是带多行标题的，如果直接使用上文描述的两步简单鼠标点击操作，这些标题行也会参与排序，你会发现第一行标题被排到了最后一行(可以思考一下为什么排到了最后)。因此，要得到图 9-19 的结果，在排序之前应该先选中需要排序的区域(可以包含第 3 行标题)，即从第三行开始的数据，再单击排序按钮来设置条件，就不会出现误排标题行的情况了。最安全保守的操作是，无论是否是单一标题，都先选中想要整体排序的数据，再做后续操作,就一定不会出错。这再次说明,**保持源数据表的结构简单、数据规范**是非常重要的。至于如何快速选中区域,可自行摸索。

9.4.2 筛选

筛选也是 Excel 表格应用中使用频率非常高的数据整理操作。它的主要功能是从数据表中按照某个条件选出一部分数据,以便做进一步的分析和处理,而把其他暂时不关心的数据先隐藏起来。例如,对图 9-12 给出的数据,希望筛选出所有景点的消费项目;或者对图 9-16 的数据,希望筛选出一本线在 520~550 分的省份信息。

1. 打开和关闭筛选器

在"开始"和"数据"选项卡里都能找到筛选器的开关按钮(漏斗形状,数据过滤器的意思),单击数据区中的任意单元格,再单击筛选按钮就能打开筛选器,默认情况下,打开筛选功能后会在数据区域的首行(一般是列标题行)中的每个单元格右侧显示一个筛选器的标识按钮,如图 9-20 所示。对图 9-17 给出的数据表打开了筛选器,单击"城市"列的筛选器按钮,会出现浮动菜单,在菜单内可以通过勾选的方式选择需要筛选出来的数据,这里给出的是筛选出所有在"昆明"的消费预算项目,确定之后数据表内就会只显示满足这个筛选条件的数据。需要说明的是,此时并不是删除了其他数据,而是暂时隐藏了其他数据(从左侧变为蓝色的数据行标号也可以看出)。如果确实需要抽取出这些数据另做处理,则建议选中这些数据,然后复制、粘贴到新的表里。

与排序操作类似,对图 9-16 的数据表,用上述简单的两次鼠标单击操作,并不能顺利打开筛选功能,原因依然是数据表存在多行标题的问题。此时同样需要先选中要筛选的数据区域,再单击"筛选"按钮,通过这种方式还可以选择只打开部分数据列的筛选器。举一反三,在使用 Excel 其他功能键时如果出现操作失败,很多情况都是由于没有正确选择需要操作的数据区域,或者所选择的数据区域不规整、不一致而导致无法实施相应的操作。这是一条很重要的经验。

2. 设置筛选条件

通过图 9-20 中显示的浮动菜单就可以进行筛选条件的设置。

(1) 按颜色筛选提供按字体颜色、单元格填充颜色进行筛选。

(2) 按不同的数据类型进行筛选,如果选中的筛选列是文本数据,则在浮动菜单中显示"文本筛选"设置项,单击右侧的小黑色三角则会展开可以设置的具体筛选条件,图 9-20 显示的就是文本筛选设置项展开后出现的设置条件。相应的还有"数字筛选""日期筛选",在图 9-20 的数据表内都可以尝试。

(3) 搜索框的作用是可以输入数据关键字,筛选的结果就是包含关键字的所有数据行。

(4) 最下面的复选列表列出了该数据列中所有不重复项,通过勾选则可以显示该项的所有数据。

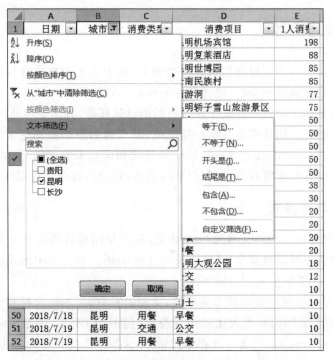

图 9-20 筛选器示例

实验关卡 9-4：数据筛选。

实验目标：能根据数据整理需求，设置筛选条件，得到预期的筛选结果。

实验内容：

（1）在实验关卡 9-3 成果的基础上，复制工作表"自网络"（移至最后，建立副本），并将该副本工作表更名为"筛选"。

（2）为"筛选"工作表中的数据设置筛选条件，筛选出一本线为 520～550 分的省份信息。参考结果如图 9-21 所示。

	A	B	C	D	E	F	G	H
1	国防科学技术大学2016年录取分数统计							
2	省份	理科	工程技术类			学历教育合训类		
3		一本线	最高分	最低分	平均分	最高分	最低分	平均分
5	吉林	530	658	639	649	634	599	615
12	四川	532	665	626	643	651	612	623
15	河北	525	682	654	667	669	640	649
16	江西	529	645	614	629	613	589	599
20	山东	537	679	655	665	660	597	637
21	河南	523	665	644	652	659	629	638
24	北京	548	662	607	629	613	570	592
25	重庆	525	671	644	655	654	634	642
26	云南	525	680	653	663	663	627	639

图 9-21 实验关卡 9-4 的筛选结果

9.4.3　公式与函数

上面介绍的两个功能仅仅停留在数据整理上,尚未真正对数据进行处理。本节介绍的公式与函数才是完成各种分析、统计任务的核心利器。

公式和函数是用于完成一些基于原始数据的计算任务,如求平均分、消费总和等。一些简单的计算的确可以用计算器甚至心算完成,但当遇到原始数据量大、计算过程复杂、又有后续更新需求的应用,使用 Excel 提供的公式和函数来完成计算,既准确无误、又省时省力。虽然刚接触会觉得有点难度,但掌握基本用法后,就会觉得很厉害。

1. 公式就是写算式

Excel 的公式是以半角英文等号(=)开头,后面是用运算符连接运算对象组成的表达式。公式中的对象可以是常量、函数以及单元格引用。当公式中出现的单元格的值发生变化时,公式的计算结果也会自动更改。

Excel 中的运算符可以分为算术运算符、比较运算符、文本运算符和引用运算符。表 9-1 和表 9-2 列举了常用的算术和比较运算符,示例中的 B3、C3 等是表示对单元格的引用,例如,公式"=B3+C3+6"表示计算单元格 B3、C3 与常量 6 三者的和;而两个运算对象进行比较运算,如 A1=B2,计算结果是逻辑值 TRUE(真)或 FALSE(假)。文本运算符只有一个 &,用于连接两个文本数据,如"十月一日"&"国庆节"连接的结果是"十月一日国庆节"。此外,Excel 公式中还可能用到 3 个引用运算符:冒号(:)、单个空格符、逗号(,)。最为常用的是冒号,表示引用冒号两边单元格之间的连续矩形区域,如 A1:B5。

表 9-1　算术运算符

算术运算符	含　义	示　　例
+	加法或正号	=B3+C3+6
-	减法或负号	=A8-2
*	乘法	=D6*C3
/	除法	=D6/2
%	百分比	=20%
^	乘方	=6^2

表 9-2　比较运算符

逻辑运算符	含　义	示　　例
=	等于	A1=B2
>	大于	A1>B2
<	小于	A1<B2

续表

逻辑运算符	含义	示例
>=	大于等于	A1>=B2
<=	小于等于	A1<=B2
<>	不等于	A1<>B2

运用上述运算符,可以写出各种复杂的计算公式。在一个单元格中输入公式的步骤:①选中要输入公式的单元格;②输入等号和算式;③按 Enter 键。回车后就可以在输入的单元格内看到公式计算的结果,如果发现结果不对需要修改,再次双击该单元格重新进入编辑状态进行修改,或者选中该单元格,在编辑栏内进行修改。这里介绍两个输入公式时小技巧。

(1) **用鼠标操作代替输入**。在公式中引用其他单元格有两种方式:一种方式是直接输入单元格的标识,如 A1、B3;另一种方式是直接单击需要引用的单元格,就会在输入公式的当前光标位置自动填充单元格的标识,这时鼠标是一个白色的十字架形状。例如,我们为图 9-12 给出的预算原始数据再建立一个副本,取名为"2 人消费统计",在这个副本表中,增加一列数据,标题为"2 人消费",然后在 F2 这个单元格中先输入"=2*",然后单击单元格 E2,这时当前光标位置自动填充了 E2,如图 9-22 所示。按 Enter 键后,F2 中将显示 2*E2 的计算结果,上方编辑栏则显示输入的公式。

图 9-22 公式的输入

(2) **用填充柄完成重复输入**。很多情况下我们需要对大量数据实施相同的计算,例如,统计班上所有同学的综合成绩、计算部门所有人的工资收入。就拿图 9-22 的数据表为例,在新增的一列中,要填入所有消费项目两个人的消费金额(除了住宿消费一人与两人相同以外,其他项目都是 2 倍的关系),我们已经在第二行填入了公式自动计算,接下来还有几十行,逐行输入显然效率十分低下。这时依然可以使用单元格 F2 右下角的"填充柄"来轻松完成公式的复制。具体操作方法:将鼠标移至填充柄的位置,鼠标形状变为黑色的十字叉,按住左键向下拖曳,直到最后一个需要填充的单元格,松开左键,所有的单元格都填充了相同的公式,公式中引用的单元格也智能地被更换为本行中相对应的位置。如果这一列的计算公式都是一样的,那么更简单的做法是**双击填充柄**,这一列的公式就自动填充完成了。赶紧来试试手吧!

实验关卡 9-5:公式输入和填充。
实验目标:能根据数据处理需求,利用公式快速完成大批数据的自动计算。

实验内容:

(1) 在实验关卡 9-1 成果的基础上,复制工作表"预算原始数据"(移至最后,建立副本),并将该副本工作表更名为"2人消费统计",在这个副本表中,增加一列数据,标题为"2人消费"。

(2) 输入公式计算所有消费项目两个人的消费金额(除了住宿消费一人与两人相同以外,其他项目都是 2 倍的关系)。第二行输入 2 倍公式后,先用双击填充柄的方式整列填充相同公式,然后按"消费项目"筛选出所有的"住宿"项目,修改第一个住宿项目的公式(保持金额不变),再拖动填充柄修改其他住宿项目的公式。参考结果如图 9-23 所示。

	A	B	C	D	E	F
1	日期	城市	消费类型	消费项目	1人消费	2人消费
2	2018/7/16	长沙	交通	火车	189.5	379
3	2018/7/16	长沙	交通	公交	5	10
4	2018/7/16	长沙	用餐	早餐	8	16
5	2018/7/16	长沙	用餐	中餐	15	30
6	2018/7/16	长沙	用餐	晚餐	15	30
7	2018/7/17	昆明	交通	公交	12	24
8	2018/7/17	昆明	交通	的士	50	100
9	2018/7/17	昆明	住宿	昆明机场宾馆	198	198
10	2018/7/17	昆明	用餐	早餐	10	20
11	2018/7/17	昆明	用餐	中餐	20	40
12	2018/7/17	昆明	用餐	晚餐	50	100
13	2018/7/17	昆明	景点	西游洞	77	154
14	2018/7/17	昆明	景点	昆明世博园	85	170
15	2018/7/18	昆明	交通	公交	20	40
16	2018/7/18	昆明	交通	的士	10	20
17	2018/7/18	昆明	住宿	昆明复莱酒店	88	88
18	2018/7/18	昆明	用餐	早餐	10	20
19	2018/7/18	昆明	用餐	中餐	20	40
20	2018/7/18	昆明	用餐	晚餐	50	100

图 9-23 实验关卡 9-5 的参考结果

【小贴士】 当一个数据列中的公式不一致时,不一致的单元格左上角会显示一个绿色的三角,当选中某一个公式不一致的单元格时,左侧还会出现一个黄色底色的叹号警示符,单击这个警示符会出现浮动的提示信息,提醒用户关注,如图 9-23 所示。

2. 函数就是用库

除了可以自己写计算公式,Excel 还提供了许多预定义的公式,这些预定义的公式是以函数库的形式提供的,功能非常丰富,不仅可以完成数值计算,还可以基于逻辑运算进行复杂的统计分析,十分方便。

这里举一个简单的例子来说明使用预定义函数的好处,例如,对图 9-23 的结果,我们还要进一步计算"1人消费"的预算总额,这时候写公式就会写成"=E2+E3+…+E60",如果数据有成百上千行呢?显然又是不可接受的输入工作量了。这时如果使用预定义的求和函数,就简单到点点鼠标了。具体操作如图 9-24 所示,选中单元格 E61,选择"公式"

选项卡,单击"函数库"组中的自动求和按钮,在 E61 中就会自动填入公式"＝SUM(E2：E60)",按 Enter 键之后就得到了"1 人消费"预算总额的计算结果(4649.5)。这里就是使用了预定义的求和函数 SUM,其中,E2:E60 即是前面提到过的冒号引用运算符,是指计算单元格 E2～E60 所有数据的和。这些所有参与运算的单元格都称为函数的参数,除了单元格参数,一些函数还需要设置其他参数,比如统计大于 100 元金额的消费项目个数,这个 100 就是需要设置的比较参数。在具体函数应用中 Excel 都会给出设置对话框,需要学习者慢慢摸索积累,才能熟练运用。

图 9-24 自动求和函数示例

需要提醒的是,单击功能区的某函数按钮后,Excel 会给出一个参考的单元格引用范围,用户可以基于这个参考范围通过单击或者拖曳来调整,以得到正确的参数范围。

图 9-24 中,如果单击"自动求和"按钮下方的小黑三角,展开的菜单中还提供了平均值、计数、最大最小等几个最常用的计算函数,进一步单击"其他函数"会打开"插入函数"对话框,如图 9-25 所示,在这个对话框内可以找到并运用 Excel 提供的所有预定义函数。

实验关卡 9-6:简单函数应用。
实验目标:能根据数据处理需求,利用 Excel 提供的预定义函数完成大批数据的自动计算。通过使用 COUNTIF 函数,熟悉函数参数的基本设置方式。

实验内容：

（1）在实验关卡 9-5 成果的基础上，利用求和函数统计"1 人消费"和"2 人消费"预算总额。

（2）利用统计函数 COUNTIF 统计 1 人消费项目中金额超过 100 的项目数量。参考结果如图 9-26 所示。

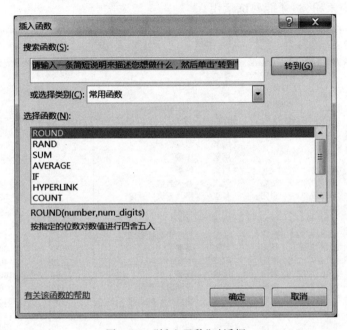

图 9-25 "插入函数"对话框

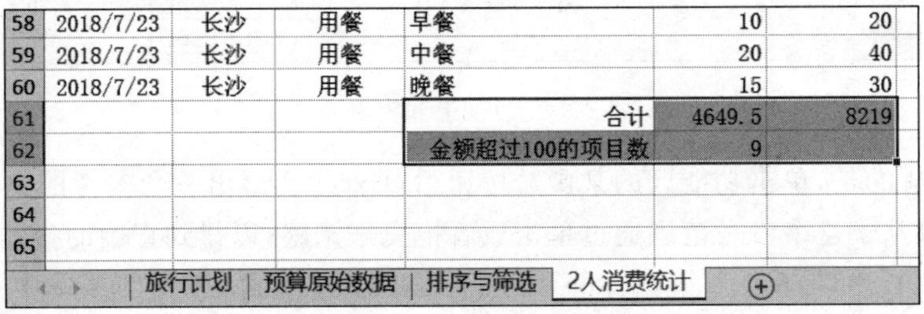

图 9-26 实验关卡 9-6 的参考结果

Excel 函数按照其功能可以分为以下几类。

（1）数据库函数：分析和处理数据清单中的数据。

（2）日期与时间函数：在公式中分析和处理日期和时间值。

（3）统计函数：对数据区域进行统计分析。

（4）逻辑函数：用于进行真假值判断或者进行复合检验。

（5）信息函数：用于确定存储在单元格中数据的类型。

（6）查找和引用函数：用于在数据清单或表格中查找特定数值，或者查找某一单元格的引用。

(7) 数学和三角函数：处理各种数学计算。

(8) 文本函数：用于在公式中处理字符串。

(9) 财务函数：对数值进行各种财务运算。

(10) 工程函数：对数值进行各种工程上的运算和分析。

的确，函数库的内容相当丰富，且这部分技能是掌握 Excel 最为困难的部分。但是，我们没有必要学会全部函数，只要掌握逻辑判断和数值计算的一些核心函数，通过边用边摸索的方式找到自己用得得心应手的函数，就能应付 80% 以上的日常应用需求。下面两条原则也许可以帮助读者解除对公式和函数的畏难情绪。

(1) 解决同一个计算问题可能有多种不同的途径，函数用得好可能效率更高，但用笨一点的办法也不会妨碍正常的使用，所以不必过于苛求，能够提高工作效率就可以。

(2) 函数的名称、参数规则不用全部记下来，用啥学啥，用多了自然就记住了。至于不太常用的函数，就随它去吧，实在要用知道到哪里找、怎么找，现学现卖就行了。

9.4.4 分类汇总

分类汇总是按照某关键字段对数据按特定的方式进行汇总，是 Excel 中基本的数据分析工具之一。分类汇总可进行的计算有求和、平均值、最大值、最小值、乘积、计数值、标准偏差、总体标准偏差、方差和总体方差等。这些统计计算功能用公式和函数也能完成，但如果使用分类汇总会更加方便快捷。

我们继续以本章任务中旅行计划的消费预算为例，来介绍创建分类汇总的操作步骤：

(1) 复制需要分类汇总的数据表，并重新命名。本例中复制图 9-26 中的"2 人消费统计"工作表，命名为"消费项汇总"，并删除最后两行的数据统计信息以保持数据的一致性。这一步骤是可选的，但为了不破坏原始数据，强烈建议先复制、清洗，再进行汇总。

(2) 对需要分类的字段（即列）进行排序（这里是按"消费类型"升序排序）。这一步骤的作用是将具有相同关键字的记录相对集中在一起。

(3) 单击"数据"选项卡下"分级显示"组的"分类汇总"按钮，打开"分类汇总"对话框。

(4) 在"分类字段"下拉列表中选择已排序的字段（这里是"消费类型"），在"汇总方式"下拉列表中选择用来计算分类汇总的函数（这里是求和），在"选择汇总项"列表框中勾选要进行汇总的项目（这里是"1 人消费"和"2 人消费"）。

(5) 如果要将汇总结果显示在明细数据的下方，则勾选"汇总结果显示在数据下方"复选框，否则会显示在明细数据上方。上述设置如图 9-27 所示。

(6) 单击"确定"按钮，得到分类汇总的结果。

如图 9-28 所示，通过简单的设置就完成了按消费类型的分项金额汇总以及总计结果。有心的学习者这时还应该能观察到，数据表的左侧出现了一些 ⊟ 或 ⊞ 按钮，这些按钮称为分级显示按钮。单击分级显示按钮 ⊟，它将变为 ⊞，同时将其右侧的分类汇总数据隐藏起来；反之，单击 ⊞ 会显示隐藏的数据，⊞ 变为 ⊟。在分级显示按钮上方，还有一行数字按钮 1 2 3 4，代表级别，单击这些级别按钮，可显示对应级别的数据。图 9-29 给出了第 2

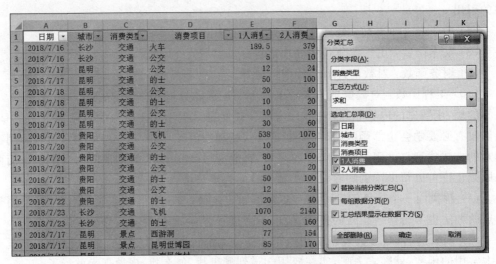

图 9-27 按消费类型分类汇总消费金额的设置界面

级的消费分类汇总数据,这时总体的消费预算情况变得一目了然。

		A	B	C	D	E	F
	52	2018/7/22	贵阳	用餐	中餐	20	40
	53	2018/7/22	贵阳	用餐	晚餐	50	100
	54	2018/7/23	长沙	用餐	早餐	10	20
	55	2018/7/23	长沙	用餐	中餐	20	40
	56	2018/7/23	长沙	用餐	晚餐	15	30
	57			用餐 汇总		563	1126
	58	2018/7/17	昆明	住宿	昆明机场宾馆	198	198
	59	2018/7/18	昆明	住宿	昆明复莱酒店	88	88
	60	2018/7/19	昆明	住宿	昆明云水酒店	50	50
	61	2018/7/20	贵阳	住宿	芭缇雅泰式公馆酒店	248	248
	62	2018/7/21	贵阳	住宿	贵州栢顿酒店	248	248
	63	2018/7/22	贵阳	住宿	贵阳诺富特酒店	248	248
	64			住宿 汇总		1080	1080
	65			总计		4649.5	8219

图 9-28 按消费类型分类汇总结果部分截图

		A	B	C	D	E	F
	1	日期	城市	消费类型	消费项目	1人消费	2人消费
	19			交通 汇总		2196.5	4393
	32			景点 汇总		810	1620
	57			用餐 汇总		563	1126
	64			住宿 汇总		1080	1080
	65			总计		4649.5	8219

图 9-29 显示第 2 级的消费分类汇总数据

进行简单分类汇总之后,若需要对数据进一步细化分析,可以在原有汇总结果的基础上,再次进行嵌套的分类汇总操作,从而形成多重分类汇总。多重分类汇总要配合多条件排序一起使用,学习者可以通过实验关卡 9-7 来探索。

如果要删除分类汇总,使数据恢复到之前的状态,只需要打开分类汇总对话框,单击"全部删除"按钮即可。

> **实验关卡 9-7**:多重分类汇总。
>
> **实验目标**:能利用 Excel 提供的分类汇总工具完成数据统计任务。结合多条件排序实现多重分类汇总。
>
> **实验内容**:
>
> (1) 在图 9-28 成果的基础上,复制工作表"消费项汇总"(移至最后,建立副本),并将该副本工作表更名为"多重分类汇总"。
>
> (2) 删除当前数据表的分类汇总,恢复未汇总状态。
>
> (3) 对已恢复的数据进行多条件排序,主条件设置为按消费类型"降序"排列,次条件设置为按日期"升序"排列。
>
> (4) 在排序好的数据基础上,先按照"消费类型"分类汇总,然后再按照"日期"分类汇总。参考结果如图 9-30 所示。

	A	B	C	D	E	F
65	18/7/22 汇总				238	476
66			景点 汇总		810	1620
67	2018/7/16	长沙	交通	火车	189.5	379
68	2018/7/16	长沙	交通	公交	5	10
69	18/7/16 汇总				194.5	389
70	2018/7/17	昆明	交通	公交	12	24
71	2018/7/17	昆明	交通	的士	50	100
72	18/7/17 汇总				62	124
73	2018/7/18	昆明	交通	公交	20	40
74	2018/7/18	昆明	交通	的士	10	20
75	18/7/18 汇总				30	60
76	2018/7/19	昆明	交通	公交	10	20
77	2018/7/19	昆明	交通	的士	30	60
78	18/7/19 汇总				40	80
79	2018/7/20	贵阳	交通	飞机	538	1076
80	2018/7/20	贵阳	交通	公交	10	20
81	2018/7/20	贵阳	交通	的士	80	160
82	18/7/20 汇总				628	1256
83	2018/7/21	贵阳	交通	公交	10	20
84	2018/7/21	贵阳	交通	的士	50	100
85	18/7/21 汇总				60	120
86	2018/7/22	贵阳	交通	公交	12	24
87	2018/7/22	贵阳	交通	的士	20	40
88	18/7/22 汇总				32	64
89	2018/7/23	长沙	交通	飞机	1070	2140
90	2018/7/23	长沙	交通	的士	80	160
91	18/7/23 汇总				1150	2300
92			交通 汇总		2196.5	4393
93			总计		4649.5	8219

图 9-30 实验关卡 9-7 的多重分类汇总的结果部分截图

【小贴士】 多重分类汇总时,每一级的设置过程都类似,唯一的区别是在设置内部嵌套的下一级分类汇总时,如图 9-27 的设置界面中要取消"替换当前分类汇总"复选框,就可实现逐级嵌套的多重分类汇总。

9.4.5 数据透视表

数据透视表的功能是将排序、筛选和分类汇总 3 个过程结合在一起,能对大量数据快速汇总和建立交叉列表的交互式表格。可以转换行和列以查看源数据的不同汇总结果。从数据透视表的建立和设置过程看,也是 Excel 应用中的难点。但 Excel 2016 提供了"推荐的数据透视表"功能,只要原始数据规整、一致,这个功能即可给出各种角度的汇总数据透视表的预览,让用户直接选择某种最能体现其观点的数据透视表效果,并可生成相应的数据透视表,而不必经历重新编辑字段列表的复杂过程,非常方便,能满足大多数应用的需求。下面给出本章任务的旅行消费预算的推荐数据透视表示例,更为精准的手动创建数据透视表的过程,读者可以自行探索。

首先,在图 9-28 成果的基础上,复制工作表"消费项汇总"(移至最后,建立副本),将该副本工作表更名为"数据透视表源数据",并删除当前数据表的分类汇总,恢复未汇总状态。然后,选择"插入"选项卡,单击"表格"组中的"推荐的数据透视表"按钮,即可打开相应的对话框,如图 9-31 所示。该对话框的左侧可以选择需要的数据透视效果,右侧则是相应效果的数据预览,单击"确定"按钮后,会在当前工作表的左侧创建一个新的工作表,

图 9-31 "推荐的数据透视表"对话框

并在新表中生成对应的数据透视表,同时可在右侧的"数据透视表字段"的任务窗格中修改当前透视表的参数,以得到更丰富的组合。图 9-32 给出了推荐的 4 种透视表的视图,不仅轻松实现了分类汇总的功能,而且可以切换不同的视角,非常直观。

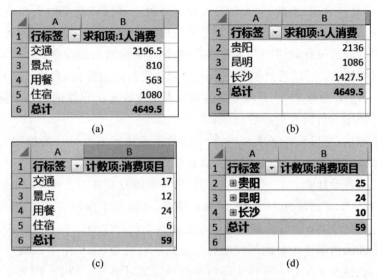

图 9-32　推荐的 4 种数据透视表效果

> **实验关卡 9-8**:数据透视表。
>
> **实验目标**:能利用 Excel 提供的数据透视表工具,创建满足任务要求的数据统计视图。
>
> **实验内容**:熟悉本节介绍的"推荐的数据透视表"功能,基于前面创建的"数据透视表原始数据"工作表,参照图 9-33 的形式,生成一个展示多项统计的数据透视表,并将新生成的这个工作表命名为"数据透视表"。

	A	B	C	D	E	F
1						
2						
3	行标签	求和项:2人消费	求和项:1人消费	计数项:消费项目		
4	交通	4393	2196.5	17		
5	景点	1620	810	12		
6	用餐	1126	563	24		
7	住宿	1080	1080	6		
8	总计	8219	4649.5	59		

图 9-33　实验关卡 9-8 的数据透视表参照图

第 9 章　玩转表格　315

9.4.6 数据模拟运算表

至此,我们通过公式、函数、分类汇总及数据透视表都可以获得两人到云南和贵州旅行的预算总额。回顾本章的任务要求,除了完成旅行计划和预算表,还要据此设计一个模拟运算表来自动给出可行的组团和收费方案,目标是赚取两人的旅费。

一个自然的想法:可以通过组织一个去云南和贵州的旅游团,根据上面的预算(1人预算4649.5元,2人预算8219元),可以向参团人员收取超出预算的团费来赚取差价,并希望这部分差额能支付两人的旅费。

基于这个想法,可以设计如图9-34所示的数据表来模拟出可行的组团方案,浅绿色单元格是需要输入的两个参数(参团总人数和参团的学生人数),浅咖色的单元格均需要填入合适的公式自动计算。其中,"直接收益"来自参团收费与1人预算的差额,计算公式为"=C2*(A2-B2)";"额外20%收益"来自团员,如果是学生则有20%额外折扣,计算公式为"=C5*(B2*20%)";总共收益则是上述两个收益之和。右下角的表格用于自动计算参团人数和团内学生人数的不同组合下得到的总收益(由于学生人数应小于等于参团人数,因此,表格左下部分不符合实际的单元格用黑色填充),如E9这个单元格中的数据表示参团人数为1人且这个人不是学生的情况下获得的收益总数,通用的计算公式为"=E8*(A2-B2)+D9*B2*(20%)"(输入后得到的计算结果为350.5),以此类推,其他浅咖色的单元格中也应填入类似的公式。

图9-34 组团收费数据模拟运算表

需要提醒的是,在E9填入上述公式后,如果直接用填充柄横向或者纵向拖曳,试图自动在其他单元格填入类似的公式,却发现无法得到正确的计算结果。原因是上述公式中的单元格引用都是**相对引用**,那么在拖曳时所有这些引用都会根据拖曳的方向按规律自动更新,而事实上上述公式中对A2、B2的引用是不变的,这种引用称为**绝对引用**。公式中出现的E8和D9则应根据单元格位置不同而相应修改。假设我们横向拖曳E9的填充柄来填充第9行其他单元格的公式,则E9中填入的公式应该改为"=E8*(A2-B2)+$D9*$B$2*(20%)",其中$符表示跟在其后面的一个符号是绝对引用,不能改变。这样就可以正确填充这一行数据了。其他行的数据计算公式也应做类似的调整再进行批量填充。

> **实验关卡 9-9**：数据模拟运算表。
> **实验目标**：能综合运用 Excel 提供的数据处理工具，设计可以根据参数自动运算的模拟运算表。
> **实验内容**：
> （1）在实验关卡 9-8 的工作簿中，新建一个数据表，命名为"组团模拟"。
> （2）参照图 9-34 和上述描述，完成一个模拟运算表，用公式自动填充表格中浅咖色的单元格。
> （3）所有显示金额的单元格都设置为"货币￥"的显示格式。参考结果如图 9-35 所示，其中假设每人收取的参团费用为 5000 元，参团人数和学生人数分别输入的是 5 和 2。

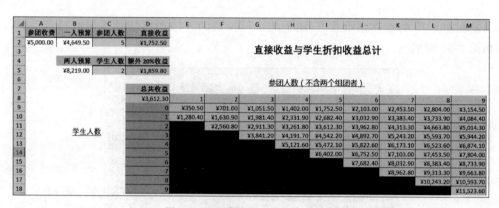

图 9-35　实验关卡 9-9 的参考结果

从图 9-35 的结果中可以找出总收益超过两人预算费用 8219 元的组团方案。有了这个表，改变参团收费、一人或两人预算金额都能立即更新模拟结果，达到了任务目标。

9.5　数据展示有特色

Excel 表格应用的核心在于数据分析和处理，因此，在数据处理过程中，数据呈现的样式并不是最重要的，这也是前面几个小节里所有示例的表格都是白底黑字的缘故。当完成数据分析得到一些结论后，为了更为直观地展示这些结论，这时就需要一些可视化的手段来辅助数据的表达。下面我们就进入"四步走"的最后一步，数据可视化。

9.5.1　智能表格一键换装

Excel 也提供了类似 Word 和 PPT 中的表格样式，这个表格样式的设置工具也同样是一个隐藏选项卡。激活这个选项卡的具体步骤：①选中要改变样式的数据区域；②选择"插入"选项卡，单击"表格"组的"表格"按钮；③在弹出的"创建表"对话框里，可调整数据区范围，选择是否包含标题，确认后单击"确定"按钮，此时就会出现名称为"表格工具-设计"这个隐藏选项卡，如图 9-36 所示。通过"**表格样式选项**"和"**表格样式组**"可以一键改变当前表格的展示样式。同时你会发现，默认情况下会自动为这个表格打开"筛选器"。需要提醒的是，这个一键换装适合于简单结构的表格，同时依然不建议在源数据表上操作，时刻牢记"数据与形式分离"的基本原则。

图 9-36　隐藏的"表格工具-设计"选项卡

复制图 9-12 的预算原始数据，用上述一键换装的方法即可切换不同的样式，参考示例如图 9-37 所示。

	A	B	C	D	E
1	日期	城市	消费类型	消费项目	1人消费
2	2018/7/16	长沙	交通	火车	189.5
3	2018/7/16	长沙	交通	公交	5
4	2018/7/16	长沙	用餐	早餐	8
5	2018/7/16	长沙	用餐	中餐	15
6	2018/7/16	长沙	用餐	晚餐	15
7	2018/7/17	昆明	交通	公交	12
8	2018/7/17	昆明	交通	的士	50
9	2018/7/17	昆明	住宿	昆明机场宾馆	198
10	2018/7/17	昆明	用餐	早餐	10
11	2018/7/17	昆明	用餐	中餐	20
12	2018/7/17	昆明	用餐	晚餐	50
13	2018/7/17	昆明	景点	西游洞	77
14	2018/7/17	昆明	景点	昆明世博园	85
15	2018/7/18	昆明	交通	公交	20
16	2018/7/18	昆明	交通	的士	10
17	2018/7/18	昆明	住宿	昆明复莱酒店	88
18	2018/7/18	昆明	用餐	早餐	10
19	2018/7/18	昆明	用餐	中餐	20
20	2018/7/18	昆明	用餐	晚餐	50
21	2018/7/18	昆明	景点	云南民族村	85
22	2018/7/18	昆明	景点	昆明大观公园	18
23	2018/7/19	昆明	交通	公交	10
24	2018/7/19	昆明	交通	的士	30
25	2018/7/19	昆明	住宿	昆明云水酒店	50
26	2018/7/19	昆明	用餐	早餐	10

图 9-37　图 9-12 数据表一键换装示例

9.5.2　条件格式突出焦点

条件格式是 Excel 所特有的格式设置方式，目的是帮助用户直观地查看表中符合条件的单元格。Excel 2016 中使用条件格式可以突出显示用户所关注的单元格、强调异常值,以及使用数据条、颜色刻度和图标集来直观地显示数据。

例如,图9-35虽然已经给出了数据模拟结果,但并不能非常直观地定位到那些符合条件的组团方案。这时通过为满足条件的单元格设置特殊的条件格式,可以达到一目了然的目的。具体操作步骤:①选中需要设置条件格式的数据区域;②单击"开始"选项卡中的"条件格式"按钮,在弹出的菜单里选择要突出显示的规则和方式,这里选择"突出显示单元格规则",然后进一步选择"大于"规则,会打开"大于"规则设置对话框,这时可以直接在输入框内输入数字8219,也可以单击输入框右侧的 按钮来单击引用数据表中的单元格,图9-35中对应的单元格是B5;③设置需要突出显示的格式,如改变填充色、字体颜色大小等,单击"确定"按钮后,满足条件的单元格就会显示为特殊而醒目的格式。图9-38给出了在图9-35基础上用条件格式突出显示满足条件单元格的效果图。

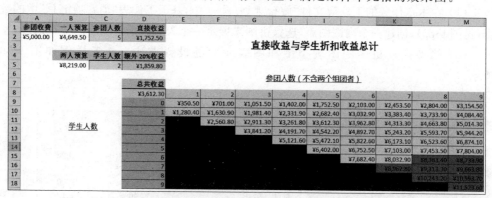

图9-38　用条件格式突出显示能赚取两人差旅费的组团方案

实验关卡9-10:条件格式。

实验目标:能利用条件格式工具,突出显示数据集合中的焦点数据。

实验内容:

(1) 在实验关卡9-9的基础上,参照图9-38的样式设置条件格式,突出显示收益大于两人旅行预算的单元格。

(2) 基于这个显示结果,回答两个问题,问题一:若想要免费旅游,至少需要有多少人参团?此时有多少个学生参团?问题二:若想要免费旅游,至少需要有多少个学生参团?此时总共有多少人参团?

9.5.3　编辑图表展示结论

图表作为数据可视化的重要工具,对于大家而言已经不陌生了,Excel 2016提供了数十种图表类型,用户可以选择恰当的方式来表达数据信息,还可以自定义图表、设置图表各部分的格式。需要特别说明的是,Excel中的图表按照插入的位置可以分为内嵌图表和工作表图表。内嵌图表一般与其数据源一起出现,而工作表图表与数据源是分离的,图表占据整个工作表。

创建和编辑图表的方法与 Word 和 PPT 大部分类似,主要区别在于用于绘制图表的数据不用再录入了,只需在数据表中选定要作为图表数据源的单元格区域,在"插入"选项卡下的"图表"组中单击所需的图表类型按钮,在下拉菜单中选择一种子类型,Excel 就会以默认的样式在当前工作表中插入一个内嵌图表,同时会在功能区出现"图表工具"的两个隐藏选项卡,通过这两个选项卡提供的功能按钮可以进一步美化插入的图表。设置的方式与 Word、PPT 图表类似,不再赘述。

> **实验关卡 9-11**:插入内嵌图表。
> **实验目标**:能根据数据可视化展示需要,创建和编辑图表。
> **实验内容**:
> (1) 在本章任务的工作簿文件"旅行规划.xlsx"中,基于工作表"消费项汇总"中的数据(见图 9-29),创建一个内嵌图表,选择饼图来展示一个人旅行消费项目的分布情况。
> (2) 熟悉摸索更多的图表类型和图表元素的设置方法。参考样例如图 9-39 所示。

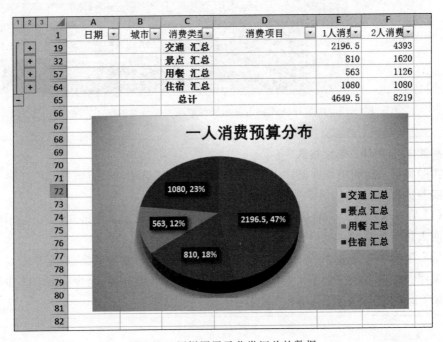

图 9-39 用饼图展示分类汇总的数据

9.6 值得一看的小结

至此,本章任务顺利完成,拿着这个旅行规划数据表,是否可以展开真正的旅程了呢?不积跬步无以至千里,一步步克服技术障碍,才能成为工具真正的主人。Excel 的功能之强大绝对会超出我们的想象,各种技巧动辄成百上千,可以说前面练习的这些都只是最基本的技能点。即使苦学好几本教程,将来面对突如其来的问题,仍然需要不断学习和实践。

因此,在Office工具三大套件的基础训练完结的时候,依然要回归第1章关于"搜索"的话题。Office工具问世已有几十年,但凡你遇到的技术问题,99%别人已经遇到过,建立"搜索"意识,养成"搜索"习惯,才是解决问题的最佳途径。关于Excel,除了熟练运用关键字技巧在百度上搜索来自"百度经验"的实用教程,还有一个值得推荐的Excel专业技术论坛:ExcelHome(http://www.excelhome.net/),在这个论坛里积累了大量的技术贴,也有各路高手云游其中,有任何问题,都可以直接发帖求助,很多时候都能得到非常直接的技术指导。

9.7 综合实验

9.7.1 综合实验9-1

【实验目标】

进一步熟练掌握数据的输入、格式设置和图表生成。

【实验内容】

(1) 新建一个工作簿,在工作表Sheet1中输入表9-3中的数据。要求:

表9-3 综合实验9-1的原始数据

朗拓软件开发公司2008年8月份工资表						
编号	姓名	基本工资	岗位津贴	奖励工资	应发工资	应扣工资	实发工资
001	干敏	2200	600	844		25	
002	丁伟光	2000	580	700		12	
003	吴兰兰	1500	640	510		0	
004	许光明	1800	620	650		0	
005	王坚强	1900	450	680		15	
006	姜玲燕	1750	480	680		58	
007	周兆平	2200	620	780		20	
008	赵于地	2050	560	646		0	
合计							
平均							

① 将标题设为黑体16号字,并将标题居中,标题与表格之间插入一个空行。

② 求出每个人的"应发工资"和"实发工资"并填入到相应的单元格内。其中,应发工资＝基本工资＋岗位津贴＋奖励工资,实发工资＝应发工资－应扣工资。

③ 求除"编号"和"姓名"外其他栏目的"合计"和"平均",填入相应单元格,平均值保留 2 位小数。

④ 将"实发工资"低于 3000 的数据用红色字表示(应用条件格式)。

(2) 将工作表 Sheet1 更名为"工资表"。

(3) 将"工资表"各栏列宽设置为 9.5;列标题行行高设置为 25,其余行高为最合适的行高;列标题为粗体、水平和垂直居中,浅蓝色的底纹;表格中的其他内容居中。

(4) 对"工资表"进行页面设置:纸张大小为 A4,上、下边距为 3cm;设置页眉为"职工工资一览表",格式为居中、粗斜体;设置页脚为"制表人:×××",××× 为自己的姓名,靠右对齐。

(5) 以职工王坚强的基本工资、岗位津贴和奖励工资为数据源,创建其应发工资的饼图,要求每部分饼上有数据标签。

(6) 实验结果参见样张文件"综合实验 9-1(结果).pdf"。

9.7.2 综合实验 9-2

【实验目标】

进一步熟练掌握图表的基本操作及函数运算。

【实验内容】

(1) 新建一个工作簿,在工作表 Sheet1 中输入图 9-40 所示的数据。要求:

	A	B	C	D	E	F
1	新电器公司第四季度产量报表					
2	单位	一等产品数量	二等产品数量	三等产品数量	次品产品数量	产品合格率(%)
3	一分厂	1324	567	123	89	
4	二分厂	2314	765	241	34	
5	三分厂	3412	891	654	123	
6	四分厂	9871	616	528	95	
7	五分厂	2180	567	324	178	
8	各等级所占百分比					

图 9-40 综合实验 9-2 所需数据表

① 将标题设为黑体 18 号字、红色加粗、居中,橙色底纹。

② 表格其余单元格设黄色底纹,设置整个表格内外边框为黑色。

③ 所有单元格垂直居中对齐,数值型单元格右对齐,设千位分隔符,产品数量单元格无小数,产品合格率和各等级所占百分比有 2 位小数;其他单元格的内容居中。

(2) 使用函数在单元格 F8 中计算所有分厂产品数量的总和,并计算表中的产品合格率(%)和各等级所占百分比。其中,产品合格率＝非次品产品数量/所有等级产品数量之和;各等级所占百分比＝该等级产品数量之和/产品总和。

(3) 建立一分厂、三分厂、五分厂第四季度各等级产品产量的三维柱形图表。

(4) 图表标题为"各单位产品质量",横坐标轴标题为"产品等级",纵坐标轴标题为"产品数量"。

(5) 实验结果参见样张文件"综合实验9-2(结果).pdf"。

9.7.3 综合实验9-3

【实验目标】

进一步熟练掌握图表制作的各种操作。

【实验内容】

(1) 新建一个工作簿,将工作表Sheet1重命名为"部门费用统计",以下操作均在该工作表中进行。

(2) 在单元格A1中输入表格标题"部门费用统计表",分别在A2:I2区域的单元格中输入列标题序号、时间、姓名、部门、费用类别、入账、出账、余额和备注。

(3) 将表格标题合并居中,设为隶书20号字、红色加粗。所有列标题设为微软雅黑11号字、加粗、居中。

(4) 选定"序号"列,打开"设置单元格格式"对话框,单击"数字"选项卡,在"分类"列表框中选择"自定义"选项。在右侧"类型"文本框中输入000,单击"确定"按钮。在A3中输入1,拖动填充柄到A15。

(5) 在其他列分别输入图9-41(a)所示数据。

(6) 选定"入账""出账""余额"列,将其格式设置为"货币",保留1位小数,货币符号为¥。

(7) 分别在E3、E5、E6、E7、E8单元格中输入办公费、出差费、第一季度入账、宣传费、招待费。

(8) 依次右击"费用类别"列其他空白单元格,在快捷菜单中单击"从下拉列表中选择"命令,从出现的下拉列表中根据图9-41(b)选择适当的数据输入。

(9) 在列标题行上插入一行,行高为15。

(10) 分别合并A2:E2、F2:I2,并在合并后的单元格中分别输入制表人和制表日期。字体格式为华文楷体11号字。分别左对齐和右对齐。

(11) 给A3:I16区域添加边框,内外框均为蓝色。

(12) 选定列标题行,套用单元格样式中的"注释"样式。

(13) 选定A3:I16,以"部门"为主关键字、"费用类别"为次关键字,均按升序排序。

(14) 按"部门"进行"出账"的"求和"汇总。

(15) 清除全部分类汇总。对A3:I16进行"自动筛选",将办公费用高于500的记录显示出来。

(16) 取消筛选,在新工作表中根据A3:I16提供的数据,制作一张数据透视表,反映各部门产生的各项费用汇总情况。

图 9-41 综合实验 9-3 需输入的部分数据

(17) 实验结果参见样张文件"综合实验 9-3(结果).pdf"。

9.8 辅助阅读资料

[1] 秋叶. 和秋叶一起学 Excel[M]. 北京：人民邮电出版社，2017.

[2] Excel Home. 别怕，Excel 函数其实很简单[M]. 北京：人民邮电出版社，2015.

[3] 凤凰高新教育. Word/Excel/PPT 2016 三合一完全自学教程[M]. 北京：北京大学出版社，2017.

[4] 赵骥，高峰，刘志友. Excel 2016 应用大全[M]. 北京：清华大学出版社，2016.

[5] 刘文香. 中文版 Office 2016 大全[M]. 北京：清华大学出版社，2017.

[6] 杜思明. 中文版 Office 2016 实用教程[M]. 北京：清华大学出版社，2017.

第 10 章　数据库技术初探

【给学生的目标】

本章包含一个综合实验：利用 MySQL 数据库管理系统管理国防科技大学历年录取分数数据。通过该实验，了解数据库管理系统带来的好处；熟悉 MySQL 中增、删、改、查等操作的方法；熟悉利用 Python 操作 MySQL 的过程；另外，进一步加强利用 Python 解决实际问题的能力。

【给老师的建议】

结合授课内容讲授本章实验，建议学时为 6 学时：环境准备由学生课前自行完成；结合数据库概述、数据模型等内容，介绍在 MySQL 中创建数据库和建表（2 学时）；结合数据更新等内容，介绍在 MySQL 中进行增、删、改操作（2 学时）；结合数据查询等内容，介绍在 MySQL 中进行单表查询和连接查询（2 学时）。

10.1　问题描述

第 8 章将分析出的国防科技大学历年录取分数数据存储在 txt 文件中，并利用 Python 程序对其进行查询和显示，可以获取关心的数据。但是，将数据直接存储在文件（包括 txt、Excel 等类型的文件）中，并利用应用程序对文件中的数据进行管理，这在实际使用时会存在一些问题或不便，主要包括以下几方面。

程序员需要掌握文件中数据的存储格式，需要编写大量代码对数据进行管理。例如，在查询湖南省历年技术类录取平均分时，程序员首先需要知道 txt 文件中第几列是省份的信息、第几列是技术类录取的平均分，然后再利用程序依次分析每一年分数数据文件。在实际系统中，数据结构复杂，掌握所有数据的存储格式会给程序员带来极大的负担；对数据的操作，除查询外，还包括添加、删除、修改等，完全利用程序实现这些操作，程序将十分复杂且代码量庞大。

将数据直接存储在文件中，当文件中的数据格式发生变化时，程序也要进行相应的修改。例如，对于程序 8-12，如果 txt 文件的名字有变动或技术类录取平均分不再是第 5 列的数据，则程序 8-12 也要进行修改，才能查询出湖南省历年技术类录取的平均分。在实际系统中,数据的结构可能根据需要发生变化,如果每次变化都要对程序进行修改,则会带来较大不便。

在实际系统中,往往还需要提供安全性、完整性等方面的保障。例如,除管理员外,用户只能查看录取分数数据而不允许修改,管理员在对录取分数数据进行修改时,要保证各分数为 0~1000,等等。如果依靠程序提供这些功能,则程序的复杂度和代码量将进一步增加。

因此,在实际系统中,一般不将数据直接存储在文件中,而是利用数据库管理系统(DataBase Management System,DBMS)对数据进行管理。利用 DBMS 管理数据,能有效解决上述问题。例如,DBMS 提供了增、删、改、查等操作的统一接口,用户只需利用这些接口指出要进行什么操作,而不需要了解操作的细节;DBMS 能提供数据的独立性,当数据的结构发生变化时,程序可以不做修改;DBMS 提供了安全性、完整性等方面的机制,程序不用再实现这些功能。因为这些优点,DBMS 成为数据管理最有效的方法。

目前,存在很多数据库产品,如 Oracle、MySQL、DB2、SQL Server 等,这些产品各有特点,适用于不同的场合。本章选用 MySQL 作为实验对象,实验内容是利用 MySQL 存储和管理国防科技大学录取分数数据。

10.2 环境准备

MySQL 是一个独立的软件,需要单独下载和安装。MySQL 产品可分为企业版(Enterprise Edition)和社区版(Community Edition)两个系列,企业版是商业版本,而社区版是完全免费的。每个系列下包含不同版本,每个版本提供了不同的安装文件,适用于不同的安装环境。对于 Windows 环境下的安装文件,又可分为.msi 文件和.zip 文件,.msi 文件安装过程简单,而.zip 文件安装的普适性更好。本节介绍 MySQL 5.7 社区版在 64 位 Windows 10 系统中的下载和安装过程,包括.msi 文件和.zip 文件(安装其中一种即可)。

10.2.1 下载 MySQL

进入 MySQL 官方网站(网址:https://www.mysql.com/),依次单击 DOWNLOADS→Community→MySQL Community Server→MySQL Community Server 5.7,如图 10-1 所示。

此时进入的是.zip 文件的下载页面,若要下载.msi 安装文件,则再单击 Go to Download Page 按钮。在下载页面选择对应的安装文件:.msi 文件选择 mysql-installer-community-5.7.22.1.msi(不区分 32 位与 64 位)、.zip 文件选择 mysql-5.7.22-winx64.zip,单击 Download 按钮。在新打开的页面,可登录 MySQL 网站后开始下载,也可单击页面底部的"No thanks, just start my download."链接直接下载。

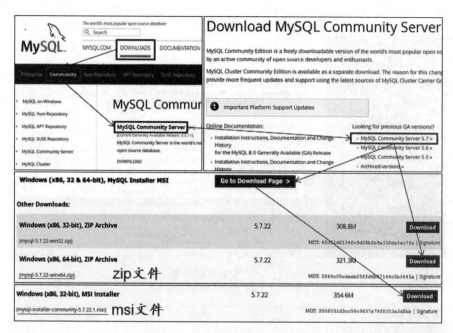

图 10-1　MySQL 安装文件的下载

10.2.2　通过 .msi 文件安装 MySQL

通过 .msi 文件安装 MySQL 前,先关闭杀毒软件和防火墙,并保证 Windows 操作系统处于激活状态,安装过程如下。

(1) 双击 mysql-installer-community-5.7.22.1.msi 文件,若弹出"用户账户控制"窗口,单击"是"按钮继续。

(2) 在弹出的许可证界面(License Agreement)中,勾选 I accept the license terms 复选框,单击 Next 按钮。

(3) 进入安装模式选择界面(Choose a Setup Type),选择安装模式,不同模式会安装不同的 MySQL 部件,选择开发者模式(Developer Default),单击 Next 按钮。

(4) 在依赖检查界面(Check Requirement),列出了所需的依赖环境(见图 10-2),单击 Execute 按钮可自动下载并安装依赖环境(此过程需连接互联网,另外也可手动下载和安装依赖环境),安装完成后,单击 Next 按钮,若弹出对话框显示 One or more product requirements have not been satisfied,单击 Yes 按钮。

(5) 在安装界面(Installation)列出了将要下载和安装的部件(见图 10-3),单击 Execute 按钮进行安装(此过程需连接互联网),安装完成后,单击 Next 按钮。

至此,MySQL 已安装完毕,但还需要进行配置,在配置时,一般选择默认选项即可,具体来说如下。

(1) 在配置界面(Product Configuration),列出了需要进行配置的部件,单击 Next 按钮。

(2) 在组复制配置界面(Group Replication),选择 Standalone MySQL Server /

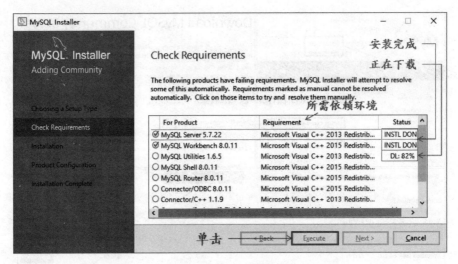

图 10-2　安装依赖环境

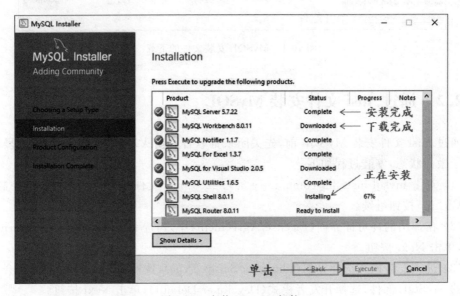

图 10-3　安装 MySQL 部件

Classic MySQL Replication，单击 Next 按钮。

(3) 在类型和网络配置界面(Type and Networking)(见图 10-4)，将类型设置为 Development Computer，端口号保持默认值 3306，单击 Next 按钮。

(4) 在账户和角色配置界面(Accounts and Roles)(见图 10-5)，对最高权限用户 root 的密码进行设置，后续使用 MySQL 时均要用到该密码，所以需牢记该密码，为方便，此处将密码设置为 111111(在实际系统中，应使用更为复杂的密码，以提高系统的安全性)，单击 Next 按钮。

(5) 在 Windows 服务配置界面(Windows Service)，勾选 Configure MySQL Server as a Windows Service、Start the MySQL Server at System Startup，使开机时自动运行

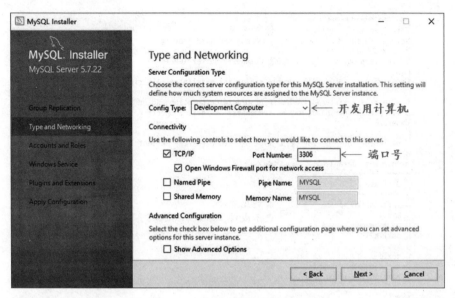

图 10-4　类型和网络配置界面

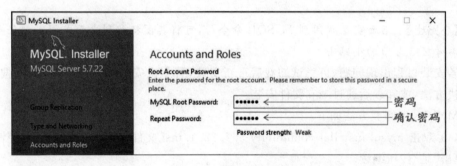

图 10-5　设置 root 密码

MySQL 服务,单击 Next 按钮。

(6) 在插件和扩展配置界面(Plugins and Extensions),保持默认设置,单击 Next 按钮。

(7) 进入应用配置界面(Apply Configuration),单击 Execute 按钮,使设置生效,完成后单击 Finish 按钮,至此已完成 MySQL 服务端的配置。

(8) 在后续的界面中,除 Connect To Server 配置界面需手动输入 root 密码(即图 10-5 界面中设置的密码)外,其他界面均保持默认设置,并单击 Next 按钮、Finish 按钮或 Execute 按钮即可。

安装完成后,可以测试是否安装成功,方法如下。

(1) 选择"开始"菜单→"所有程序"→MySQL→MySQL 5.7 Command Line Client,打开 MySQL 命令行。

(2) 在打开的命令行窗口中,输入 root 密码,登录 MySQL。

(3) 输入命令"show databases;",若显示结果如图 10-6 所示,则表示安装成功。

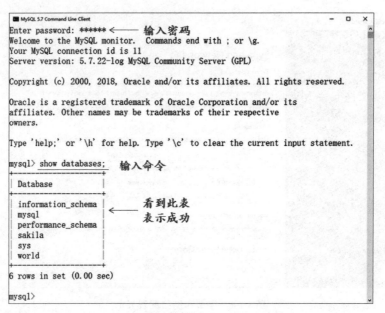

图 10-6 测试 MySQL 是否安装成功

【小贴士】 后面会经常用到 MySQL 命令行,可将其图标放到桌面或固定到任务栏,方法参考 2.3.2 节的小贴士。

若安装过程出现问题,可尝试卸载后重新安装,若多次安装均未成功,可上网搜索相关解决方法,或卸载后通过.zip 文件安装。

MySQL 的卸载方法如下。

(1) 双击 mysql-installer-community-5.7.22.1.msi 文件,若弹出"用户账户控制"窗口,单击"是"按钮继续。

(2) 在弹出的界面中选择"Remove…"。

(3) 在弹出的界面中勾选所有选项(见图 10-7),单击 Execute 按钮,若弹出对话框,均单击 Yes 按钮。

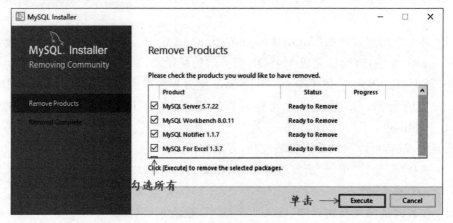

图 10-7 卸载 MySQL

(4) 卸载完成后,单击 Finish 按钮。

10.2.3 通过.zip 文件安装 MySQL

通过.zip 文件安装 MySQL 前,先关闭杀毒软件和防火墙,并保证 Windows 操作系统处于激活状态,安装过程如下。

(1) 将 mysql-5.7.22-winx64.zip 文件解压到 C:\Program Files,解压后,C:\Program Files\mysql-5.7.22-winx64 目录下的文件如图 10-8 所示。

图 10-8　解压后的文件

(2) 新建系统变量 MYSQL_HOME,值为 C:\Program Files\mysql-5.7.22-winx64,并将％MYSQL_HOME％\bin 添加到系统变量 Path 中(见图 10-9),具体方法见 2.3.3 节。

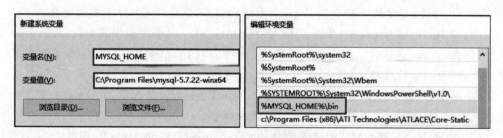

图 10-9　配置系统变量

(3) 在 C:\Program Files\mysql-5.7.22-winx64 下新建 my.ini 文件,输入图 10-10 中的内容。

(4) 以管理员身份打开命令提示符 CMD,方法是在 C:\Windows\System32\cmd.exe 上右击,选择"以管理员身份运行"。

(5) 如图 10-11 所示,在 CMD 中输入命令 mysqld install,安装 MySQL 服务,若结果为 Service successfully installed,则表示安装成功。

【小贴士】 若此过程弹出系统错误对话框,提示"……计算机中丢失 MSVCR120.dll……",可尝试下载安装 vcredist_x64.exe(64 位系统)或 vcredist_x86.exe(32 位系统),然

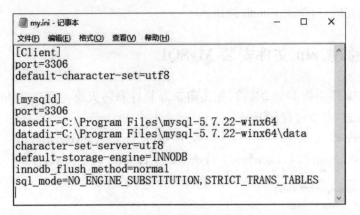

图 10-10　my.ini 文件中的内容

图 10-11　在 CMD 中输入命令

后在 CMD 中依次输入命令 mysqld remove 和 mysqld install 重新安装；若此过程报 00000007b 错误，可尝试下载安装 DirectX Repair 3.5，然后在 CMD 中重新安装。

（6）如图 10-11 所示，在 CMD 中输入命令 mysqld --initialize，生成数据目录，若命令执行过程未报错，且运行结束后在 C:\Program Files\mysql-5.7.22-winx64 下生成 data 文件夹，则表示运行成功。

【小贴士】　若此过程报错，检查 C:\Program Files\mysql-5.7.22-winx64 下是否已存在 data 目录，若存在，则删除该目录后重试该命令。

（7）如图 10-11，在 CMD 中输入命令 net start mysql，启动 MySQL 服务。

【小贴士】　若启动失败，检查图 10-10 中的配置文件是否正确，若存在错误，则在改正后，依次在 CMD 中输入如下命令：mysqld remove、mysqld install、mysqld --initialize、net start mysql。

至此，MySQL 已成功安装，但还需要修改 root 用户的密码才可使用，方法如下。

（1）用记事本打开 C:\Program Files\mysql-5.7.22-winx64\data 目录下的 .err 文件，搜索 temporary password，这一行最后的字符串即为安装过程中生成的临时密码（见图 10-12）。

（2）如图 10-13 所示，在 CMD 中输入 mysql -uroot -p 后回车，并输入上一步获取的临时密码，登录 MySQL。

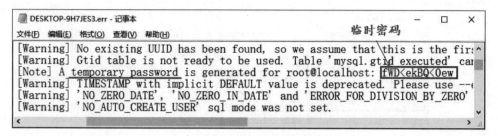

图 10-12 查看临时密码

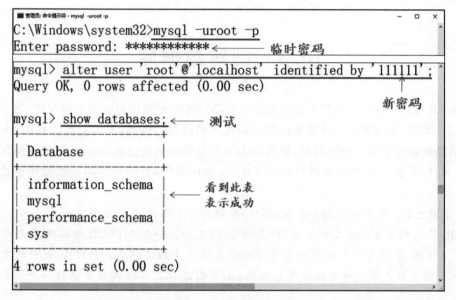

图 10-13 设置新密码

(3) 如图 10-13 所示,登录后,输入"alter user 'root'@'localhost' identified by **'111111';**",其中,111111 是新设置的密码,也可设置成其他密码。

(4) 输入"show databases;",若出现如图 10-13 中的信息,则表示修改成功。

以上是 64 位 Windows 10 系统下 MySQL 5.7 社区版的安装过程,其他版本 MySQL 的安装或其他 Windows 系统下的安装可参照此过程进行。Mac OS 等系统下的安装方法可参考 MySQL 官方网站上的相关说明,网址如下:

https://dev.mysql.com/doc/refman/5.7/en/installing.html/

10.2.4 安装 PyMySQL 库

利用 Python 访问 MySQL 要用到第三方库,本实验选用 PyMySQL 库。在基本的 Python 和 Anaconda 环境中均不包含 PyMySQL,需额外安装。安装方法是在联网后使用命令 pip install pymysql(见图 10-14),具体过程见 4.3.1 节。

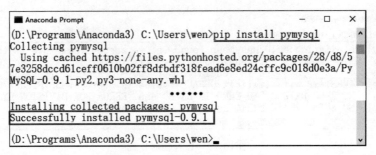

图 10-14　在线安装 PyMySQL

10.3　创建数据库

在 MySQL 中,数据是存储在数据库中的,MySQL 中可以包含多个数据库,每个数据库有一个名字,不同数据库可用来存放不同程序的数据。例如,本实验希望利用 MySQL 管理国防科技大学录取分数数据,就可以先为其创建一个数据库 nudt。创建数据库可以在 MySQL 命令行中进行,也可以利用 Python 程序实现(后续介绍的其他操作也是这样的)。

【小贴士】　后面会介绍,在 MySQL 数据库中,数据以表的形式进行组织。所以 MySQL 的结构与 Excel 文档的结构(见图 9-3)类似:一个 MySQL 数据库相当于一个 Excel 工作簿,数据库下面的表相当于 Excel 工作簿中的工作表,MySQL 表中的数据相当于 Excel 工作表单元格中的数据。因此,本节创建数据库就相当于新建一个 Excel 工作簿。

10.3.1　在 MySQL 命令行中创建

若 MySQL 是通过.msi 文件安装的,命令行的打开方法为:"开始"菜单→"所有程序"→MySQL→MySQL 5.7 Command Line Client,打开后输入安装时设置的 root 用户密码,即可登录 MySQL(见图 10-6)。

若 MySQL 是通过.zip 文件安装的,则先打开 Windows 中的 CMD(见 2.3.3 节),然后输入命令 mysql -uroot -p,再输入 root 用户密码(见图 10-13)。

登录成功后,命令行的提示符变为 mysql>,在提示符后面就可输入各种 SQL 语句,从而指挥 MySQL 完成相应操作。

在 MySQL 中,创建数据库的 SQL 语句的格式为

CREATE DATABASE 数据库名;

例如,创建 nudt 数据库的 SQL 语句为"CREATE DATABASE nudt;"。SQL 语句一般以英文分号结尾,另外,SQL 语句可以写在一行,也可以写成多行,且关键字等不区

分大小写。例如,以下几种方式都可以正确创建 nudt 数据库,如图 10-15 所示。

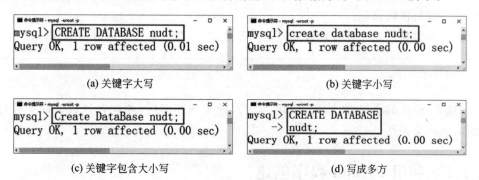

(a) 关键字大写　　　　　　　　　(b) 关键字小写

(c) 关键字包含大小写　　　　　　(d) 写成多行

图 10-15　创建数据库

【小贴士】　在写 SQL 语句时,应利用这些特点写出更为清晰易懂的语句。例如,当 MySQL 中的表、属性等对象的名字主要是小写形式时,关键字宜采用大写,从而方便区分关键字和对象名字;当 SQL 语句较复杂时,应写成多行,从而使其结构更加清晰。

创建好数据库后,可使用如下语句进行查看:

```
SHOW DATABASES;
```

该语句会以表的形式显示 MySQL 中所有数据库的名字,如图 10-16 所示。

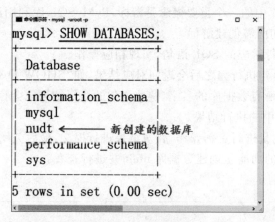

图 10-16　查看数据库

若不再需要一个数据库,可以使用如下语句进行删除:

```
DROP DATABASE 数据库名;
```

或

```
DROP DATABASE IF EXISTS 数据库名;
```

这两种方式的区别在于,当数据库不存在时,前者会报错,而后者不会。例如,使用

"DROP DATABASE IF EXISTS nudt;"删除 nudt 数据库时,若 nudt 存在,则删除;若不存在,则不进行任何操作。

另外,在对某数据库进行建表等其他操作之前,需要首先选定该数据库,语句如下:

```
USE 数据库名;
```

如选定 nudt 的语句为"USE nudt;",只有选定数据库后,才能在该数据库中进行相关操作,否则会报错。

10.3.2 利用 Python 程序创建

除了在 MySQL 命令行中执行 SQL 语句外,也可在 Python 程序中利用 PyMySQL 库实现相同功能。利用 PyMySQL 库进行操作的一般过程如图 10-17 所示。

图 10-17 PyMySQL 库的一般操作流程

(1) 连接数据库(相当于登录 MySQL 命令行),连接成功后才能进行后续操作。
(2) 大部分情况下,进行操作前需首先使用"USE 数据库名;"语句选定数据库。
(3) PyMySQL 库中的一个重要概念是游标,PyMySQL 库利用游标执行 SQL 语句,所以在执行 SQL 语句前需创建游标。
(4) 利用游标执行对应的 SQL 语句,实现相应操作。
(5) 很多 SQL 语句执行完之后会返回对应结果,如"SHOW DATABASES;"语句的结果就是 MySQL 中所有数据库的名字,这些语句的执行结果也会存放在游标中,可以利用相关函数显示游标中的执行结果。
(6) 若 SQL 语句是进行更新操作,要对结果进行提交,最后关闭游标、断开连接。

例如,程序 10-1 的功能是创建数据库 nudt 并进行查看。

程序 10-1

```
import pymysql
conn=pymysql.connect(host='localhost',port=3306,
                     user='root', passwd='111111',
                     charset='gbk')                        #连接数据库
cs=conn.cursor()                                           #创建游标
cs.execute('DROP DATABASE IF EXISTS nudt')                 #执行 SQL 语句
cs.execute('CREATE DATABASE nudt')                         #执行 SQL 语句
cs.execute('SHOW DATABASES')                               #执行 SQL 语句
print(cs.fetchall())                                       #显示结果
cs.close()                                                 #关闭游标
conn.close()                                               #断开连接
```

程序首先利用 connect 函数连接数据库。在实际使用中，可以将 MySQL 部署在服务器上，然后客户端通过网络远程连接 MySQL，所以进行连接时需利用 IP 地址、域名等方式指定 MySQL 所在主机（host），localhost 表示本地机器。另外，还需指定端口号（port）、用户名（user）、密码（passwd）、字符集（charset）等。建立连接后，将产生的对象赋给变量 conn，conn 表示与 MySQL 的一个连接。

然后在当前连接 conn 中，利用 cursor 函数创建一个游标，赋给变量 cs，利用 cs 可以执行相关的 SQL 语句和查看执行结果。

程序利用游标 cs 中的 execute 函数执行了三条 SQL 语句：若存在数据库 nudt 则删除、创建数据库 nudt、查看所有数据库。与 MySQL 命令行稍微不同的是，execute 函数中的 SQL 语句最后可以有分号，也可以没有分号。

利用游标执行的第三条 SQL 语句是查看所有数据库，该语句执行完之后会产生相应结果，可以利用 fetchall 函数取出游标中的执行结果，并进行打印。

最后关闭游标、断开连接。

程序 10-1 的执行结果如下所示，即打印出游标中存放的执行结果：

```
(('information_schema',), ('mysql',), ('nudt',), ('performance_schema',), ('sys',))
```

SQL 语句的执行结果一般是表的形式，而游标采用二维元组对其进行表示，元组中的每个元素对应表中的一行。例如，程序 10-1 中"SHOW DATABASES;"语句的执行结果共包含 5 行，每一行是一个数据库的名字（见图 10-16），而游标执行结果对应的元组共包含 5 个元素，每个元素也就对应了一个数据库的名字。因此，可以对游标中的执行结果进行格式化的输出，使其看起来更像一张表，程序 10-2 中的 display 函数实现了该功能。

程序 10-2

```python
import pymysql

def display(cs):
    table=cs.fetchall()
    print('-----', len(table), 'records-----')
    for row in table:
        s=''
        for cell in row:
            s=s+str(cell)+'\t'
        print(s)
    print('--------------------')

conn=pymysql.connect(host='localhost', port=3306,
                    user='root', passwd='111111',
                    charset='gbk')
```

```
cs=conn.cursor()
cs.execute('DROP DATABASE IF EXISTS nudt')
cs.execute('CREATE DATABASE nudt')
cs.execute('SHOW DATABASES')
display(cs)
cs.close()
conn.close()
```

函数 display 首先取出游标 cs 中的所有结果,并赋给变量 table,table 的类型是二维元组,而逻辑上看是一张表,然后再打印表的行数(即 len(table))和表的内容。在打印表的内容时,利用 for 循环依次处理每一行,对于某一行 row,依次取出该行单元格中的内容 cell,并追加到字符串 s 最后,单元格内容之间加上制表符'\t',然后打印该行。程序执行结果如图 10-18 所示。

```
----- 5 records-----
information_schema
mysql
nudt
performance_schema
sys
---------------------
```

图 10-18 程序 10-2 的运行结果

10.4 建 表

10.4.1 设计 enroll 表

在 MySQL 中创建数据库后,就可以在该数据库中存储数据了。这里的关键问题是,MySQL 如何对数据进行组织? 试思考,假如要存储班上所有学生的信息,包括每个学生的学号、姓名、性别、年龄等,可采用哪种结构? 一般来说,都会选用表格进行存储,如图 10-19 所示,表中每一行对应一位学生的信息,每一列是其中一种信息,这是最简单、最直观的组织方式。

在 MySQL 中,也是利用二维表对数据进行组织的,每个数据库下可包含多张表,每张表存储某一类信息,表中一行称为一条记录,表中一列称为一个属性,每个属性拥有一个属性名。如图 10-19 所示的表中,共包含 5 条记录、4 个属性。

在数据库技术中,还有一个重要概念——主码,主码是用来唯一标识表中一条记录的一个或多个属性,也就是说,给定主码取值,在表中最多能找到一条对应的记录。例如,对于图 10-19 中的学生表,"学号"属性可以作为它的主码,因为每个学生的学号都不相同,

学号	姓名	性别	年龄
21041	李佳	女	18
21042	李兰	女	17
21043	张睿	男	19
21044	柳安吉	男	16
21045	周赫巍	男	16

一条记录 → 21045 一个属性 ↑

图 10-19　学生表

所以给定一个学号,最多能在表中找出一条对应的记录,不可能找出两条或多条;而"性别"属性不能作为学生表的主码,因为给定某一性别,可能找到多条对应的记录;另外,如果存在姓名相同的情况,则"姓名"属性不能作为学生表的主码,若不存在同名情况则可以。

【小贴士】　一般来说,每个表均应该设置一个主码,以方便使用。若不存在可以作为主码的属性或属性集,则可以另外再添加一个属性(如"编号"属性)作为主码。

对于一个应用,设计几张表、每张表里面存储哪些信息,并不是随意设置的,而是有一套完整的理论(关系数据理论)进行指导。该理论的核心思想是"概念单一化",即每张表只应该对应一个概念,而不应该涉及多个概念,否则在使用时会存在数据冗余、更新异常等问题。

例如,在存储课程及授课老师的信息时,应该设计课程表和教师表(见图 10-20(a)),分别存储课程和老师的信息。而不应该将其存放在同一张表中(见图 10-20(b)),这会产生冗余的数据,浪费存储空间,如周竞文老师的信息存储了两次;还可能带来数据不一致的问题,如将课程教师表中第 3 条记录的"性别"属性改为"女",而忘记对第 2 条记录进行相同修改,则会出现同一老师存在两种不同性别的情况。

课程号	课程名	授课老师
C1	大学计算机基础	T1
C2	大学计算机基础	T2
C3	数据库原理与技术	T2

工号	姓名	性别
T1	周海芳	女
T2	周竞文	男

(a) 课程表和教师表

课程号	课程名	工号	姓名	性别
C1	大学计算机基础	T1	周海芳	女
C2	大学计算机基础	T2	周竞文	男
C3	数据库原理与技术	T2	周竞文	男

(b) 课程教师表

工号	姓名
T1	周海芳
T2	周竞文

工号	性别
T1	女
T2	男

(c) 教师姓名表和教师性别表

图 10-20　设计表示例

另外,除了一张表对应一个概念外,一个概念一般也应该存放在同一张表中,以提高使用时的效率,保证数据的相对完整。如图 10-20(c)将教师信息分别存储在两张表中,如果要添加或删除一个老师的信息,则需分别对两张表进行操作,如果要查询老师的完整信息,需对两张表进行连接(见 10.7 节),这些都会降低操作的效率;如果删除了教师姓名表中第 1 条记录,而未对教师性别表进行相应操作,则在数据库中会存在一位没有姓名的

第 10 章　数据库技术初探

老师。

再回到本实验,对于历年各省录取分数数据,对应的应该是同一个概念,所以只要设计一张表进行存储即可,而不应为每年设计一张表,更不应该为每个省份设计一张表。如图 10-21 所示,用来存储录取分数数据的 enroll 表共包含 9 个属性,每条记录表示的是某年某省份的录取分数信息,如第 1 条记录表示的是湖南省在 2015 年的录取分数数据。

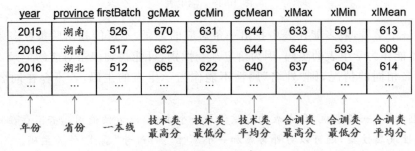

图 10-21　enroll 表

在 enroll 表中,存在年份相同的记录,也存在省份相同的记录,所以属性 year 或属性 province 都不能作为 enroll 表的主码。前面提到,enroll 表中每条记录表示的是某年某省份的相关数据,所以给定年份和省份,在表中最多能找到一条对应记录,因此,在 enroll 表中,属性 year 和 province 共同组成了主码。

【小贴士】　在 MySQL 中,表名和属性名也可以使用中文,但一般建议使用英文名。

10.4.2　创建 enroll 表

选定 nudt 数据库后,可在 nudt 下创建图 10-21 所示的 enroll 表,对应 SQL 语句如图 10-22 所示。

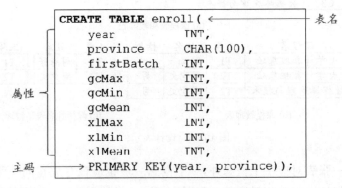

图 10-22　创建 enroll 表的 SQL 语句

建表语句以关键字 CREATE TABLE 开头,随后给出表名;然后对表中属性进行定义,指出每个属性的名字以及属性值的数据类型,其中,INT 表示整数类型、CHAR(100)

表示最大长度为 100 的字符串类型；最后还可以利用关键字 PRIMARY KEY 定义表的主码。

【小贴士】 若在 MySQL 命令行中未能成功执行上述建表语句，可根据提示信息检查问题所在，如提示 No database selected 时，则应先利用"USE nudt;"选择数据库，若报语法错误时，检查语句中的关键字是否正确、标点符号是否为英文符号、是否遗漏括号等标点符号等。

创建 enroll 表后，可以使用如下语句查看表的信息：

```
SHOW TABLES;
```

```
DESCRIBE 表名;
```

"SHOW TABLES;"语句是查看当前数据库下所有表的名字，"DESCRIBE 表名;"是查看某张表的结构信息，两条语句的执行结果如图 10-23 所示。

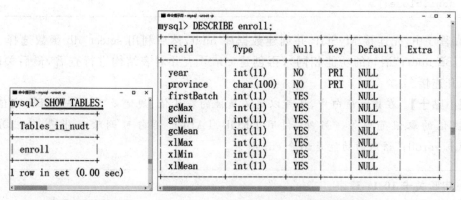

(a) 查看所有表的名字　　　　(b) 查看enroll表的结构信息

图 10-23　查看表信息

另外，也可以利用 Python 程序创建和查看 enroll 表，如程序 10-3 所示。

程序 10-3

```
import pymysql

#函数 display(cs)的定义,见程序 10-2

conn=pymysql.connect(host='localhost', port=3306,
                     user='root', passwd='111111',
                     charset='gbk')
cs=conn.cursor()
cs.execute('DROP DATABASE IF EXISTS nudt')
cs.execute('CREATE DATABASE nudt')
```

```
conn.select_db('nudt')
cs.execute('CREATE TABLE enroll( \
            year INT, \
            province CHAR(100), \
            firstBatch INT, \
            gcMax INT, \
            gcMin INT, \
            gcMean INT, \
            xlMax INT, \
            xlMin INT, \
            xlMean INT, \
            PRIMARY KEY(year, province))')
cs.execute('DESCRIBE enroll')
display(cs)
cs.close()
conn.close()
```

在程序中,先连接 MySQL 并创建数据库 nudt,然后利用 select_db 函数选择 nudt(与"USE nudt;"语句的功能相同),再创建 enroll 表并对表结构进行查看,最后关闭游标、断开连接。

【小贴士】 在建表语句中,还可以定义属性的默认值、规定是否允许属性为空值、设置属性值的取值范围等。另外,利用 DROP TABLE 语句可删除一张表,如"DROP TABLE enroll;"语句的功能是删除 enroll 表。

> **实验关卡 10-1**:建表。
> **实验目标**:给定表的结构,能在 MySQL 中进行创建。
> **实验内容**:利用 Python 程序在 nudt 数据库中创建图 10-20(a)中的课程表 Course 和教师表 Teacher,并显示这两个表的结构。

10.5 数据更新

10.5.1 数据更新语句

创建表之后,可以向表中添加数据,也可以根据需要对表中数据进行修改和删除,对表中数据进行的增、删、改操作统称为数据更新。

1. 添加数据

向表中添加数据是以记录为单位的,如下 SQL 语句的功能是添加一条记录:

```
INSERT INTO 表名(属性名 1，属性名 2，…，属性名 n)
VALUES (属性值 1，属性值 2，…，属性值 n);
```

其中,属性名与属性值是一一对应的,即在新添加的记录中,属性名 i 对应的值为属性值 i,另外,属性值的类型要与建表时定义的属性类型一致。例如,语句"INSERT INTO enroll(year, province, firstBatch, gcMax, gcMin, gcMean, xlMax, xlMin, xlMean) VALUES (2016,'湖南',517,662,635,644,646,593,609);"是向 enroll 表中添加一条记录,在该记录中,属性 year 的值为整数型的 2016、province 的值为字符串类型的'湖南'、firstBatch 为整数型的 517,等等。

属性名的顺序不一定要和表中顺序相同,可以根据需要进行调整,但要保证属性值与属性名之间的对应关系。例如,语句"INSERT INTO enroll(firstBatch,gcMax,gcMin,gcMean, xlMax, xlMin, xlMean,year,province)VALUES (517,662,635,644,646,593,609,2016,'湖南');"将属性 year 和 province 放到最后,但该语句的功能与上一段中的语句完全相同。

如果属性值的数量和顺序与表中完全相同,则 INSERT 语句中的属性名可以省略。例如,"INSERT INTO enroll VALUES (2016,'湖南',517,662,635,644,646,593,609);"语句将向 enroll 表中添加 2016 年湖南省的录取分数记录(见图 10-24)。

另外,有些时候,一些属性取值可能为空值,如 2016 年上海市未招收合训类学员,所以合训类最高分、最低分、平均分应取空值。在 MySQL 中,空值用 NULL 表示,例如,"INSERT INTO enroll VALUES (2016,'上海',360,489,475,480,NULL,NULL,NULL);"语句添加了 2016 年上海市的分数线记录(见图 10-24)。

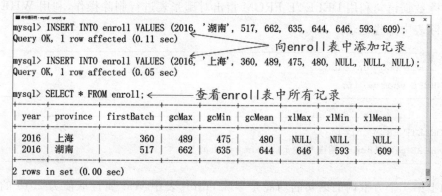

图 10-24　向表中添加记录和查看表中所有记录

向表中添加数据后,可以使用如下语句查看表中所有记录：

```
SELECT * FROM 表名;
```

如"SELECT * FROM enroll;"是查看 enroll 表中所有记录(见图 10-24)。

【小贴士】　在 MySQL 中,INSERT 语句也可以一次性地添加多条记录,如

"INSERT INTO enroll VALUES (2016,'湖南',517，662，635，644，646，593，609)，(2016，'上海',360，489，475，480，NULL，NULL，NULL);"语句一次添加了两条记录。

2. 修改数据

修改数据语句利用 UPDATE 指出修改哪个表,利用 SET 指出如何修改,利用 WHERE 指出要修改哪些记录。

```
UPDATE enroll
SET province='湖南省'
WHERE province='湖南';
```

```
UPDATE enroll
SET firstBatch=firstBatch+1
WHERE year=2016;
```

例如,如上第 1 个方框内的语句的功能是对 enroll 表中 province 属性取值为'湖南'的记录进行修改,修改内容是将 province 属性的值设置为'湖南省',即将'湖南'改为'湖南省'。如上第 2 个方框内的语句的功能对 enroll 表中 year 属性取值为 2016 的记录进行修改,修改的内容是将 firstBatch 属性的值加 1,也就是将 2016 年所有省份的一本线提高 1 分。

3. 删除数据

删除数据语句利用 DELETE FROM 指出对哪张表进行删除操作,利用 WHERE 指出要删除表中哪些记录。

```
DELETE FROM enroll
WHERE year=2016;
```

```
DELETE FROM enroll
WHERE province='湖南' OR province='上海';
```

如上第 1 个方框内的语句的功能是删除 enroll 表中 year 属性取值为 2016 的记录,即删除 2016 年的数据;如上第 2 个方框内的语句的功能是删除 province 属性取值为'湖南'或'上海'的记录,即删除这两个省份的信息。

10.5.2 导入分数线数据

程序 10-4 的功能是将分数线数据从 txt 文件(经程序 8-10 生成并经程序 8-11 处理后得到的 3 个 txt 文件)导入 MySQL 数据库的 enroll 表中。

程序10-4

```
import pymysql

#函数display(cs)的定义,见程序10-2

conn =pymysql.connect(host='localhost', port=3306,
                    user='root', passwd='111111',
                    charset='gbk')                    #连接 MySQL
cs =conn.cursor()                                     #创建游标
cs.execute('DROP DATABASE IF EXISTS nudt')            #删除数据库 nudt
cs.execute('CREATE DATABASE nudt')                    #创建数据库 nudt
conn.select_db('nudt')                                #选定数据库 nudt
cs.execute('CREATE TABLE enroll( \
            year INT, \
            province CHAR(100), \
            firstBatch INT, \
            gcMax INT, \
            gcMin INT, \
            gcMean INT, \
            xlMax INT, \
            xlMin INT, \
            xlMean INT, \
            PRIMARY KEY(year, province))')            #建表 nudt

for year in range(2014, 2017):
    f =open(str(year)+ '年数据.txt', 'r')              #打开某年文件
    while True:
        line =f.readline()                            #读取文件中一行
        if line=='':                                  #若读到最后一行
            break                                     #则该文件处理完毕
        flds =line.split()                            #对行进行拆分
        province =flds[0]                             #获取省份
        firstBatch =int(flds[1])                      #一本线
        #提取技术类和合训类录取的最高分/最低分/平均分
        gcMax=int(flds[2]) if flds[2]! ='/' else 'NULL'
        gcMin=int(flds[3]) if flds[3]! ='/' else 'NULL'
        gcMean =int(flds[4]) if flds[4]! ='/' else 'NULL'
        xlMax =int(flds[5]) if flds[5]! ='/' else 'NULL'
        xlMin=int(flds[6]) if flds[6]! ='/' else 'NULL'
        xlMean =int(flds[7]) if flds[7]! ='/' else 'NULL'
        #构建 INSERT 语句
        sql='INSERT INTO enroll VALUES \
```

```
                (%s, "%s", %s, %s, %s, %s, %s, %s, %s)' %\
                (year, province, firstBatch, gcMax, gcMin, gcMean, xlMax,
                xlMin, xlMean)
        cs.execute(sql)                                 #执行 INSERT 语句
    f.close()                                           #关闭文件
cs.execute('SELECT * FROM enroll')                      #查看表中所有记录
display(cs)                                             #显示查询结果

conn.commit()                                           #提交数据
cs.close()                                              #关闭游标
conn.close()                                            #断开连接
```

程序首先连接 MySQL,然后创建数据库 nudt 并在 nudt 下创建表 enroll,然后将数据从 txt 文件导入 enroll 表,再查询和显示 enroll 表中所有记录,最后关闭游标、断开连接。

txt 文件中每一行对应了 enroll 表中的一条记录,所以导入数据的过程就是利用 txt 中各行的信息构建相应 INSERT 语句并进行执行。例如,对于"2016 年数据.txt"中湖南省一行的数据"湖南 517 662 635 644 646 593 609",构建的 INSERT 语句为"INSERT INTO enroll VALUES(2016,'湖南',517,662,635,644,646,593,609)"。

所以对每一年的文件,程序利用 readline 函数依次读取文件中的每一行 line,再利用 split 函数将 line 拆分成若干部分并赋值给 flds,如 line 为"湖南 517 662 635 644 646 593 609"时,flds 为['湖南', '517', '662', '635', '644', '646', '593', '609'],所以列表 flds 中每个元素对应了 enroll 表中一个属性值,如 flds[0]对应了 province 属性的取值,flds[1]对应了 firstBatch 属性的取值。观察 txt 文件(见图 8-11),录取分数数据可能为"/"(如 2016 年上海市的合训类最高分/最低分/平均分),而利用 int 函数对"/"进行类型转换时会报错,所以程序采用 if-else 结构对其进行特殊处理,如语句 gcMax=int(flds[2]) if flds[2]!='/' else 'NULL'表示的意思是如果 flds[2]的值不为'/',则将 flds[2]转换为整数并赋给变量 gcMax,否则将'NULL'赋给 gcMax。这样,就从 line 中提取出了当前记录的各属性值,分别存放在变量 year、province、firstBatch、gcMax、gcMin、gcMean、xlMax、xlMin、xlMean 中,利用这些变量就可以构建对应的 INSERT 语句 sql。构建时可采用字符串相加的方式,即 sql= 'INSERT INTO enroll VALUES(' + str(year) + ', "' + province + '",' + '…+')',但这种方式比较麻烦,此处介绍一种更为简便的方法,即利用%对字符串进行格式化。

在这种方式中,%之前是包含若干占位符的字符串,%之后给出与占位符相对应的值,其功能就是按格式要求将字符串中的占位符替换成对应的值。占位符以%开头,有很多不同类型,如%s 是字符串类型的占位符,%d 是整型占位符,%f 是浮点型占位符,等等,在对占位符进行替换时,值会首先被转换成对应的类型。

例如,在程序 10-5 第 1 行语句中,%之前的字符串为'你好,%s!',其中包含一个字符串类型的占位符%s,%之后给出该占位符对应的值'Python',而其格式化的过程就是用

'Python'替换%s,故 S1 的值为'你好,Python！'。在程序第 3 行中,%之前的字符串为'%d×%d=%d',包含 3 个整型占位符%d,%之后给出了与之对应的 3 个值 2、3、6,其格式化过程就是用 2、3、6 替换 3 个%d,故 S2 的值为'2×3=6'。在程序的第 5 行中,3 个占位符为浮点型,而值为整型,在进行替换时,值会首先被转换成浮点型,然后再进行替换,所以 S3 的值为'2.000000×3.000000=6.000000'。

程序 10-5

```
S1='你好,%s！' % ('Python')
print(S1)

S2='%d×%d=%d' % (2, 3, 6)
print(S2)

S3='%f×%f=%f' % (2, 3, 6)
print(S3)
```

程序 10-6

```
pi=3.141592653589793
S1='圆周率约为%.2f。' % (pi)
print(S1)

S2='%9s:%-9s'% ('Name','Zhou')
S3='%9s:%-9s'% ('Sex','M')
print(S2)
print(S3)
```

另外,还可以进行一些格式化方面的设置,如程序 10-6 第 2 行语句中,占位符为%.2f,其含义为保留两位小数的浮点型占位符,故 S1 的值为'圆周率约为 3.14。'。程序第 4、5 行语句中的占位符%9s 表示宽度为 9 个字符、右对齐的字符串占位符,%-9s 表示宽度为 9 个字符、左对齐的字符串占位符,故 S2 和 S3 打印后的结果如图 10-25 所示。

图 10-25　程序 10-6 中 S2 和 S3 的打印结果

程序 10-4 中构建 INSERT 语句的过程也是类似的,如图 10-26 所示,%前的字符串是一条 INSERT 语句的框架,共包含 9 个字符串占位符,分别表示 enroll 表中一条记录的 9 个属性值,%后面的 9 个变量存放了 9 个属性值,替换 9 个占位符之后就形成了一条完整的 INSERT 语句,可以将 txt 文件中某行的数据添加到 enroll 表。

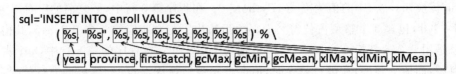

图 10-26　程序 10-4 中利用 % 构建 INSERT 语句的过程

另外,需注意的是,对表中数据进行增、删、改这些更新操作之后,需要用 commit 函数提交(MySQL 命令行中使用"COMMIT;"),将更新结果写入数据库。例如,若将程序 10-4 倒数第 3 行语句删除,则该程序运行结束后,在 MySQL 命令行中使用"SELECT * FROM enroll;"进行查询时,会发现 enroll 表中没有任何数据,这就是因为更新操作后未进行提交,更新结果并未真正写入数据库。

至此,已将 3 个 txt 文件中的数据导入到 MySQL 中,3 个 txt 文件共包含 90 行数据,所以程序运行结束后,enroll 表中也会存在 90 条记录。

> **实验关卡 10-2**:数据更新。
> **实验目标**:能对表中数据进行添加等更新操作。
> **实验内容**:编写程序,在实验关卡 10-1 创建的 Course 表和 Teacher 表中添加图 10-20(a)中的记录(并添加更多记录),并显示两个表中的数据。

10.6　单　表　查　询

10.5.2 节已将数据导入到 enroll 表,就可以根据需要从表中查询关心的数据了,如查询"湖南省历年技术类录取的平均分""2016 年各省合训类录取的最高分"等。

数据查询是 SQL 中最核心、最常用的操作,也是增、删、改等其他操作的基础。SQL 提供了十分强大、十分灵活的查询功能,能够支持用户进行各种查询。在 SQL 查询中,投影、选择、连接是 3 种最基本的查询操作,本节先介绍投影和选择,10.7 节再介绍连接。

10.6.1　投影操作

投影是指从表中挑选出某些属性列,其一般格式如下(每一行称为一条子句):

```
SELECT 属性 1,属性 2,…,属性 n
FROM 表名;
```

其表示的含义是从表中挑选属性 1～属性 n。例如,如下语句是从 enroll 表中挑选出 year、province、firstBatch 三列的数据,即查询历年各省的一本线分数。

```
SELECT year, province, firstBatch
FROM enroll;
```

若要查询的是表中所有属性列,可以依次列出所有属性的名字,也可以将所有属性简写成 *,如查询 enroll 表中所有列的信息,可以使用语句"SELECT year, province, firstBatch, gcMax, gcMin, gcMean, xlMax, xlMin, xlMean FROM enroll;",也可将其简写为"SELECT * FROM enroll;"。

对于查询出的结果,可使用 ORDER BY 子句进行排序,还可使用 LIMIT 子句挑选前 n 行。例如,如下第 1 个方框内的查询语句是查询历年各省的一本线分数,并按一本线分数升序(ASC)排列的方式显示查询结果;如下第 2 个方框内的查询语句查询出的也是历年各省的一本线分数,但查询结果是按一本线分数降序(DESC)排列的,且只显示前 3 条记录(LIMIT 3),即显示的是一本线分数最高的三条查询记录。

```
SELECT year, province, firstBatch
FROM enroll
ORDER BY firstBatch ASC;
```

```
SELECT year, province, firstBatch
FROM enroll
ORDER BY firstBatch DESC
LIMIT 3;
```

有些时候,查询结果中可能包含重复的行,如想查询国防科技大学都在哪些省份招生,可使用语句"SELECT province FROM enroll;",该语句会从 enroll 表中挑选出 province 列,但因为 enroll 表中存储了多年的信息,所以一个省份的名字会在 province 列出现多次,所以查询结果中会有很多重复的行,如"湖南"出现 3 次。此时可使用关键字 DISTINCT 去除查询结果中重复的行。例如,如下语句查询的是国防科技大学招生的省份,每个省份只会出现一次。

```
SELECT DISTINCT province
FROM enroll;
```

在 SELECT 子句中还可以对属性进行四则运算,例如,如下语句查询的是历年各省技术类平均分超过一本线多少分,即技术类平均分 gcMean 减去一本线分数 firstBatch。

```
SELECT year, province, gcMean-firstBatch
FROM enroll;
```

对于查询结果,每一列也有一个名字,查询结果中每列的名字就是 SELECT 子句中给出的名字,如图 10-27(a)所示,上述查询语句结果共 3 列,名字分别为 year、province、gcMean-firstBatch,其中第 3 列名字较长且不易理解,此时可采用取别名的方式,为查询结果设置其他列名,设置别名后,可以像使用属性名一样使用别名。例如,如下语句为查询结果第 3 列设置别名 exceed,并在 ORDER BY 子句中利用该别名进行排序,如

图 10-27(b)所示。

```
SELECT year, province, gcMean- firstBatch exceed
FROM enroll
ORDER BY exceed DESC;
```

(a) 未设置别名　　　　　　　　(b) 设置别名为exceed

图 10-27　设置别名

另外,在 SELECT 子句中,还可以使用一些函数对查询结果进行统计,例如,如下第 1 个方框内的语句利用 AVG 函数计算一本线的平均值,如下第 2 个方框内的语句利用 COUNT 函数进行计数,COUNT(province) 和 COUNT(DISTINCT province) 都是统计总共有多少个省份,但前者考虑重复的省份(结果为 90),而后者会去除重复的省份(结果为 30)。另外,常用的统计函数还有 SUM(求和)、MIN(求最小值)、MAX(求最大值)等。

```
SELECT AVG(firstBatch)
FROM enroll;
```

```
SELECT COUNT(province),
       COUNT(DISTINCT province)
FROM enroll;
```

10.6.2　选择操作

除了挑选表中列之外,很多时候还需要对行进行挑选,这就是选择操作。选择操作通过 WHERE 子句定义,WEHRE 子句中给出条件表达式,只有满足条件表达式的行才会出现在查询结果中。

例如,如下第 1 个方框内的语句是从 enroll 表中选择 province 属性取值等于'湖南'的行,然后再对这些行进行投影,挑选出属性 year 和 gcMean 对应的列,即查询湖南省历年技术类录取的平均分。如下第 2 个方框内的语句从 enroll 表中挑选出 year 属性取值等于 2016 的行,然后从这些行中投影出属性 province 和 xlMax 对应的列,即查询 2016 年各省合训类录取的最高分。

```
SELECT year, gcMean
FROM enroll
WHERE province='湖南';
```

```
SELECT province, xlMax
FROM enroll
WHERE year=2016;
```

在 WHERE 子句中,除了使用"="判断属性值是否等于某值外,还可以使用>(大于)、<(小于)、>=(大于等于)、<=(小于等于)、!=(不等于)等运算符。例如,如下语句查询的是一本线分数超过 600 的年份和省份,只显示排名前三的记录。

```
SELECT year, province, firstBatch
FROM enroll
WHERE firstBatch>600
ORDER BY firstBatch DESC
LIMIT 3;
```

需注意的是,空值 NULL 是一个特殊的值,如要判断某属性值是否为空值,不能用"="或"!=",而应该使用 IS 和 IS NOT。例如,如下两条语句分别查询的是合训类平均分为空值和不为空值的年份和省份。

```
SELECT year, province
FROM enroll
WHERE xlMean IS NULL;
```

```
SELECT year, province
FROM enroll
WHERE xlMean IS NOT NULL;
```

在 WHERE 子句中,还可以使用 BETWEEN AND 定义属性的取值区间,例如,如下语句的查询条件是 firstBatch 属性取值属于闭区间[550,600],即查询一本线分数为 550~600 的年份和省份。

```
SELECT year, province, firstBatch
FROM enroll
WHERE firstBatch BETWEEN 550 AND 600;
```

还可以使用关键字 IN 列出属性的取值范围,例如,如下语句的查询条件是 province 属性取值是集合{'湖南','湖北','广东','广西'}中的元素,即查询这 4 个省份历年的一本线分数。

```
SELECT year, province, firstBatch
FROM enroll
WHERE province IN ('湖南','湖北','广东','广西');
```

还可以使用关键字 LIKE 进行字符串匹配,此处可使用通配符,其中下画线"_"表示匹配 1 个任意字符(与正则表达式中的点号"."类似,见 8.1.5 节),百分号%表示匹配 0 到多个任意字符(与正则表达式中的".*"作用类似,见 8.1.5 节),例如,如下第 1 个方框内的语句是看哪些招生省份的名字为两个字,且第 1 个字为'湖',查询结果为湖南和湖北。如下第 2 个方框内的语句是看哪些招生省份的名字包含'江',查询结果为江苏、江西、浙江、黑龙江。

```
SELECT DISTINCT province
FROM enroll
WHERE province LIKE '湖_';
```

```
SELECT DISTINCT province
FROM enroll
WHERE province LIKE '%江%';
```

另外,在 WHERE 子句中,还可以利用 AND(而且)、OR(或者)、NOT(非)组成更复杂的条件表达式。例如,如下第 1 个方框内的语句选择出的行要满足的条件是 year 属性取值等于 2016,而且 province 属性取值等于'湖南',只有同时满足这两个条件的行才会被选择,所以该语句查询的是 2016 年湖南省一本线分数。如下第 2 个方框内的语句的查询条件是 year 属性取值为 2015,或者 year 属性取值为 2016,满足其中一个条件的行就会被选择,所以该语句查询出的是 2015 年和 2016 年两年中一本线最高为多少分。

```
SELECT firstBatch
FROM enroll
WHERE year=2016 AND
      province='湖南';
```

```
SELECT MAX(firstBatch)
FROM enroll
WHERE year=2015 OR
      year=2016;
```

10.6.3 查询和显示 enroll 表中数据

有了上述知识,就可以从 enroll 表中查询关心的数据,并利用 Python 对查询结果进行格式化输出。例如,程序 10-7 的功能是先后查询并打印"湖南省历年技术类录取的平均分"和"2016 年各省合训类录取的最高分"。

程序 10-7

```
import pymysql

#函数 display(cs)的定义,见程序 10-2

conn=pymysql.connect(host='localhost', port=3306,
                     user='root', passwd='111111',
                     charset='gbk')           #连接 MySQL
cs=conn.cursor()                              #创建游标
conn.select_db('nudt')                        #选择数据库

#查询和打印"湖南省历年技术类录取的平均分"
cs.execute('SELECT year, gcMean \
            FROM enroll \
            WHERE province="湖南";')
display(cs)

#查询和打印"2016年各省合训类录取的最高分"
cs.execute('SELECT province, xlMax \
            FROM enroll \
            WHERE year=2016;')
display(cs)

cs.close()                                    #关闭游标
conn.close()                                  #断开连接
```

可以看到,在对 enroll 表进行查询(包括其他操作)时,用户只需用 SQL 语句描述查询需求,而不用关心数据存储的物理细节,如某属性是表中第几个属性等,也不用关心查询的过程,如如何挑选行和列、如何进行排序等,这可以减轻程序员的负担,使程序简洁易懂,特别是对于一些较复杂的查询,这种优势更加明显。

例如,现想获取 2016 年各省合训类录取的平均分,并按平均分降序排列结果,若要从第 8 章 txt 文件中获取该数据,程序需依次对"2016 年数据.txt"中各行数据进行拆分和字段提取,才能获取相关数据,此过程中还涉及"\"等特殊符号的处理,获取数据后还需编写代码对数据进行排序,程序员需要关注整个过程中的各个细节。将数据存储在数据库中,程序员只需用如下语句指出想查询的数据是什么即可,而无须关注查询的细节。

```
SELECT province, xlMean
FROM enroll
WHERE year=2016 AND
      xlMean IS NOT NULL
ORDER BY xlMean DESC;
```

程序 10-8 给出了上述查询的 Python 实现,并对结果进行了图形化显示,程序运行结果如图 10-28 所示。

程序 10-8

```
import pymysql
import matplotlib.pyplot as plt
from pylab import mpl

conn =pymysql.connect(host='localhost', port=3306,
                  user='root', passwd='111111',
                  charset='gbk')                    #连接 MySQL
cs =conn.cursor()                                   #创建游标
conn.select_db('nudt')                              #选择数据库

#查询
cs.execute('SELECT province, xlMean \
         FROM enroll \
         WHERE year=2016 AND \
            xlMean IS NOT NULL\
         ORDER BY xlMean DESC')
records =cs.fetchall()
prov, grades =zip(* records)                        #解压(见 8.1.6 节)

#绘制柱状图(见 8.1.6 节)
mpl.rcParams['font.sans-serif']=['SimHei']          #解决中文显示问题
plt.xticks(fontsize=10, rotation=90)                #设置 x 轴坐标值格式
plt.yticks(fontsize=16)                             #设置 y 轴坐标值格式
plt.bar(range(len(grades)), grades,
      color='rgy', tick_label=prov)                 #绘制柱状图
plt.show()                                          #显示图形

cs.close()                                          #关闭游标
conn.close()                                        #断开连接
```

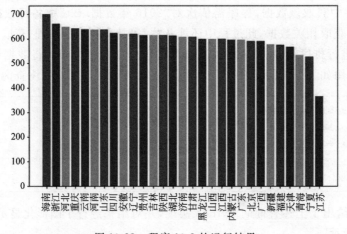

图 10-28　程序 10-8 的运行结果

实验关卡 10-3：单表查询。

实验目标：能对一个表中的数据进行查询。

实验内容：在实验关卡 10-2 添加的数据的基础上编写程序，分别查询男老师和女老师的数量，并以柱状图的形式进行显示，如图 10-29 所示。

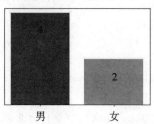

图 10-29　查询并显示男/女老师数量

10.7　连接查询

上面已经将分数线数据存储在 MySQL 中，假如现在还想进一步存储其他信息，如相关年份全国考生总人数（单位：万），各省份的简称和省会等。如果在 enroll 表中添加属性存储这些信息，则会出现 10.4.1 节中提到的问题，如相关省份在 enroll 表中出现了 3 次，则这些省份的简称和省会也会被重复存储 3 次，造成数据冗余，进行更新操作时还可能带来数据不一致等问题。因此，根据"概念单一化"的思想，更合理的方法是另外创建表 yearInfo 和 provInfo，分别存储相关年份和省份的数据。所以，现在数据库 nudt 中存在如图 10-30 所示的三张表。

图 10-30　数据库 nudt 中的三张表

【小贴士】yearInfo 和 provInfo 的创建和数据插入语句如下：

```
CREATE TABLE yearInfo(
    year        INT,
    stuNum      INT,
```

```
    PRIMARY KEY(year));

CREATE TABLE provInfo(
    province    CHAR(100),
    abbr        CHAR(100),
    capital     CHAR(100),
    PRIMARY KEY(province));

INSERT INTO yearInfo VALUES(2014,939),(2015,942),(2016,940);

INSERT INTO provInfo VALUES('北京','京','北京'),('天津','津','天津'),
('河北','冀','石家庄'),('山西','晋','太原'),('内蒙古','蒙','呼和浩特'),
('辽宁','辽','沈阳'),('吉林','吉','长春'),('黑龙江','黑','哈尔滨'),('上
海','沪','上海'),('江苏','苏','南京'),('浙江','浙','杭州'),('安徽',
'皖','合肥'),('福建','闽','福州'),('江西','赣','南昌'),('山东','鲁','济
南'),('河南','豫','郑州'),('湖北','鄂','武汉'),('湖南','湘','长沙'),('
广东','粤','广州'),('广西','桂','南宁'),('海南','琼','海口'),('重庆','
渝','重庆'),('四川','川','成都'),('贵州','贵','贵阳'),('云南','云','昆
明'),('西藏','藏','拉萨'),('陕西','陕','西安'),('甘肃','甘','兰州'),
('青海','青','西宁'),('宁夏','宁','银川'),('新疆','新','乌鲁木齐'),('香
港','港','香港'),('澳门','澳','澳门'),('台湾','台','台北');

COMMIT;
```

以上方案可以有效解决数据冗余等问题,但现在数据分布在不同表中,如果一个查询涉及多张表中的数据应如何进行,如查询各省的简称和2016年的一本线分数,此时就要用到连接查询了。

先尝试如下语句:

```
SELECT *
FROM provInfo, enroll;
```

如图10-31所示,查询结果每一行由两部分组成:provInfo 表中的某条记录和 enroll 表中的某条记录,这实际上就是连接,即把多个表中的记录拼接为一条记录。哪些记录会进行连接呢?观察发现,如上语句会将 provInfo 表中每条记录和 enroll 表中每条记录都进行一次拼接,因为 provInfo 表包含 34 条记录,enroll 表包含 90 条记录,所以该语句的执行结果共包含 34×90=3060 条记录。

如图10-31所示,在这3060条查询记录中,并不是每条记录都是有意义的,如第 2 条记录存储的是湖南省的省份信息和湖北省的分数线数据,将两个不同省份的信息放在一起并没有实际意义,哪些记录才有意义呢?应该是存储了同一省份信息的记录,即两个

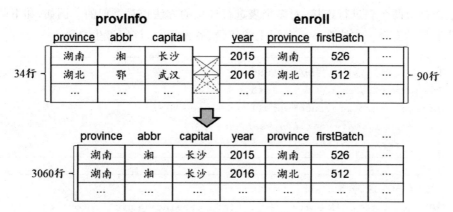

图 10-31 连接操作示例

province 属性值相等的行,如第 1 条记录。所以,可以利用选择操作,从 3060 条查询记录中进一步筛选出有意义记录,如下所示。因为此处出现了两个 province 属性,为了加以区别,在前面加上表的名字。

```
SELECT *
FROM provInfo, enroll
WHERE provInfo.province=enroll.province;
```

如上语句的查询结果共包含 90 条记录,每条记录表示的是某年某省份的分数线数据和省份信息,在此基础上还可以进一步处理,例如,如下语句查询出的是各省的简称和 2016 年的一本线分数,并按一本线分数升序显示结果。

```
SELECT abbr, firstBatch
FROM provInfo, enroll
WHERE provInfo.province=enroll.province AND
      year=2016
ORDER BY firstBatch ASC;
```

另外,也可以使用 JOIN 进行连接,例如,如下语句查询出的也是各省的简称和 2016 年的一本线分数,该语句在 FROM 子句中用 JOIN 对 provInfo 表和 enroll 表进行连接,ON 后面给出了连接条件 provInfo.province=enroll.province,表示满足该条件的记录才会进行连接,其效果与上一条语句相同。

```
SELECT abbr, firstBatch
FROM provInfo JOIN enroll ON
     provInfo.province=enroll.province
WHERE year=2016
ORDER BY firstBatch ASC;
```

上面是对两个表进行连接,对多个表进行连接的方法也是类似的。例如,如下两条语句的功能都是查询一本线在 600 分以上的年份、省份简称、该年考生总数。

```
SELECT enroll.year, abbr, stuNum
FROM provInfo, enroll, yearInfo
WHERE provInfo.province=enroll.province AND
      enroll.year=yearInfo.year AND
      firstBatch>600;
```

```
SELECT enroll.year, abbr, stuNum
FROM (provInfo JOIN enroll ON provInfo.province=enroll.province)
     JOIN yearInfo ON enroll.year=yearInfo.year
WHERE firstBatch>600;
```

【小贴士】 除了本章介绍的查询外,SQL 还支持分组查询、集合查询、嵌套查询等,利用这些功能,可以实现更加高级、更加灵活的查询。

实验关卡 10-4:多表查询。

实验目标:能对多个表中的数据进行连接查询。

实验内容:在实验关卡 10-2 添加的数据的基础上编写程序,查询各老师所上课程的数量,并以柱状图的形式进行显示,如图 10-32 所示(假设不存在姓名相同的情况)。

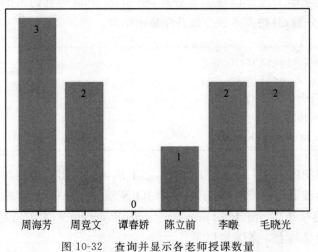

图 10-32 查询并显示各老师授课数量

提示:可先查询所有老师的姓名,然后再利用老师姓名分别查询对应的课程数量。另外,有一种更简单的方法,即使用分组查询功能(GROUP BY),关于分组查询,请自行查阅相关资料。

10.8 值得一看的小结

在本章问题描述中提到,利用文件系统管理数据存在很多问题,而 DBMS 能有效解决这些问题,通过本章实验,读者应该对 DBMS 带来的好处有所了解。例如,使用 MySQL 对数据进行管理,当程序员对其中数据进行增、删、改、查等操作时,只需用 SQL 语句给出要进行什么操作,而不用关心操作是如何进行的,也不用了解数据是如何存储的,从而可以减轻程序员的负担。

除此之外,DBMS 还提供了视图等机制,可以保证数据结构发生变化时,不用对程序进行修改;提供了权限管理等机制,可以保证数据的安全性;提供了完整性机制,保证数据库中的数据能够正确地反映客观世界;提供了并发控制、数据库恢复等机制,可以保证数据不会出现错误和丢失;等等。

正是因为 DBMS 的存在,这些本要写到程序中的功能可以交由 DBMS 完成,从而带来了极大的便利。也正是因为 DBMS 的这些优点,使得 DBMS 成为目前管理数据的最有效方法,没有之一。

10.9 综合实验

【实验目标】

进一步熟悉 MySQL 的相关操作,了解管理信息系统的实现。

【实验内容】

设计和实现一个简单的管理信息系统,管理的数据是实验关卡 10-2 添加的数据,系统至少包括如下功能。

(1) 添加课程/老师记录。
(2) 删除课程/老师记录。
(3) 修改课程名/老师姓名。
(4) 根据老师姓名查询该老师所上课程的名字。
(5) 根据课程名查询相关授课老师的姓名和性别。

运行效果如图 10-33 所示(方框表示用户输入)。

另外,可以采用图形用户界面编程技术,使界面更加美观。

```
请选择（1-添加，2-删除，3-修改，4-查询，0-退出） 1
             请选择（1-添加课程信息，2-添加老师信息，0-返回） 1
-------------------- 添加课程 --------------------
请输入课程号： C11
请输入课程名： 数据库课程实践
请输入授课老师工号： T2
添加成功！
-----------------------------------------------------

请选择（1-添加，2-删除，3-修改，4-查询，0-退出） 3
             请选择（1-修改课程名，2-修改老师姓名，0-返回） 1
-------------------- 修改课程 --------------------
请输入要修改的课程名： 数据库课程实践
请输入新的课程名： 数据库课程设计
修改成功！
-----------------------------------------------------

请选择（1-添加，2-删除，3-修改，4-查询，0-退出） 4
             请选择（1-查询讲授课程，2-查询授课老师，0-返回） 1
-------------------- 查询课程 --------------------
请输入老师姓名： 周竟文
数据库课程设计
大学计算机基础
数据库原理与技术
**共 3 条记录**
-----------------------------------------------------

请选择（1-添加，2-删除，3-修改，4-查询，0-退出） 0
再见！
```

图 10-33 管理信息系统示例

10.10 辅助阅读资料

[1] MySQL 官方网站．https://www.mysql.com/．

[2] MySQL 官方安装文档．https://dev.mysql.com/doc/refman/5.7/en/installing.html/．

[3] PyMySQL 官方网站．https://pypi.org/project/PyMySQL/．

[4] 王珊，萨师煊．数据库系统概论[M]．5 版．北京：高等教育出版社．2014．

第 11 章　Python 拓展

【给学生的目标】

本章通过若干实验了解 Python 在符号计算、文档处理、网络编程、自然语言处理等方面的应用,借此熟悉第三方库的查找、安装和学习方法,从而进一步加强利用 Python 解决实际问题的意识与能力。

【给老师的建议】

本章为拓展内容,可安排学生自学,也可结合学生专业特点有选择性地进行讲解,或作为课程大作业、课外作业等方式布置给学生。

11.1　写在前面的话

在第 2 章开始时提到,Python 具有简单易用、功能强大等特点,可以帮助人们解决许多实际问题,前面的实验也验证了 Python 的这些特点,如利用 Python 可以方便地绘制函数曲线、处理音频和图像、查看系统信息、抓取和分析网页、管理数据等。前面介绍的这些应用其实还只是 Python 能力的一个很小部分,Python 可以做的事远远不止这些,它在计算机、数学、物理、化学、生物、军事等诸多领域都有非常广泛的应用,在几乎所有的学科中都可以看到它的身影。因此,在工作、学习、生活中碰到的很多问题,其实都可以利用 Python 进行解决。

第 2 章还提到 Python 的另外一个显著特点,即具有非常丰富的第三方库/模块,涉及众多领域,这也是 Python 从众多编程语言中脱颖而出的一个主要原因。使用者通过调用这些第三方库/模块中的功能,就可以利用少数几行语句实现强大的功能,如绘制图形、处理音频、抓取网页、收发邮件等。因此,在利用 Python 解决实际问题时,首先要做的并不是开始编写程序,而应该先上网找找有没有相关的第三方库/模块,如果能找到合适的库/模块(很多时候都能找到),则能达到事半功倍的效果。

本章从几个实际例子出发,简单介绍 Python 在符号计算、文档处理、网络编程、自然语言处理等方面的应用,希望通过这些示例进一步培养利用 Python 解决实际问题的意识与能力。本章实验内容如下。

(1) 通过计算两条函数曲线所围面积的解析解,了解如何利用 Python 进行符号计算。

(2) 通过 Word 文档排版实验,了解 Python 在文档处理方面的应用。

(3) 通过实现一个简单的加密即时通信工具,了解 Python 的网络编程功能。

(4) 通过评价帖子好评度的实验,了解 Python 在自然语言处理方面的应用。

在进行学习时,读者可以先根据问题描述,试着自己上网查找相关的第三方库/模块并了解它们的使用方法,看是否能够自行解决这些问题。通过这种方式,能够较好地达到本章的目的。

11.2 计算两条函数曲线所围面积的解析解

11.2.1 问题描述

计算两条函数曲线所围面积是数学、物理中经常碰到的问题。假设现有如下两个函数:

$$f(x) = 4x^2 - 4x$$
$$g(x) = x^2 + 5$$

它们在坐标系中的函数曲线如图 11-1 所示。

现要计算这两条曲线围成的面积,也就是图 11-1 中阴影部分的面积 S。若要使用 Python 进行求解,可以采用与综合实验 2-2 类似的方法,即把区间$[x_1, x_2]$细分为 n 个子区间,每个子区间的面积近似看作梯形,所有子区间梯形面积之和就是所要求的面积。但是,采用这种细分法计算出的是近似的数值解(如 12.2695),而很多时候需要的是精确的解析解(如 $76\sqrt{19}/27$)。那么 Python 是否能够计算出这种精确的解析解呢? 在回答这个问题之前,先分析一下公式推导的过程。

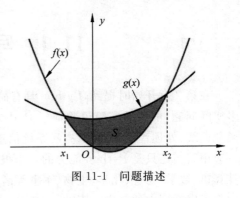

图 11-1 问题描述

(1) 利用 $f(x)=g(x)$ 计算曲线两交点的横坐标,得 $x_1=(2+\sqrt{19})/3, x_2=(2-\sqrt{19})/3$。

(2) 利用积分求阴影部分面积 S,即 $S=\int_{x_1}^{x_2}(g(x)-f(x))\mathrm{d}x$,计算结果为

$$\left(-\left(\frac{2+\sqrt{19}}{3}\right)^3 + 2\left(\frac{2+\sqrt{19}}{3}\right)^2 + 5\left(\frac{2+\sqrt{19}}{3}\right)\right) -$$
$$\left(-\left(\frac{2-\sqrt{19}}{3}\right)^3 + 2\left(\frac{2-\sqrt{19}}{3}\right)^2 + 5\left(\frac{2-\sqrt{19}}{3}\right)\right)$$

(3) 对 S 进行化简,得 $S=76\sqrt{19}/27$。

通过"高等数学"等课程的学习,该问题求解的原理并不复杂,但过程烦琐,计算量较大,当$f(x)$、$g(x)$为更复杂的函数时,手工计算将十分麻烦。其实,利用 Python 也可以实现这个计算过程,这就是符号计算。

前面提到的细分法是一种数值计算方法,数值计算的计算对象是数值,计算的结果也是数值;而符号计算能够在符号层面执行抽象的运算,得到的结果是符号表达式。例如,在数值计算中,计算 3 * x－x 的方法是将 x 的值(假设为 1)代入表达式进行计算,得到的结果是数值 2;而在符号计算中,x 是符号,对其进行计算(如化简运算)的结果不再是一个数值,而是符号表达式 2 * x。

下面就来看一下如何利用符号计算求解面积 S 的解析解。

11.2.2 了解相关库

在 Python 中,一般利用 sympy 库进行符号计算,它支持表达式化简、微积分、方程求解、极限、级数、微分方程等多种计算。在 Anaconda 环境中已包含 sympy 库,可以直接使用,而基本的 Python 环境中不包含 sympy 库,可使用 pip install sympy 命令安装。

在使用 sympy 时,一般先定义符号,然后基于符号定义符号表达式,再对符号表达式进行各种计算,得到符号化的结果。例如,在程序 11-1 中,首先利用 symbols 函数定义了符号'x',并将其赋给变量 x;然后基于符号变量 x 定义了符号表达式 y,其中的 exp、sqrt、sin 是 sympy 库中的函数,分别表示自然指数、平方根、正弦(与 math 库类似),所以符号表达式 y 表示的是 $\sqrt{x}e^x\sin(x)$;有了符号表达式 y 之后,就可以对 y 进行各种符号计算,例如,subs(x, a)的功能是用 a 替换表达式中的 x,如 y.subs(x, pi/2)是计算 $\sqrt{x}\ e^x\sin(x)$ 在 x=π/2 时的结果,并将计算结果赋给 y;最后打印 y,显示出来的是 sqrt(2) * sqrt(pi) * exp(pi/2)/2,即 $\sqrt{2}\sqrt{\pi}\ e^{\pi/2}/2$。

程序 11-1

```
from sympy import *
x=symbols('x')
y=sqrt(x)*exp(x)*sin(x)
y=y.subs(x,pi/2)
print(y)
```

程序 11-2

```
from math import *
x=pi/2
y=sqrt(x)*exp(x)*sin(x)
print(y)
```

程序 11-1 也能比较好地说明符号计算和数值计算的区别,将 π/2 代入表达式

$\sqrt{x}e^x\sin(x)$,数值计算得到的是数字 6.029…(程序 11-2),而符号计算得到的是表达式 $\sqrt{2}\sqrt{\pi}e^{\pi/2}/2$。

程序 11-1 打印的结果是 sqrt(2) * sqrt(pi) * exp(pi/2)/2(见图 11-2(a)所示),虽然它表示的就是 $\sqrt{2}\sqrt{\pi}e^{\pi/2}/2$,但这种显示方式不太直观。因此,sympy 库提供了 pretty 函数,可以对符号表达式进行格式化,使表达式在显示时更符合使用习惯。程序 11-3 给出了示例,最后 2 条语句在打印之前先利用 pretty 函数对符号表达式 y 进行格式化,打印结果分别如图 11-2(b)和 11-2(c)所示。其中,use_unicode=False 表示格式化时只使用 ASCII 中的字符(如 π 表示为 pi),而 use_unicode=True 表示使用的是 Unicode 字符(如 π 表示为 π),该选项可缺省,缺省时函数会根据情况自动选择是否使用 Unicode 字符。

程序 11-3

```
from sympy import *
x=symbols('x')
y=sqrt(x) * exp(x) * sin(x)
y=y.subs(x, pi/2)
print(y)
print(pretty(y, use_unicode=False))
print(pretty(y, use_unicode=True))
```

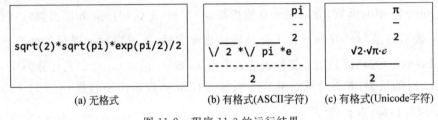

(a) 无格式　　(b) 有格式(ASCII字符)　　(c) 有格式(Unicode字符)

图 11-2　程序 11-3 的运行结果

另外,在 Anaconda 的 IPython 等环境中,还可以进行更加美观的显示,如图 11-3 所示。

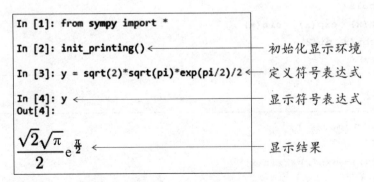

图 11-3　在 IPython 中显示符号表达式

11.2.3　程序实现

有了 sympy 库,就可以计算图 11-1 中的面积 S,下面介绍具体的求解过程。

1. 求交点横坐标 x_1、x_2

要计算面积 S,首先需知道 x_1 和 x_2,而它们实际就是方程 $f(x)-g(x)=0$ 的两个根,对该方程进行求解就可得到 x_1 和 x_2。在 sympy 库中,可利用 solve 函数求解方程,如程序 11-4 的功能是计算 $x^2-1=0$ 的解,计算结果是列表 L,L 为 $[-1,1]$。

程序 11-4

```
from sympy import *
x=symbols('x')
y=x**2-1
L=solve(y)
print(L)
```

程序 11-5 给出了求解 $f(x)-g(x)=0$ 的过程。该程序首先定义符号变量 x,在此基础上定义符号表达式 f 和 g,分别对应 $f(x)$ 和 $g(x)$,然后利用 solve 函数求解符号表达式 f-g,即方程 $f(x)-g(x)=0$ 的解,并将得到的根赋给变量 x1 和 x2,最后进行打印。运行程序 11-5 后,可在 IPython 中显示 x1 和 x2 的值,如图 11-4 所示。

程序 11-5

```
from sympy import *
init_printing()
x=symbols('x')
f=4*x**2-4*x
g=x**2+5
x2, x1=solve(f-g)
print(pretty(x1), '\n')
print(pretty(x2))
```

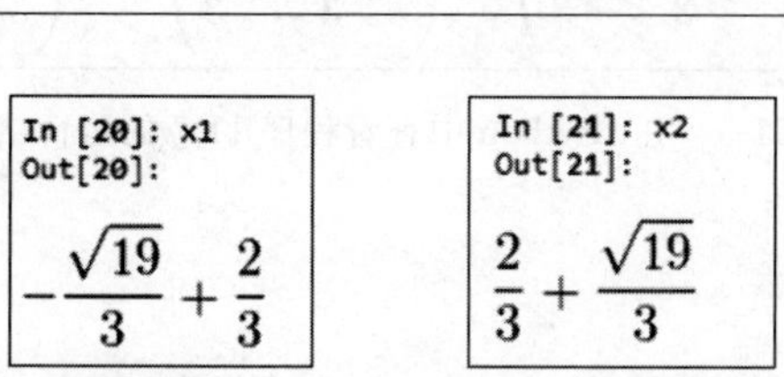

(a) 查看X1　　(b) 查看X2

图 11-4　在 IPython 中查看程序 11-5 的运行结果

2. 求面积 S

在 sympy 中,可以利用 integrate 函数进行积分的计算,如程序 11-6 的功能是计算 $s1=\int \sin(x)\mathrm{d}x$ 和 $s2=\int_0^\pi \sin(x)\mathrm{d}x$,计算结果分别为 $-\cos(x)$ 和 2。

程序 11-6

```
from sympy import *
init_printing()
x=symbols('x')
y=sin(x)
s1=integrate(y)
s2=integrate(y, (x, 0, pi))
print(pretty(s1))
print(pretty(s2))
```

程序 11-7 给出了面积 S 的计算过程,即计算 $S=\int_{x_1}^{x_2}(g(x)-f(x))\mathrm{d}x$。计算结果在 IPython 中的显示结果如图 11-5 所示。

程序 11-7

```
from sympy import *
init_printing()
x=symbols('x')
f=4*x**2-4*x
g=x**2+5
x2, x1=solve(f-g)
S=integrate(g-f, (x, x1, x2))
print(pretty(S))
```

```
In [23]: S
Out[23]:
```

$$-\left(\frac{2}{3}+\frac{\sqrt{19}}{3}\right)^3 -2\left(-\frac{\sqrt{19}}{3}+\frac{2}{3}\right)^2 +\left(-\frac{\sqrt{19}}{3}+\frac{2}{3}\right)^3 +2\left(\frac{2}{3}+\frac{\sqrt{19}}{3}\right)^2 +\frac{10\sqrt{19}}{3}$$

图 11-5 在 IPython 中查看程序 11-7 的运行结果

3. 化简 S

上一步已计算出 S 的表达式,但该表达式比较复杂,还要进一步化简。在 sympy 库中,simplify 函数的功能是化简符号表达式,如程序 11-8 倒数第 2 条语句,实现了对表达式 S 的化简,化简后 S 为 $76\sqrt{19}/27$,与 11.2.1 节中推导出的结果相同。

程序 11-8

```
from sympy import *
init_printing()
x=symbols('x')
f=4*x**2-4*x
g=x**2+5
x2,x1=solve(f-g)
S=integrate(g-f,(x,x1,x2))
S=simplify(S)
print(pretty(S))
```

实验关卡 11-1：符号计算。

实验目标：能利用 sympy 库进行符号计算。

实验内容：在"高等数学"等课程中，还学习了极限、级数、导数、微分方程等内容，从这些课程的教材中选取一些比较难的习题，用 sympy 库进行求解，看看求解结果是否跟你计算的结果相同。

11.3　Word 文档排版

11.3.1　问题描述

某同学在制作 Word 文档时，文字是从 txt 文件中复制而来的无格式文本，粘贴到 Word 中的效果如图 11-6(a)所示。在文本中，有标题段落(以"一、"、"二、"、"三、"等开头的段落)和正文段落(其他段落)，现想对其进行如下格式设置。

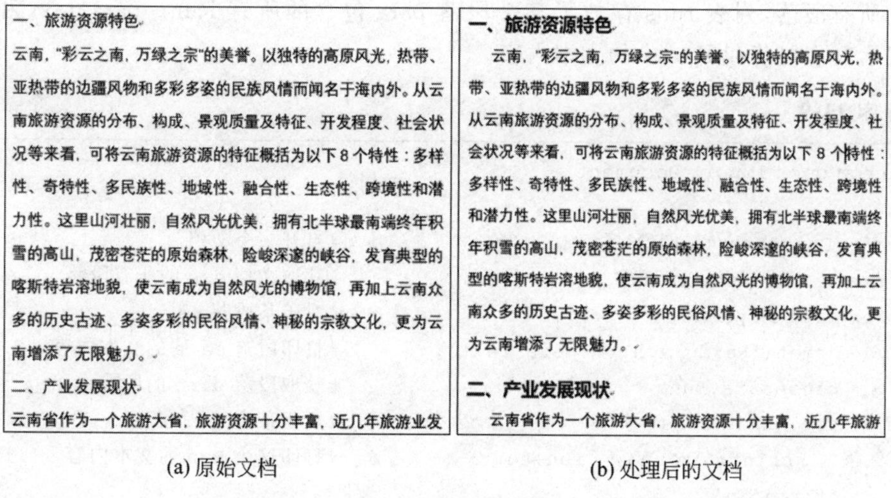

(a) 原始文档　　　　　　　　　　(b) 处理后的文档

图 11-6　问题描述

（1）标题段落：中文字体为微软雅黑、西文字体为 Times New Roman、字体大小为 12、颜色为蓝色、字体加粗。

（2）正文段落：首行缩进、多倍行距、段后间距。

设置后的效果如图 11-6(b)所示。

对于少量文字，可以在 Word 中依次对每个段落进行上述格式设置，但对于大量文本，要逐段设置格式，即使使用格式刷等功能，也会耗费较长时间，且过程枯燥烦琐，还容易出错。此时可以编写 Python 程序进行格式的自动设置，从而帮助完成大量重复性的工作。

11.3.2　了解相关库

在 Python 中，有若干库可以处理 Word 文档，比较常用的是 python-docx 库。在基本的 Python 和 Anaconda 环境中均不包含 python-docx，可使用 pip install python-docx 命令进行安装。

在 python-docx 库中，有几个比较重要的概念。

（1）Document：对应一个 Word 文档。

（2）Paragraph：对应文档中的一个段落。

（3）Run：对应段落中格式相同的一个连续部分。

例如，在图 11-7 所示文档中，共包含 4 个 Paragraph，对应 4 个段落；第 1 段中所用格式完全相同，所以第 1 个 Paragraph 只包含一个 Run，第 2、3 个 Paragraph 也只包含一个 Run；在第 4 段中，"江山如此多娇……俱往矣，"使用的是一个格式，这是第 4 个 Paragraph 的第 1 个 Run，类似地，"数风流人物，还看今朝"部分为第 2 个 Run，"。"部分为第 3 个 Run。

程序 11-9 的功能是打印图 11-7 所示文档中各段的文本，以及各段中包含的 Run 的文本。在程序中，变量 doc 是一个文档，即"沁园春_雪.docx"，列表 paras 存放了文档中包含的所有段落，列表 runs 存放了某个段落 para 包含的所有 Run。para.text 和 run.text 表示对应段落和 Run 中的文本内容。

程序 11-9

```
from docx import Document

doc=Document('沁园春_雪.docx')          #打开一个文档
paras=doc.paragraphs                    #获取文档 doc 的所有段落
for para in paras:                      #对于某段落 para
    print('Paragraph: ', para.text)     #打印段落 para 的文本内容
    runs=para.runs                      #获取段落 para 的所有 Run
    for run in runs:                    #对于某个 Run
        print('\tRun: ', run.text)      #打印这个 Run 的文本内容
    print('\n')
```

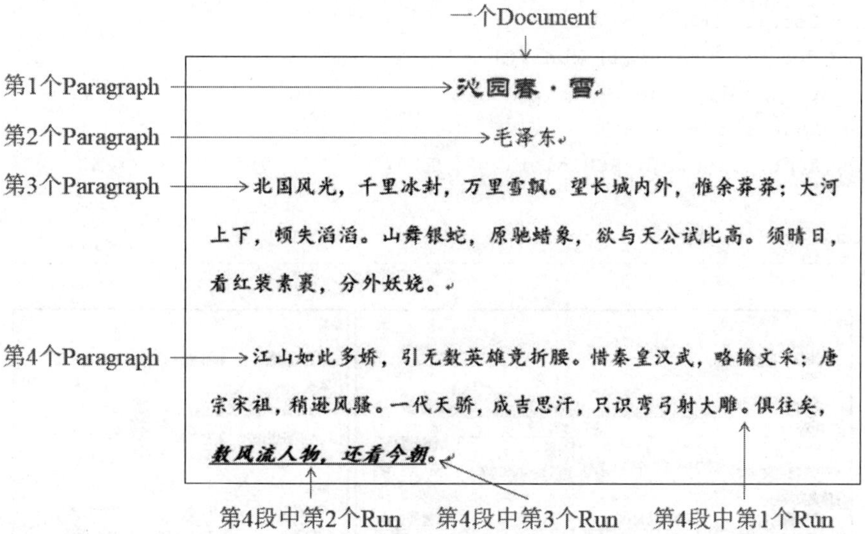

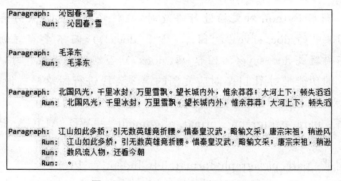

图 11-7　python-docx 库中的若干概念

程序 11-9 的运行结果如图 11-8 所示。

图 11-8　程序 11-9 的运行结果

在对 Word 文档进行排版时，设置字体格式和段落格式是用得较多的两类操作，在 python-docx 库中实现这两类设置，实际就是对 Run 和 Paragraph 的参数进行修改。

例如，程序 11-10 的功能是对图 11-7 对应文档的第 2 段进行字体格式设置。第 2 段只包含一个 Run，将其赋给变量 run，然后对 run 进行了以下设置（对应图 11-9(a)中的操作）。

(1) 字体加粗：run.font.bold = True。
(2) 字号设置为 16：run.font.size = Pt(16)。
(3) 颜色设置为红色：run.font.color.rgb = RGBColor(255, 0, 0)。

最后，将修改后的文档另存为"沁园春_雪2.docx"。

程序 11-10

```
from docx import Document
from docx.shared import Pt, RGBColor
```

```
doc=Document('沁园春_雪.docx')
run=doc.paragraphs[1].runs[0]
run.font.bold=True
run.font.size=Pt(16)
run.font.color.rgb=RGBColor(255, 0, 0)

doc.save('沁园春_雪2.docx')
```

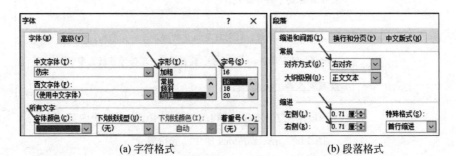

(a) 字符格式　　　　　　　　(b) 段落格式

图 11-9　程序 11-10 和程序 11-11 对应的操作

【小贴士】　利用 Python 对文档进行修改时，应将修改后的结果另存为一个新的文档(如程序 11-10 中的 doc.save('沁园春_雪2.docx'))，而不要覆盖原来文档(如程序 11-10 最后不要写成 doc.save(沁园春_雪.docx))，否则发生误操作时，可能无法恢复。

程序 11-11 的功能是对图 11-7 对应文档的第 3、4 段进行段落格式设置，设置的内容包括如下几个(对应图 11-9(b)中的操作)。

(1) 右对齐：para.paragraph_format.alignment ＝ WD_ALIGN_PARAGRAPH.RIGHT。

(2) 左侧缩进：para.paragraph_format.left_indent ＝ Pt(20)。

(3) 右侧缩进：para.paragraph_format.right_indent ＝ Pt(20)。

程序 11-11

```
from docx import Document
from docx.shared import Pt
from docx.enum.text import WD_ALIGN_PARAGRAPH

doc=Document('沁园春_雪2.docx')
for para in doc.paragraphs[2:4]:
    para.paragraph_format.alignment=WD_ALIGN_PARAGRAPH.RIGHT
    para.paragraph_format.left_indent=Pt(20)
    para.paragraph_format.right_indent=Pt(20)

doc.save('沁园春_雪3.docx')
```

python-docx 库还可以对 Word 文档进行很多其他设置,设置的对象还包括图、表、节、样式等,设置方法与上面两个程序类似,在具体使用时,可到官方网站上查看相应的设置方法。

11.3.3 程序实现

因此,利用 python-docx 库可以解决本节提出的问题,程序 11-12 给出了具体实现。

程序 11-12

```
from docx import Document
from docx.shared import Pt, RGBColor
from docx.oxml.ns import qn

doc=Document('无限风光在云南.docx')
for para in doc.paragraphs:
    if para.text[0:2] in ['一、', '二、', '三、']:        #设置标题
        run=para.runs[0]
        run.element.rPr.rFonts.set(qn('w:eastAsia'),
                                    '微软雅黑')           #中文字体
        run.font.name='Times New Roman'                  #西文字体
        run.font.size=Pt(12)                             #字号
        run.font.color.rgb=RGBColor(0, 0, 255)           #颜色
        run.font.bold=True                               #加粗
    else:                                                #设置正文
        fmt=para.paragraph_format
        fmt.first_line_indent=Pt(22)                     #首行缩进
        fmt.line_spacing=1.2                             #多倍行距
        fmt.space_after=Pt(12)                           #段后间距

doc.save('无限风光在云南 2.docx')
```

对于文档 doc 中的每个段落 para,如果 para 中的文字以'一、','二、','三、'开头,表示 para 是标题段落,对它的字体进行相应设置,否则 para 是正文段落,对其进行段落格式的设置,设置的方法与前面介绍的类似。但需注意一下,对 run.font.name 进行修改时,设置的是西文字体,若要设置中文字体,需使用其他方法,详见程序 11-12。

【小贴士】 一些其他类型的文档也有对应的 Python 库/模块,如处理 Excel 文档的 xlrd 库和 xlwt 库,处理 PowerPoint 文档的 python-pptx 库,处理 PDF 文档的 pypdf2 库,等等。另外,在处理 Word、Excel、PowerPoint 等 Office 文档时,还有一个功能更为完善的库:win32com,可以支持更多操作,但使用过程稍显复杂,使用时可根据需要选择合适的库。

> **实验关卡 11-2：文档处理。**
> **实验目标**：能利用 Python 对各种文档进行处理。
> **实验内容**：从第 1、3、9 章中挑选若干与文档处理相关的实验关卡，利用 Python 完成这些关卡。此过程可能需要使用一些未用过的第三方库/模块，可通过上网搜索等方式学习它们的安装和使用方法。

11.4 加密即时通信

11.4.1 问题描述

在某作战行动中，各作战分队需要通过网络与作战指挥部进行联系，以汇报战场情况、讨论作战计划、请示作战行动等。

因通信内容涉及军事机密，故通信时不能使用微信、QQ、电子邮件等方式传递信息，否则可能会造成泄密。例如，敌方可以通过一些手段从网络上截获作战分队与指挥部之间的通信内容，从而获取相关情报，如图 11-10(a)所示。

图 11-10　问题描述

一种可能的解决方法是在传递信息之前先对信息进行加密，接收到信息后再对信息进行解密。这样的话，在网络上传输的信息是加密后的结果，被敌方截获后，如果敌方不知道解密算法和解密密钥，或者不能及时进行破解，则不会造成信息泄露，从而提高了通信的安全性，如图 11-10(b)所示。

本节实验的主要内容是在第 4 章加解密算法的基础上，实现一个简单的加密即时通信工具。

11.4.2 了解相关库

在实现两节点（节点可以是计算机、手机等设备）之间的通信时，常采用套接字（Socket）的编程方式，这种方式利用 TCP 连接实现节点之间的可靠通信。

当两个节点通过这种方式进行通信时，把主动发起连接请求的节点称为客户端，把另一端的节点称为服务端。客户端和服务端之间的通信过程可以分为 3 个阶段。

(1) 建立连接：客户端向服务端发送连接请求，服务端响应后，双方建立 TCP 连接。
(2) 通信：客户端和服务端之间互相发送/接收数据。
(3) 断开连接：任意一端断开连接，通信结束。

在 Python 中，socket 库是用来实现此过程的（基本 Python 和 Anaconda 环境均已包含 socket 库，可直接使用），它的一般使用方法如图 11-11 所示。

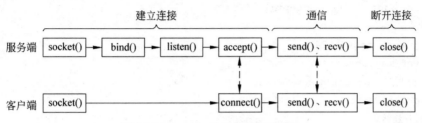

图 11-11 socket 库的一般使用方法

图 11-11 的方框表示的是 socket 库中的函数，功能如下。

(1) socket()：在通信前，服务端和客户端都需要先利用 socket 函数创建套接字对象。

(2) bind()：服务端在创建套接字对象后，利用 bind 函数将其绑定到某个本地地址，地址由 IP 和端口号组成，IP 是服务端节点某网卡的 IP，端口号是服务端节点上未被使用的端口号，后面的通信将通过此端口进行。

(3) listen()：服务端在绑定地址后，利用 listen 函数启动监听，相应的端口开始检测是否有客户端请求连接。

(4) accept()：该函数用于接收客户端的连接请求，与客户端建立 TCP 连接，该函数是阻塞函数，也就是没有客户端发起连接请求时，该函数会一直处于等待状态，程序也不能继续往后执行，直到建立连接，该函数才会结束。

(5) connect()：客户端在创建套接字对象后，利用 connect 函数（在 connect 函数中需指定服务端的 IP 和端口号）向服务端发起连接请求，accept 发现此请求后就会与之建立连接，因此，accept 函数和 connect 函数一般是成对使用的。

(6) send() 和 recv()：建立连接后，就可以使用 send 函数发送数据或使用 recv 函数接收数据，recv 函数也是阻塞函数，在没有接收到 send 函数发送的数据时，会一直处于等待状态，因此 send 函数和 recv 函数一般也是成对使用的。

(7) close()：通信结束后，双方使用 close 函数关闭套接字。

程序 11-13 和程序 11-14 给出了一对简单的例子，其中，程序 11-13 是服务端程序，程序 11-14 是客户端程序，双方建立连接后，客户端先给服务端发送信息"你好，server"，服务端收到信息后再给客户端发送信息"你好，client"，然后断开连接。

程序 11-13

```
import socket
serverIP='192.168.8.100'
port=1111
```

```
#建立连接
server=socket.socket()
server.bind((serverIP, port))
server.listen(5)
print('等待客户端连接…')
sock, addr=server.accept()
#通信
msg=sock.recv(1024)
print(msg.decode())
msg='你好,client'.encode()
sock.send(msg)
#断开连接
sock.close()
server.close()
```

程序 11-14

```
import socket
serverIP='192.168.8.100'
port=1111
#建立连接
sock=socket.socket()
print('连接服务端…')
sock.connect((serverIP, port))
#通信
msg='你好,server'.encode()
sock.send(msg)
msg=sock.recv(1024)
print(msg.decode())
#断开连接
sock.close()
```

这两程序的过程与图 11-11 是一致的,需稍加注意的是,send 函数和 recv 函数发送接收的数据是 Bytes 类型,所以程序在发送数据之前先用 encode 函数将字符串转换为 Bytes 类型,接收到数据之后再用 decode 函数将 Bytes 类型转换为字符串。

另外,关于以上两个程序的运行,有以下几点需要说明。

(1) 如果有条件,可在两台计算机上分别运行这两个程序,两台机器需连入同一网络,还要将两个程序中 serverIP 的值都改为服务端(即运行程序 11-13 的计算机)的 IP,IP 地址的查看方法参考 6.4.3 节;另外,也可以在一台机器上同时运行这两个程序,此时可将 serverIP 改为'localhost'或'127.0.0.1',表示本机。

(2) 因为程序中存在阻塞函数,所以需要在两个控制台中分别运行这两个程序,图

11-12 给出了在 Anaconda 的运行方法,即在一个 IPython 中运行程序 11-13,提示等待连接,此时再在另一个 IPython 中运行程序 11-14,两个 IPython 就会进行通信并打印出接收到的消息。

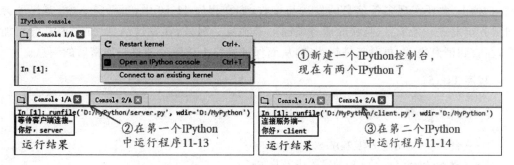

图 11-12　在 Anaconda 中运行程序 11-13 和程序 11-14

另外,也可以在两个 CMD 窗口中分别运行这两个程序,如图 11-13 所示,关于如何在 CMD 中运行 Python 程序,可参考 2.3.3 节相关内容。

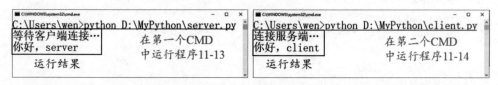

图 11-13　在 CMD 中运行程序 11-13 和程序 11-14

(3) 在运行程序 11-13 时,如果报"套接字地址只允许使用一次"的错误,可能是因为端口已被使用,可将两个程序中的 port 变量改为其他值之后再试。

11.4.3　程序实现

为简化问题,做出以下假设。

(1) 指挥部是服务端,各作战分队是客户端,作战分队主动与指挥部联系。

(2) 指挥部的程序一直处于运行状态,可以串行地与各作战分队进行多次会话,而作战分队根据需要运行客户端程序,程序每运行一次,实现一次会话。

(3) 通信的计算机位于同一网络,使用固定 IP,如指挥部 IP 为 192.168.8.100、第 1 作战分队 IP 为 192.168.8.101、第 2 作战分队 IP 为 192.168.8.102 等,因此,指挥部可以通过 IP 地址辨别是在与哪个作战分队进行通信。

(4) 通信内容为英文字符,采用维吉尼亚加密方法进行加解密(见 4.5.2 节)。

(5) 指挥部与各作战分队已事先约定好通信密钥,如与第 1 作战分队通信的密钥为 monkey、与第 2 作战分队通信的密钥为 panda 等。

(6) 指挥部与作战分队通信时,作战分队先发送消息,然后采用轮流发送的方式进行,即一方发送信息后要收到对方的回话才能发下一条消息。

(7) 当任意一方发送的消息为 over 时,通信结束,完成一次会话。

程序 11-15 是服务端程序,即在指挥部运行的程序;程序 11-16 是客户端程序,即各作战分队使用的程序。

这两个程序建立和断开 TCP 连接的过程与 11.4.2 节类似,通信的过程稍有区别,即利用 while 循环实现多条信息的发送与接收,如在程序 11-16 中,每循环一次,客户端会向服务端发送一条消息,且接收服务端的一条消息。另外,在发送消息之前,消息会被加密,在收到消息之后,再对其进行解密,从而保证网络上传输的消息是加密后的消息。

程序 11-15

```
import socket

#变量 vtable 的定义,见程序 4-22
#函数 enVigenere(x, k)的定义,见程序 4-22
#函数 deVigenere(x, k)的定义,见程序 4-22
#函数 Vigenere(text, key, flag)的定义,见程序 4-22

#与一个作战分队的一次会话
def oneChat():
    serverIP='192.168.8.100'
    port=1111

    #建立连接
    server=socket.socket()
    server.bind((serverIP, port))
    server.listen(5)
    print('等待连接中…')
    sock, addr=server.accept()
    print('与%s 建立连接' % addr[0])
    key=input('请输入通信密钥:')

    #通信
    print('开始通信\n'+'-'*50)
    while True:
        enMsg=sock.recv(1024)
        msg=Vigenere(enMsg.decode(), key, 2)          #解密
        print('分队:'+msg)
        if msg=='over':
            break

        msg=input('我:')
        enMsg=Vigenere(msg, key, 1)                    #加密
        sock.send(enMsg.encode())
        if msg=='over':
```

```
            break
    print('-' * 50)
    
    #断开连接
    print('通信结束\n')
    sock.close()
    server.close()

#利用循环,实现多次会话
while True:
    oneChat()
```

程序 11-16

```
import socket

#变量 vtable 的定义,见程序 4-22
#函数 enVigenere(x, k)的定义,见程序 4-22
#函数 deVigenere(x, k)的定义,见程序 4-22
#函数 Vigenere(text, key, flag)的定义,见程序 4-22

serverIP='192.168.8.100'
port=1111
key=input('请输入通信密钥:')

#建立连接
sock=socket.socket()
print('连接指挥部…')
sock.connect((serverIP, port))
print('连接成功,开始通信')

#通信
print('-' * 50)
while True:
    msg=input('我:')
    enMsg=Vigenere(msg, key, 1)        #加密
    sock.send(enMsg.encode())
    if msg=='over':
        break
    
    enMsg=sock.recv(1024)
    msg=Vigenere(enMsg.decode(), key, 2)   #解密
    print('指挥部:'+msg)
```

```
        if msg=='over':
            break
print('-'*50)

#断开连接
print('通信结束\n')
sock.close()
```

图 11-14 给出了这两个程序的运行结果示例：作战指挥部首先启动服务端程序；然后第 1 作战分队和指挥部进行了一次会话，汇报了侦查到的情报；随后，第 2 作战分队与指挥部进行了另外一次会话，领取了相关作战任务。

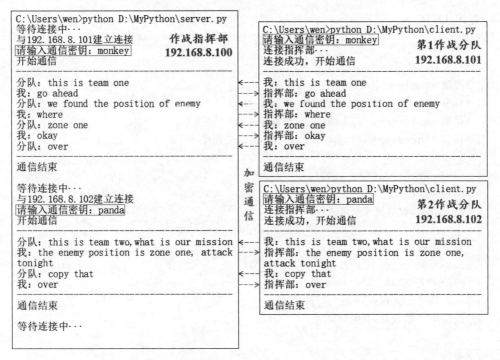

图 11-14　程序 11-15 和程序 11-16 的运行结果示例

实验关卡 11-3：**Socket 编程**。

实验目标：能利用 Socket 编程实现网络通信。

实验内容：在解决本节的问题时，为进行简化，做出了一些假设（见 11.4.3 节），对程序 11-15 与程序 11-16 进行改进，以消除和弱化这些假设，例如：

（1）任意一方可以连续发送多条消息，而不是采用轮流发送的方式（**提示**：可使用多进程或多线程编程，发送消息和接收消息的功能位于不同进程或不同线程）。

（2）发送的消息不局限于英文字符，还可以是中文字符、图片等（**提示**：可采用 RSA 加密）。

11.5 评价帖子的好评度

11.5.1 问题描述

某论坛管理员想对论坛中的帖子进行评价,如果某帖子的好评度较高,就给予加分、置顶等奖励;如果好评度较低,就采取扣分、封帖等惩罚,从而使用户注意提高帖子质量,进而提高整个论坛的影响力。

评价的依据是帖子的回帖情况,在回帖中,正向评价越多,则认为帖子的好评度越高,反之则越低。虽然评价的原理很简单,但采用人工方法进行评价是不现实的。因为论坛中帖子数量很多,且每篇帖子的回帖数很多,管理员一人很难应付;如果安排多名工作人员进行评价,除成本太大之外,还会因各人评价标准不同带来不公平性。为此,管理员想利用程序对论坛中的帖子进行自动评价。

因篇幅限制,本实验只讨论该应用场景的核心问题,即给定一个帖子,对该帖子进行打分,0 分表示好评度最低,100 分表示好评度最高。另外,假设回帖内容已利用网页抓取和分析的方法从网站上获取,或利用数据库技术从论坛数据库中查询得到,并存储在对应的 txt 文件中,格式如图 11-15 所示。

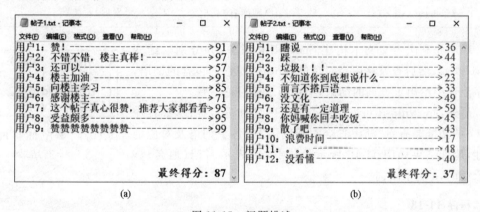

图 11-15 问题描述

在评价一个帖子时,采用的方法是对帖子的每个回帖进行打分,所有回帖得分的平均值就是帖子的得分,如图 11-15 所示。

那么,现在的关键问题就是,程序如何根据内容给回帖打分,换句话说,程序怎么知道一个回帖是好评还是差评,这就要用到自然语言处理技术了。

11.5.2 了解相关库

自然语言处理是人工智能领域的一个重要分支,它的主要目的是让计算机能够理解人类的语言。例如,苹果的 Siri、微软的小冰等就是自然语言处理的典型应用,它们能"听懂"中文、英文等自然语言,并能给出相应的回复。

目前有不少 Python 库能够进行自然语言处理,其中,在对中文进行处理时,snownlp 库提供了较好的支持。基本 Python 和 Anaconda 环境均不包含 snownlp 库,要使用 pip install snownlp 命令在线安装。

下面结合 snownlp 库介绍自然语言处理中的若干技术,这些技术的原理不在本书的讨论范围之内,感兴趣的读者可以查阅相关资料。本节只介绍这些技术是什么,以及如何利用 snownlp 库实现对应功能。

中文分词是将一段话分解成若干词语,这并不是一件容易的事。例如,在句子"湖南省会是长沙"中,"湖南省会"部分由"湖南"和"省会"两个词语组成,而在"湖南省会不断发展"中,"湖南省会"部分由"湖南省"和"会"组成。snownlp 库能达到较好的分词效果,如程序 11-17 所示。

程序 11-17

```
from snownlp import SnowNLP

s1=SnowNLP('湖南省会是长沙')
print(s1.words)              #['湖南','省会','是','长沙']

s2=SnowNLP('湖南省会不断发展')
print(s2.words)              #['湖南省','会','不断','发展']
```

程序先利用中文文本构建 SnowNLP 对象,并分别赋给变量 s1 和 s2,然后查看这两个对象的 words,即它们包含的词语,程序注释中给出了分词的结果,结果与之前讨论一致。

另外,snownlp 还可以对每个词语的词性进行标注,如程序 11-17 的功能是查看"湖南省会不断发展"中各个词语及对应的词性,运行结果如图 11-16 所示。其中,ns 表示名词(地名),v 表示动词,d 表示副词。

('湖南省', 'ns')
('会', 'v')
('不断', 'd')
('发展', 'v')

图 11-16 程序 11-18 的运行结果

程序 11-18

```
from snownlp import SnowNLP
s=SnowNLP('湖南省会不断发展')
for tag in s.tags:
    print(tag)
```

snownlp 还可以为每个字标注拼音,从程序 11-19 的运行结果看,snownlp 可以正确地给"省""长"等多音字标注拼音。

程序 11-19

```
from snownlp import SnowNLP
```

```
s=SnowNLP('湖南省会是长沙')
print(s.pinyin)    #['hu', 'nan', 'sheng', 'hui', 'shi', 'chang', 'sha']
```

程序 11-20 的功能是从文本中提取 3 个关键字,以及选择一句话作为文本的摘要。snownlp 选出的 3 个关键字依次是"科技""人才""军事",选出的摘要是"国防科技大学是高素质新型军事人才培养和国防科技自主创新高地"。

程序 11-20

```
from snownlp import SnowNLP
text='国防科技大学是高素质新型军事人才培养和国防科技自主创新高地。要紧跟世界军事科技发展潮流,适应打赢信息化局部战争要求,抓好通用专业人才和联合作战保障人才培养,加强核心关键技术攻关,努力建设世界一流高等教育院校。'
s=SnowNLP(text)
print(s.keywords(3))
print(s.summary(1))
```

另外,snownlp 还能对中文文本进行情感分析,这是与本实验最为相关的功能。情感分析的结果是一个 0~1 的数字,数字越大表示这句话越偏向于肯定的态度,数字越小表示越偏向于否定的态度。如程序 11-21 所示,snownlp 对"不错不错,楼主真棒"的分析结果约为 0.97,认为这句话偏向于肯定的态度,而"不知道你到底想说什么"结果约为 0.23,偏向于否定的态度。

程序 11-21

```
from snownlp import SnowNLP

s1=SnowNLP('不错不错,楼主真棒')
print(s1.sentiments)           #0.9719003655581226

s2=SnowNLP('不知道你到底想说什么')
print(s2.sentiments)           #0.2321400466499438
```

11.5.3 程序实现

所以,利用 snownlp 的情感分析功能就能解决本节提出的问题,如程序 11-22 所示。

程序 11-22

```
from snownlp import SnowNLP

def evaluate(filePath):
    score, count=0, 0
    txt=open(filePath)
```

```
    while True:
        line=txt.readline()
        if line =='':
            break
        idx=line.find(':')
        sentence=line[idx+1:len(line)]
        s=SnowNLP(sentence)
        score=score +s.sentiments
        count=count+1
    txt.close()
    return int(score* 100/count)

print(evaluate('帖子1.txt'))        #内容见图11-15(a),得分为87
print(evaluate('帖子2.txt'))        #内容见图11-15(b),得分为37
```

函数 evaluate 的功能是对一个 txt 文件进行分析,对于文件中的每一行 line,先提取回帖的具体内容(即冒号后的内容),然后利用 snownlp 进行情感分析,并将结果累加到变量 score 中,分析完所有回帖后,再计算综合得分。

> **实验关卡 11-4**:自然语言处理。
> **实验目标**:知道自然语言处理中的若干技术,并能用 snownlp 库进行实现。
> **实验内容**:选择某个论坛,分析该论坛中帖子的 HTML 代码格式。然后编写程序,程序功能是给定该论坛某帖子的网址,提取该帖子所有回帖内容,在此基础上计算该帖子的好评度。

11.6　值得一看的小结

Python 之所以能成为最受欢迎的编程语言之一,一个主要原因就是因为它拥有非常丰富的第三方库/模块,涉及诸多领域,在解决问题时,只要找到相关的库/模块,就能通过少量的代码完成丰富的功能,达到事半功倍的效果。本章的主要目的并不是熟悉这些第三方库/模块的具体使用方法(也没必要),而是展示 Python 库的丰富功能,进一步培养利用 Python 解决实际问题的意识与能力。当在学习、工作、生活中碰到一些实际问题时,如果读者能够想到利用 Python 来解决问题,然后通过上网查阅资料、使用第三方库/模块等途径确实做到利用 Python 解决这些问题,那就达到了本章乃至本书的目的。

11.7 综合实验

11.7.1 综合实验 11-1

【实验目标】

进一步熟悉 Python 第三方库/模块的查找和学习方法。

【实验内容】

根据你的专业或专业中的某个方向,上网搜索一下是否有相关的 Python 库能够提供支持,如有,安装并了解其功能。

11.7.2 综合实验 11-2

【实验目标】

进一步巩固利用 Python 解决实际问题的能力。

【实验内容】

在你的学习、工作和生活中,肯定有一些问题是人工无法处理或需要大量时间才能处理的,找出若干这样的问题,试着用 Python 解决这些问题。

11.8 辅助阅读资料

[1] sympy 官方网站. http://www.sympy.org/en/index.html.
[2] python-docx 说明文档: http://python-docx.readthedocs.io/en/latest/.
[3] socket 说明文档: https://docs.python.org/3/library/socket.html.
[4] basemap 官方网站: https://matplotlib.org/basemap/.
[5] snownlp 官方网站: https://pypi.org/project/snownlp/.
[6] Stuart J R, Peter N. 人工智能:一种现代的方法[M]. 3 版. 殷建平,祝恩,等译. 北京:清华大学出版社,2013.

参 考 文 献

[1] 李暾,毛晓光,陈跃新,等. 大学计算机基础[M]. 2版. 北京:清华大学出版社,2017.

[2] 周海芳,刘丽芳,柳靖,等. 大学计算机基础实验教程[M]. 北京:科学出版社,2012.

[3] 董付国. Python程序设计开发宝典[M]. 北京:清华大学出版社,2017.

[4] 秋叶. 和秋叶一起学Word[M]. 2版. 北京:人民邮电出版社,2017.

[5] 秋叶. 和秋叶一起学PPT[M]. 3版. 北京:人民邮电出版社,2017.

[6] 邵云蛟. PPT设计思维[M]. 北京:电子工业出版社,2016.

[7] 秋叶. 和秋叶一起学Excel[M]. 北京:人民邮电出版社,2017.

[8] 凤凰高新教育. Word/Excel/PPT 2016三合一完全自学教程[M]. 北京:北京大学出版社,2017.

[9] Excel Home. 别怕,Excel函数其实很简单[M]. 北京:人民邮电出版社,2015.

[10] 王珊,萨师煊. 数据库系统概论[M]. 5版. 北京:高等教育出版社. 2014.

[11] Michael T G, Roberto T. 计算机安全导论[M]. 葛秀慧,田浩,等译. 北京:清华大学出版社,2012.

[12] Atul K. 密码学与网络安全[M]. 3版. 金名,等译. 北京:清华大学出版社,2018.

[13] Stuart J R, Peter N. 人工智能:一种现代的方法[M]. 3版. 殷建平,祝恩,等译. 北京:清华大学出版社,2013.

[14] Python. https://www.python.org/.

[15] Anaconda. https://www.anaconda.com/.

[16] Python 3.6.6rc1 documentation. https://docs.python.org/3/.

[17] PyPI-the Python Package Index:http://pypi.org/.

[18] MySQL. https://www.mysql.com/.

[19] W3school. HTML教程. http://www.w3school.com.cn/html/index.asp.

[20] NumPy. http://www.numpy.org/.

[21] Matplotlib:Python plotting. http://matplotlib.org/.

[22] The Python Imaging Library Handbook. http://effbot.org/imagingbook/.

[23] pydub. https://github.com/jiaaro/pydub/blob/master/API.markdown.

[24] python-docx. http://python-docx.readthedocs.io/en/latest/.

[25] sympy. http://www.sympy.org/en/index.html.

[26] 觅知网. http://www.51miz.com.

[27] 国防科技大学本科招生信息网:http://www.gotonudt.cn/.

[28] Converting an image to ASCII image in Python. https://www.geeksforgeeks.org/converting-image-ascii-image-python/.

二号家书	*倾斜*	颜色	下画线	删除线
上标	下标	空心字	底纹	边框
缩放文	加宽	缩紧		

图 1-12　字体格式效果

无限风光在"云南"——云南旅游产业调研简报

一、旅游资源特色

云南,"彩云之南,万绿之宗"的美誉。以独特的高原风光,热带、亚热带的边疆风物和多彩多姿的民族风情而闻名于海内外。从云南旅游资源的分布、构成、景观质量及特征、开发程度、社会状况等来看,可将云南旅游资源的特征概括为以下 8 个特性:多样性、奇特性、多民族性、地域性、融合性、生态性、跨境性和潜力性。这里山河壮丽,自然风光优美,拥有北半球最南端终年积雪的高山,茂密苍茫的原始森林,险峻深邃的峡谷,发育典型的喀斯特岩溶地貌,使云南成为自然风光的博物馆,再加上云南众多的历史古迹、多姿多彩的民俗风情、神秘的宗教文化,更为云南增添了无限魅力。

二、产业发展现状

云南省作为一个旅游大省,旅游资源十分丰富,近几年旅游业发展十分迅速,全省有景区、景点 200 多个,国家级 A 级以上景区有 134 个。其中,列为国家级风景名胜区的有石林、大理、西双版纳、三江并流、昆明滇池、丽江玉龙雪山、腾冲地热火山、瑞丽江—大盈江、宜良九乡、建水等 12 处,列为省级风景名胜区

图 1-16　实验关卡 1-7 的样张

无限风光在"云南"
——云南旅游产业调研简报

一、旅游资源特色

　　云南,"彩云之南,万绿之宗"的美誉。以独特的高原风光,热带、亚热带的边疆风物和多彩多姿的民族风情而闻名于海内外。从云南旅游资源的分布、构成、景观质量及特征、开发程度、社会状况等来看,可将云南旅游资源的特征概括为以下 8 个特性:多样性、奇特性、多民族性、地域性、融合性、生态性、跨境性和潜力性。这里山河壮丽,自然风光优美,拥有北半球最南端终年积雪的高山,茂密苍茫的原始森林,险峻深邃的峡谷,发育典型的喀斯特岩溶地貌,使云南成为自然风光的博物馆,再加上云南众多的历史古迹、多姿多彩的民俗风情、神秘的宗教文化,更为云南增添了无限魅力。

二、产业发展现状

云南省作为一个旅游大省,旅游资源十分丰富,近几年旅游业发展十分迅速,全省有景区、景点 200 多个,国家级 A 级以上景区有 134 个。其中,列为国家级风景名胜区的有石林、大理、西双版纳、三江并流、昆明滇池、丽江玉龙雪山、腾冲地热火山、瑞丽江—大盈江、宜良九乡、建水等 12 处,列为省级风景名胜区的有陡坡彩色沙林、禄劝轿子雪山等 53 处。

- 有昆明、大理、丽江、建水、巍山和会泽 6 座国家历史文化名城;
- 有腾冲、威信、保山、会泽、石屏、广南、漾濞、孟连、香格里拉、剑川、通海 11 座省级历史文化名城;
- 有禄丰县黑井镇、会泽县娜姑镇白雾街村、剑川县沙溪镇、腾冲县和顺镇、云龙县诺邓镇诺邓村、石屏县郑营村、巍山县永建镇东莲花村、孟连县娜允镇 8 座

国家历史文化名镇、名村;

- 有 14 个省级历史文化名镇、14 个省级历史文化名村和 1 个省级历史文化街区。

目前,云南基本上形成了以昆明为中心的三大旅游线路,重点建设了昆明、丽江、大理、景洪、瑞丽 5 个重点城市,构建了滇中、滇西北、滇西、滇西南、滇东南、滇东南 5 大旅游区。云南省在推进旅游产业全面转型升级、全域旅游发展上取得初步成效,跨境旅游、养生养老、运动康体、自驾车房车营地等新产品、新业态无限涌现。数据显示,2017 年全省共实现旅游业总收 6922.23 亿元,同比增长 46.5%。全年累计接待国内游客 5.67 亿人次,同比增长 33.3%;实现国内旅游收入 6682.58 亿元,同比增长 47.3%。全年累计接待海外旅游者(过夜) 667.69 万人次,同比增长 11.2%;实现旅游外汇收入合计 35.50 亿美元,同比增长 15.5%。

三、未来建设趋势

　　未来,云南省将利用云南生态环境等方面的优势,发展全产业链的"大健康产业",推进旅游产业全面转型升级,增强对海内外游客的吸引力。同时,提出了以"云南只有一个景区,这个景区就叫云南"为目标,全力推动全域旅游发展。另外,依托"一部手机游云南"平台,打造"智慧旅游"。平台采用智能搜索、异构大数据等先进技术,覆盖游客在云南的游前、游中、游后全过程,为其提供全方位、全景式服务。同时,平台依托"一中心、两平台",即旅游大数据中心、旅游服务平台和旅游监管平台,实现旅游资源重整、诚信体系重构,以及投诉处理机制重融。依托该平台,云南旅游努力争实现"办游客之所需、行政府之所为",使游客在云南体验舒心自在的旅程。

　　提升景区品质,构建全面保障,"文化+旅游+城镇化"和"旅游+互联网+金融"逐步落地。

图 1-24　实验关卡 1-12 的样张

图 1-27 实验关卡 1-13 的样张

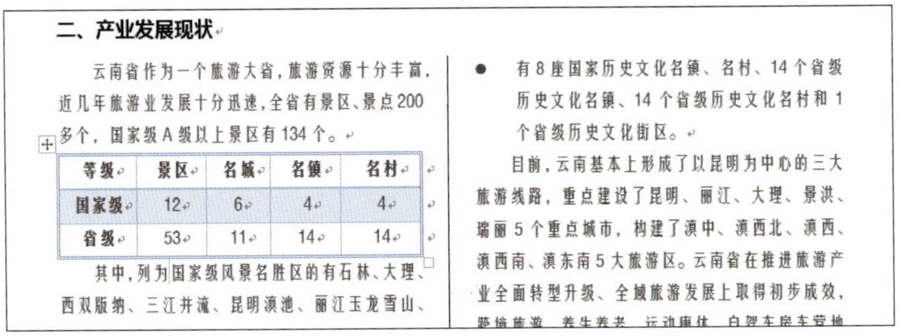

图 1-29 实验关卡 1-14 的样张

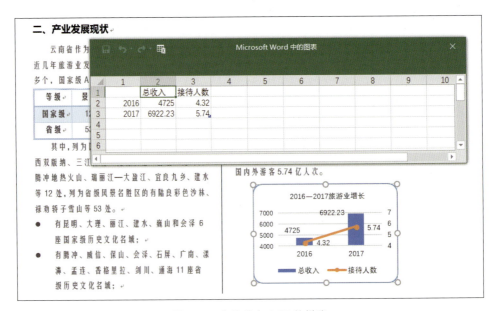

图 1-31 实验关卡 1-15 的样张

无限风光在"云南"
——云南旅游产业调研简报

一、旅游资源特色

云南,"彩云之南、万绿之宗"的美誉,以独特的高原风光、热带、亚热带的边疆风物和多彩多姿的民族风情而闻名于海内外。从云南旅游资源的分布、构成、品质质量及特征、开发程度、社会状况等来看,可将云南旅游资源的特征概括为以下8个特性:多样性、奇特性、多民族性、地域性、融合性、生态性、脆弱性和潜力性。

这里山河壮丽,自然风光优美,拥有北半球海拔最低的终年积雪的雪山,莽莽苍苍的原始森林,险峻深邃的峡谷,发育典型的喀斯特岩溶地貌,使云南成为自然风光的博物馆,再加上云南众多的历史古迹、多姿多彩的民俗风情、神秘的崇教文化,更为云南增添了无穷魅力。

二、产业发展现状

云南省作为一个旅游大省,旅游资源十分丰富,近几年旅游业发展十分迅速,全省有景区、景点200多个,国家级A级以上景区有134个。

等级	景区	名镇	名城	名村
国家级	12	6	4	4
省级	53	11	14	14

其中,列为国家级风景名胜区的有石林、大理、西双版纳、三江并流、昆明滇池、丽江玉龙雪山、腾冲地热火山、珠江江—大瀑布、宜良九乡、建水等12处,列为省级风景名胜区的有抚仙湖彩色沙林、楚雄紫溪山等53处。

- 有昆明、大理、丽江、建水、巍山和会泽6座国家级历史文化名城;
- 有腾冲、威信、保山、会泽、石屏、广南、漾濞、孟连、香格里拉、剑川、建海11座省级历史文化名城。

目前,云南基本上形成了以昆明为中心的三大旅游板块,重点建设了昆明、丽江、大理、香格里拉5个重点城市,构建了滇中、滇西北、滇西、滇西南、滇东南5大旅游路区。云南省在推进旅游产业全面转型升级、全域旅游发展上取得初步成效,跨境旅游、养生养老、运动康体、自驾车房车营地等新产品、新业态不断涌现。数据显示,2017年全省共实现旅游业总收入6922.23亿元,全年累计接待国内外游客5.74亿人次。

三、未来建设趋势

未来,云南省将利用云南生态环境等方面的优势,发展全产业链的"大健康产业",推进旅游产业全面转型升级,增强对海内外游客的吸引力。同时,提出了以"云南只有一个景区,这个景区就叫云南"为目标,全力推动全域旅游发展。此外,依托"一部手机游云南"平台,打造"智慧旅游"。平台采用智能搜索、异构大数据等先进技术,服务游客在云南的游前、游中、游后全过程,为其提供全方位、全景式服务。

提升景区品质,构建全面保障,"文化+旅游+城镇化"和"旅游+互联网+金融"逐步落地。

图1-32 调研简报参考样张

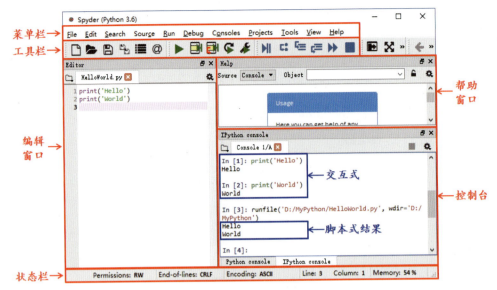

图 2-14　Spyder 界面

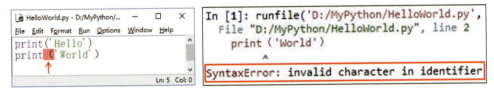

(a) 在IDLE中报语法错误　　　　　　　　(b) 在Spyder中报语法错误

图 2-19　在 IDLE 和 Spyder 中报语法错误

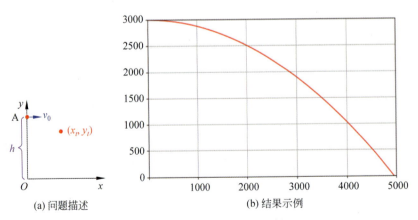

(a) 问题描述　　　　　　　　　　(b) 结果示例

图 2-21　问题描述和结果示例

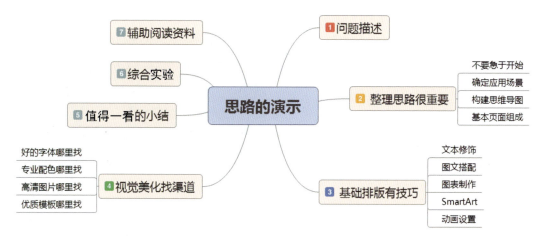

图 3-6　本章撰写思路的思维导图

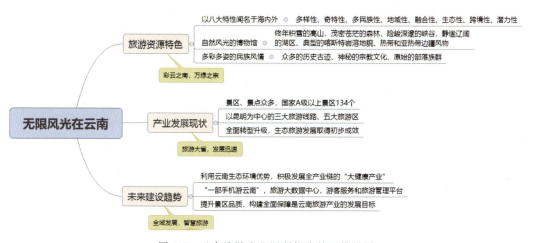

图 3-7　云南旅游产业调研报告的思维导图

(a) 原图　　　　　　　　　　(b) 处理后的图

图 3-15　半透明形状在图文叠加中的应用

(a)

(b)

图 3-17 实验关卡 3-3 的参考样例

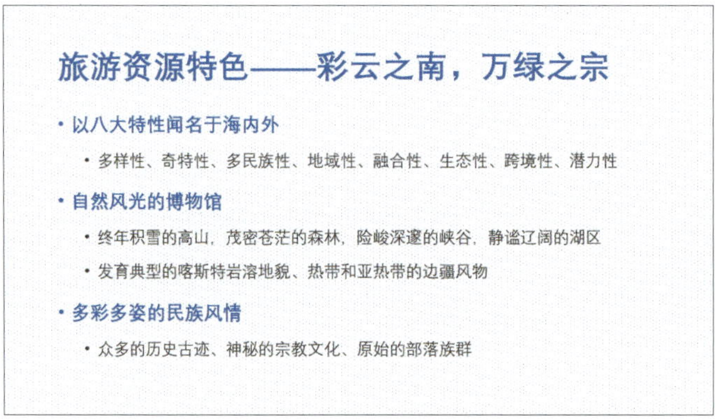

图 3-18 文本修饰的参考样例

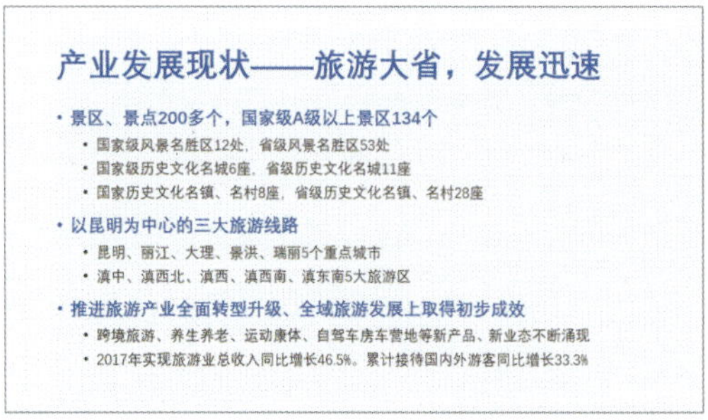

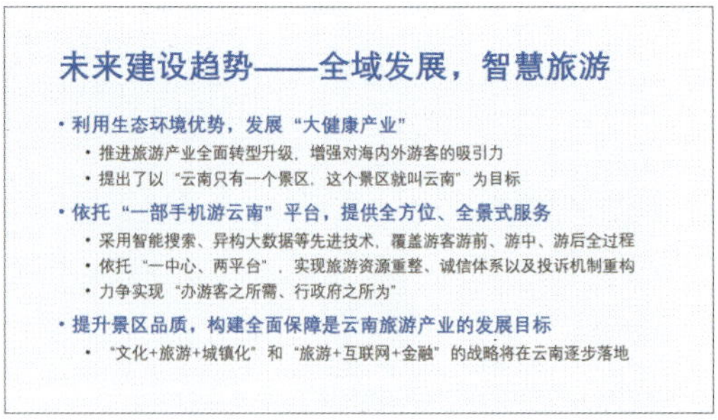

图 3-19 实验关卡 3-4 的参考样例

图 3-22　对插入的图片按比例进行裁剪

图 3-23　尺寸调整和裁剪

图 3-24　对齐后并加滤镜的效果

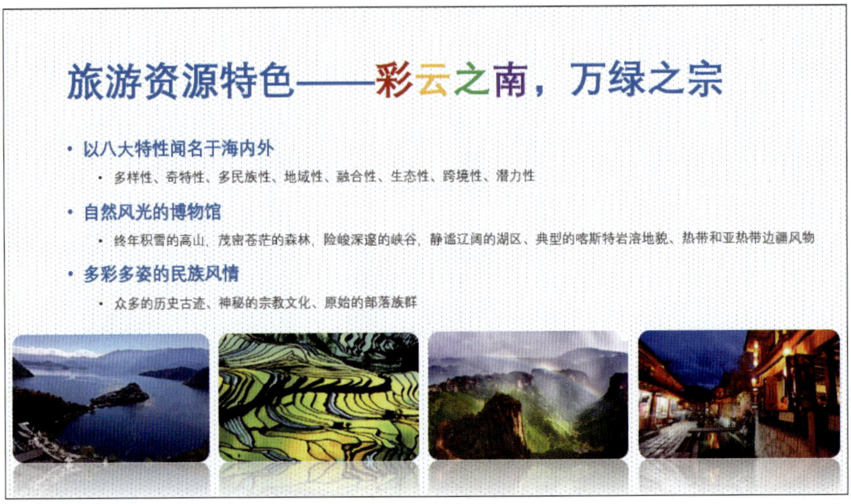

图 3-25　实验关卡 3-5 的参考样例

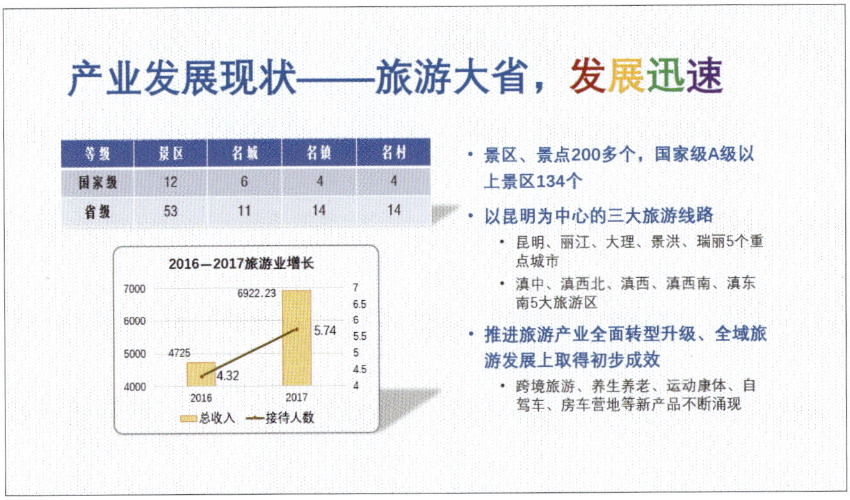

图 3-26　实验关卡 3-6 的参考样例

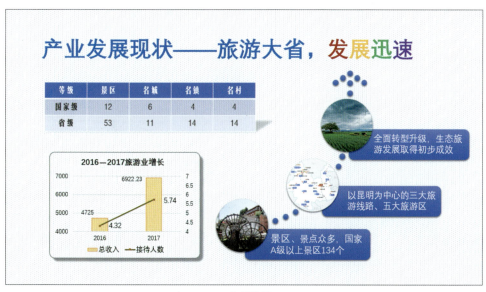

(a) 参考样例1

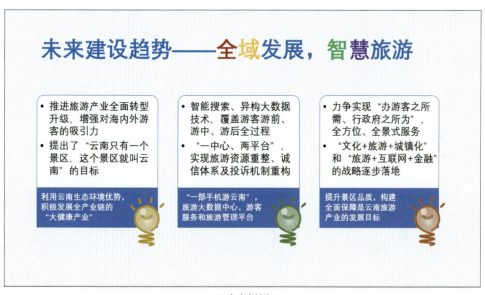

(b) 参考样例2

图 3-28　实验关卡 3-7 的参考样例

(a)

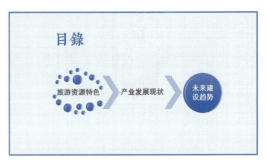

(b)

(c)

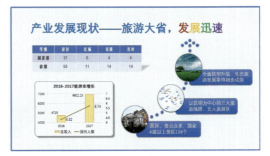

(d)

(e)

(f)

图 3-29　实验关卡 3-8 的参考样例

(a) 对字符信息进行加解密

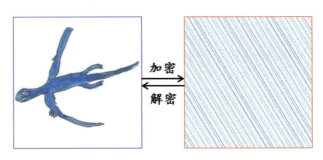

(b) 对图像信息进行加解密

图 4-1　信息加解密示例

(a) 原始图片   (b) 结果图片

图 4-10 原始图片和结果图片

图 4-11 旋转与缩放

(a) 裁剪   (b) 粘贴

图 4-12 裁剪与粘贴

(a) 直接粘贴的效果　　　　　　　(b) "抠图"后粘贴的效果

图 4-13　直接粘贴和"抠图"后粘贴的效果对比

图 4-14　马赛克效果

 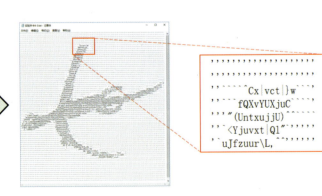

图 4-15　生成字符画

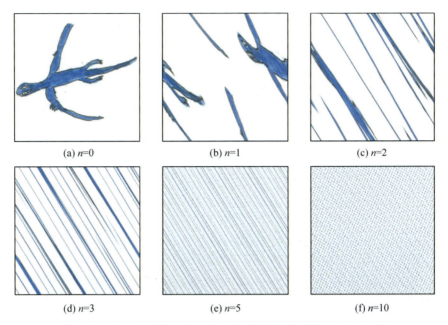

图 4-20 Arnold 置换加密方法 n 取不同值时的效果($a=1, b=1$)

图 5-4 打开截图工具

图 5-7　编辑截图

图 5-8　照片编辑主界面

图 5-9 "封面-效果"样张

图 5-11 导入素材

图 5-12 创建自定义视频

图 5-13 为视频文件命名

图 5-14 视频编辑主界面

图 5-17 裁剪视频

图 5-18 导出视频

图 5-19　进一步编辑视频

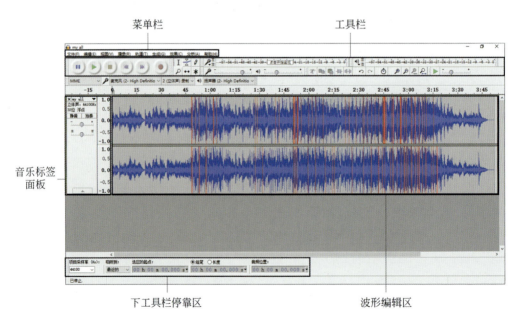

图 5-24　Audacity 工作的主界面

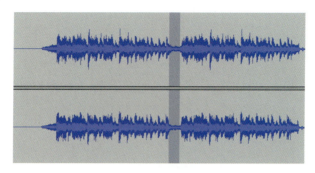

图 5-28　降噪前

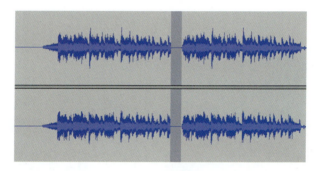

图 5-29　降噪后

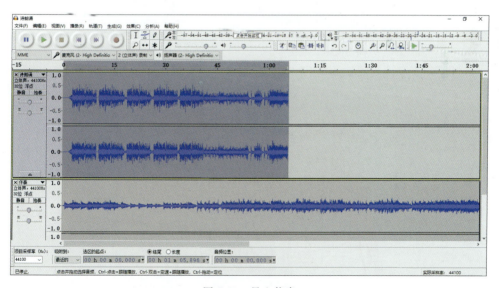

图 5-30　导入伴奏

图 6-4　主机箱内部示意图

(a) CPU正面

(b) CPU背面

(c) 主板上的CPU底座

图 6-5　CPU 及其主板接口示意图

(a) 主板侧面实物照

(b) 主板正面实物照

图 6-10　主板

图 6-15　主机箱内部连接线连接示意图

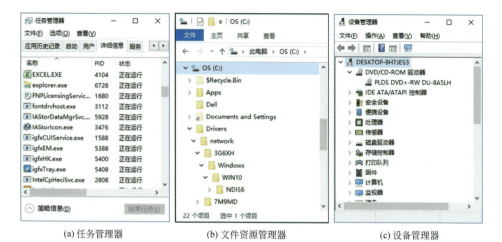

(a) 任务管理器　　　　(b) 文件资源管理器　　　　(c) 设备管理器

图 7-1　Windows 10 中的各种资源管理器

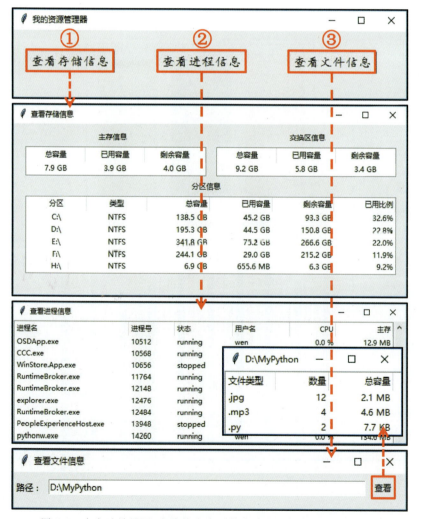

图 7-2　本实验效果图(虚线箭头表示单击按钮后打开的窗口,后同)

图 7-15　QT Designer

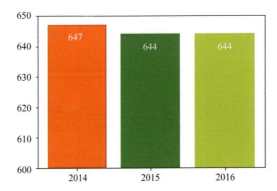

(a) 湖南省历年技术类录取的平均分

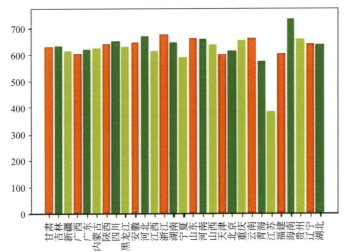

(b) 2016年各省合训类录取的最高分

图 8-2　实验结果示例

(a) HTML代码　　　　　　　　　(b) 显示效果

图 8-4　HTML 语言示例 2

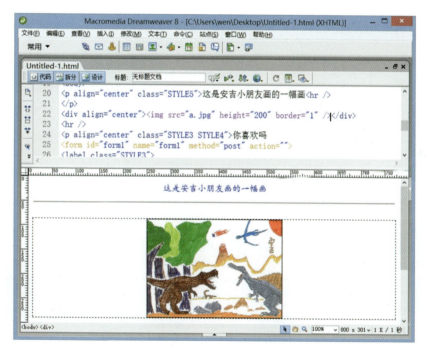

图 8-5　Dreamweaver 8 的界面

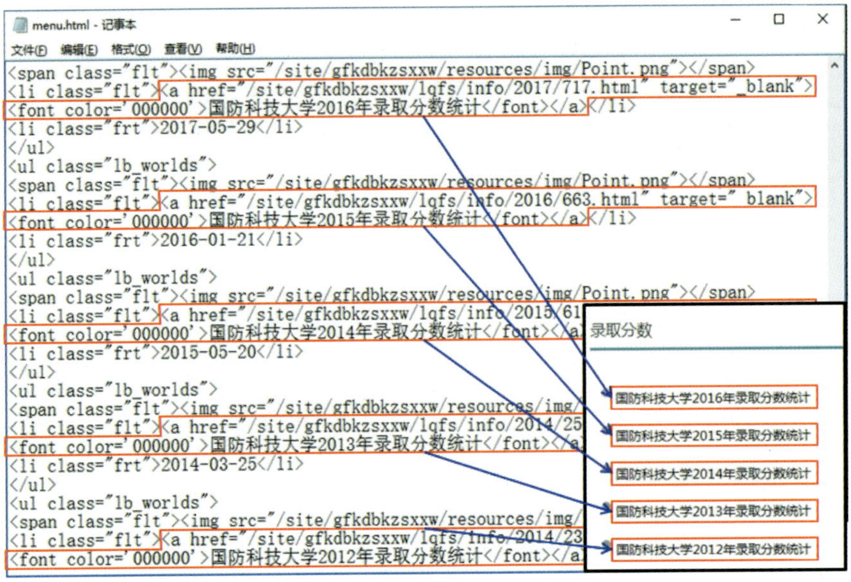

图 8-6 分数线目录页中包含了分数线数据页的网址

(a) HTML 格式的正文

(b) 纯文本的正文

图 8-19 HTML 格式的正文和纯文本的正文

图 8-22 程序 8-22 运行结果示例

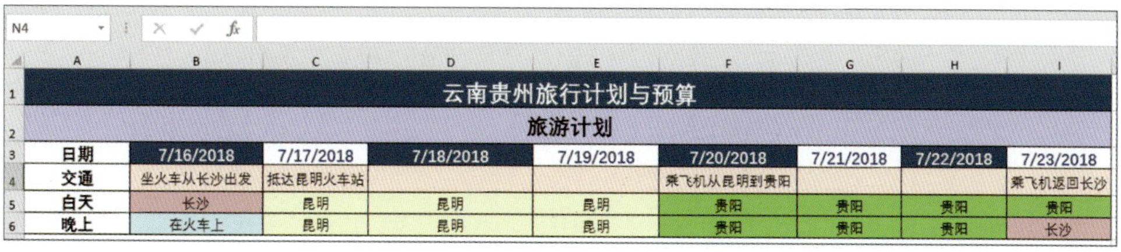

(a)“普通”视图

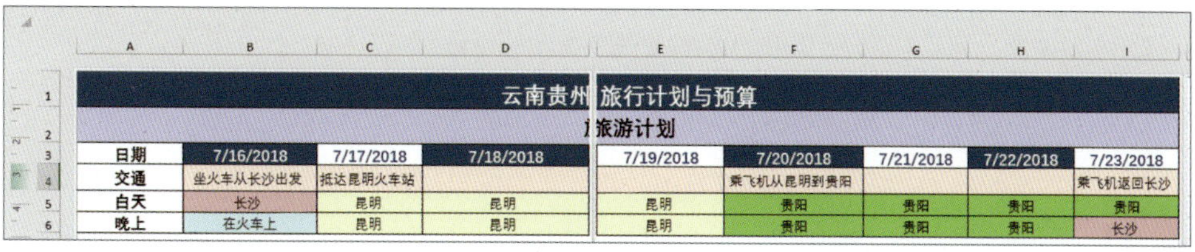

(b)“页面布局”视图

图 9-2　同一表格的“普通”视图和“页面布局”视图对比

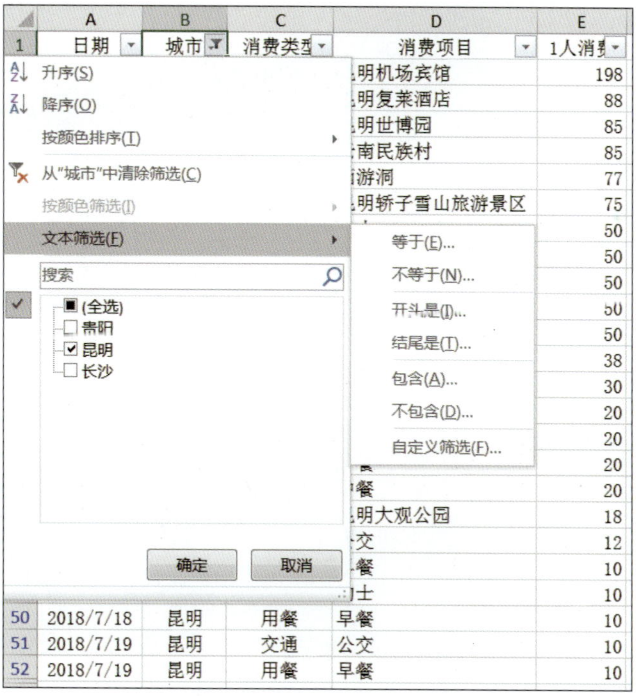

图 9-20　筛选器示例

	A	B	C	D	E	F	G	H
1	国防科学技术大学2016年录取分数统计							
2	省份	理科	工程技术类			学历教育合训类		
3		一本线	最高分	最低分	平均分	最高分	最低分	平均分
5	吉林	530	658	639	649	634	599	615
12	四川	532	665	626	643	651	612	623
15	河北	525	682	654	667	669	640	649
16	江西	529	645	614	629	613	589	599
20	山东	537	679	655	665	660	597	637
21	河南	523	665	644	652	659	629	638
24	北京	548	662	607	629	613	570	592
25	重庆	525	671	644	655	654	634	642
26	云南	525	680	653	663	663	627	639

图 9-21　实验关卡 9-4 的筛选结果

	A	B	C	D	E	F	G	H	I	J	K	L	M
1	参团收费	一人预算	参团人数	直接收益									
2	¥5,000.00	¥4,649.50		¥0.00	直接收益与学生折扣收益总计								
3													
4		两人预算	学生人数	额外 20%收益									
5		¥8,219.00		¥0.00									
6					参团人数（不含两个组团者）								
7				总共收益									
8				¥0.00	1	2	3	4	5	6	7	8	9
9				0	¥350.50								
10				1									
11				2									
12		学生人数		3									
13				4									
14				5									
15				6									
16				7									
17				8									
18				9									

图 9-34　组团收费数据模拟运算表

	A	B	C	D	E	F	G	H	I	J	K	L	M
1	参团收费	一人预算	参团人数	直接收益									
2	¥5,000.00	¥4,649.50	5	¥1,752.50	直接收益与学生折扣收益总计								
3													
4		两人预算	学生人数	额外 20%收益									
5		¥8,219.00	2	¥1,859.80									
6					参团人数（不含两个组团者）								
7				总共收益									
8				¥3,612.30	1	2	3	4	5	6	7	8	9
9				0	¥350.50	¥701.00	¥1,051.50	¥1,402.00	¥1,752.50	¥2,103.00	¥2,453.50	¥2,804.00	¥3,154.50
10				1	¥1,280.40	¥1,630.90	¥1,981.40	¥2,331.90	¥2,682.40	¥3,032.90	¥3,383.40	¥3,733.90	¥4,084.40
11				2		¥2,560.80	¥2,911.30	¥3,261.80	¥3,612.30	¥3,962.80	¥4,313.30	¥4,663.80	¥5,014.30
12		学生人数		3			¥3,841.20	¥4,191.70	¥4,542.20	¥4,892.70	¥5,243.20	¥5,593.70	¥5,944.20
13				4				¥5,121.60	¥5,472.10	¥5,822.60	¥6,173.10	¥6,523.60	¥6,874.10
14				5					¥6,402.00	¥6,752.50	¥7,103.00	¥7,453.50	¥7,804.00
15				6						¥7,682.40	¥8,032.90	¥8,383.40	¥8,733.90
16				7							¥8,962.80	¥9,313.30	¥9,663.80
17				8								¥10,243.20	¥10,593.70
18				9									¥11,523.60

图 9-35　实验关卡 9-9 的参考结果

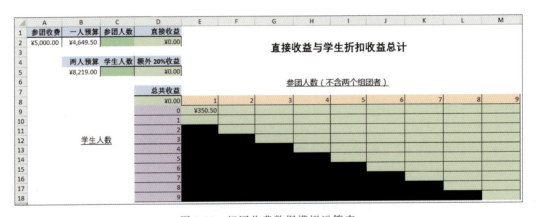

	A	B	C	D	E
1	日期	城市	消费类型	消费项目	1人消费
2	2018/7/16	长沙	交通	火车	189.5
3	2018/7/16	长沙	交通	公交	5
4	2018/7/16	长沙	用餐	早餐	8
5	2018/7/16	长沙	用餐	中餐	15
6	2018/7/16	长沙	用餐	晚餐	15
7	2018/7/17	昆明	交通	公交	12
8	2018/7/17	昆明	交通	的士	50
9	2018/7/17	昆明	住宿	昆明机场宾馆	198
10	2018/7/17	昆明	用餐	早餐	10
11	2018/7/17	昆明	用餐	中餐	20
12	2018/7/17	昆明	用餐	晚餐	50
13	2018/7/17	昆明	景点	西游洞	77
14	2018/7/17	昆明	景点	昆明世博园	85
15	2018/7/18	昆明	交通	公交	20
16	2018/7/18	昆明	交通	的士	10
17	2018/7/18	昆明	住宿	昆明复莱酒店	88
18	2018/7/18	昆明	用餐	早餐	10
19	2018/7/18	昆明	用餐	中餐	20
20	2018/7/18	昆明	用餐	晚餐	50
21	2018/7/18	昆明	景点	云南民族村	85
22	2018/7/18	昆明	景点	昆明大观公园	18
23	2018/7/19	昆明	交通	公交	10
24	2018/7/19	昆明	交通	的士	30
25	2018/7/19	昆明	住宿	昆明云水酒店	50
26	2018/7/19	昆明	用餐	早餐	10

图 9-37　图 9-12 数据表一键换装示例

	A	B	C	D	E	F	G	H	I	J	K	L	M
1	参团收费	一人预算	参团人数	直接收益									
2	¥5,000.00	¥4,649.50	5	¥1,752.50				直接收益与学生折扣收益总计					
3													
4		两人预算	学生人数	额外 20%收益									
5		¥8,219.00	2	¥1,859.80									
6													
7				总共收益				参团人数（不含两个组团者）					
8				¥3,612.30	1	2	3	4	5	6	7	8	9
9				0	¥350.50	¥701.00	¥1,051.50	¥1,402.00	¥1,752.50	¥2,103.00	¥2,453.50	¥2,804.00	¥3,154.50
10				1	¥1,280.40	¥1,630.90	¥1,981.40	¥2,331.90	¥2,682.40	¥3,032.90	¥3,383.40	¥3,733.90	¥4,084.40
11				2		¥2,560.80	¥2,911.30	¥3,261.80	¥3,612.30	¥3,962.80	¥4,313.30	¥4,663.80	¥5,014.30
12		学生人数		3			¥3,841.20	¥4,191.70	¥4,542.20	¥4,892.70	¥5,243.20	¥5,593.70	¥5,944.20
13				4				¥5,121.60	¥5,472.10	¥5,822.60	¥6,173.10	¥6,523.60	¥6,874.10
14				5					¥6,402.00	¥6,752.50	¥7,103.00	¥7,453.50	¥7,804.00
15				6						¥7,682.40	¥8,032.90	¥8,383.40	¥8,733.90
16				7							¥8,962.80	¥9,313.30	¥9,663.80
17				8								¥10,243.20	¥10,593.70
18				9									¥11,523.60

图 9-38　用条件格式突出显示能赚取两人差旅费的组团方案

	A	B	C	D	E	F
1	日期	城市	消费类型	消费项目	1人消费	2人消费
19			交通 汇总		2196.5	4393
32			景点 汇总		810	1620
57			用餐 汇总		563	1126
64			住宿 汇总		1080	1080
65			总计		4649.5	8219

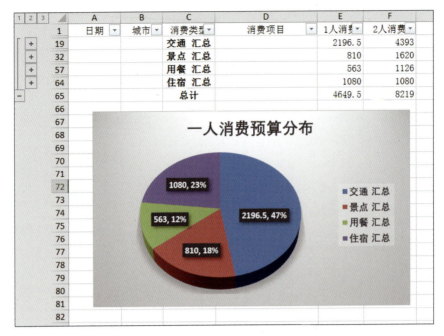

图 9-39　用饼图展示分类汇总的数据

	A	B	C	D	E	F
1	新电器公司第四季度产量报表					
2	单位	一等产品数量	二等产品数量	三等产品数量	次品产品数量	产品合格率(%)
3	一分厂	1324	567	123	89	
4	二分厂	2314	765	241	34	
5	三分厂	3412	891	654	123	
6	四分厂	9871	616	528	95	
7	五分厂	2180	567	324	178	
8	各等级所占百分比					

图 9-40　综合实验 9-2 所需数据表

	A	B	C	D	E	F	G	H	I
1	部门费用统计表								
2	序号	时间	姓名	部门	费用类别	入账	出账	余额	备注
3	001	2010-3-5	张磊	开发部			500	4500	打印纸
4	002	2010-3-6	郭海涛	宣传部			800	4200	墨盒
5	003	2010-3-8	黄大俊	销售部			1200	3800	成都
6	004	2010-3-10	刘娟	财务部		100000		100000	
7	005	2010-3-11	邓强	宣传部			1400	2800	广告
8	006	2010-3-12	张潇潇	秘书处			1600	3400	合江宾馆
9	007	2010-3-14	李志明	开发部			1000	3500	材料
10	008	2010-3-17	肖凯	销售部			200	3600	飘来香
11	009	2010-3-19	郑玲	秘书处			300	3100	礼品
12	010	2010-3-22	李兴明	宣传部			400	2400	办公纸
13	011	2010-3-25	谭功强	销售部			500	3100	礼品
14	012	2010-3-27	黄丽	开发部			1100	2400	软件
15	013	2010-3-29	曾善琴	秘书处			1300	1800	北海宾馆

(a)

2	费用类别
3	办公费
4	办公费
5	出差费
6	第一季度入账
7	宣传费
8	招待费
9	招待费
10	招待费
11	办公费
12	招待费
13	办公费
14	办公费
15	出差费

(b)

图 9-41　综合实验 9-3 需输入的部分数据

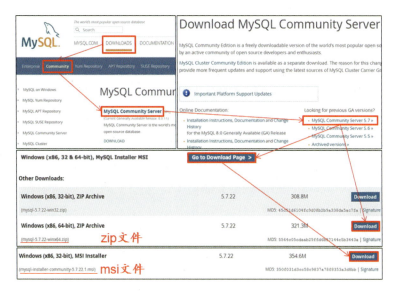

图 10-1　MySQL 安装文件的下载

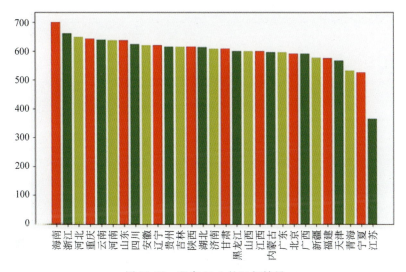

图 10-28　程序 10-8 的运行结果

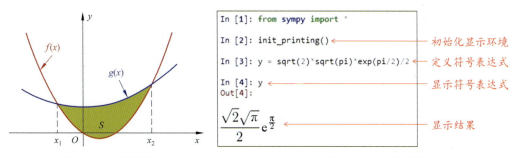

图 11-1　问题描述　　　　　　图 11-3　在 IPython 中显示符号表达式

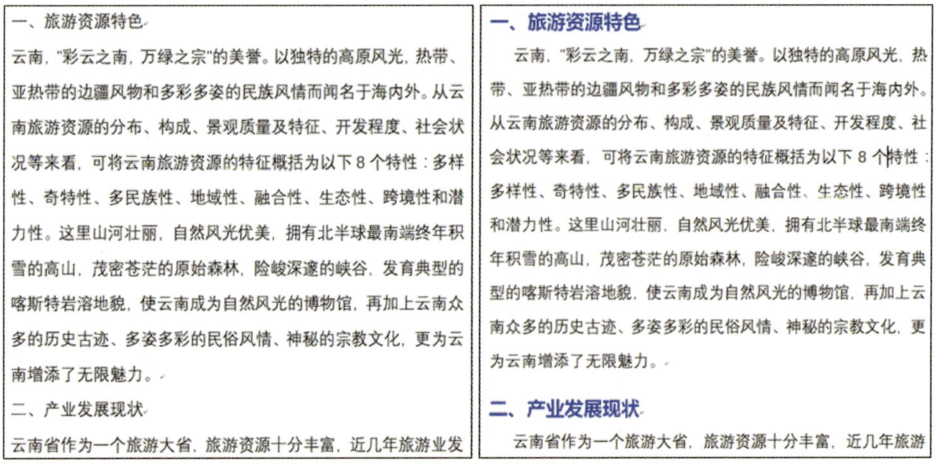

(a) 原始文档　　　　　　　　　　　　　(b) 处理后的文档

图 11-6　问题描述

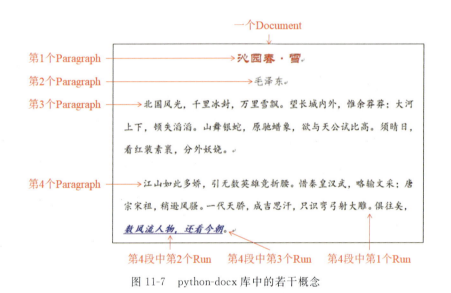

图 11-7　python-docx 库中的若干概念

(a) 泄密　　　　　　　　　　　　　(b) 未泄密

图 11-10　问题描述